Nichts auf der Welt ist so stark
wie eine Idee, deren Zeit gekommen ist.

Victor Hugo

ISBN 978-3-519-06189-2   ISBN 978-3-322-99568-1 (eBook)
DOI 10.1007/978-3-322-99568-1

Vorwort

Kaum ein Gebiet ist so schnellen und grundlegenden Veränderungen unterworfen wie die EDV. Darüber hinaus nimmt mit zunehmender Leistungsfähigkeit der Systeme auch deren Komplexität deutlich zu, immer mehr Vorgaben, Randbedingungen, Normen und Gesetzeswerken gilt es Rechnung zu tragen. Selbst für Fachleute und Systemspezialisten ist das Gesamtsystem in all seinen Aspekten oftmals nicht transparent. Die Bedeutung der EDV wird jedoch auch in Zukunft noch stark zunehmen, nicht nur in Multimedia- oder Internetanwendungen. Lokale Netze und vernetzte Rechnersysteme sind aus der heutigen Arbeitswelt nicht mehr wegzudenken und bereits so selbstverständlich wie Telefon und Faxgerät.

Dieses Buch wendet sich gleichermaßen an verschiedene Zielgruppen: Da sind zum einen Studenten und Ingenieure in der Praxis, die sich schnell in die technischen Hintergründe lokaler Netze einarbeiten müssen. Und ganz besonders sind da speziell die Systemverantwortlichen und Netzwerkbetreuer, die oftmals nach nur kurzer Einweisung die Verantwortung für das (neu) installierte System übernehmen müssen.

Unser Ziel ist es, eine leicht verständliche Einführung zu schreiben, die speziell auf die Belange und Bedürfnisse dieser Zielgruppen abgestimmt ist. Dabei ist uns wichtig, die gesamte Thematik abzudecken, angefangen bei verschiedenen Steckertypen bis hin zu Betriebssystemen, Netzwerkmanagement und überregionalem Netzverbund (WAN), wobei der Praxisbezug eindeutig im Vordergrund steht. Auf die ausführliche Behandlung des interessanten mathematischen und informationstechnischen Hintergrundes wurde daher zu Gunsten zahlreicher Abbildungen verzichtet. Ausgehend von dieser leicht verständlichen, stark pragmatisch orientierten Einführung sollte es dem Leser möglich sein, sich je nach Bedarf selbständig in komplexe Spezialgebiete einzuarbeiten und zu vertiefen.

VI

Wir bedanken uns bei folgenden Firmen für die tatkräftige Unterstützung dieses Buchvorhabens:

3M Deutschland GmbH, Neuss
Albert Ackermann GmbH + Co. KG, Gummersbach
AMP Deutschland GmbH, Langen bei Ffm.
CNZ NEUBAUER GmbH, Mainhausen
DIAMOND GmbH, Leinfelden-Echterdingen
Digital Equipment GmbH, München
EMCC DR. RAŠEK, Ebermannstadt-Moggast
Exide Electronics, Baden-Baden
FORT GmbH Fiber Optik, Tostedt
HUBER + SUHNER GmbH, Taufkirchen
IBM Deutschland Informationssysteme GmbH, Stuttgart
KERPEN special GmbH & Co. KG, Stolberg
Knürr - Mechanik für die Elektronik AG, München
METHODE MIKON Limited, Ahaus
Novell GmbH, Düsseldorf
PANDUIT GmbH, Bad Homburg
PILLER GmbH, Osterode
RADIALL GmbH, Frankfurt
Telegärtner Karl Gärtner GmbH, Steinenbronn

Besonderen Dank schulden wir Herrn Dipl.-Ing. Thomas F.D. Wagner, Geschäftsführer der IBW GmbH / Wagner Beratende Ingenieure, Sindelfingen, und Herrn Dipl.-Ing. Gerd Rücker, Stuttgart, für die großzügige Unterstützung und so manche konstruktive Anregung sowie Herrn Dr. Jens Schlembach vom Verlag B.G. Teubner für die - wie immer - hervorragende und produktive Zusammenarbeit.

Großen Dank schulden wir auch der datentechnischen Assistentin Frau Svijetlana Božić, IBW GmbH, die durch die Erstellung prägnanter Zeichnungen maßgeblich zur Veranschaulichung komplexer Sachverhalte beitrug. Herzlichen Dank auch an Dipl.-Inform. (FH) Johannes Thömmes, der uns als "Kommunikationsfachmann" im Bereich X.400/X.500 viele wertvolle Hinweise gab und an Informatiker Rainer Dressel, der als Spezialist für OS/2 und SNA manch komplexen Bereich der IBM-Umgebung transparent machte.

Wir würden uns freuen, wenn es uns gelungen ist, mit dem vorliegenden Buch das von uns gesteckte Ziel zu erreichen und dem Leser einen Schlüssel für die pragmatische, effektive Erschließung der LAN-Thematik an die Hand gegeben zu haben. Für Anregungen und konstruktive Kritik sind wir jederzeit aufgeschlossen und dankbar.

Dieses Buch ist allen Systemadministratoren und Projektleitern gewidmet, die täglich den Kampf gegen das Chaos an vorderster Front führen, ohne dafür von ihren Anwendern den gebührenden Dank zu erhalten, sondern sich im Gegenteil das ewigwährende Klagelied von der unzuverlässigen EDV anhören müssen.

Magstadt und Sindelfingen   Frühjahr 1997

Dirk H. Traeger   Andreas Volk

Zwei Geleitworte

Seit Babylon ist alles anders. Über Jahrtausende hinweg war Verständigung immer auch ein Problem. Oder, wie Konfuzius formulierte: "Die ganze Kunst der Sprache besteht darin, verstanden zu werden."

Nur wer etwas wirklich ganz verstanden hat, kann es auch ausdrücken, denn Denken und Verstehen ist ohne Sprache nicht möglich. Fachliches Wissen und Fertigkeiten beherrschen und anderen auch vermitteln ist jedoch zweierlei. Die Kunst der Sprache besteht darin, Kompliziertes einfach zu sagen.

Kompliziert und komplex sind die Bemühungen, eine Welt der Kommunikation aufzubauen, allemal. Die Wissenschaftler und Ingenieure in ihrem Bemühen, einen freien, schnellen und weltumspannenden Informationsaustausch zu ermöglichen sind hiermit Wegbereiter für die Überwindung von Barrieren der Sprachlosigkeit. Die Entwicklung der letzten 15 Jahre führt in immer schnelleren Schritten zum Ziel der globalen Vernetzung. Kommunikation ersetzt Konfrontation.

Möge das vorliegende Buch zweier hervorragender Fachleute der Netzwerkpraxis seinen Beitrag dazu leisten, diesem Ziel näher zu kommen und alle diejenigen ansprechen, die einen tieferen Sinn darin sehen, der Kommunikation der Menschen untereinander einen Dienst zu erweisen, indem sie die dazu erforderliche Technik vorantreiben.

Thomas F. D. Wagner

Client/Server, UNIX, Windows, TCP/IP oder Internet/Intranet sind nur einige Schlagworte, die überall die Diskussion bestimmen. Nahezu jeder, ob SchülerIn, ArbeiterIn oder Angestellte(r), werden mit diesen Begriffen konfrontiert oder sind von der Einführung moderner Computertechnik direkt betroffen.

Gerade im Büroumfeld werden die Auswirkungen am direktesten sichtbar: Schreibmaschine oder ("dummer") Bildschirm haben ausgedient und werden durch moderne Personal Computer ersetzt. Diese "intelligenten", multifunktionalen Arbeitsplatz-Endgeräte statten den Anwender mit einer Vielzahl von Programmen und Möglichkeiten aus und ermöglichen "über Netz" eine weltweite Kommunikation. Oftmals wird in diesem Zusammenhang eine bereits bestehende Infrastruktur auf die neueste Technologie umgerüstet.

Eine verbesserte Unterstützung des Anwenders bei seiner Tagesarbeit und die daraus resultierende Verkürzung der Bearbeitungszeiten steht dabei im Vordergrund der Unternehmen. Eine Überforderung der Anwender durch eine übermäßige Funktionsvielfalt oder mangelnde Kenntnisse durch unzureichende Schulung können durchaus kontraproduktive Auswirkungen haben - der erhoffte Effekt bleibt aus, weil der Anwender nur einen geringen persönlichen Nutzen erkennen kann und der neuen Technologie ablehnend gegenübersteht.

Als Anbieter von Lösungen, die den Büroalltag unterstützen und den Brückenschlag von Papierinformationen und "Daten-Friedhöfen" hin zur elektronisch nutzbaren Information bilden, werden wir täglich mit den sich daraus resultierenden technischen und organisatorischen Frage- und Problemstellungen auf der Anwenderseite konfrontiert. Unsere Mitarbeiter verfügen deshalb neben dem technischen Wissen auch über die Fähigkeiten, technisch komplizierte Zusammenhänge anschaulich darzustellen und zu erklären. Dies reduziert Ängste und läßt den Nutzen der eingeführten Lösungen im ganzen erkennbar werden - für jeden Beteiligten persönlich als auch für das Unternehmen.

Das vorliegende Buch erklärt dem interessierten Leser die vielfältige und teilweise verwirrende Begriffswelt der elektronischen Datenverarbeitung und vermittelt einen guten Einblick in die heutige Computertechnologie. Es ist gleichermaßen für den Ersteinstieg wie als Nachschlagewerk gedacht.

Wir wünschen beim Lesen und später viel Spaß.

Gerd Rücker

Inhaltsverzeichnis

1 Grundlagen

1.1 Geschichte

Ihren Ursprung haben lokale Netze in der Welt der Großrechner. Gedacht für Anwendungen bei Militär, Forschung und Großindustrie wurden Großrechner, die sog. Mainframes entwickelt. Auf diese konnte man dann bei Mehrplatzsystemen von verschiedenen Orten mit Endgeräten (engl. terminals), bestehend aus Bildschirm und Tastatur zugreifen - das Terminalnetzwerk war geboren.

Um die Großrechner von einfachen Aufgaben zu entlasten, wurden intelligente Zwischenstellen (Vorrechner, Stationsrechner) geschaffen, die einfache Probleme selbst bearbeiten konnten und nur bei Bedarf auf den Großrechner zurückgreifen mußten, der vom Datenverkehr zu den einzelnen Terminals und dessen rechenintensiver Steuerung befreit war. Für Tests von neuen Programmen und Verfahren wurde dem eigentlich produktiv tätigen Großrechner (sog. Produktionsrechner) ein kleinerer Vorrechner (sog. Testrechner) zur weiteren Entlastung an die Seite gestellt.

Der Trend zur weiteren dezentralen Verteilung von Rechnerintelligenz führte dazu, im Bereich der Endgeräte PCs als eigenständige Arbeitsplatzrechner einzusetzen, die auch untereinander kommunizieren können und nur noch im Bedarfsfall den mittlerweile oftmals zu einem preiswerten Server geschrumpften Großrechner belästigen müssen. Damit war die heute aktuelle Client-Server-Struktur (engl. client = Kunde, server = Diener) geboren, in der zentrale, wichtige Daten auf dem Server und rechnerbezogene, persönliche Anwendungsprogramme/-daten auf dem Arbeitsplatz-PC liegen.

Als nächster Schritt erfolgte die Kopplung bis dahin getrennter Netze, den sog. Inseln oder Insellösungen und, daraus abgeleitet, die Strukturierung bestehender großer Netze in gekoppelte aber eigenständige kleine Netze (engl. subnetting). Dazu wurden Koppelelemente unterschiedlichster Leistungsfähigkeit entwickelt, vom einfachen Durchschalten über intelligente Wegewahl bis hin zu ausgeklügeltsten Sicherheitsmechanismen. Der nächste Schritt in der Entwicklung geht dahin, die Netzstruktur vom fest gesteckten und fest verdrahteten Aufbau zu lösen und logische Teilnetze und Strukturen per Software und Mausklick statt Umstöpseln zu definieren. Voraussetzung dafür sind intelligente Hochleistungs-Koppelelemente und ein leistungsfähiges Netzwerkmanagementsystem.

1.2 Allgemeine nachrichtentechnische Grundlagen

Bereits die einfachsten Grundlagen der Nachrichtentechnik und der Informatik reichen aus, um mehrere Bände zu füllen. Hier sei nur ganz knapp auf die für Rechnernetze wichtigsten nachrichtentechnischen Grundlagen und Begriffe eingegangen. Auf die Darstellung des oftmals sehr anspruchsvollen physikalischen und systemtheoretischen Hindergrundes wird gänzlich verzichtet. Die nachfolgend aufgeführten Begriffe gelten allgemein, unabhängig von der Art der Verkabelung etc. Spezifische Grundlagen wie etwa die Signalausbreitung auf Kupferleitungen werden in der jeweiligen Kapitelgruppe behandelt.

Signal, bit, byte, baud und Ähnliches

Unter einem **Signal** versteht man in der Nachrichtentechnik die physikalische Darstellung einer Information, elektrisch (als Strom oder Spannung), optisch (als Lichtimpulse) oder akustisch (in Form von Schallwellen). Analoge Signale können jeden beliebigen Wert innerhalb eines definierten Bereiches annehmen, digitale jedoch nur bestimmte, vorgegebene Stufen. Ein Beispiel für ein analoges Gerät ist eine klassische Armbanduhr mit Zeigern und Zifferblatt oder ein herkömmlicher Tachometer mit Zeiger. Ein Beispiel für ein digitales Gerät ist eine Uhr mit LCD-Anzeige. Ein **Zeichen** ist ein Signal mit einer festgelegten Bedeutung, also ein Signal mit eindeutigem Informationsgehalt (Bsp.: Das Telefon läutet. Signal: Schallwellen des Läutwerkes, Zeichen: Telefon läutet, Information: Jemand möchte per Telefon mit mir sprechen). Ein **Code** ist die festgelegte physikalische Darstellung eines Zeichens (z.B. Manchestercode: 0 = Übergang von Low-Pegel zu High-Pegel, für 1 umgekehrt). Ein **Bit** (von engl. binary digit = zweiwertiges Zeichen) ist ein sog. Binärzeichen, ein Zeichen also, das nur den Wert 0 oder 1 annehmen kann. Diese Werte werden meist durch Spannungspegel oder Lichtimpulse dargestellt. Kleingeschrieben als **bit** ist es eine Einheit wie km oder °C und hat im deutschen Sprachgebrauch keinen Plural (Bsp.: 1200 bit/sec), während Bit großgeschrieben immer für ein (bestimmtes) Zeichen, also für eine 0 oder 1 aus einer Bitfolge steht. Die **Übertragungsgeschwindigkeit** gibt an, wieviele Bits pro Zeiteinheit übertragen werden, als Einheit wird bit pro Sekunde (bit/sec, bit/s) gewählt. **Bitrate** ist lediglich eine andere Bezeichnung für die Übertragungsgeschwindigkeit. Ein **byte** ist eine Gruppe von acht bit. Zu beachten ist hierbei, daß sich durch den Faktor 2, der auch bei den Speicherchips auftaucht, leichte Verschiebungen in den Mengenangaben wie **kilo** und **Mega** ergeben. In der Physik bedeutet der Vorsatz kilo immer 1000, Mega immer 1 Mio. Durch den Faktor 2, der sich fast durch die ganze Datentechnik zieht, ergibt sich hier ein kilobit (kbit) zu 1.024 bit (2^{10} bit), ein Megabyte (Mbyte) zu 1.048.576 byte usw. Weitere wichtige übertragungstechnische Größen sind Schritt und Schrittgeschwindigkeit. Ein **Schritt** ist die kleinste systemtechnisch realisierbare Zeiteinheit, in der eine gewisse Anzahl von Bits übertragen werden. Die **Schrittgeschwindigkeit** gibt die Anzahl der Schritte pro Zeiteinheit an, die Einheit ist das **baud**.

Achtung: Nur wenn pro Schritt genau ein Bit übertragen wird, gilt 1 baud = 1 bit/s. Sobald mehrere Bits in einem Schritt übertragen werden, gilt dies **nicht**! Die unsachgemäße Verquickung von baud und bit/s ist ein häufiger und weit verbreiteter Fehler.

Beispiel 1.1: Zweistufiger Code (willkürlich)

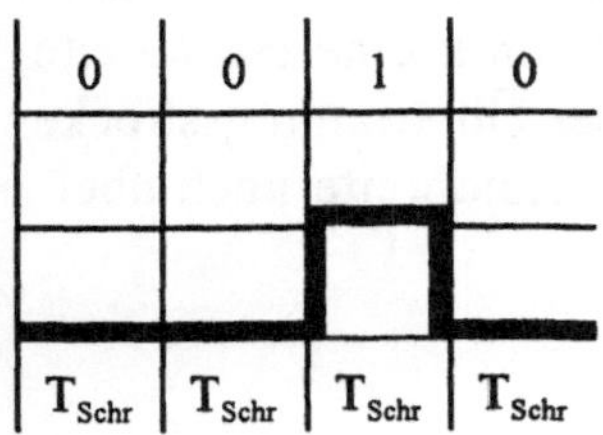

T_{Schr} = Schrittdauer, z.B. 0,2 s
f_{Schr} = Schrittgeschwindigkeit = 5 Schritte/s
    = 5 baud
Pro Schritt wird ein Bit (0 oder 1) übertragen,
also Übertragungsgeschwindigkeit = 5 bit/s.

4

Beispiel 1.2: Vierstufiger Code (willkürlich)

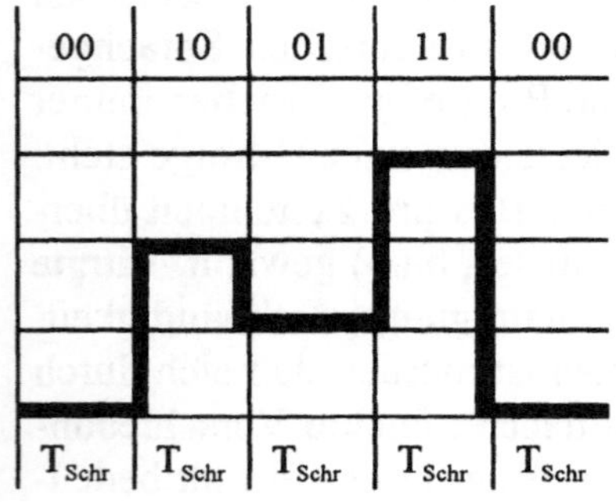

T_{Schr} = Schrittdauer, z.B. 0,2 s
f_{Schr} = Schrittgeschwindigkeit = 5 Schritte/s
      = 5 baud
Pro Schritt werden zwei Bits (00, 01, 10 od. 11) übertragen, also
Übertragungsgeschwindigkeit = 10 bit/s.

Bandbreite, Mbit/s und MHz

In der Praxis werden gerade bei Datenleitungen Mbit/s und MHz oftmals verwechselt. **Mbit/s** ist die Übertragungsgeschwindigkeit und gibt also an, wieviele bit bzw. Mbit pro Sekunde übertragen werden. **MHz** als Abkürzung für Megahertz gibt die Frequenz einer Sinusschwingung an (1 Hz = 1 Schwingung pro Sekunde, 1 MHz = 1 Mio. Schwingungen pro Sekunde). Mathematisch läßt sich nachweisen, daß jedes rein rechteckförmige Signal, wie beispielsweise die Bitfolgen der Beispiele 1.1 und 1.2, aus unendlich vielen Sinusschwingungen unterschiedlicher Frequenz zusammengesetzt ist. In der Praxis trifft man jedoch, da man technisch nicht unendlich viele Schwingungen überlagern kann, keine exakten Rechtecksignale an, dafür kommt man jedoch mit einem vertretbaren Frequenzbereich aus. Die Breite dieses Frequenzbereiches wird **Bandbreite** genannt. Das klassische analoge Telefon arbeitet im Frequenzbereich von 300 Hz (= 0,3 kHz) bis 3,4 kHz und besitzt somit eine Bandbreite von 3,1 kHz. Das sog. **Bandbreiten-Längenprodukt** einer Übertragungsstrecke bzw. einer Leitung gibt an, bei welcher Länge welche Bandbreite noch übertragen werden kann.

Es gilt:

Bandbreiten-Längenprodukt (konstant)

= benötigte Bandbreite • maximale Leitungslänge   (1.1)

Ein Bandbreiten-Längenprodukt beispielsweise von 1 MHz • km bedeutet, daß bei einer Leitungslänge von 1 km eine maximale Bandbreite von 1 MHz übertragen werden kann. Wird eine Bandbreite von 10 MHz benötigt, so darf die Leitung nur noch 100 m lang sein usw.

Für das **Bitraten-Längenprodukt** ergibt sich der Sachverhalt analog zu:

Bitraten-Längenprodukt (konstant)

$$= \text{benötigte Bitrate} \cdot \text{maximale Leitungslänge} \qquad (1.2)$$

Dabei ist jedoch sicherzustellen, daß das verwendete Bitraten-Längenprodukt auch tatsächlich der verwendeten Bitcodierung entspricht, da unterschiedliche Codes wiederum unterschiedliche Bandbreiten für eine gegebene Bitrate benötigen.

Nyquist-Bandbreite und Basisband

Wie oben bereits geschildert, läßt sich ein Rechtecksignal mit exakten, senkrechten Flanken aus unendlich vielen Sinusschwingungen zusammensetzen, was jedoch zu einer unendlichen Bandbreite führen würde. Die größte Bandbreite wird benötigt, wenn sich tiefste und höchste Pegelstufen abwechseln, was bei den meisten Codes einer Folge von abwechselnd 0 und 1 entspricht. In der Praxis genügt es jedoch, wenn die in dieser 0-1-Folge enthaltene Grundschwingung als höchste Frequenz gerade noch übertragen werden kann.

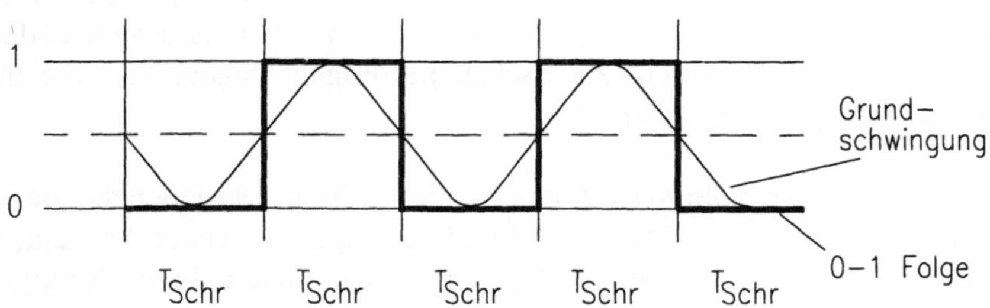

Bild 1.1: Grundschwingung einer 0-1-Folge

Die dafür benötigte Bandbreite wird **Nyquist-Bandbreite** (zu Ehren von Harry Nyquist) genannt. In der Praxis hat sich Formel 1.3 besonders bewährt, andere Werte sind durchaus möglich (B_N = Nyquist-Bandbreite, f_{Schr} = Schrittgeschwindigkeit und T_{Schr} = Schrittdauer).

$$
\begin{aligned}
B_N &= \frac{3}{4} \cdot f_{Schr} \\
&= \frac{3}{4} \cdot \frac{1}{T_{Schr}}
\end{aligned}
\tag{1.3}
$$

Die Nyquist-Bandbreite muß jedoch mindestens die halbe Schrittgeschwindigkeit betragen also,

$$
B_{N,min} = \frac{1}{2} \cdot f_{Schr}
\tag{1.4}
$$

Das **Basisband** (engl. base band) ist der Frequenzbereich eines Signales, in dem dieses entstanden ist. Bei der **Basisbandübertragung** wird das Signal in seinem eigenen Frequenzbereich übertragen, im Gegenteil zur **Breitbandübertragung**, bei der verschiedene Signale in verschiedene Frequenzbereiche umgesetzt und gleichzeitig übertragen werden (z.B. Rundfunkübertragung).

Nachrichtenquader

Der sog. **Nachrichtenquader** ist ein sehr anschauliches und einfaches Modell, um den Zusammenhang der drei für eine Nachrichtenübertragung signifikanten Größen Störabstand, Zeit und Frequenz darzustellen. Man stellt sich einfach die zu übermittelnde Nachricht als backsteinförmigen Quader vor, die drei Kantenlängen entsprechen dabei

- dem notwendigen *Störabstand*, das ist die Breite des Frequenzbereiches, der zwischen dem gewollten Signal und Störungen jedweder Art liegt, also der Abstand des gewollten Nutzsignales von ungewollten Störungen,

- der für die Übertragung zur Verfügung stehenden *Zeit* und

- dem für die Übertragung zur Verfügung stehenden *Frequenzbereich.*

Wird also bei gleicher Zeit der zur Verfügung stehende Störabstand verkleinert, so vergrößert sich der benötigte Frequenzbereich usw.

Vorteile bei einer der drei Größen werden also mit Nachteilen bei einer oder beiden anderen erkauft.

Simplex, duplex und Station

Eine Verbindung zwischen zwei Punkten kann entweder nur in eine Richtung (**simplex**) oder in beide (**duplex**) erfolgen. Ein Beispiel für eine Simplexverbindung ist der Rundfunk, die Übertragung erfolgt immer nur vom Rundfunksender zum Radioempfänger, niemals umgekehrt. Bei einer Halbduplexverbindung ist eine Übertragung in beide Richtungen möglich, jedoch immer nacheinander und nie gleichzeitig. Ein Beispiel für eine Halbduplexverbindung sind Handfunkgeräte, die sog. Walkie-Talkies, bei denen zum Senden die Sendetaste gedrückt werden muß; im Sendebetrieb kann nicht empfangen werden. Im Vollduplex ist die gleichzeitige Übertragung in beide Richtungen möglich, ein Beispiel dafür ist ein Telefongespräch, bei dem beide Teilnehmer gleichzeitig reden (nachrichtentechnisch problemlos, gesprächs- und informationstechnisch nicht sehr sinnvoll). Ein Teilnehmer in einem Netz (Server, Großrechner oder Endgerät wie PC und Drucker) wird oftmals auch als **Station** bezeichnet.

Datenpakete, Rahmen, Frames, Paketvermittlung und Paketdienste

Um Daten besonders in komplexen Netzen geordnet und sinnvoll zu übertragen und zu vermitteln, werden umfangreiche Daten in kleinere, definierte Einheiten zerlegt, den sog. **Datenpaketen**. Die dafür notwendige Struktur wird **Rahmen**, engl. **frame** genannt. Im Gegensatz zur (älteren) Durchschaltevermittlung (engl. circuit switching) besteht bei der **Paketvermittlung** (engl. packet switching) während der Übertragung kein einzelner, fest geschalteter Weg durch das Netz, verschiedene Datenpakete können über verschiedene Wege nach unterschiedlichen Kriterien (Netzauslastung, Fehler etc.) übermittelt werden. Vereinfacht ausgedrückt erfolgen Übertragung und Vermittlung von Datenpaketen recht genau wie Transport und Zustellung von Postpaketen. Auch Datenpakete werden mit Zieladresse, Absender und einer Paketnummer versehen, je nach Dienst auch mit konkreten Anweisungen zum konkreten Weg durch das Netz oder Verwendung irgendwelcher zusätzlicher Umverpackungen oder weiteren Adressen. Entsprechende **Paketdienste** übernehmen das Sortieren der Datenpakete in der richtigen Reihenfolge, das Auspacken der Pakete und Vernichten reiner Transportinformationen sowie Reparatur schadhafter bzw. Neubeschaffung verlorengegangener Pakete. Ein Beispiel für einen Paketdienst ist Datex-P der Deutschen Telekom.

Verschiedene Betriebsarten

Bei einem **synchronen** Betrieb besitzen Sender und Empfänger den gleichen Zeittakt, die übertragenen Bits liegen in einem festen gemeinsamen Zeitraster. Ein Beispiel aus dem Alltag sind verschiedene Fließbänder eines Autoherstellers, die synchron laufen müssen, damit die richtige Karosserie mit dem richtigen Motor und dem richtigen Getriebe zusammengebaut wird. Bei einem **asynchronen** Betrieb herrscht bei einer Übertragung kein gemeinsamer Zeittakt, die einzelnen Taktgeber werden durch ein spezielles Startbit ("Achtung, genau jetzt geht's los!") synchronisiert. Um beim obigen Beispiel des Autoherstellers zu bleiben: Gruppenarbeit mit verschiedenen Gruppen, bei der eine Gruppe die andere durch Zuruf (Startbit) auf das Weiterschieben der Halbfertigteile vorbereitet. Bei einem **plesiochronen** Betrieb haben alle Geräte eine eigene Taktversorgung (der eine schneller, der andere langsamer), jedoch mit geringen Abweichungen. Allen ist ein höherer Takt gemeinsam, dadurch entstehende Leerstellen werden mit nutzlosen Bits vollends aufgefüllt. In unserem Beispiel: Fließbänder die nicht ganz gleichschnell laufen und die deshalb stellenweise Leerplätze statt Karosserien oder Motoren aufweisen. Eine **isochrone** Übertragung ist eine Übertragung ohne Pause, wie beispielsweise bei einem Telefongespräch. Im obigen Beispiel entspricht dies Fließbändern, die ohne Leerstellen und ohne Unterbrechung laufen. Eine **anisochrone** Übertragung besitzt im Gegensatz zur isochronen Pausen, wie beispielsweise bei einer Paketvermittlung. Im obigen Beispiel entspricht dies Stoß- oder Saisonarbeit.

1.3 Das ISO-Schichtenmodell

Das ISO-Schichtenmodell für OSI, auch als ISO-Referenzmodell oder OSI-Referenzmodell bezeichnet, ist ein einfaches, einprägsames Modell des gesamten Kommunikationssystems (lokales Netz, PC, WAN-Anbindung, Software etc.)

und soll sicherstellen, daß unterschiedliche Komponenten und Produkte verschiedener Hersteller störungsfrei und ohne Probleme bei der Inbetriebnahme zusammenarbeiten (ISO = international standard organisation, internationales Normungsgremium / OSI = open systems interconnection, Kopplung offener Systeme). Systeme, an die Geräte beliebiger Hersteller, jedoch mit genormten Schnittstellen und Protokollen etc. angeschlossen werden können, bezeichnet man als herstellerneutrale oder **offene Systeme**; Systeme, die Komponenten eines bestimmten Herstellers erfordern, bezeichnet man als **proprietär**.

Vom ISO-Schichtenmodell werden die Vorgaben abgeleitet, um die Schnittstellen zwischen den verschiedenen Systemen oder Komponenten zu definieren und dadurch offene, herstellerneutrale Netze zu ermöglichen. Darüber hinaus stellt das ISO-Schichtenmodell einen brauchbaren und leistungsfähigen Kompaß dar, um durch das komplexe Gebilde der Datentechnik sicher und effektiv zu navigieren. Das Modell unterteilt die gesamte Kommunikations- und Datentechnik in sieben aufeinander aufbauende Bereiche, die sog. Schichten. Es sei jedoch angemerkt, daß das ISO-Schichtenmodell ursprünglich für Kommunikations- und Vermittlungssysteme entwickelt wurde und nicht für lokale Netze. Daraus ergeben sich manche Schwierigkeiten und Kunstgriffe, wie etwa die Unterteilung von Schichten in LAN-Teilschichten etc.

Schicht 1: Physikalische Schicht, engl. physical layer, auch als Bitübertragungsschicht bezeichnet.
Nur die reine Übertragung von Signalen, deren Aufbereitung (bes. Regenerierung von Impulsflanken), Verstärkung und Wandlung (elektrisch/optisch, analog/digital) findet hier statt, jedoch keine Kontrolle oder Fehlerkorrektur. Zur Schicht 1 werden die Geräte und Komponenten gerechnet, die nötig sind, um irgendwelche Signale über ein Übertragungsmedium (Kabel, Leitungen, Luft, luftleerer Raum) zu übertragen oder den Zugang (Stecker, Antennen, etc.) dazu zu gewährleisten. Die Schicht 1 nimmt also die Anpassung (engl. interface) zwischen den Geräten des Netzbenutzers und dem Netzabschluß (Anschlußdose, NT (network termination) der Telekom, etc.) vor.
Sender, Empfänger, Schnittstellen wie RS 232/V.24, Stecker und einfache Signalregeneratoren wie Transceiver, Repeater, Schnittstellenvervielfacher (Fan Out Units, Multiport-Repeater), einfache Hubs, Ringleitungsverteiler, etc. gehören zur Schicht 1.
Das eigentliche Übertragungsmedium, also die verlegten Datenleitungen in den Kabelkanälen oder die Luft bei einem Funk-LAN ge-

hören nicht zur Schicht 1, sondern liegen darunter. Vereinzelt wird in der Literatur dabei von einer Schicht 0 (cabling layer) gesprochen.

Schicht 2: Sicherungsschicht, engl. data link layer.
Hierher gehören Maßnahmen zur Gliederung und Adressierung von Datenpaketen sowie Fehlererkennung und Fehlerkorrektur.
Die Schicht 2 ist bei LANs nochmals unterteilt in die untere Teilschicht 2a (MAC-Schicht, media access control), die den Zugriff auf das jeweilige Übertragungsmedium inclusive Adressen (MAC-Adressen) und Fehlerkontrolle regelt, und die obere Teilschicht 2b (LLC-Schicht, logical link control), zu der die vom Medienzugriff unabhängigen Funktionen gehören.
Brücken beispielsweise gehören zur Schicht 2.

Schicht 3: Vermittlungsschicht, engl. network layer, auch als Netzwerkschicht bezeichnet.
Hierher gehören Wegewahl und selbständiges Ausweichen auf alternative Wege sowie Back-up-Strategien.
Die Schicht 3 ist in drei Teilschichten unterteilt. Die Dienste der unteren Schicht 3a (subnetwork access) befassen sich mit den Protokollen der einzelnen (Teil-)Netze (Routing etc.). Die obere Schicht 3c (internet) befaßt sich mit den teilnetzunabhängigen Protokollen (globale Adressierung etc.). Die mittlere Schicht 3b (subnet enhancement) ergänzt die bisherigen Dienste mit den für die Schicht 3c benötigten Merkmalen.
Router beispielsweise gehören zur Schicht 3.

Schicht 4: Transportschicht, engl. transport layer.
Hierher gehören Kopplungen beliebiger Netze unterschiedlichster Teilnehmer in einem allgemein gültigen, globalen Adreßraum. Während in Schicht 3 meist immer nur Netze eines oder einer stark begrenzten Anzahl von Unternehmen etc. gekoppelt werden, findet die Kopplung eines Netzes an "die große weite Welt", wo jeder beliebige Teilnehmer erreichbar ist, auf Schicht 4 statt, ebenso der Übergang zwischen unterschiedlichen Netzwerkwelten. Hauptaufgabe der Schicht 4 sind Ende-zu-Ende-Fehlerkontrolle, also die Sicherstellung einer korrekten Übertragung zwischen den beiden Endpunkten einer Übermittlungsstrecke sowie Adreßumsetzung und Datensegmentierung.

Die Dienste der Schicht 4 werden in fünf Klassen mit jeweils unterschiedlicher Leistung eingeteilt:

Klasse 0: einfachste Klasse, keine Fehlerkontrolle, mit einer Verbindung wird genau ein Nachrichtenkanal realisiert, wie beispielsweise bei einer einfachen Telefonverbindung.

Klasse 1: Keine Fehlerkontrolle, jedoch Behebung der von Schicht 3 identifizierten Fehler, die dort nicht behoben werden können (einfache Fehlerbehandlung).

Klasse 2: Multiplexen. Pro Verbindung werden mehrere Nachrichtenkanäle realisiert, wie beispielsweise mehrere Fernsehprogramme (Kanäle) innerhalb des Frequenzbandes des Fernsehsenders (Verbindung) realisiert werden.

Klasse 3: Leistung der Klassen 1 *und* 2.

Klasse 4: Leistungen der Klasse 3 und zusätzlich Fehlererkennung und Fehlerkontrolle

Gateways beispielsweise arbeiten auf Schicht 4 (und je nach Software und Anforderungen auf höheren Schichten - für den Begriff "Gateway" existieren in der Literatur unterschiedliche Definitionen, stellenweise werden sie sogar zur Schicht 3 gerechnet).

Schicht 5: Kommunikationssteuerungsschicht, engl. session layer.
Hierher gehören Vorschriften und Software zur Synchronisierung von Prozessen und Zugriffsrechte.

Schicht 6: Darstellungsschicht, engl. presentation layer, auch als Präsentationsschicht bezeichnet.
Hierher gehören Datenformate, Datenstrukturen und Codierungsverfahren (*nicht* jedoch der Leitungscode wie z.B. der Manchestercode etc.):

Schicht 7: Anwendungsschicht, engl. application layer.
Hierher gehören alle anwendungsunterstützenden Dienste, wie beispielsweise Austausch und Verschieben von Dateien (engl. file transfer), Rechenaufträge an entfernte Systeme (engl. remote job entry), Versenden von Mails (Mitteilungen direkt zum PC statt auf Papier) etc. Das eigentliche Anwendungsprogramm wie beispielsweise Word, Excel, WordPerfect etc. gehört nicht hierher, Anwendungsprogramme benötigen bereits sieben fertige Schichten (früher wurde das Anwendungsprogramm oftmals auch zu dieser Schicht gerechnet, dies hat sich jedoch als unzweckmäßig erwiesen).

12

Die Schichten 1 bis 4 gehören zur Nachrichtentechnik, die Schichten 5 bis 7 zur Systemtechnik. Sehr salopp gesprochen kann man in den nachrichtentechnischen Schichten noch (irgendwie) mit einem Schraubenzieher arbeiten, in den systemtechnischen nicht.

Dadurch sind besonders Kopplungen unterschiedlicher (Gesamt-)Netze verschiedener Hersteller zumindest von der Theorie her einfach - die Praxis hält dann doch diverse Überraschungen und Herausforderungen bereit. Konkrete Beispiele zu Kopplungen unterschiedlicher Netze werden im Kapitel 4 bei den jeweiligen aktiven Netzwerkkomponenten angeführt, zur Verdeutlichung des Schichtenmodells jedoch untenstehend ein Beispiel als Vorgriff.

7	Anwendungsschicht (application layer)	
6	Darstellungsschicht (presentation layer)	Systemtechnik
5	Kommunikationssteuerungsschicht (session layer)	
4	Transportschicht (transport layer)	
3	Vermittlungsschicht (network layer)	Nachrichten-technik
2	Sicherungsschicht (data link layer)	
1	Physikalische Schicht (physical layer)	

Bild 1.2: Das ISO-Schichtenmodell

Beispiel 1.3
Ein Anwender aus der Abteilung Konstruktion möchte auf Daten auf dem Server der Abteilung Fertigungsplanung zugreifen. Die beiden Abteilungen besitzen jeweils ein eigenes, autarkes Netz (Insellösung) vom Typ Ethernet. Bestimmte andere Anwender sollen ebenfalls auf die Daten bei Bedarf zugreifen können, jedoch sollen die beiden Netze prizipiell selbständig bleiben und nicht von Memos, Mitteilungen und unbeabsichtigten Datenströmen der anderen Abteilung überflutet werden, um Datendurchsatz (Performance) und Netzlast in vernünftigen Grenzen halten.

Also: - gleicher Netztyp
             - Netze weiterhin eigenständig
             - Kopplung bei konkretem Bedarf

Kopplung auf Schicht 1 scheidet aus, da die Netze dann physikalisch permanent zu einem einzigen Netz zusammengeschaltet würden.

Kopplung auf Schicht 2 ist möglich, Adressierung sowie Blockieren von Daten oder Mitteilungen, die nicht für die anderen Teilnetze bestimmt sind, sind in Schicht 2 mit einer Bridge möglich. Um unbeabsichtigte Datenströme und Datenpakete "an alle" (sog. Broadcasts) jedoch zu verhindern, sind entsprechende Filter als Zugriffsselektion zu setzen.

Kopplung auf Schicht 3 oder höher ist nicht nötig, da die zusätzlichen Funktion und Dienste der Schicht 3 für diese einfache Anwendung nicht benötigt werden. Der zu treibende (und zu finanzierende!) Aufwand steigt mit jeder Schicht deutlich an.

Grafisch sieht die Kopplung auf Schicht 2 mit einer Brücke (Bridge) dann wie folgt aus:

Anwender in der
Konstruktionsabteilung

Server der
Fertigungsplanung

Anwender in der Konstruktionsabteilung	Ethernet-Brücke (Bridge)	Server der Fertigungsplanung
7		7
6		6
5		5
4		4
3		3
2	2	2
1	1 1	1
Übertragungsmedium (z.B. Kat. 5-Ltg.)		Übertragungsmedium

Bild 1.3: Kopplung zweier Netze auf Schicht 2 mit einer Brücke

Das ISO-Schichtenmodell kann also als eine Art "Baukasten" betrachtet werden, um Netze und besonders Netzkopplungen zu planen und erfolgreich umzusetzen. Die einzusetzende Komponente oder das benötigte Teilsystem muß dabei nur auf die *direkt* darunterliegende und *direkt* darüberliegende Schicht Rücksicht nehmen.

Man spricht hier auch vom sog. **peer-to-peer-protocol**, was nichts anderes bedeutet, als daß die Dienste der einzelnen Schichten die Existenz der anderen Schichten weitgehend außer acht lassen und sich quasi immer nur mit Gleich-

14

rangigen (engl. peer) unterhalten (Beispiel: Zwei Router "unterhalten" sich immer auf Schicht 3, ein Router (Schicht 3) und eine Brücke (Schicht 2) "reden
aneinander vorbei"). Dabei ist die Schnittstelle zwischen den Schichten besonders wichtig, was sich innerhalb der anderen Schichten abspielt, ist für die
Komponente der betrachteten Schicht völlig egal.

Die einzelnen Schichten bzw. die zugehörigen Komponenten und Teilsysteme
verhalten sich im Idealfall also wie Puzzleteile, die mit und durch definierte
Schnittstellen zueinander passen und präzise ineinandergreifen (wie beim
Puzzle empfiehlt es sich jedoch auch für Datensysteme zu untersuchen, ob die
ineinandergreifenden Bausteine auch tatsächlich ein funktionierendes und leistungsfähiges Ganzes ergeben oder ob sich vielleicht doch falsche Teile mit
nur zufällig passenden Schnittstellen eingeschlichen haben - ein rotes Puzzle-
teil verdirbt trotz absolut passenden Schnittstellen die Freude am Gesamtbild,
wenn es mitten in einem Bereich blauen Himmels eingebaut wird. Nur ein System, dessen Teilsysteme und Komponenten bis ins Detail sauber aufeinander
abgestimmt sind, funktioniert auch wirklich hundertprozentig.

2 Das physikalische Netz - Verkabelung und Anschlußtechnik

Das physikalische Netz als Übertragungsmedium ist unterhalb der Schicht 1 des ISO-Schichtenmodells angesiedelt. Vereinzelt wird in der Literatur für das Übertragungsmedium eine "Schicht 0" als Verkabelungsschicht (engl. cabling layer) behelfsweise definiert, die im ISO-Schichtenmodell jedoch nicht vorgesehen ist. Das Übertragungsmedium, also Datenleitungen in den Kabelkanälen, Luft bei Funk-LANs oder der luftleere Raum bei Satellitenübertragungen wird beim ISO-Schichtenmodell quasi "als gegeben" vorausgesetzt. In Schicht 1 wird der Netzzugang mit Steckertyp, Schnittstellen (V.24, Ethernet-Protokoll) etc. vom Nutzer zum Netzabschluß (Anschlußdose, NTBA der Telekom etc.) definiert. Da das Netz, bestehend aus Kabeln, Leitungen, Steckern, Schränken mit Verteilfeldern etc. keinen Strom zum Betrieb benötigt, wird es auch als passives Netz bezeichnet, im Gegensatz zum sog. aktiven Netz, dem die entsprechenden aktiven Komponenten (Transceiver, Repeater usw.) zugeordnet werden.

2.1 Schränke und Zubehör

Datenverteilerschränke, auch als DV-Schränke, Communidranten etc. bezeichnet, bilden zentrale Punkte der DV-Verkabelung. Vom DV-Schrank verlaufen die Datenleitungen meist sternförmig zu den Datenanschlußdosen (Raumanschlußdosen, engl. outlets) in den einzelnen (Büro-)Räumen und enden im Schrank auf Verteilfeldern (Rangierfeldern, engl. patch panels). Die Verteilfelder sind wie eine größere Ansammlung von Datendosen gestaltet, jeder Anschluß im Verteilfeld ist durch eine Datenleitung mit einer Datenanschlußdose in einem (Büro-)Raum verbunden. Mit Rangierleitungen (Patchkabeln, engl.

patch cords) wird auf einen Steckplatz (engl. port) einer aktiven Netzwerkkomponente rangiert. Dadurch wird die Verbindung von der aktiven Netzwerkkomponente als Koppelelement zum Datenendgerät (PC, Terminal, Drukker etc.), das an die Raumanschlußdose angeschlossen ist, geschaffen. Dies gilt für die Verkabelung mit Kupferdatenleitungen und Glasfaserleitungen (Lichtwellenleiter, kurz LWL) gleichermaßen.

In den DV-Schrank werden aktive Netzwerkkomponenten wie Hubs, Ringleitungsverteiler, Leitungsanschlußeinheiten etc. eingebaut. Im oder neben dem Schrank werden auch Server aufgestellt, falls sie nicht zu einem zentralen Rechnerraum oder einer Serverfarm zusammengefaßt werden. Bei mehreren Schrankstandorten werden die Schränke untereinander mit LWL, teilweise auch mit Kupferleitungen verbunden (sog. Backbonestruktur, von engl. backbone = Rückgrat).

Schränke können unterschiedlich ausgestattet werden. Durchgesetzt hat sich der 19-Zoll-Schrank, d.h. sämtliche Einbaukomponenten sind 19 Zoll (ca. 48 cm) breit. 19-Zoll-Komponenten werden an vertikale Holme geschraubt. Einfachere Holme bieten ein Lochraster, in das Käfigmuttern eingeklipst werden, an denen dann die Komponenten und die Verteilfelder befestigt werden. Bessere Systeme besitzen Aluminiumholme mit einer sog. T-Nut, die ein stufenloses Verschieben und ein stufenloses, rasterloses Einbauen der ganzen Schrankeinbauten ermöglichen. Empfehlenswert ist es, nicht nur vorn, sondern auch im hinteren Bereich, also quasi in jeder Ecke, einen senkrechten Holm einzubauen, um z.B. Fachböden für schwere Komponenten nicht nur vorne sondern auch hinten festschrauben zu können. Die Stabilität des Schrankes wird dadurch deutlich erhöht. Schränke gibt es in Festbauweise, also den Schrank am Stück, oder auch modular und voll zerlegbar, so daß sie auch durch sehr enge Türen etc. eingebracht werden können. Die Kabeleinführung kann von unten oder von oben erfolgen, auch von der Seite sind bei entsprechenden Schränken Kabeleinführungen möglich. Durchgesetzt hat sich jedoch meistens die Kabeleinführung von unten oder von oben. Ein Schrank sollte in jedem Falle mit einem Lüfter und einem Thermostat ausgestattet werden, um die von den aktiven Komponenten erzeugte warme Luft abtransportieren zu können. Empfehlenswert ist ein angehobenes Dach, um die Luft auszublasen sowie Filtermatten, damit die Lüfter nicht den ganzen Staub aus der Umgebung in den Schrank hineinsaugen und somit Schaden an den aktiven Komponenten hervorrufen; eine weitere Gefahr ist das Verstauben der Kontakte in den Rangier- oder Patchfeldern.

Sinnvolles Schrankzubehör ist eine Schaltschrankbeleuchtung mit einem Tür-kontaktschalter sowie Kabelrangiersprossen zur vertikalen und Rangierösen zur horizontalen Führung von Patchkabeln. Der Schrank wird dadurch sehr viel übersichtlicher, die Rangierungen sehr viel transparenter.

Ein Schrank sollte bei einer Erstplanung nur zu ca. 2/3 belegt werden, um späteres Nachrüsten und nachträgliche Einbauten problemlos zu ermöglichen. Bei Schrankstandorten sollte auch immer ein Reserveplatz für mindestens ei-nen Schrank vorgehalten werden. Empfehlenswert ist die Zugänglichkeit von mindestens zwei Seiten, so daß die Schrankeinbauten und die aufgelegten Lei-tungen auch bei einer nachträglichen Verkabelung oder bei nachträglichen Ar-beiten einigermaßen vernünftig zugänglich sind. Ein Schrank muß in jedem Fall geerdet und in ein gutes Erdungskonzept der gesamten DV- und Elektro-maßnahme einbezogen werden. Die Erdung eines DV-Schrankes sollte durch eine ungeschnittene Leitung mit 16 mm² Querschnitt von der Potentialaus-gleichsschiene, auf der auch die Zuleitungen für die Spannungsversorgung der aktiven Netzwerkkomponenten im Schrank aufgelegt sind, erfolgen, um Poten-tialunterschiede und Ausgleichsströme zu vermeiden. Zur Überwachung von Temperatur, Spannung, Brand, Zugang etc. gibt es heutzutage bereits Schrank-kontrollsysteme, die auch mit einem SNMP-Agent in das Netzwerkmanage-mentsystem integriert werden können. Der Schrankstandort wandelt sich somit vom rein passiven Stern- und Verteilpunkt zu einer managebaren Unterzentra-le des Gesamtsystems.

Weiteres sinnvolles Zubehör sind ausziehbare Fachböden, Schubladen, Schranksockel zur Aufnahme von Leitungsreserven sowie 230 V-Steckdosen-leisten. Bei Ausstattung mit einer Glastüre sind Meldungen und Kontrolleuch-ten der Komponenten auch bei geschlossenem Schrank ablesbar. Für DV-Schränke werden auch Klein-Klimaanlagen angeboten.

2.2 Kupferverkabelung

2.2.1 Signalausbreitung auf Kupferleitungen

In diesem Kapitel werden die einfachsten Grundlagen der Signalausbreitung auf **Kupferleitungen** (oder allgemein Leitungen aus Metall) dargestellt. Die

18

Darstellungen gelten für sog. **TEM-Leitungen** (transversal elektromagnetisch), also für Koaxial-, Twinax- und Paralleldrahtleitungen mit verdrillten Paaren (engl. twisted pair).

Die mathematische und physikalische Darstellung zeitlich und räumlich variabler elektromagnetischer Felder und Wellen ist außerordentlich komplex. Die Maxwellschen Gleichungen stellen dabei lediglich die Spitze eines Eisberges dar und jeder, der jemals mit der Theorie von Feldern und Wellen konfrontiert wurde, wird diese Aussage bestätigen. Der interessierte Leser sei daher auf das Studium der zahlreichen und anspruchsvollen Literatur verwiesen. Sehr, sehr stark vereinfacht kann man sich die **Signalausbreitung** wie die Ausbreitung einer Schall- oder Druckwelle vorstellen: An einem Ende der Leitung führt (irgendein) Impuls zu einer wie auch immer gearteten Welle, die der Leitung entlang läuft und an deren anderem Ende zu irgendeinem Resultat führt - ähnlich wie wenn man in ein Ende einer leeren Wasserleitung hineinschreit und eine andere Person das Geschrei am anderen Ende noch versteht, abhängig von den jeweiligen Leitungseffekten (Biegungen, Abzweigungen etc.) und Leitungsverlusten (Dämpfung etc.). Genauere Vorstellungen würden uns bereits in die oben angeführte höhere Mathematik (Vektoranalysis, Differentialgleichungssysteme etc.) führen.

Auf die verschiedenen Leitungsarten und deren Besonderheiten wird im nachfolgenden Kapitel 2.2.2 näher eingegangen. Eine der wichtigsten Kenngrößen allgemein ist der sog. **Wellenwiderstand**, also der Widerstand, den die der Leitung entlanglaufende Welle "sieht". Der Wellenwiderstand (auch als **Impedanz** bezeichnet) ist frequenzabhängig, der jeweils angegebene Zahlenwert gilt nur für einen bestimmten Frequenzbereich. Wenn an eine Leitung Geräte oder weitere Leitungen angeschlossen werden, so müssen diese denselben Wellenwiderstand besitzen oder an den Wellenwiderstand der Leitung angepaßt werden. Bei Fehlanpassungen kommt es sonst zu **Reflexionen**, d.h. ein Teil der elektromagnetischen Welle wird an der Übergangsstelle (Stoßstelle) reflektiert, was zu Verfälschungen und schlimmstenfalls zu Schäden führen kann. Die **Dämpfung** (engl. attenuation) des Signals (Einheit Dezibel, kurz dB) gibt an, wieviel schwächer ein Signal beim Emfänger ankommt als es beim Sender abgeschickt wurde. Die Dämpfung einer Leitung sollte möglichst niedrig sein. Als **Nebensprechen** (engl. crosstalk) wird die Beeinflussung eines Leitungselementes durch ein anderes Leitungselement bezeichnet (beim Telefonieren beispielsweise äußert sich das Nebensprechen dadurch, daß man stellenweise die Gespräche anderer Gesprächsteilnehmer mitanhören kann). Als **Nahnebensprechen** wird das Nebensprechen bezeichnet, das noch in der Nähe des Senders auftritt (Senderausgang, Stecker, Anschlußdose, erste Kabelmeter). Die **Nahnebensprechdämpfung** (engl. near end crosstalk, abgekürzt NEXT) des Signales (Einheit dB) sollte möglichst groß sein.

Das Verhältnis aus Dämpfung und Nahnebensprechdämpfung wird als sog. **ACR** (engl. attenuation to crosstalk ratio) bezeichnet und ist ein sehr praktischer Wert, da dieses Verhältnis die Qualität einer Leitung sehr viel besser charakterisiert als die beiden einzelnen Werte allein. Die Einheit des ACR-Wertes ist ebenfalls dB, und falls die Werte für Dämpfung und Nahnebensprechdämpfung ebenfalls in dB vorliegen, kann er sehr einfach durch Subtraktion ermittelt werden:

$$ACR\ [dB]\ =\ NEXT\ [dB]\ -\ a\ [dB] \tag{2.1}$$

Und als reines Verhältnis, also alle drei nicht in dB:

$$ACR\ =\ \frac{NEXT}{a} \tag{2.2}$$

Der ACR-Wert darf *nicht* mit dem **Signal-Rauschabstand** oder **Geräuschabstand S/N** (engl. signal to noise ratio) verwechselt werden! Dieser gibt an, wievielfach das zu übertragende Signal stärker ist als ein latent vorhandenes Rauschsignal (beispielsweise beim Telefonieren, wievielfach stärker das Sprachsignal gegenüber dem "Rauschen in der Leitung" ist), Einheit ist auch hier dB.

Eine weitere wichtige Kenngröße ist die **Signalausbreitungsgeschwindigkeit** v_P, auch als **Phasenausbreitungsgeschwindigkeit** (engl. propagation rate) bezeichnet. Sie gibt an, wie schnell sich das Signal entlang der Leitung bewegt und wird als Prozentwert der Vakuumlichtgeschwindigkeit c (rund 300.000 m/s) angegeben (eine elektromagnetische Welle breitet sich im Vakuum genau so schnell aus wie Licht, das auch als elektromagnetische Welle aufgefaßt werden kann). Die Ausbreitungsgeschwindigkeit sollte möglichst hoch sein. Da die zwei Leiter, also die beiden Drähte bei Paralleldrahtleitungen oder Außen- und Innenleiter bei Koaxialleitungen (mehr zu den einzelnen Leitungstypen im folgenden Kapitel 2.2.2) stark vereinfacht wie zwei Platten eines Kondensators wirken, ist der **Kapazitätsbelag** einer Leitung (Einheit Farad bzw. Pikofarad pro m, kurz F/m bzw. pF/m) ebenfalls eine wichtige Größe, denn er ist mitverantwortlich für Verluste im Hochfrequenzbereich. Der Kapazitätsbelag (Einheit F/m) ist die Kapzität (Einheit F) einer Leitung bezogen auf eine bestimmte Länge (Einheit m); in vielen Datenblättern und Meßprotokollen wird er fälschlicherweise nur als **Kapazität** bezeichnet.

2.2.2 Leitungstypen

Wie bereits in Kapitel 2.2.1 erwähnt, werden in diesem Buch nur Kupferleitungen von TEM-Typ behandelt. TEM steht für transversal elektromagnetisch und bedeutet, daß die Feldlinien des elektrischen und des magnetischen Feldes senkrecht zur Ausbreitungsrichtung der elektromagnetischen Welle stehen. Zu den hier behandelten TEM-Leitungen gehören Koaxial- und Paralleldrahtleitungen. Koaxialleitungen bezeichnet man auch als unsymmetrische Leitungen (engl. unbalanced), Paralleldrahtleitungen als symmetrisch (engl. balanced). Zum Übergang zwischen symmetrischen und unsymmetrischen Leitungen ist ein sog. Balun (<u>bal</u>anced - <u>un</u>balanced) als Adapter zwischen den einzelnen Leitungstypen und zur Anpassung der Wellenwiderstände notwendig.

2.2.2.1 Koaxialleitungen

Koaxialleitungen bestehen aus einem Leiter, der vom zweiten Leiter wie von einer Röhre, bestehend aus einem Geflecht dünner Metallfäden umschlossen ist (bildhaft: ein Spaghetti als sog. Innenleiter in einer Maccaroni als sog. Außenleiter). Manchmal befindet sich um das Ganze noch ein zusätzliches Geflecht aus dünnen Metallfäden als zusätzlicher Schirm. Die beiden Leiter haben eine gemeinsame Mittelachse, man sagt, sie sind koaxial.

Für LANs sind hauptsächlich drei Typen von Koaxialleitungen interessant. Aus den Tagen des klassischen Ethernets stammt das sog. **Yellow Cable** ("gelbes Kabel"), das seinen Namen von der gelben Farbe des Außenmantels hat. Das Yellow Cable besitzt einen Wellenwiderstand von 50 Ω bei 10 MHz und einen Außendurchmesser von ca. 1 cm. Es besitzt einen zusätzlichen Geflechtschirm und ist recht starr und unflexibel.

Das preiswertere **Thin Wire** ("dünner Draht") nach Spezifikation DEC 1701248 ist sehr viel dünner, flexibler und preiswerter als das Yellow Cable.

Es besitzt einen Wellenwiderstand von ebenfalls 50 Ω und einen grauen Außenmantel. Sehr viel weiter verbreitet ist das **RG 58** mit ebenfalls 50 Ω Wellenwiderstand. Das RG 58 ist wie das Thin Wire dünner und flexibler als das Yellow Cable und besitzt einen schwarzen Außenmantel. RG 58 mit zusätzlichem Geflechtschirm ist mit einem meist roten Außenmantel erhältlich.

Darüber hinaus sind noch Koaxialkabel mit 75 Ω Wellenwiderstand für Breitbandnetze und Richtfunk und das RG 62 mit 93 Ω Wellenwiderstand für IBM-Terminalnetze im Einsatz.

2.2.2.2 Paralleldrahtleitungen

Paralleldrahtleitungen bestehen aus zwei gleichen Leitern, die parallel nebeneinander geführt werden (bildhaft: zwei Spaghetti nebeneinander). Bei verdrillten Paralleldrahtleitungen (engl. twisted pair) sind die beiden Leiter umeinander gewickelt (bildhaft: Zöpfchen aus zwei weichen Spaghetti). Die Verdrillung führt zu besseren EMV-Eigenschaften im Hinblick auf Störabstrahlung und Störfestigkeit und hat Einfluß auf den Wellenwiderstand. Paralleldrahtleitungen bilden den Löwenanteil der im LAN-Bereich eingesetzten Datenleitungen und besitzen hier immer verdrillte Leiterpaare. Davon existieren fünf wichtige Typen:

Sternvierer: Die einzelnen Adern sind nicht wie bei den anderen vier Typen paarweise verdrillt, beim Sternvierer werden vier Adern umeinandergewickelt (verseilt). Sternvierer werden im LAN-Bereich eher selten eingesetzt.

UTP, engl. unshielded twisted pair: Die Adern sind paarweise verdrillt und besitzen keinen zusätzlichen Schirm. Im amerikanischen Sprachgebrauch ist UTP gleichbedeutend mit 100 Ω Wellenwiderstand (unabhängig vom Kabelaufbau), dies trifft auf den europäischen Raum jedoch nicht zu, hier sind UTP-Leitungen mit 100 Ω und 150 Ω Wellenwiderstand erhältlich.

S/UTP, engl. sreened unshielded twisted pair: Hierbei handelt es sich quasi um eine UTP-Leitung, die zusätzlich mit einem Gesamtschirm versehen wurde. Dieser Gesamtschirm besteht aus einem Geflecht dünner Metallfäden und kann je nach Hersteller noch mit einer dünnen Metallfolie verstärkt sein.

STP, engl. shielded twisted pair: Bei diesem Leitungstyp sind die einzelnen Aderpaare von einem Folienschirm umgeben, also quasi in dünne Metallfolie eingewickelt. Einen Gesamtschirm, der alle Aderpaare umgibt, gibt es hier nicht. Im amerikanischen Sprachgebrauch ist STP gleichbedeutend mit 150 Ω Wellenwiderstand (unabhängig vom Kabelaufbau), für den europäischen Raum trifft dies nicht zu, hier sind STP-Leitungen sowohl mit 100 Ω als auch mit 150 Ω Wellenwiderstand erhältlich.

S/STP, engl. screened shielded twisted pair: Hierbei handelt es sich um die Datenleitungen mit dem höchsten Schirmungsaufwand. Die einzelnen Aderpaare sind, wie bei normalen STP-Leitungen, von einem Metallfolienschirm umgeben. Die so geschirmten Aderpaare sind zusätzlich mit einem Gesamtschirm aus einem Geflecht dünner Metallfäden umgeben.

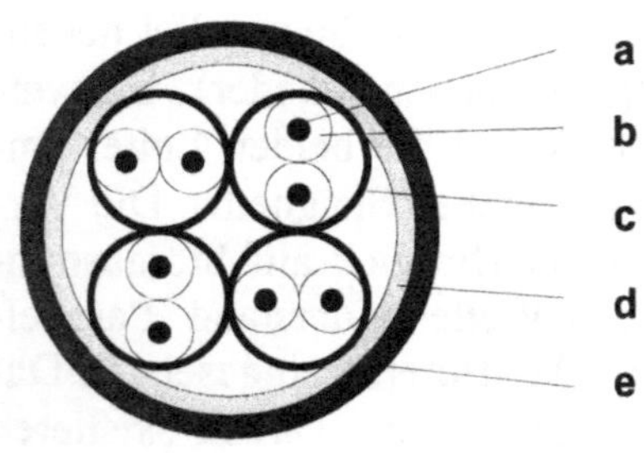

a: blanker Kupferdraht
b: Isolierung aus Zell-PE
c: Aluminium-kaschierte Polyesterfolie, Metallseite außen (Paarschirm)
d: verzinntes Kupfergeflecht (Gesamtschirm)
e: Außenisolation aus halogenfreiem Compound oder aus PVC

Bild 2.1: Aufbau einer achtadrigen S/STP-Datenleitung (Quelle: KERPEN special)

S/STP-Leitungen bieten deutlich höhere Leistungsreserven als S/UTP. Dies könnte im Hinblick auf die Entwicklungen der nächsten Jahre im Kommunikationsbereich (Kommunikationsgeräte mit gleichzeitigen DV- und Telefonfunktionen und evtl. Bildübertragung) wichtig werden. Erfahrungsgemäß wird der Bedarf an Übertragungsbandbreite weiter steigen, hier kann in einem gewissen Bereich jedoch auch durch geeignete Codierungsverfahren mittelfristig Abhilfe geschaffen werden.

Es ist jeweils für die konkreten und mittelfristig zu erwartenden Anwendungen zu prüfen, ob die höheren Kosten für die Leistungsreserven gerechtfertigt sind, die Tendenz geht jedoch bereits seit den letzten Jahren zu Leitungen mit größtmöglichen Leistungsreserven, um eine sehr teure Neuverkabelung nach nur wenigen Jahren Nutzungsdauer weitestgehend zu vermeiden.

IBM-Typen: In vielen bestehenden Netzen sind Leitungen verlegt, die nach Typen der Fa. IBM klassifiziert sind. Die wichtigsten davon sind:

Typ 1: S/STP, 150 Ω Wellenwiderstand, recht starr, mit großem Biegeradius

Typ 1 mini: wie Typ 1, jedoch kleinerer Querschnitt und nicht so starr

Typ 1 A / 1 A mini: wie Typ 1 bzw. 1 mini, jedoch mit besseren elektrischen Werten

Typ 9: wie Typ 1 mini (hauptsächlich in den USA gebräuchlich)

Im deutschen Sprachgebrauch bezeichnet man Leitungen mit einem Folienschirm um die einzelnen Aderpaare (also STP und S/STP) auch als sog. **PiMF**-Leitungen (Paare in Metall-Folie). S/STP-Leitungen bieten den besten Schutz und die größten Reserven im Hinblick auf die elektromagnetische Verträglichkeit (EMV).

In den Kabelkanälen werden eindrähtige Leitungen, d.h., die einzelnen Adern bestehen aus einem einzigen Draht, verlegt. Rangier- und Anschlußleitungen werden in mehrdrähtiger Ausführung geliefert, d.h. die einzelnen Adern bestehen aus mehreren feinen Drähten und sind dadurch recht flexibel, während die eindrähtigen Installationsleitungen eher starr sind.

Alle guten Datenleitungen sind heutzutage in halogenfreier Ausführung erhältlich. Dies bedeutet, daß der Kunststoffmantel kein PVC oder ähnliche Stoffe mit Halogenverbindungen (Fluor, Chlor, Brom, Jod) enthält. Halogenierte Kohlenwasserstoffe wie beispielsweise PVC entwickeln im Brandfall sehr giftige und agressive Gase und bilden bei Kontakt mit Wasser Säure (bei PVC Salzsäure), die Menschen, Geräte und das Gebäude selbst gefährden und selbst Beton zerstören. Daher sollten nur noch halogenfreie Leitungen eingesetzt werden, Brandlasten geplanter Kabelwege müssen in jedem Falle beachtet werden.

Auf spezielle Anforderungen, wie maximale Leitungslängen, zulässige Dämpfungswerte etc., wird in Kapitel 2.4 (Strukturierte Verkabelung) und in den Kapiteln über die einzelnen Netztypen (Kapitel 3.2 ff.) ausführlich eingegangen.

Die Größe der einzelnen Adern wird entweder in mm² oder in AWG (engl. american wire gauge) angegeben. Die wichtigsten AWG-Größen sind hierbei:

Leiterabmessungen in AWG-Angabe	Durchmesser in mm ca.	Querschnitt in mm² ca.
26	0,41	0,13
24	0,51	0,21
23	0,57	0,30
22	0,64	0,33
20	0,81	0,52
18	1,02	0,82

Auf den Leitungen wird der Leitungstyp meist in Form von Typenkurzzeichen aufgedruckt. Die wichtigsten Typenkurzzeichen für Datenleitungen im Überblick (Quelle: KERPEN special):

Typenkurzzeichen

Leiter:

v   verzinnt (blank: keine Angabe)

Aderisolation:

02YS   Zell PE mit Skin-Schicht (foam skin PE)

Abschirmung:

C   Geflecht aus Cu-Drähten
(St)   Gesamtschirm aus Alu-kaschierter Kunststoffolie oder Metallfolie mit Cu-Beilitze oder Cu-Beidraht
(St+C)   Gesamtschirm aus Alu-kaschierter Kunststoffolie oder Metallfolie in Kombination mit Cu-Geflecht
(St+Ce)   Gesamtschirm aus Alu-kaschierter Kunststoffolie oder Metallfolie mit Cu-Beilitze oder Cu-Beidraht in Kombination mit Cu-Geflecht

Einzelabschirmung:

PiMF   Paar in Metallfolie, Paarschirm aus Alu-kaschierter Kunststoffolie
              mit oder ohne Cu-Beidraht oder Cu-Beilitze

Außenmantel:

Y   PVC (Polyvinylchlorid)
2Y   PE (Polyäthylen)
H   Halogenfreier Compound

2.2.2.3 Twinaxleitungen

Twinaxleitungen stellen ein Mittelding zwischen Koaxialleitungen und Paralleldrahtleitungen dar: Zwei parallele Leiter verlaufen wie bei Koaxleitungen
umhüllt von einer Isolierung in einer gemeinsamen Schirmhülle (bildhaft:
zwei Spaghetti in einer großen Maccaroni). Twinaxleitungen sind heutzutage
praktisch ohne große Bedeutung.

2.2.3 Steckertypen und Anschlußdosen

2.2.3.1 Stecker und Dosen für Koaxialleitungen

N-Stecker für Yellow Cable

Bild 2.2: N-Stecker und -Kupplung (Quelle: AMP)

26

Für das sogenannte Yellow Cable (siehe Kapitel 2.2.2.1 Koaxialleitungen) wurde von der amerikanischen Marine der N-Stecker (engl. navy connector = Marine-Verbinder) entwickelt, der wie eine Überwurfmutter bei Schläuchen oder Wasserrohren durch Drehen festgeschraubt wird. Diese Steckverbindung wirkt selbstreinigend, da die Spitze der inneren Leitung in eine nachgiebige Hülse kleineren Durchmessers gepreßt wird und so Verunreinigungen und Ablagerungen entfernt werden. An das Yellow Cable wird kein Gerät direkt, sondern nur über Adapter (sog. Transceiver mit AUI-Schnittstelle, siehe Kapitel 3.2.3 10Base-5) angeschlossen, für das Yellow Cable gibt es somit keine Anschlußdose, es sind jedoch Kupplungsstücke zum Verbinden zweier Leitungsstücke erhältlich.

BNC

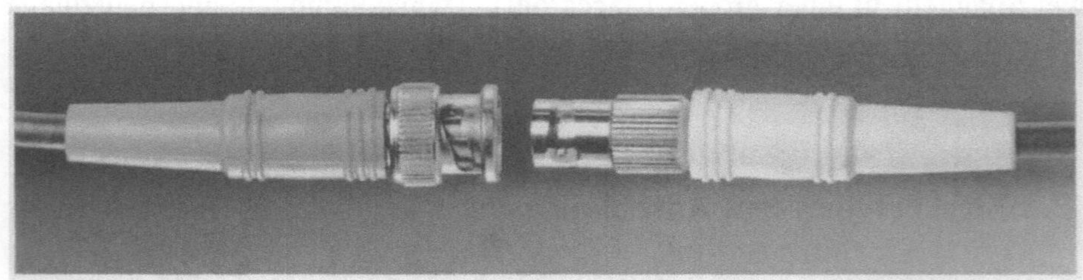

Bild 2.3: BNC-Stecker und -Kupplung (Quelle: AMP). Dose: immer Kupplung

Auch dieser Stecker wurde von der amerikanischen Marine entwickelt und wird, deshalb als BNC-Stecker (engl. bajonet navy connector) bezeichnet. Er ist kleiner als der Stecker des Yellow Cables und wird im Gegensatz zu diesem nicht geschraubt, sondern nur gedreht und rastet mit Federdruck ein.

Zwei Leitungsstücke mit Steckern können über ein Mittelstück direkt verbunden werden. Für Dreierverbindungen, wenn ein Gerät zusätzlich angekoppelt werden soll, sind T-Stücke mit drei Anschlüssen erhältlich.

Um eine Anschlußdose zu montieren, wird die verlegte Koaxialleitung durchgetrennt und beide Hälften mit Steckern versehen. Die Anschlußdose hat auf der hinteren Seite, die in der Wand oder dem Kabelkanal verschwindet, zwei Buchsen, auf die die Stecker der beiden Leitungsstücke dann gesteckt werden.

Anschlußdosen gibt es als unterbrechungsfreie und nicht unterbrechungsfreie Varianten. Die ursprünglichen, nicht unterbrechungsfreien Dosen besitzen vorne zwei Anschlußbuchsen, an die die beiden Leitungen zum Endgerät (oftmals als Doppelleitung ausgeführt) angeschlossen werden. An die Buchse des Endgerätes werden diese beiden Leitungen dann über ein T-Stück angeschlossen. Wird die Dose nicht benutzt, so muß sie vorne durch ein kurzes Leitungsstück anstelle der Anschlußleitung überbrückt werden, da das Netz sonst an dieser Stelle unterbrochen ist.

Unterbrechungsfreie Anschlußdosen gibt es als Einfach- und als Doppeldosen. Wird kein Gerät angeschlossen, so überbrücken diese Dosen die Anschlußbuchsen auf der Vorderseite automatisch, sie erlauben so Anschluß und Abbau von Endgeräten bei laufendem Netzbetrieb. Einfachdosen besitzen auf der Vorderseite eine Buchse zum Anschluß des Gerätes, das mit einer einfachen Koaxialleitung angeschlossen wird. Die Dose wirkt bereits als T-Stück. Bei einer Doppeldose ist diese Vorrichtung doppelt ausgeführt, sie besitzt zwei Anschlußbuchsen, an die zwei Endgeräte mit einfachen Koaxialleitungen angeschlossen werden.

Eckdaten/Beachten:

▷ Leitungen von der Anschlußdose zum Endgerät bei Ermittlung der Gesamt-Leitungslänge **doppelt** zählen (Signalweg 1 x hin, 1 x zurück)

▷ erste und letzte Dose, an die hinten ja nur ein Leitungsstück angeschlossen wird, an der anderen hinteren Buchse mit dem entsprechenden Abschlußwiderstand versehen, sonst gibt es Störungen durch Signal-Reflexionen

▷ nicht benötigte nicht unterbrechungsfreie Dosen immer mit kurzer Leitungsbrücke an den vorderen Buchsen überbrücken, sonst ist das Netz an dieser Stelle unterbrochen.

EAD

Der EAD-Stecker (Endgeräte-Anschluß-Dose) einer sog. EDA-Anschlußleitung (Ethernet Duplex Anschlußleitung) ist strenggenommen ein Stecker für eine Paralleldraht-Anschlußleitung, wird jedoch ausschließlich in Koaxialnetzen eingesetzt. Die EDA-Leitung besitzt am anderen Ende einen BNC-Stecker, der an das Endgerät angeschlossen wird.

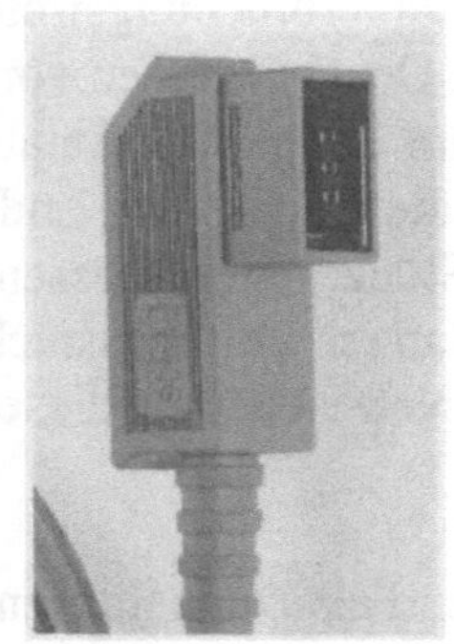

Bild 2.4: EAD-Stecker
     (Quelle: Ackermann)

Bild 2.5: EAD-Anschlußdose
     (Quelle: Ackermann)

Die EAD-Anschlußdose, erhältlich als Einfach- und als Doppeldose, ist unterbrechungsfrei und erlaubt Anschluß und Abbau eines Endgerätes bei laufendem Netzbetrieb. Die EAD-Buchse ist der TAE-Buchse der Telekom sehr ähnlich, jedoch sind im Gegensatz zu dieser die Führungsnuten unsymmetrisch angeordnet (in der Dose oben rechts und unten links, sog. Codierung "M"). Der Anschluß an die verlegte Gebäude-Koaxialleitung erfolgt wie bei der BNC-Dose über zwei BNC-Buchsen auf der Rückseite.

Eckdaten/Beachten:

▷ Leitungen von der Anschlußdose zum Endgerät bei Ermittlung der Gesamt-Leitungslänge **doppelt** zählen (Signalweg 1 x hin, 1 x zurück)

▷ erste und letzte Dose, an die hinten ja nur ein Leitungsstück angeschlossen wird, an der anderen hinteren Buchse mit dem entsprechenden Abschlußwiderstand versehen, sonst gibt es Störungen durch Signal-Reflexionen.

2.2.3.2 Stecker und Dosen für Paralleldrahtleitungen

RJ-45

Der achtpolige RJ-45-Stecker, auch als Western-Stecker bezeichnet, ist heute der gebräuchlichste Stecker in der Datentechnik und findet für alle Netzarten

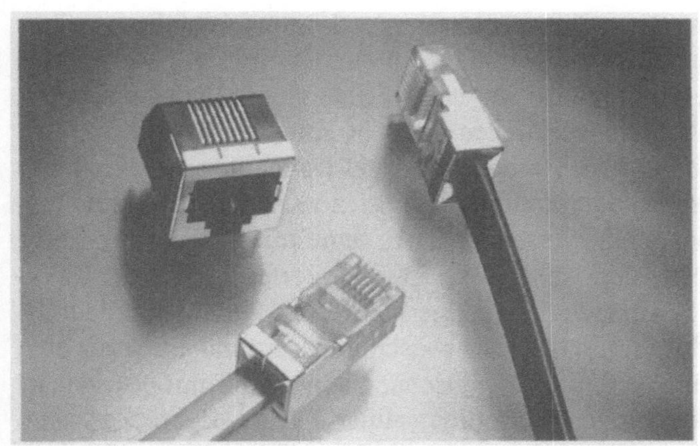

Bild 2.6: RJ-45-Buchse, RJ-12- und RJ-45-Stecker (von links nach rechts, Quelle: AMP)

(Ethernet, Token Ring, TP-PMD (FDDI auf Kupferleitungen)) Verwendung. In der Datentechnik hat sich die standardisierte Pinbelegung nach EIA/TIA T568A (Electronic Industries Association / Telecommunications Industries Association) bzw. die daraus abgeleitete Pinbelegung nach DIN EN 50 173 (Paare wie folgt aufgelegt: 1-2, 3-6, 4-5, 7-8) durchgesetzt. Die Belegung T568B, von AT&T verwendet, und die USOC-Belegung besitzen in Europa keine praktische Bedeutung. Die DIN EN 50 173 orientiert sich an der Pinbelegung nach EIA/TIA T568A. Bei Verwendung von vieradrigen Leitungen werden die Paare 3-6 und 4-5 aufgelegt.

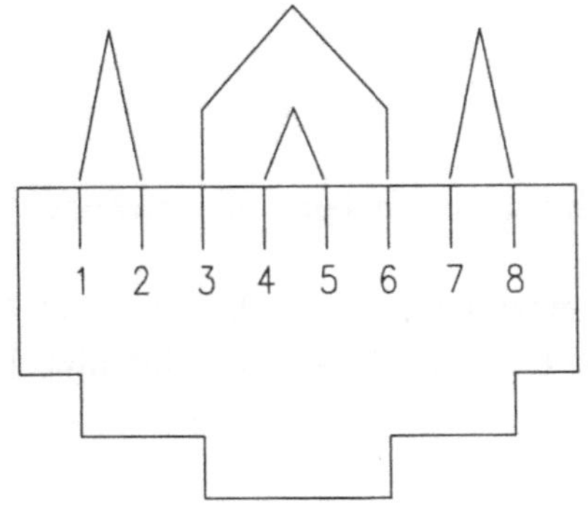

Bild 2.7: Pinbelegung und Paarzuordnung einer RJ-45-Buchse (Quelle: IBW)

Der RJ-45-Stecker, den es in geschirmter und ungeschirmter Ausführung gibt, besitzt an der Unterseite eine Kunststoffzunge, die in der Nut der Buchse einrastet und so einen gewissen Schutz vor unbeabsichtigtem Abziehen bietet. Aufgrund der kleinen Abmessungen liegen die acht Kontakte sehr dicht beieinander, weshalb gerade bei hohen Frequenzen und Datenraten auf eine ausreichend gute Nahnebensprechdämpfung (NEXT, siehe Kapitel 1.2) besonders zu achten ist. Die kompakte Bauweise erlaubt es, eine mit anderen Steckern unerreichte Packungsdichte der Anschlüsse in den Verteilfeldern der DV-Schränke zu realisieren. Er ist auch der einzige Stecker für Paralleldrahtleitungen, für den es Doppeldosen gibt. Für die Anschlußdosen und Buchsen des Verteilfeldes im DV-Schrank gibt es Staubschutzkappen, die mit Rücksicht auf die filigranen Kontakte verwendet werden sollten. Für RJ-45-Stecker werden Zusätze zur farblichen oder mechanischen Codierung angeboten (Stecker paßt dann nur in die gleich codierte Dose). Der sechspolige **MMJ-Stecker** (meist von digital (DEC) eingesetzt) ist dem RJ-45 bis auf die Kunststoffzunge ähnlich - diese befindet sich beim MMJ nicht in der Mitte, sondern an der Seite.

Eckdaten/Beachten:

▷ Stecker vorsichtig behandeln - die Kunststoffzunge, mit der der Stecker in der Buchse einrastet, ist relativ filigran und bricht leicht.

▷ Verschiedene RJ-Typen, nach abnehmender Größe aufgeführt:

RJ-45 - 8polig
RJ-12 - 6polig (oder 4polig, bei beiden äußeren Kontakten dann keine Metallzungen)
RJ-11 - 4polig, ca. 9,5 mm breit
RJ-10 - 4polig, ca. 7,5 mm breit

RJ-10 - 12 werden fast ausschließlich im Telefonbereich verwendet.

Achtung: Keinen RJ-12-Stecker ohne entsprechenden Adapter in RJ-45-Dosen stecken, die äußeren Kontakte der RJ-45-Dose könnten leiden!

IVS

Bild 2.8: IVS-Stecker (Quelle: Ackermann)

Bild 2.9: IVS-Anschlußdose
(Quelle: AMP)

Der IVS-Stecker (IBM-Verkabelungssystem), auch als ICS (IBM connection system) bezeichnet, ist der klassische Stecker der Token Ring-Netze mit 150 Ω-Leitungen (fast ausschließlich Leitungen IBM Typen 1 und 9 oder deren Nachfolger 1A und 1A mini bzw. der flexiblen Ausführung Typ 6). Er ist ein rein herstellerspezifischer Stecker der Fa. IBM, seit Jahren jedoch De-facto-Standard. Es handelt sich dabei um einen hermaphroditischen Stecker ("Zwitterstecker"), Stecker und Buchse in der Dose sind identisch aufgebaut, Kupplungsstücke zum Verbinden von Leitungsstücken werden nicht benötigt. Dieser vierpolige Stecker ist recht groß und besitzt mit seinen großen Kontakten sehr gute elektrische Eigenschaften - der Platzbedarf für Verteilfelder in DV-Schränken ist jedoch immens. Die Datenleitung kann in den Stecker von hinten oder von unten eingeführt werden, der Stecker ist mit einer Staubschutzkappe versehen, die durch eine Öse unverlierbar befestigt ist. Für Anschlußdosen gibt es Klappdeckel.

D-Sub

Den D-Sub-Stecker, auch als Subminiatur-Stecker oder Trapezsteckverbinder bezeichnet, gibt es als Ausführung mit Stiften oder einzelnen kleinen Buchsen. Die Adern der Leitungen sind hinten auf den Stecker meist gecrimpt oder gelötet, der Schirm ist als Blechhülse um den Bereich der Anschlußpunkte ausgeführt. Die Verriegelung des Steckers erfolgt über zwei seitliche Bügel oder Schrauben.

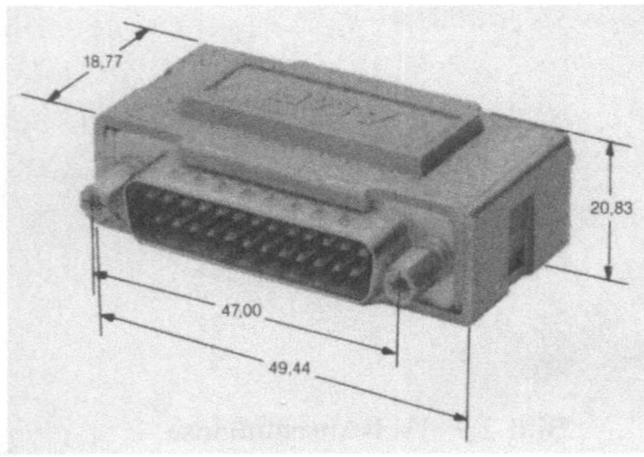

Bild 2.10: D-Sub25 mit Stiften (male)
(Quelle: AMP)

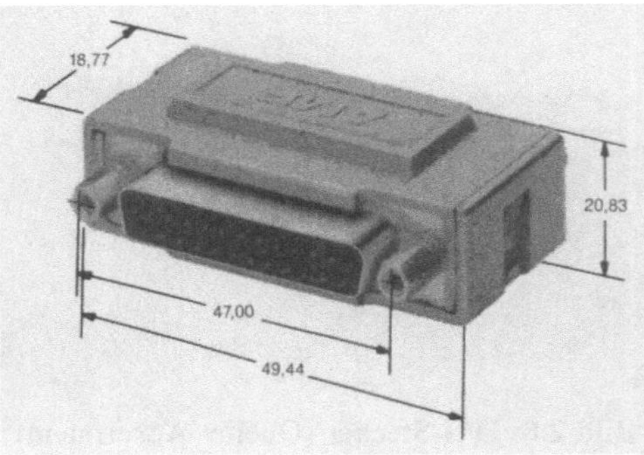

Bild 2.11: D-Sub25 mit Buchsen (female)
(Quelle: AMP)

Den D-Sub-Stecker gibt es in verschiedenen Ausführungen mit unterschiedlicher Kontaktzahl, die wichtigsten sind die Stecker vom Typ D-Sub9, D-Sub15 und D-Sub25 mit 9, 15 und 25 Kontakten. Während die 9- und 25poligen Stecker meist für serielle Schnittstellen wie V.24/RS232 oder ähnliche verwendet werden, wird der D-Sub15 fast ausschließlich für die AUI-Schnittstelle der CSMA/CD-Netze ("Ethernet") eingesetzt.

Für Datenanschlußdosen wird die D-Sub-Technik heutzutage nicht mehr eingesetzt, die Haupteinsatzgebiete waren früher die Terminal-Systeme mit seriellen Schnittstellen, seltener auch Ethernet auf Twisted Pair (10BaseT).

EC7

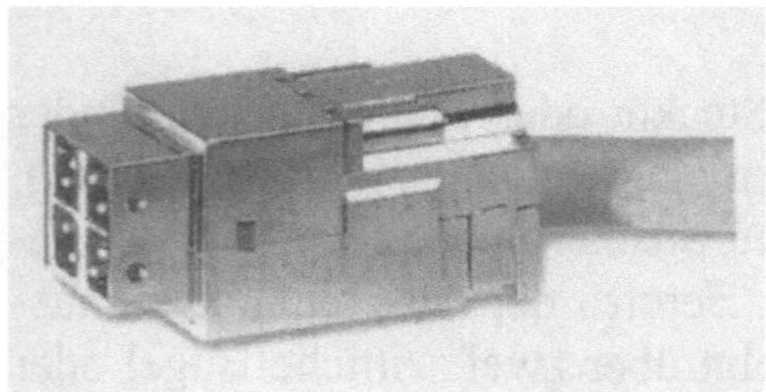

Bild 2.12: EC7-Stecker
(Quelle: KERPEN special)

Bild 2.13: EC7-Anschlußdose
(Quelle: KERPEN special)

Der EC7, auch als ELine 600 bezeichnet, ist ein sehr junger Stecker für die zur Zeit der Drucklegung dieses Buches noch nicht verabschiedete Kategorie 6. Den EC7 gibt es als acht- und vierpolige Variante mit massiver Schirmung zwischen den einzelnen Paaren. Er ist gedacht für den Frequenzbereich bis 600 MHz mit S/STP-Leitungen. Jeweils ein Paar der Leitung endet auf zwei Stiften im Stecker, die in jeweils einer Kammer des großen Steckers untergebracht sind. Eine farbliche Codierung des Steckers ist vorgesehen.

ADo8

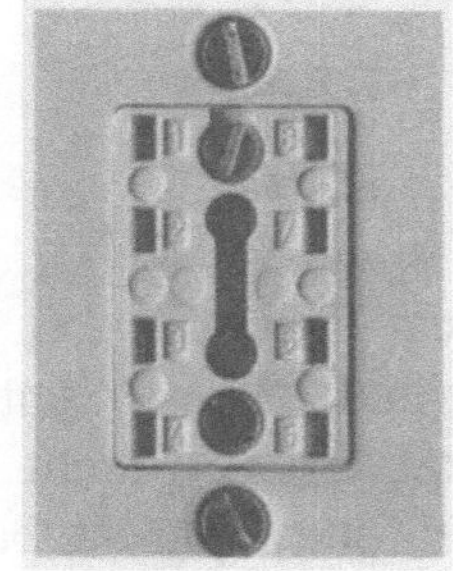

Bild 2.14: ADo8-Anschlußdose
(Quelle: Ackermann)

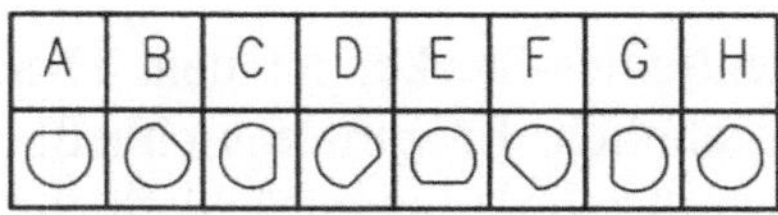

Bild 2.15: ADo8-Schlüssel
(Quelle: IBW)

Der ADo8-Stecker (Anschluß-Dose 8polig) stammt aus der Zeit der Terminalnetze. Er wurde und wird auch stellenweise heute noch meist für alte Siemens-/Nixdorf-Terminalnetze und Modems (Umsetzer für die Übertragung digitaler EDV-Signale über das analoge Telefonetz) eingesetzt. Der ADo8-Stecker ist sehr groß, mit großen runden Kontaktstiften, 8polig und mit einer Verriegelung (schwarzer Knopf oben am Stecker) ausgestattet. Er wurde fast ausschließlich für Netze mit Telefonverkabelung verwendet. Der ADo8-Stecker kann mechanisch codiert werden, er besitzt zwei Führungen (sog. Schlüssel) in der Mitte, die jeweils acht verschiedene Stellungen einnehmen können und mit Großbuchstaben (A bis H) bezeichnet werden. Der erste Buchstabe gibt die Stellung des oberen, der zweite die des unteren Schlüssels an.

Centronics

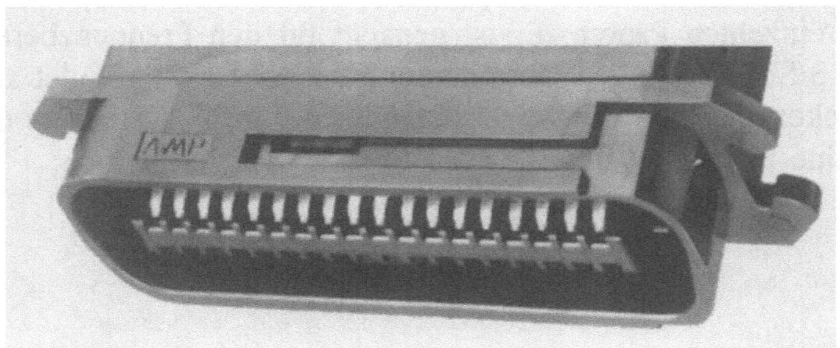

Bild 2.16: Centronics-Stecker (Quelle: AMP)

Der Centronics-Stecker ist dem D-Sub-Stecker und dem Telco-Stecker im Aufbau ähnlich. Er wird ausschließlich für parallele Schnittstellen ("Centronics-Schnittstelle"), häuptsächlich für Drucker, eingesetzt. Er wird nicht für die LAN-Verkabelung zu den Büroräumen verwendet, Centronics-Anschlußdosen fehlen.

Telco (RJ-71)

Bild 2.17: Telco-Stecker (Quelle: AMP)

Der 50polige Telco-Stecker, auch als RJ-71-Stecker bezeichnet, wird fast ausschließlich für aktive Netzwerkkomponenten wie Hubs verwendet, die aufgrund ihrer Abmessungen nicht genügend Buchsen für alle Ports aufweisen. So verbindet eine kurze Leitung mit Telco-Steckern meist die entsprechende Netzwerkkomponente mit dem dazugehörigen Komponenten-Verteilfeld, an dessen Vorderseite dann alle Ports beispielsweise als RJ-45-Buchsen ausgeführt sind.

TAE

Beachten: Bei Mehrfachdosen ist F gegenüber N immer bevorrechtigt (Anrufbeantworter schaltet automatisch ab, wenn das Telefon abgehoben wird).

Bild 2.18: TAE-Anschlußdose
(Quelle: AMP)

Der 6polige TAE-Stecker (Teilnehmer-Anschlußeinheit) wird ausschließlich für Telefon und Modems (Modulator/Demodulator, Gerät zur Übertragung digitaler EDV-Signale über analoge Telefonnetze) eingesetzt. Wegen seiner Ähnlichkeit zum EAD-Stecker (siehe Kapitel 2.2.3.1) der Koaxialnetze wird er hier kurz erwähnt. Die TAE-Dose besitzt im Gegensatz zur EAD-Dose immer symmetrisch angeordnete Führungsnuten, entweder unten (TAE-F für Fernsprechgeräte, also Telefonapparate) oder in der Mitte (TAE-N für Nicht-Fernsprechgeräte oder Nebengeräte, also Modems, Telefax, Anrufbeantworter usw.). Es gibt Doppel- und Dreifachdosen unterschiedlicher Codierung (NF, FF, NFN, NFF).

2.2.3.3 Stecker und Dosen für Twinaxleitungen

Twinax-Stecker sind dem BNC-Stecker für Yellow Cable vom prinzipiellen Aufbau her sehr ähnlich. Wie dieser wird der Twinax-Stecker mit einer Überwurfmutter festgeschraubt. Die Steckverbindung ist selbstreinigend, da die Spitzen der inneren Leitungen in nachgiebige Hülsen kleineren Durchmessers gepreßt und so von Verunreinigungen und Ablagerungen befreit werden. Vor Verpolung schützt eine Nut in der Dose, die die Nase der Steckerinnenseite aufnimmt. Leitungen mit Twinax-Steckern können mit Kupplungsstücken verbunden werden. Twinax-Technik wird heutzutage nur noch sehr selten, meist für IBM-Großrechner, eingesetzt.

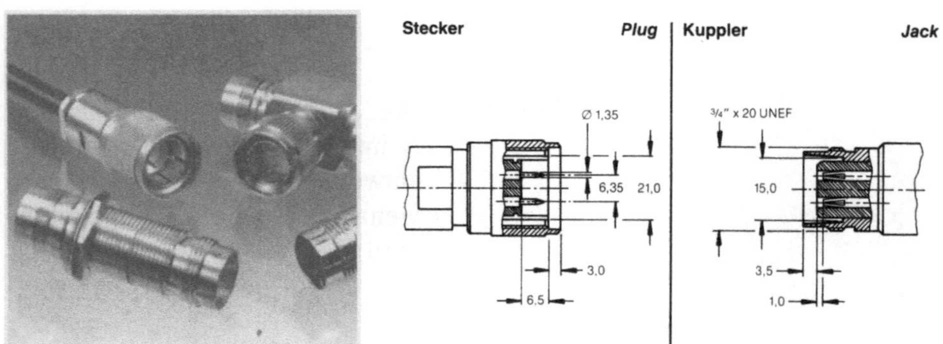

Bild 2.19: Twinax-Stecker (Quelle: AMP)

2.3 LWL-Verkabelung

2.3.1 Grundlagen LWL

Lichtwellenleiter (LWL), auch als Glasfaserkabel bezeichnet, besitzen gegenüber Kupferdatenleitungen einige Vorteile. Sie unterliegen keiner elektromagnetischen Beeinflussung, denn die Signalübertragung erfolgt durch Lichtimpulse. Signale werden somit von elektromagnetischen Feldern (beispielsweise von Starkstrom- oder anderen Datenleitungen) nicht gestört und stören ihrerseits nicht. LWL sind frei von Nebensprechen und besitzen eine sehr viel höhere Abhörsicherheit als Kupferleitungen. Falls im Glasfaserkabel keine metallischen Komponenten vorhanden sind, findet keine (störende) Potentialübertragung statt. LWL zeichnen sich durch sehr große Übertragungsbandbreiten aus, aufgrund der sehr geringen Signaldämpfung sind sehr viel größere Leitungslängen als bei Kupferdatenleitungen ohne Zwischenverstärker möglich. Darüber hinaus besitzen sie ein geringeres Gewicht und sind sehr viel kleiner. LWL-Lösungen sind aufgrund der Materialpreise und der erforderlichen Präzision oftmals teurer. Dies trifft jedoch nicht immer zu, es empfiehlt sich in jedem Fall ein projektspezifischer Kostenvergleich. Meist sind ohnehin nicht der

Preis, sondern technische und/oder bauliche Anforderungen und Randbedingungen ausschlaggebend für die Entscheidung für LWL oder Kupferleitungen.

Die Übertragungseigenschaften von Glasfaserleitungen werden hauptsächlich durch die Dämpfung der Lichtimpulse und die mögliche Bandbreite bzw. das Bandbreiten-Längenprodukt bestimmt. Diese Eigenschaften können, obwohl sie auf einem völlig anderen physikalischen Hintergrund als bei Kupferdatenleitungen beruhen, wie bei diesen behandelt werden. Auf den überaus interessanten und komplexen physikalischen Hintergrund (Streuung, Absorption, verschiedene Dispersionsarten etc.) kann leider nicht eingegangen werden, er würde den Rahmen dieses Buches bei weitem sprengen.

Die Übertragung auf LWL findet in drei Bereichen statt, in denen die Fasern jeweils ein Optimum der Übertragungseigenschaften besitzen. Man spricht hier von sog. **optischen Fenstern** für Licht folgender Wellenlängen λ:

1. Fenster: $\lambda = 850$ nm
2. Fenster: $\lambda = 1300$ nm
3. Fenster: $\lambda = 1550$ nm

Zum Vergleich: Licht im sichtbaren Bereich besitzt eine Wellenlänge von ca. 380 nm (violett) bis ca. 780 nm (rot). Die drei optischen Fenster liegen also alle im Bereich des nicht sichtbaren Infrarot-Lichtes.

Zum tieferen Verständnis werden fundierte Kenntnisse über Wellentheorie und den sog. Dualismus des Lichtes benötigt, welcher besagt, daß gewisse Eigenschaften der Lichtausbreitung nur erklärt werden können, wenn Licht als elektromagnetische Welle aufgefaßt wird, und daß gewisse andere Eigenschaften nur erklärt werden können, wenn Licht als Elementarteilchen, als sog. Photon (Korpuskeltheorie) aufgefaßt wird. Die entsprechenden Theorien sind sehr umfangreich und komplex und reichen aus, mehrere Bücher zu füllen. Für die weiteren Betrachtungen wird weitestgehend auf die klassische geometrische Optik gerader Lichtstrahlen zurückgegriffen.

2.3.2 Faser- und Kabeltypen

Der Aufbau aller LWL-Fasern ist prinzipiell gleich: Ein Kern aus Glas höchster Qualität ist umgeben von einem Glasmantel und einer dünnen, schützenden Primärschicht aus Kunststoff. Darüber befinden sich eine oder mehrere wie auch immer geartete Hüllen und Zugentlastungen.

Der Kern besitzt einen höheren Brechungsindex als das Mantelglas. Schräg einfallendes Licht wird reflektiert, wenn es von einem Medium mit hohem Brechungsindex ("optisch dichteres" Medium, hier der Faserkern) auf ein Medium mit niedrigerem Brechungsindex (hier der Fasermantel) trifft. Stark vereinfacht entspricht dies einer Billardkugel, die zwischen zwei Wänden entlang rollt und dabei immer wieder anstößt und zurückgeworfen wird. Dies funktioniert bei Licht jedoch nur für Lichtstrahlen, die "ziemlich flach" auf die Grenzfläche zwischen Kern und Mantel treffen. Wird ein bestimmter Winkel unterschritten (sog. Grenzwinkel der Totalreflexion), so tritt zumindest ein Teil des Lichtes aus dem Kern in den Mantel über. Licht, das so den Kern verläßt, bleibt im Mantelglas und wird dort geführt. Durch den unterschiedlichen Brechungsindex von Kern und Mantel ist physikalisch kein Weg in den Kern zurück mehr möglich.

Fasertypen

LWL-Fasern sind so aufgebaut, daß fast alles Licht von der Grenzfläche zwischen Kern und Mantel in den Kern zurückreflektiert wird. Die Lichtstrahlen laufen quasi im Zickzack durch den Kern. Dies gilt so für sog. **Stufenindexfasern**, bei denen sich der Brechungsindex zwischen Kern und Mantel sprunghaft (als Stufe) ändert. Dies führt dazu, daß Lichtstrahlen auf verschiedenen Wegen durch die Faser unterschiedlich lange unterwegs sind. Diese Laufzeitverzögerungen führen zu einer Verbreiterung des Lichtimpulses.

Bei der **Gradientenindexfaser** ändert sich der Brechungsindex in einem fließenden Übergang vom Kern zum Mantel. Die einzelnen Lichtstrahlen werden dabei "gebogen", was zu niedrigeren Laufzeitverzögerungen und einer deutlich kleineren Impulsverbreiterung führt.

Die vorstehenden Angaben gelten so für sog. **Multimodefasern**, bei denen mehrere Moden ("Lichtstrahlen") gleichzeitig durch die Faser unterwegs sind. Multimodefasern mit Stufenindexprofil besitzen heutzutage fast keine praktische Bedeutung mehr. Im LAN-Bereich sind lediglich Multimodefasern mit Gradientenprofil mit einem Kerndurchmesser von 50 µm oder 62,5 µm von Bedeutung. Beide besitzen einen Manteldurchmesser von 125 µm. Zum Vergleich: Ein menschliches Kopfhaar besitzt einen Durchmesser von etwa 85 bis

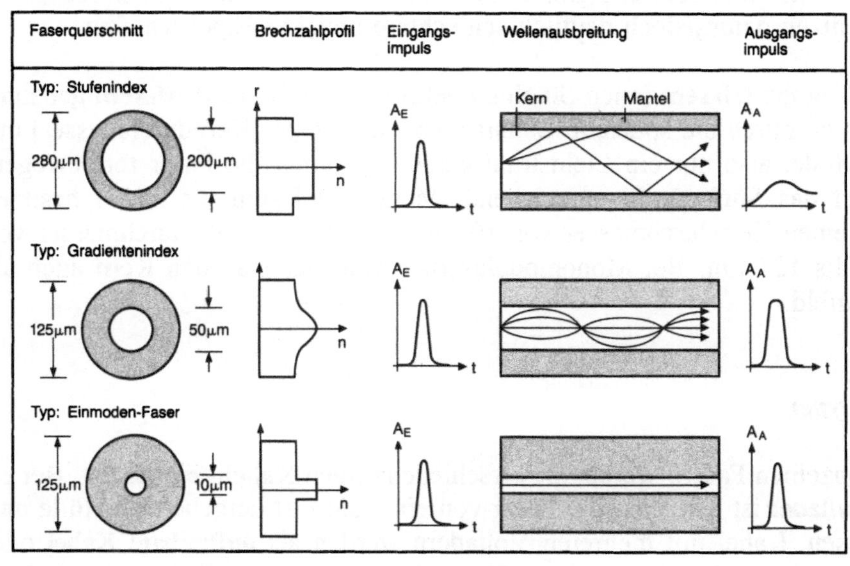

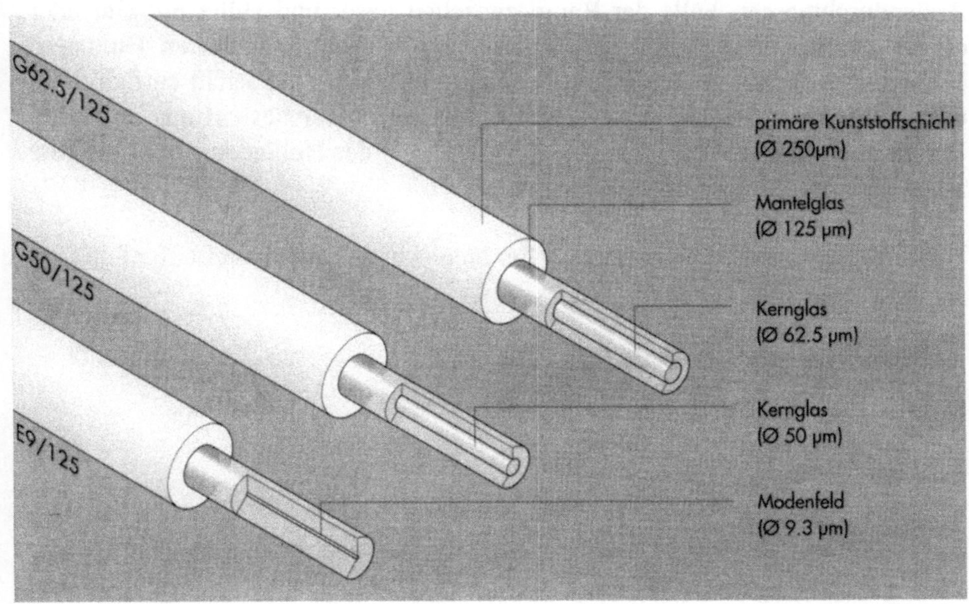

Bild 2.20: Fasertypen (Quellen: oben KERPEN special, unten HUBER + SUHNER)

135 µm. Multimodefasern gibt es auch aus Kunststoff mit Stufenindexprofil sie besitzen dann jedoch deutlich schlechtere optische Eigenschaften.

Bei **Monomodefasern** (auch **Singlemodefasern** oder **Einmodenfasern** genannt) kann sich durch die spezielle Bauart (äußerst geringer Kerndurchmesser) nur eine Mode, also nur ein Lichtstrahl geradlinig durch die Faser fortbewegen, hier ist das Stufenprofil ausreichend. Monomodefasern für LANs besitzen meist einen Kerndurchmesser von 10 µm und einem Manteldurchmesser von ebenfalls 125 µm. Bei Monomodefasern bezeichnet man den Kern auch als Modenfeld.

Kabeltypen

Die einzelnen Fasern werden in verschiedenartigen Kabeln eingesetzt. Bei einer **Vollader** ist eine einzelne Faser von einer sie fest umgebenden Hülle umschlossen. Kabel mit mehreren Volladern werden als **aufteilbare Kabel** oder **Breakout-Kabel** bezeichnet. Eine **Kompaktader** ist der Vollader sehr ähnlich, die Glasfaser ist in der Hülle jedoch beweglich. Eine **Hohlader** besteht aus einer einzelnen Faser und einer sie umgebenden Hülle mit sehr viel größerem Außendurchmesser. Falls der Raum zwischen Faser und Hülle mit Gel oder einem anderen Stoff gefüllt ist, spricht man von einer **gefüllten Hohlader**. Vorsicht bei gefüllten Hohladern: Manche Füllungen sind leicht entflammbar und verbrennen fast explosionsartig. Eine **Bündelader** besteht aus mehreren Fasern und einer sie umgebenden Hülle. Wie bei der Hohlader gibt es **gefüllte Bündeladern** und **ungefüllte Bündeladern**.

Nachfolgend sind die Kurzzeichen für Innen- und Außenkabel aufgeführt:

Kabelkurzzeichen Innenkabel

1   2   3   4   5   6   7   8   /   9   10   11   12   13

1   I = Innenkabel
    AT = Innenkabel, aufteilbar (Breakout-Kabel)

2   V = Vollader

3   (ZN) = Nichtmetallene Zugentlastungselemente

4   Y = PVC-Mantel des Grundelementes (nur bei AT)

5   Y = PVC-Außenmantel
    11Y = PUR-Außenmantel

6   Anzahl der Fasern

7   Bauart
    G = Gradientenfaser Glaskern/Glasmantel
    S = Stufenfaser Kunststoffkern/Kunststoffmantel

8   Kerndurchmesser in μm

9   Manteldurchmesser in μm

10 Dämpfungskoeffizient in dB/km

11 Wellenlänge
    B = 850 nm
    F = 1300 nm
    H = 1550 nm

12 Bandbreitenlängenprodukt in MHz x km

13 LG = Lagenverseilung
    SX = Simplex (einfasriges LWL-Kabel)
    DX = Duplex (zweifasriges unverseiltes LWL-Kabel)

Kabelkurzzeichen Außenkabel

1   2   3   4   5   6   7   8   9   /   10   11   12   13   14

1   A = Außenkabel

2   H = Hohlader, ungefüllt
    W = Hohlader, gefüllt
    B = Bündelader, ungefüllt
    D = Bündelader gefüllt

3   S = metallenes Element in der Kabelseele

4   F = Füllmasse zur Füllung der Verseilhohlräume in der Kabelseele

42

5   2Y = PE-Mantel
    (L)2Y = PE-Schichtenmantel
    (ZN)2Y = PE-Mantel mit nichtmetallenen Zugentlastungselementen
    (L)(ZN)2Y = PE-Schichtenmantel mit nichtmetallenen Zugentla-
    stungselementen

6   B = Bewehrung
    BY = Bewehrung mit PVC-Schutzhülle
    B2Y = Bewehrung mit PE-Schutzhülle

7   Anzahl der Fasern bzw. Anzahl der Bündeladern x Anzahl der Fasern je
    Bündelader

8   Bauart
    G = Gradientenfaser
    E = Einmodenfaser

9   Kerndurchmesser bei Gradientenfasern
    Felddurchmesser bei Einmodenfasern

10 Manteldurchmesser

11 Dämpfungskoeffizient in dB/km

12 Wellenlänge
    B = 850 nm
    F = 1300 nm
    H = 1550 nm

13 Bandbreitenlängenprodukt in MHz x km bei Gradientenfasern,
    Dispersionsparameter in (ps/nm) x km bei Monomodefasern

14 LG = Lagenverseilung

Zwei Glasfasern werden durch sog. Spleißen fest miteinander verbunden.
Beim Spleißen werden die Enden zweier Glasfasern so stark erhitzt, daß sie
fast flüssig werden; die beiden Enden werden dann exakt zusammengepreßt.
Diese hochpräzise Verbindung erfolgt mit einem speziellen Spleißgerät mit
Mikroskop.

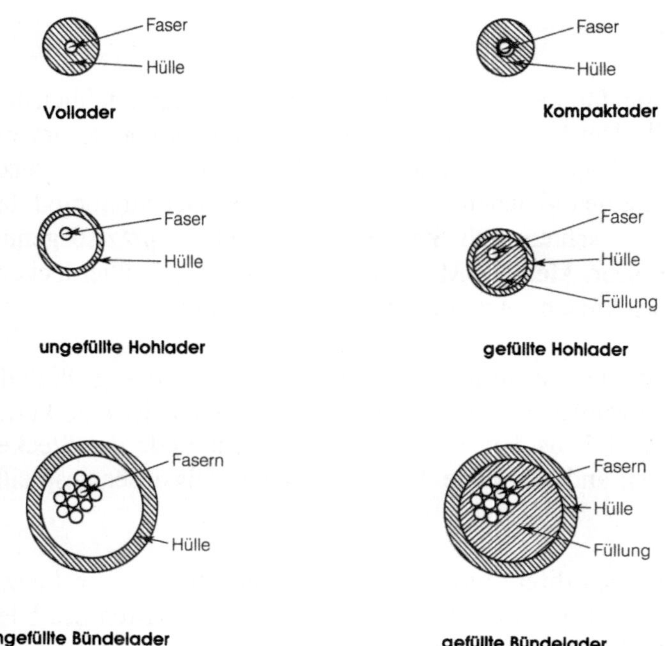

Bild 2.21: Kabeltypen (Quelle: KERPEN special)

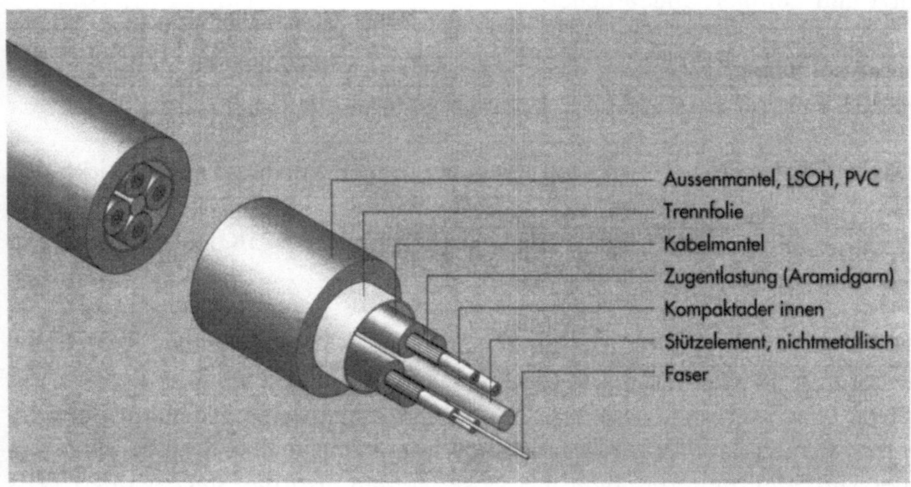

Bild 2.22: Beispiel für ein LWL (Quelle: HUBER + SUHNER)

2.3.3 Steckertypen

Nachfolgend werden die für lokale Netze wichtigsten und gebräuchlichsten Steckertypen vorgestellt. Der Stecker ist prinzipiell unabhängig von der jeweiligen Faser, denn wie in Kapitel 2.3.2 erwähnt, besitzen die für lokale Netze wichtigen Glasfasern alle den gleichen Außendurchmesser. Bei Monomodefasern ist jedoch darauf zu achten, daß Stecker und Kupplung präzise genug sind, damit sich die sehr kleinen Modenfelder ausreichend überdecken. Stecker können auf verschiedene Arten konfektioniert werden:

Die qualitativ beste Methode ist, fertig geschliffene Stecker mit sog. Pigtails (übersetzt "Schweineschwänzchen") zu verwenden. Ein Pigtail ist eine kurze Glasfaser, üblicherweise 1,5 bis 3 m lang, an deren einem Ende der Stecker montiert ist und an deren anderen Ende die ankommende Glasfaser gespleißt wird.

Stecker können jedoch auch direkt montiert werden. Die Stecker sind hierzu mit Klebstoff gefüllt, die Faser wird eingeführt, und nach Aushärten des Klebers wird die Stirnseite des Steckers geschliffen und poliert.

Die jüngste Technik der Steckerdirektmontage besteht darin, die Faser in den Stecker einzuführen und nur mechanisch, ohne Klebstoff zu fixieren. Der Stecker wird an der Stirnseite auch nicht geschliffen, die Faser wird lediglich geritzt und definiert abgebrochen.

Stecker können auf Breakout-Kabel direkt montiert werden, bei anderen Adertypen ist eine zusätzliche Hülse erforderlich.

Besonders gute Stecker sind vorn leicht schräg geschliffen. Dies bewirkt, daß reflektiertes Licht fast überhaupt nicht mehr durch den Stecker in den Faserkern gelangt (sog. High-Return-Loss-Ausführung, kurz HRL). Dies ist bei so gut wie allen Steckertypen möglich.

Eine Dose besteht immer aus einer Kupplung, die von beiden Seiten eine Glasfaser mit Stecker aufnimmt (auch als Durchführungskupplung bezeichnet). Da eine Glasfaser nicht wie ein Kupferdraht irgendwie verschraubt oder geklemmt werden kann, wird sie am Ende immer mit einem Stecker versehen. In der Durchführungskupplung der Dose werden also die Stecker des LWLs im Kabelkanal und der Anschlußleitung gegeneinander gehalten. Für fast alle

Steckertypen sind als Kupplungen sog. hybride Mittelstücke erhältlich, die es erlauben, LWL-Strecken mit unterschiedlichen Steckern zu verbinden.

Achtung: Mit Ausnahme des LSH-Steckers und des Optoclip II ist allen Steckern eines gemeinsam: Die außerordentlich empfindliche Oberfläche der Glasfaser liegt frei. Daher nicht benutzte Stecker immer sofort mit einer Staubschutzkappe verschließen (dies gilt übrigens auch für die LWL-Ports aller Netzwerkkomponenten und Dosen); niemals selbst versuchen, den Stecker zu reinigen und schon gar nicht die Stirnseite des Steckers, in der die Glasfaser endet, mit den Fingern berühren!

Wichtig: Die Hülse der Durchführungskupplung sollte aus Präzisionsgründen aus Keramik und nicht aus Phosphorbronze sein, Phosphorbronze wird im Laufe der Zeit vom Stecker verformt, was besonders bei Monomodefasern zu Problemen führen kann.

Staubschutzkappen sollten aus glasfaserverstärktem Kunststoff und nicht aus PVC sein. An PVC bleibt der Staub haften, außerdem dichtet PVC nicht so gut ab wie der Kunststoff.

Stecker sollten immer in einer Ausführung verwendet werden, welche ein Drehen im gesteckten Zustand nicht zuläßt. Dies soll verhindern, daß die Stirnflächen beim Drehen in gestecktem Zustand durch Staubkörner verkratzt werden.

Vorsicht auch bei Angaben im Datenblatt: Die Angabe **connected pair** bedeutet, daß die angegebenen Werte von zwei beliebigen Steckern erfüllt wurden. Die Werte können also von zwei beliebigen anderen Steckern wieder erreicht werden. **Maited pair** bedeutet, daß zur Ermittlung der Werte zwei aufeinander abgestimmte Stecker verwendet wurden und stellt somit keine Garantie für dieselben guten Werte bei der Datennetzinstallation dar. **Tuned** (nur bei Monomode) bedeutet, daß die Faser im Stecker so verschoben wurde, daß das Modenfeld in einem bestimmten Gebiet liegt. Dies geht nur bei verdrehsicheren Steckern. **EC-tuned** ist ähnlich.

ST

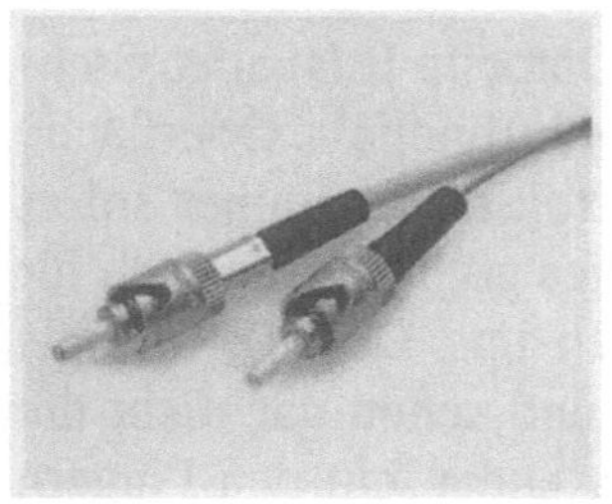
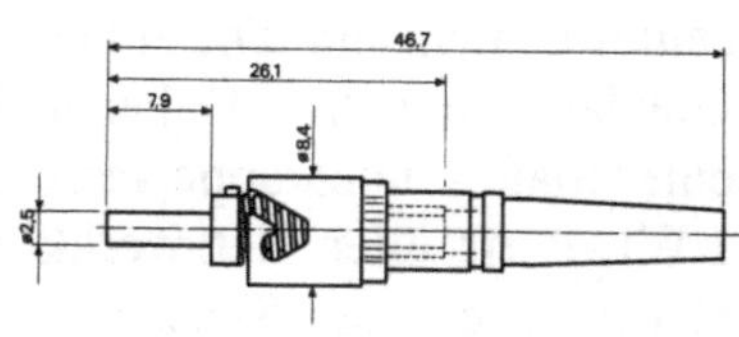

Bild 2.23: ST-Stecker (Quelle: DIAMOND)

Der ST-Stecker ist der derzeit am weitesten verbreitete LWL-Stecker. Er ist dem BNC-Stecker des Kupfer-Koaxialkabels recht ähnlich, was ihm auch den Namen Mini-BNC-Stecker eintrug. Wie beim BNC-Stecker wird er durch Drehen der Bajonetthülse im gesteckten Zustand verriegelt. Aus Gründen der Präzision und Verdrehsicherheit sollte nur der Typ ST3 verwendet werden, der sich durch eine durchgehende Nase zur präzisen, verdrehsicheren Führung auszeichnet - die älteren Typen STI und STII besitzen nicht diese Qualität. Der ST-Stecker ist auch in einer sog. Push-Pull-Variante erhältlich, die lediglich gerade gesteckt wird und die sich beim Stecken automatisch ver- und entriegelt.

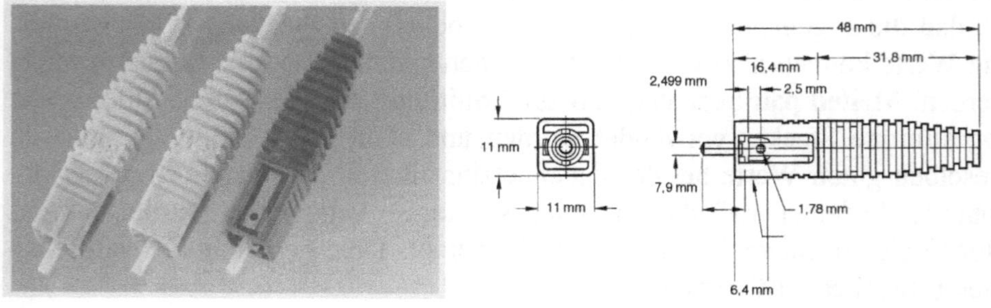

Bild 2.24: ST-Stecker als Push-Pull-Variante (Quelle: 3M)

SC

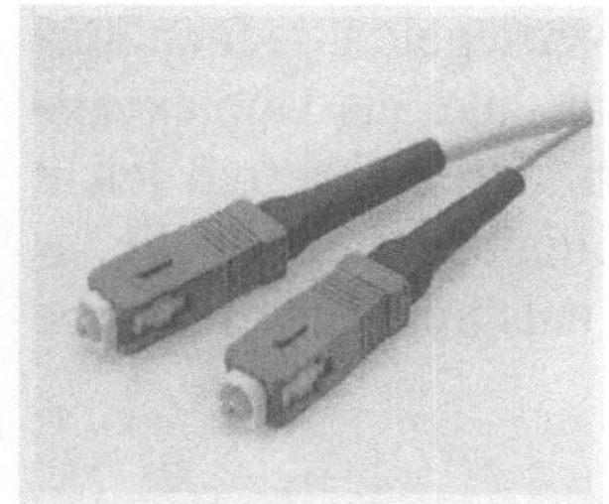 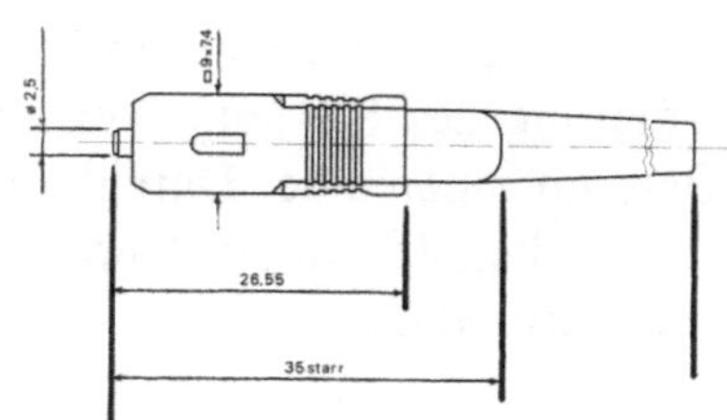

Bild 2.25: SC-Stecker (Quelle: DIAMOND)

Der SC-Stecker wird wohl der LWL-Stecker der Zukunft, hauptsächlich deshalb, weil er wie der RJ-45-Stecker bei Kupferdatenleitungen in der Norm für
die strukturierte Verkabelung vorgesehen ist (hierzu mehr in Kapitel 2.4). Der
SC-Stecker ist als Einzelstecker (simplex) oder als Duplexstecker für zwei Fasern erhältlich. Als Duplexstecker ist er verdrehsicher, d.h. er kann nur auf eine Art in die Dose oder Kupplung gesteckt werden, ein versehentliches Ver-
tauschen der Fasern ist somit ausgeschlossen. Aus Gründen einer präzisen
Führung sollte die Duplex-Ausführung in einem Stück ausgeführt sein oder
aus geklipsten Einzelsteckern bestehen - sie sind präziser als ineinander ge-
schobene Einzelstecker.

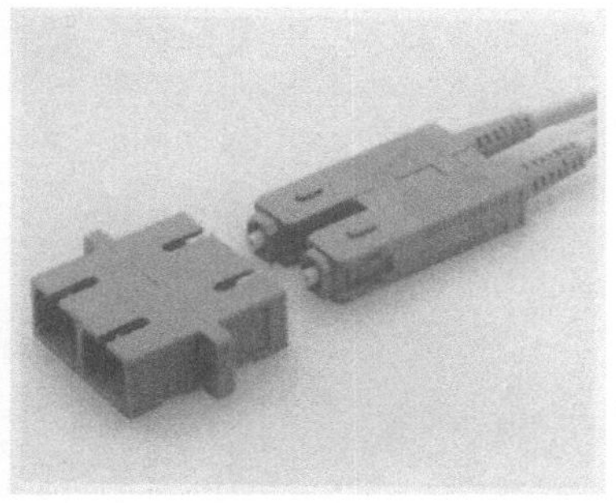 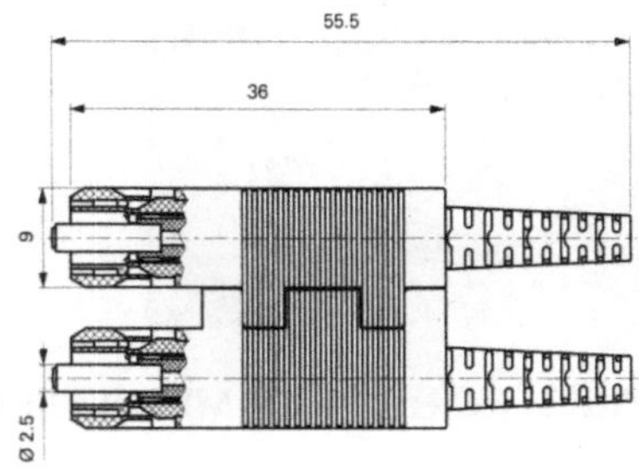

Bild 2.26: SC-Duplex-Stecker (Quelle: DIAMOND)

EC

Der EC-Stecker ist recht neu und ähnelt auf den ersten Blick dem SC-Stecker. Er ist ebenfalls außen eckig, verdrehsicher und selbstverriegelnd, jedoch kürzer und kompakter. Den EC-Stecker gibt es als Einfach- und als Duplexvariante. Die Faserführung des Steckers (Ferrule) ist spitz ausgeführt und leicht schräg geschliffen. Im Inneren der Durchführungskupplung sorgt eine Silikonmembrane in einem kugelförmigen Kuppler für die entsprechende optische und mechanische Verbindung.

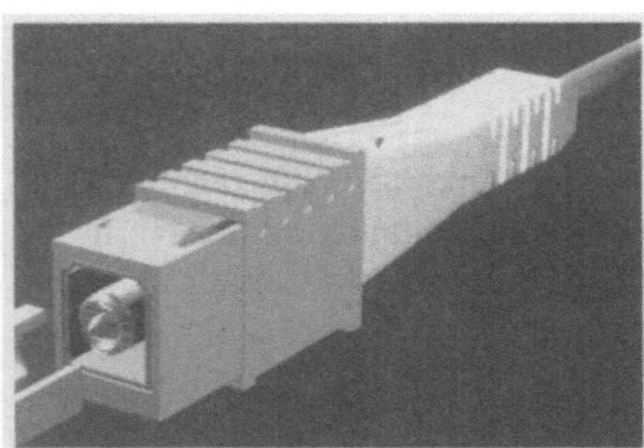

Bild 2.27: EC-Stecker, links einfach, rechts duplex (Quelle: RADIALL)

MIC

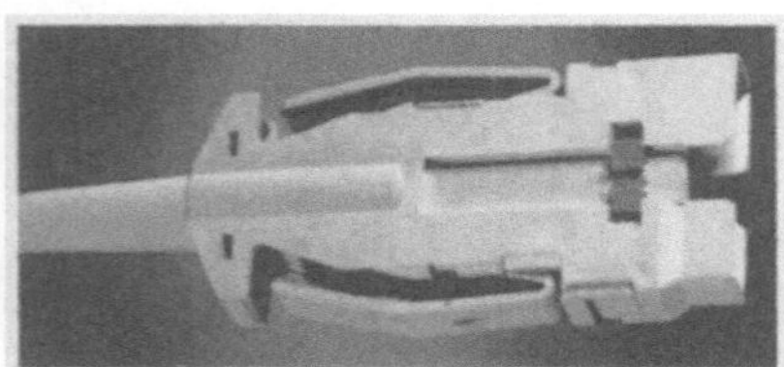

Bild 2.28: MIC-Stecker (Quelle: METHODE MIKON)

Der MIC-Stecker wird fast ausschließlich in FDDI-Netzen eingesetzt und wird auch als MIC-FSD bezeichnet. Wie der SC-Duplexstecker ist er ein verdrehsicherer Stecker für zwei Fasern. Er verfügt über eine Schnapp-Arretierung mit seitlichen Entriegelungsbügeln. Den MIC-Stecker gibt es in den Ausführungen

(Codierungen) A, B, M und S, die für die gleichnamigen Anschlüsse der Stationen im FDDI-Netz verwendet werden. MIC-Stecker und Dosen besitzen an der breiten Seite eine Nut, in die die Codierungsvorrichtungen (sog. Schlüssel) eingebracht werden können. Die Buchse der Dose kann mit Zapfen für die Codierungen A, B, M, und S versehen werden. Der Schlüssel des Steckers besitzt eine Nut und ist ebenfalls in diesen Codierungen erhältlich. Darüber hinaus gibt es für den Stecker noch den Schlüssel für gleichzeitig B und M sowie für gleichzeitig A und M, der Stecker paßt dann in zwei Arten codierter Dosen/Ports.

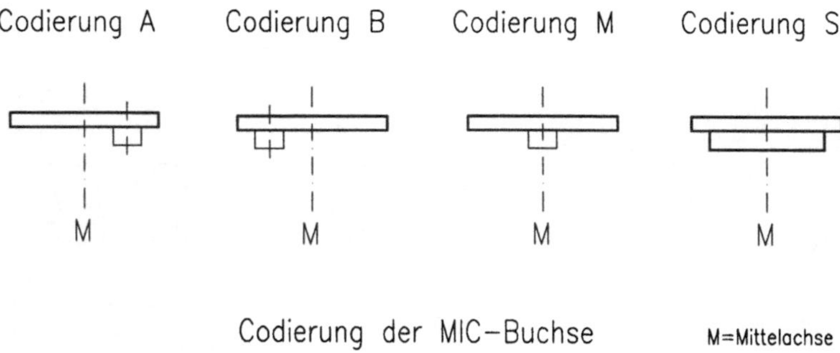

Bild 2.29: Kodierungsarten der MIC-Buchse (Quelle: IBW)

LSH (E2000)

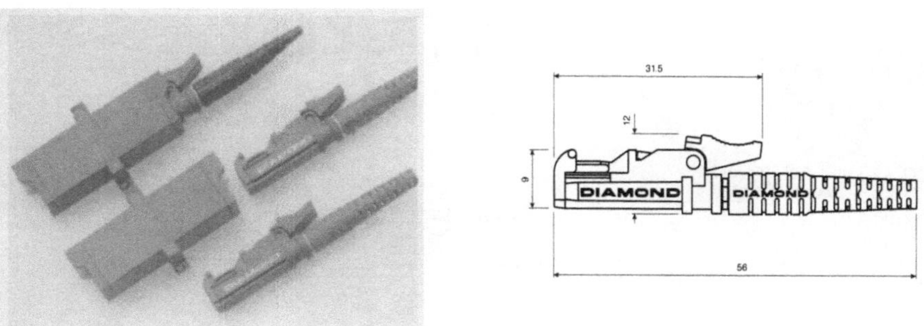

Bild 2.30: LSH-Stecker und -Kupplung (Quelle: DIAMOND)

50

Der LSH-Stecker, auch als E2000-Stecker bezeichnet, ist ein relativ junger
Stecker, der eine sehr hohe Packungsdichte erlaubt. Weitere Vorzüge sind eine
Staubschutzkappe, die sich beim Abziehen des Steckers automatisch schließt;
Weitere Merkmale sind ein Schutzkläppchen, das den zweiten Stecker auf der
Rückseite der Kupplung schützt, wenn der erste Stecker abgezogen wird und
eine Sollbruchstelle in der Kupplung, die Teile der Kupplung löst, falls verse-
hentlich am Glasfaserkabel gerissen wird und die so den teuren Stecker vor
Zerstörung schützt. Der LSH-Stecker ist als Einzelstecker oder als Duplex-
stecker erhältlich, eine mechanische Codierung von Stecker und Buchse ist
möglich. Der LSH-Stecker ist der LWL-Steckverbinder mit dem besten Schutz
vor Verstauben, sowohl im gesteckten als auch im ungesteckten Zustand.

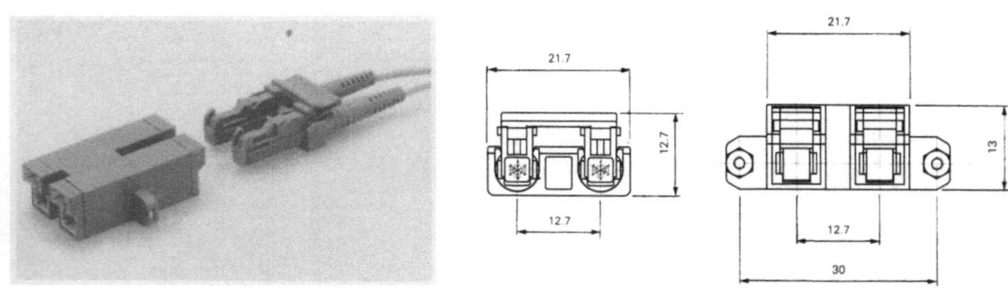

Bild 2.31: LSH-Duplex-Stecker und -Kupplung (Quelle: DIAMOND)

Optoclip II

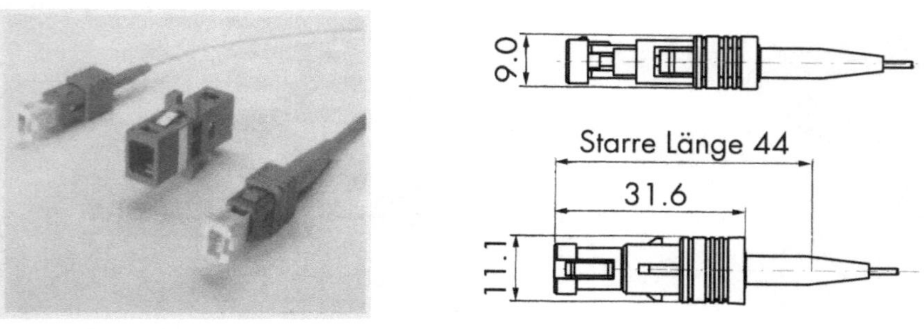

Bild 2.32: Optoclip II-Stecker und -Kupplung (Quelle: HUBER + SUHNER)

Der Optoclip II-Stecker ist wie der LSH-Stecker recht jung und erlaubt wie dieser eine relativ hohe Packungsdichte. Er läßt sich außerordentlich einfach auf die LWL-Faser ohne Spleißen und ohne Kleben montieren, die Faser wird in der Kupplung (!) präzise zentriert. Die Kupplung enthält etwas Gel, um Lichtverluste klein zu halten. Wie der LSH-Stecker besitzt der Optoclip II eine Staubschutzkappe, die sich beim Abziehen des Steckers automatisch schließt.

FSMA

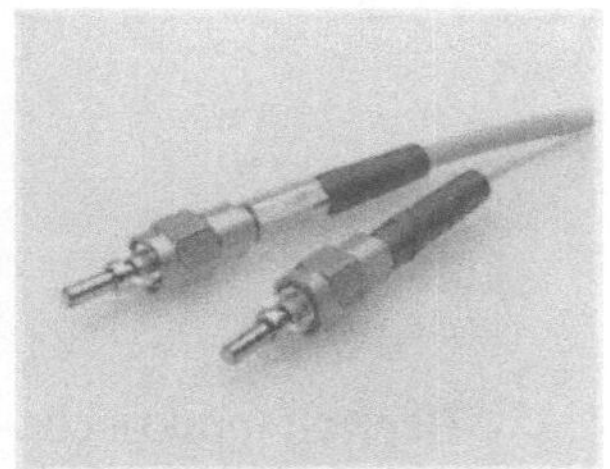

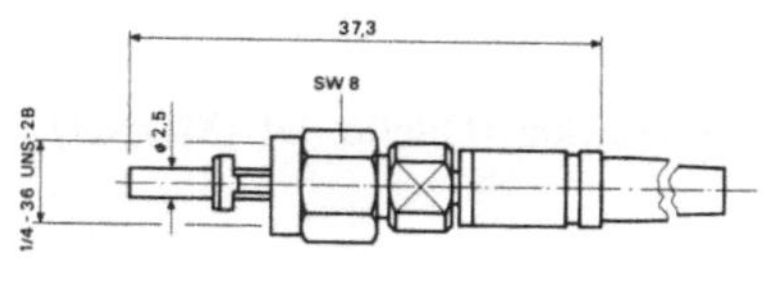

Bild 2.33: FSMA-Stecker (Quelle: DIAMOND)

Der FSMA-Stecker wurde früher häufiger eingesetzt, heutzutage jedoch nur noch für bestehende Altinstallationen. Der Stecker ist hochpräzise und wird mit einer Überwurfmutter an der Kupplung festgeschraubt.

DIN

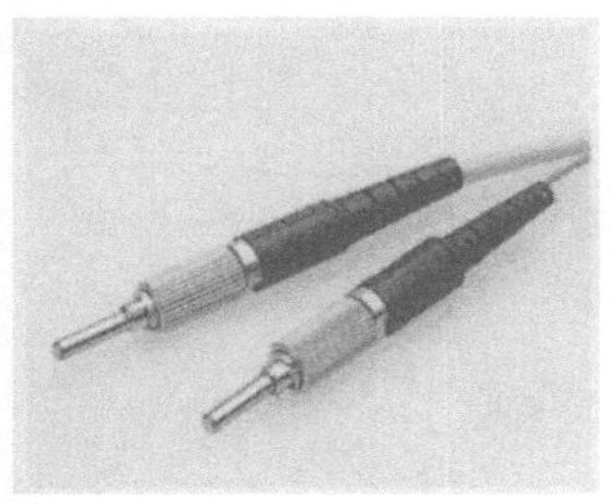

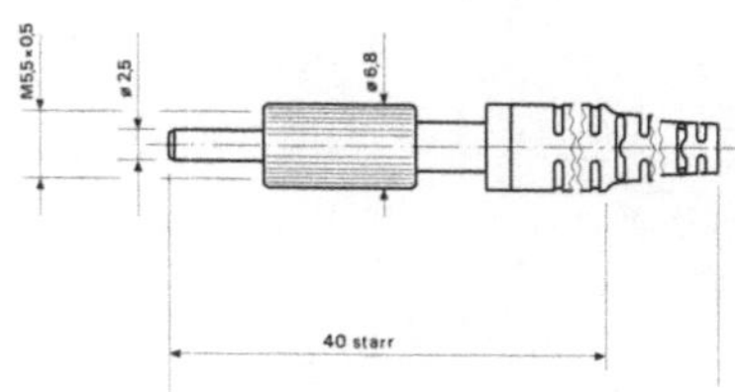

Bild 2.34: DIN-LSA-Stecker (Quelle: DIAMOND)

52

Vom DIN-Stecker gibt es mehrere Varianten, die aber heutzutage im LAN-Bereich praktisch nicht mehr eingesetzt werden, jedoch in bestehenden Netzen noch anzutreffen sind.

FC/PC

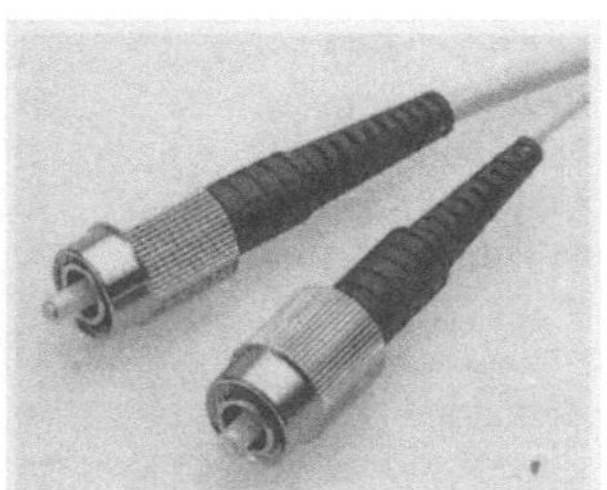

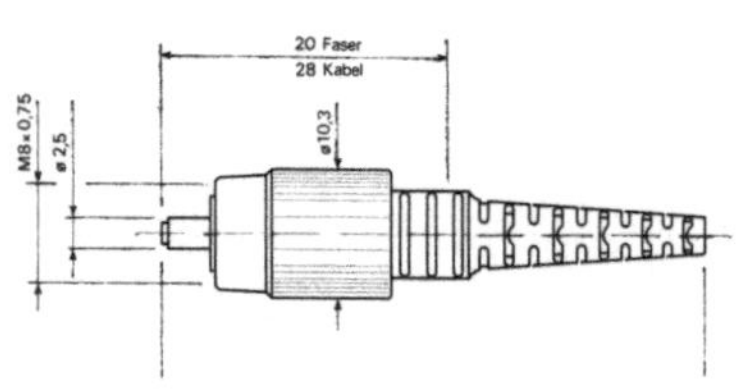

Bild 2.35: FC/PC-Stecker (Quelle: DIAMOND)

Der FC/PC-Stecker wird, wie der DIN-Stecker, im LAN-Bereich praktisch nicht mehr eingesetzt, ist jedoch in bestehenden Netzen noch anzutreffen.

ESCON

Der ESCON-Stecker ist ein verdrehsicherer Duplex-Stecker mit Schnapp-Arretierung und wird im Bereich der Großrechner in Rechenzentren eingesetzt. Für das LAN außerhalb des Rechenzentrums findet er keine Verwendung.

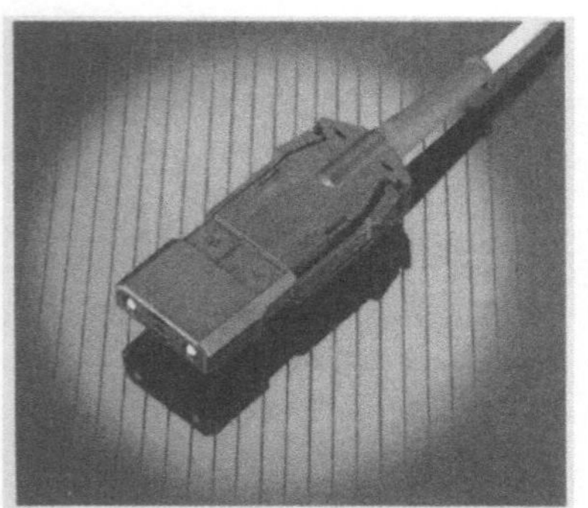

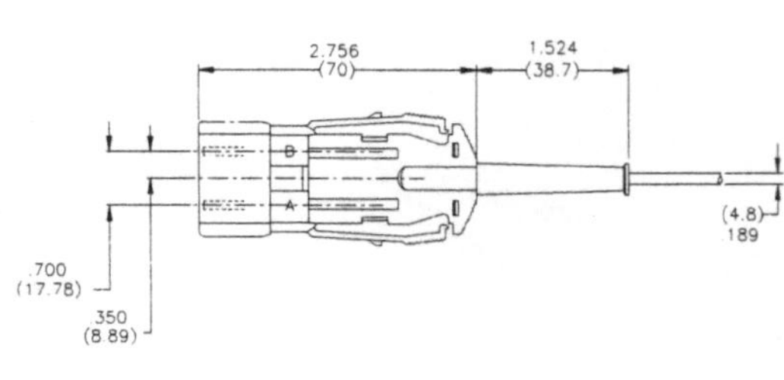

Bild 2.36: ESCON-Stecker (Angaben in mm), (Quelle: METHODE MIKON)

2.4 Verkabelungspraxis und strukturierte Verkabelung

Für die Verkabelungspraxis sind hauptsächlich zwei Aspekte von Bedeutung: die Norm zur strukturierten Verkabelung (DIN EN 50 173) und der gesunde Menschenverstand. In der Norm werden die Verkabelungsstruktur und - ausgehend von verschiedenen Übertragungsklassen - die Anforderungen an die Verkabelungskomponenten (Leitungen, Dosen, Stecker etc.) definiert.

Verkabelungsstruktur

Die Norm unterscheidet drei strukturelle Bereiche. Der **Primärbereich** umfaßt die Verkabelung zwischen einzelnen Gebäuden desselben Standortes; der

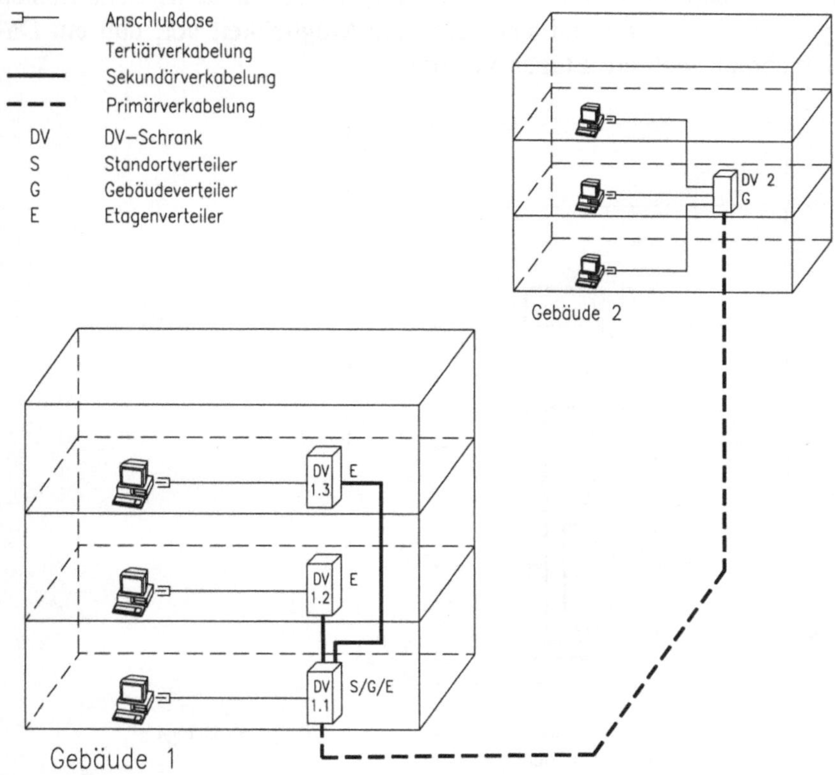

Bild 2.37: Verkabelungsstruktur (Quelle: IBW)

54

Sekundärbereich umfaßt die Verkabelung zwischen getrennten Datenverteiler-schränken innerhalb desselben Gebäudes. In beiden Bereichen kommt fast ausschließlich LWL zum Einsatz, lediglich für Altsysteme und als strategisch-operative Reserve zwischen Datenverteilerschränken werden Kupferdaten-leitungen eingesetzt. Die Norm geht von einer sternförmigen Verkabelung aus, d.h. die Sekundärleitungen aller Datenverteilerschränke laufen in einem zen-tralen Schrank im Gebäude auf, dem sog. **Gebäudeverteiler**, alle Primärleitun-gen der einzelnen Gebäudeverteiler laufen dann zentral im sog. **Standortvertei-ler** zusammen, der meist mit einem der Gebäudeverteiler zusammengefaßt ist. Die Norm erlaubt auch zusätzliche Querverbindungen zwischen den Datenver-teilerschränken. In der Praxis hat sich eine kombinierte Stern-Ring-Struktur sehr gut bewährt, die die einzelnen Datenverteilerschränke über die sternför-mige Verkabelung mit dem Gebäudeverteiler und zusätzlich mit einer ringför-migen Verkabelung untereinander verbindet. Jede Etage eines Gebäudes sollte nach Möglichkeit mit einem eigenen Datenverteilerschrank ausgestattet wer-den, dem sog. **Etagenverteiler**. Die Norm trägt jedoch auch wirtschaftlichen Gesichtspunkten Rechnung und sieht auch die Möglichkeit vor, daß ein Da-tenverteilerschrank mehrere Etagen versorgt.

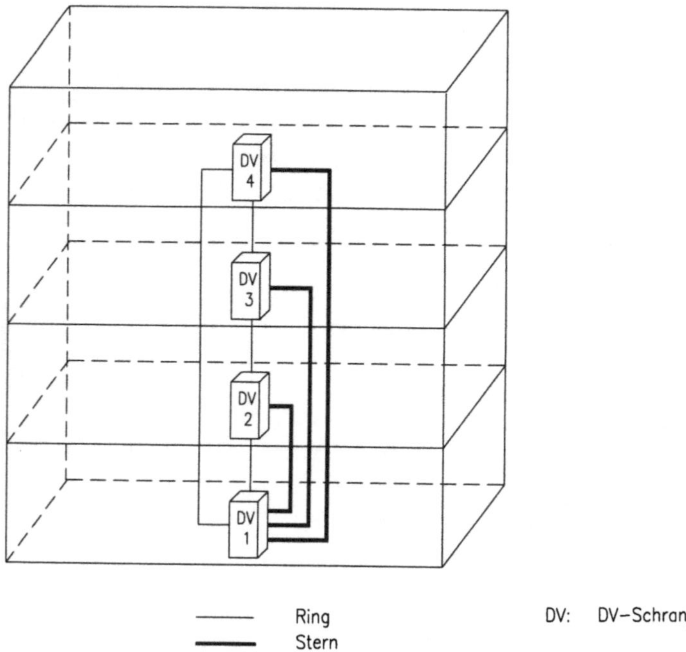

Bild 2.38: Kombinierte Stern-Ring-Struktur im Sekundärbereich (Quelle: IBW)

Vom Etagenverteiler verlaufen die Datenleitungen zu den einzelnen Datenanschlußdosen in den Büroräumen. Diese Leitungen gehören zum sog. **Tertiärbereich**. Hier werden überwiegend Kupferdatenleitungen (hauptsächlich Paralleldrahtleitungen - Twisted Pair) verlegt, doch auch reine Glasfasernetze (FTTD - fiber to the desk) sind keine Seltenheit mehr.

Netzanwendungsklasse und Kategorie

Die Norm definiert sog. **Netzanwendungsklassen** (engl. link performance), die durch entsprechende Übertragungsraten gekennzeichnet sind. Derzeit sind die Netzanwendungsklassen A bis D genormt, weitere befinden sich in Arbeit. Die Bestandteile eines Netzes wie Leitungen, Dosen und Stecker werden nach sog. **Kategorien** (engl. category) klassifiziert. Derzeit sind die Kategorien 1 bis 5 genormt, weitere befinden sich in Arbeit oder liegen als Normentwurf vor. Aus der geforderten Netzanwendungsklasse ergeben sich spezielle Anforderungen der Netzbestandteile der einzelnen Leistungskategorien bzw. die generelle Entscheidung, ob Netzbestandteile bestimmter Kategorien überhaupt zugelassen werden. Ein naheliegender Vergleich: Die Netzanwendungsklasse kann mit der Motorisierung einer Autoklasse verglichen werden, die Reifen unterliegen dann den Bestandteilkategorien (Q, R, S, T, H, ...). Abhängig von der jeweiligen Höchstgeschwindigkeit des Autos muß die Kategorie der Reifen gewählt werden. Auch bei ein und demselben Auto sind unterschiedliche zulässige Höchstgeschwindigkeiten mit unterschiedlichen Reifen (Sommerreifen, Winterreifen mit Geschwindigkeitsbeschränkung) möglich und zulässig. Aus der Vorgabe der Netzanwendungsklasse D ergibt sich beispielsweise, daß die entsprechende Übertragungsstrecke nicht mit Leitungen der Kategorie 2 aufgebaut werden kann, bei Leitungen der Kategorie 5 ergibt sich eine maximale Länge der Tertiärverkabelung von 90 m. Die Übertragungsraten der einzelnen Netzanwendungsklassen sind:

- Klasse A: bis 100 kHz
- Klasse B: bis 1 MHz
- Klasse C: bis 16 MHz
- Klasse D: bis 100 MHz

Die Einteilung in Kategorien war gedacht, um eine sinnvolle genormte Schnittstelle zwischen Komponenten und Bauteilen verschiedener Hersteller zu schaffen und somit leistungsfähige und gleichzeitig herstellerneutrale Netze zu schaffen. In der Praxis hat sich jedoch gezeigt, daß dies nicht immer so ist.

Durch ungenügende elektrische und mechanische Abstimmung der einzelnen Hersteller erfüllt ein Gesamtsystem die entsprechenden Kategorie-Grenzwerte manchmal nicht mehr, obwohl die einzelnen Bauteile der jeweiligen Hersteller die Kategorie-Grenzwerte sehr wohl erfüllen.

Zahlenwerte

Für die **Übertragungsstrecke** (Kabel, Dosen, Stecker, eine Anschlußleitung mit 5 m) ist heutzutage lediglich die Klasse D interessant. Hier gelten nach DIN EN 50 173 folgende Zahlenwerte:

f	a_{max}	$NEXT_{min}$	ACR_{min}
1,0	2,5	54	-
4,0	4,8	45	40
10,0	7,5	39	35
16,0	9,4	36	30
20,0	10,5	35	28
31,25	13,1	32	23
62,5	18,4	27	13
100,0	23,2	24	4

f = Frequenz in MHz
a_{max} = maximale Dämpfung in dB
$NEXT_{min}$ = Mindest-Nahnebensprechdämpfung in dB
ACR_{min} = Mindest-ACR in dB

Der Gleichstrom-Schleifenwiderstand einer Übertragungsstrecke der Klasse D darf 40 Ω und die größte Signal-Laufzeit bei 30 MHz 0,9 µs nicht überschreiten. Eine Klasse E mit strengeren Werten ist in Vorbereitung (DIN ENV 44 312-5).

Für die **Kupferdatenleitungen** ist heutzutage lediglich die Kategorie 5 interessant. Es werden fast ausschließlich Twisted-Pair-Leitungen mit 100 Ω Wellenwiderstand verwendet, in der überwiegenden Zahl der Projekte von Typ S/STP. Für 100 Ω-Leitungen der Kategorie 5 gelten nach DIN EN 50 173 folgende Zahlenwerte:

f	a_{max}	$NEXT_{min}$	ACR_{min}
0,064	0,8	-	-
0,256	1,1	-	-
0,512	1,5	-	-
0,772	1,8	64	62,2
1	2,1	62	59,9
4	4,3	53	48,7
10	6,6	47	40,4
16	8,2	44	35,8
20	9,2	42	32,8
31,25	11,8	40	28,2
62,5	17,1	35	17,9
100	22,0	32	10,0

f = Frequenz in MHz
a_{max} = maximale Dämpfung in dB
$NEXT_{min}$ = Mindest-Nahnebensprechdämpfung in dB
ACR_{min} = Mindest-ACR in dB

Dabei ist zu beachten, daß NEXT immer an beiden Kabelenden gemessen werden sollte. Manche Meßgeräte berücksichtigen dies automatisch. Bei Verkabelungsstrecken der Klasse D kann es sein, daß für einen korrekten ACR-Wert ein besserer NEXT-Wert benötigt wird, als in der Norm angegeben. Dies

58

ist der Fall bei einer großen Streckendämpfung a (wir erinnern uns: ACR = NEXT - a).

Sollen über ein Kabel mehrere Dienste gleichzeitig übertragen werden, so muß die Nahnebensprechdämpfung NEXT um folgende Werte ΔNEXT besser sein als in der vorstehenden Tabelle gefordert:

$$\Delta\text{NEXT} = 6 \text{ dB} + 10 \cdot \log(n+1) \text{ dB} \qquad (2.3)$$

mit n = Anzahl der benachbarten Kupferbündel oder -elemente für einen Dienst. Für zwei Dienste (n = 2) ist also ΔNEXT = 10,8 dB, für drei Dienste (n = 3) ist ΔNEXT = 12,0 dB usw.

Weitere wichtige Zahlenwerte:

- Wellenwiderstand Z_0: 100 Ω ± 15 Ω für f ≥ 1 MHz

- maximaler Gleichstrom-Schleifenwiderstand 30 Ω / 100 m

- kleinste Signalausbreitungsgeschwindigkeit 0,6 c bei 1 MHz, 0,65 c bei 10 und 100 MHz (c = Vakuumlichtgeschwindigkeit)

Eine Kategorie 6 mit strengeren Werten und Frequenzen bis 600 MHz ist in Vorbereitung (DIN ENV 44 312-5).

Für **Glasfaserleitungen (LWL)** gelten folgende Zahlenwerte nach DIN EN 50 173:

Teilsystem	Länge der Verkabelungs- strecke in m	Dämpfung (mit einer Steckverbindung und einem Spleiß an jedem Ende des Teilsystems) in dB			
		Monomode		*Multimode*	
		1310 nm	1550 nm	850 nm	1300 nm
Tertiärverkabelung	90	2,2	2,2	2,5	2,2
Sekundärverkabelung	500	2,7	2,7	3,9	2,6
Primärverkabelung	1500	3,6	3,6	7,4	3,6

Faserart	Wellenlänge in nm			Mindest-Bandbreite in MHz
	untere Grenze	Nennwert	obere Grenze	
Multimode	790	850	910	100
	1285	1300	1330	250
Monomode	1288	1310	1339	-
	1525	1550	1575	-

Stecker und Dosen

Die Norm zur strukturierten Verkabelung (DIN EN 50 173) sieht bei **Kup-ferdatenleitungen** den RJ-45-Stecker mit den entsprechenden Dosen vor. Dabei werden die einzelnen Aderpaare wie folgt aufgeteilt:

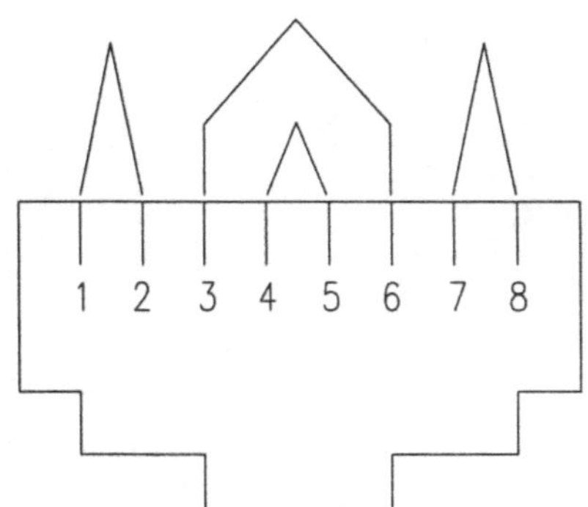

Bild 2.39: Paarzuordnung der RJ-45-Buchse nach DIN EN 50 173 (Quelle: IBW)
Wenn vieradrige Leitungen verwendet werden, werden nur die Pins 3-6 und 4-5 aufgelegt.

Es können sowohl Festanschlußdosen als auch flexible Anschlußdosen mit Steckeinsätzen verwendet werden. Bei Festanschlußdosen werden alle acht Adern fest in der Dose aufgelegt. Dies ist nur bei Einfachdosen sinnvoll, je- der Dienst und jede Netzart kann dann ohne Tausch der Dose übermittelt

60

werden, es sei denn, eine Doppeldose wird mit zwei achtadrigen Leitungen angefahren. Mittlerweile sind sogar Dreifachdosen erhältlich. Bei flexiblen Anschlußdosen wird in die universelle Dose ein Steckeinsatz, der auf den jeweiligen Dienst abgestimmt ist, gesteckt (ein Universaleinsatz mit RJ-45-Buchse mit allen acht belegten Pins ist ebenfalls erhältlich). Da fast alle Netzarten oder Dienste nur zwei Leitungspaare verwenden, kann bei einem achtadrigen Datenkabel jeweils ein Doppelsteckeinsatz mit zwei RJ-45-Buchsen gesteckt werden. Dies erhöht die zur Verfügung stehende Anschlußzahl bei gleichen Verkabelungskosten enorm. Ein weiterer Vorteil ist, daß auch Steckeinsätze für andere Steckertypen und Verkabelungssysteme mit anderen Wellenwiderständen (D-Sub, IVS 150 Ω, BNC 50 Ω, BNC 75 Ω, ...) erhältlich sind. Die jeweils notwendige Anpassung des Wellenwiderstandes erfolgt im Steckeinsatz. Als Nachteil ist die zusätzliche Fehlermöglichkeit durch die Steckverbindung sowie der höhere Preis zu nennen, als Vorteil die ungeahnte Flexibilität - das verlegte Kabel in den Kabelkanälen muß bei Veränderungen nicht mehr angetastet werden, lediglich der Steckeinsatz wird getauscht.

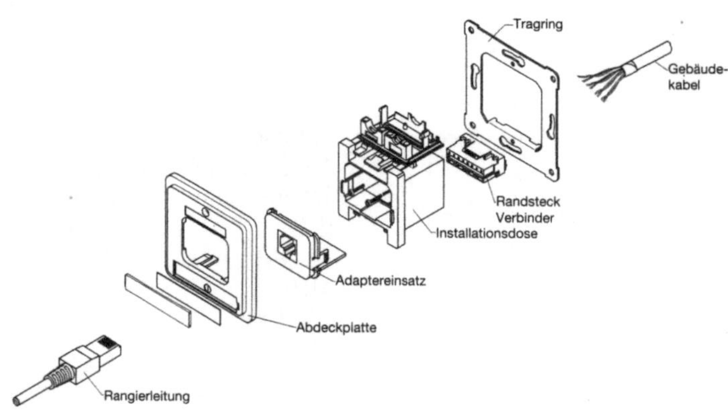

Bild 2.40: Beispiel für eine flexible Anschlußdose (Quelle: AMP)

RJ-45-Stecker und Dosen gibt es mit verschiedenen Codierungsmöglichkeiten, angefangen bei der rein farblichen Kennzeichnung bis hin zur echten mechanischen Codierung: Stecker und Dose werden mit einer entsprechend gestalteten Hülse versehen, so daß nur ein oder mehrere gleich codierte Stecker in die entsprechende Dose passen.

Für **Glasfaserleitungen** hat die DIN EN 50 173 den SC-Duplexstecker für die Anschlußdosen in den (Büro-)Räumen genormt. Der Steckertyp in den DV-Schränken oder an anderer Stelle ist beliebig wählbar. Auch hybride Mittelstücke in den Anschlußdosen sind denkbar und sinnvoll (z.B. LSH kabelseitig, SC-Duplex endgeräteseitig).

Wichtig bei Kupferverkabelung

Der äußere Geflechtschirm sollte möglichst breitflächig an beiden Kabelenden aufgelegt werden. Dies sollte durch Umwicklung mit einer elektrisch leitenden Folie (z.B. Kupferklebefolie) unterstützt werden. Gut sind auch zusätzliche Erdungsklammern am Verteilfeld im DV-Schrank. Der Folienschirm der Aderpaare bei S/STP-Kabeln sollte so weit wie möglich in die Dose geführt werden. Die Aderpaare sollten nicht entdrillt werden, die DIN EN 50 173 läßt maximal 13 mm Entdrillung zu. Auf gar keinen Fall sollten die Adern zusätzlich verdrillt werden, da sich dadurch der Wellenwiderstand stark ändert. Auf die Einhaltung des zulässigen Kabelbiegeradius ist zu achten, keinesfalls dürfen die Leitungen geknickt oder gequetscht werden.

Wichtig bei Glasfaserverkabelung

Oberstes Gebot bei LWL ist der Staubschutz. Nicht benötigte Ports und Stecker sofort und gut verschließen, nicht auf die polierten Flächen blasen oder gar fassen! Trotz sehr guter Stecker in Kunststoff- und Edelstahlausführung sind keramische Ferrulen (Faserführungen) auch heute immer noch zu bevorzugen. Auf PVC-Schutzkappen und -Kabelhüllen sollte wegen deren schlechtem Alterungsverhalten verzichtet werden, besser sind Schutzkappen aus glasfaserverstärktem Kunststoff. Besonders bei Glasfaserleitungen muß auf fachgerechte Verlegung und Einhaltung des Mindest-Biegeradius unbedingt geachtet werden - wie der Name *Glas*faser schon sagt, nach einem richtigen Knick ist die Faser richtig kaputt. Glasfaserleitungen sollten auch keinem starken Druck ausgesetzt werden, da dieser die Übertragungswerte stark verschlechtert. Sehr gut haben sich gepolsterte Mehrfachschellen zur Kabelbefestigung bewährt. Glasfaserleitungen sollten generell keine metallenen Elemente enthalten, um Potentialverschleppungen zu vermeiden und um die Kabel nicht empfindlich für induktive Einkopplungen bei nahem Blitzeinschlag zu machen. Glasfaserleitungen gibt es jedoch auch in sehr robusten Ausführungen bei sehr kleinen Abmessungen (0,9 mm Außendurchmesser). Dies ist besonders bei sehr kleinen Kabelwegen besonders hilfreich.

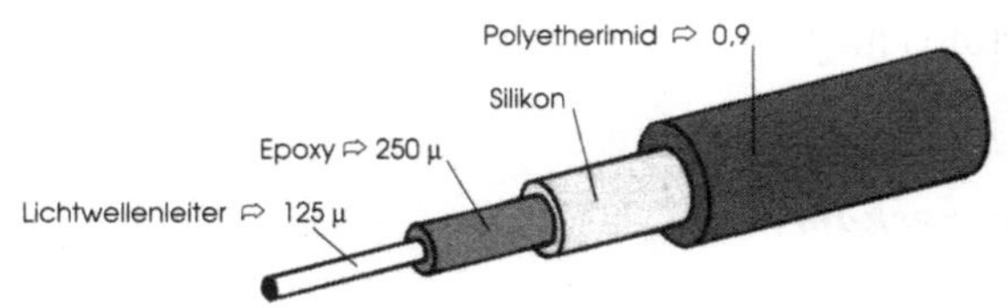

Bild 2.41: Beispiel für eine äußerst kompakte und robuste Glasfaserleitung (Quelle: FORT)

Sonstiges

Alle guten Datenleitungen sind heutzutage in halogenfreier Ausführung erhältlich. Dies bedeutet, daß der Kunststoffmantel kein PVC oder ähnliche Stoffe mit Halogenverbindungen (Fluor, Chlor, Brom, Jod) enthält. Halogenierte Kohlenwasserstoffe wie beispielsweise PVC entwickeln im Brandfall sehr giftige und agressive Gase und bilden bei Kontakt mit Wasser Säure (bei PVC Salzsäure), die Menschen, Geräte und das Gebäude selbst gefährden und selbst Beton zerstören. Daher sollten nur noch halogenfreie Leitungen eingesetzt werden, Brandlasten geplanter Kabelwege müssen in jedem Falle beachtet werden.

Wichtige Leitungen (Backbone etc.) sollten nicht nur redundant, also in höherer Anzahl als benötigt verlegt werden, sie sollten auch über getrennte Wege geführt werden (Zweiwegeführung). Bei Störungen, Unfällen oder Sabotage besitzt das Netz eine deutlich höhere Sicherheit.

2.5 EMV

Generell ist bei Fragen der elektromagnetischen Verträglichkeit, kurz EMV, zu sagen, daß es (fast) so viele Meinungen wie Experten gibt. Für lokale Netze besonders wichtig ist das Einstrahlen fremder elektromagnetischer Felder, beispielsweise durch Starkstromleitungen im Kabelkanal neben den Datenleitungen, durch Starkstromanlagen, Funkanlagen, Sender oder anderes. Einstrahlen fremder elektromagnetischer Felder führt oft zu Fehlern in der Datenübertragung im LAN oder zu Störungen aktiver Komponenten und Geräte. Hier gilt es, die Datenleitungen und die EDV-Anlagen gut gegen diese Störfelder abzuschirmen. Doch auch das Abstrahlen elektromagnetischer Felder durch das lokale Netz ist nicht zu vernachlässigen, besonders im Hochfrequenzbereich. Nach derzeit gültiger Rechtsprechung ist der Betreiber einer Anlage dafür verantwortlich, daß seine Anlage keine störenden elektromagnetischen Felder abstrahlt oder gar Störungen verursacht. Dies kann schlimmstenfalls bis zur zwangsweisen Stillegung der störenden Anlage führen.

Gerade im Hinblick auf EMV sind Glasfaserleitungen den Kupferdatenleitungen konkurrenzlos überlegen. Sie sind völlig immun gegen elektromagnetische Störfelder und strahlen ihrerseits überhaupt nicht, lediglich die Elektronik der aktiven LWL-Komponenten und Endgeräte ist für EMV-Betrachtungen interessant. Doch auch die guten der heute erhältlichen S/STP-Kupferdatenleitungen sind recht gut EMV-geschützt. Da man aber gerade auf dem Gebiet der EMV außerordentlich sorgfältig und vorsichtig sein sollte, sind auch heute noch Metallkanäle, besonders aus Aluminium, mit einem geerdeten Metalltrennsteg zwischen Daten- und Starkstromleitungen zu empfehlen.

Wichtig ist auch das Erdungskonzept, also die Art und Weise, wie alle Bestandteile des Netzes geerdet sind. Bis vor kurzem setzte man auf eine rein sternförmige Erdung, d.h. alle Erdungsleitungen liefen sternförmig an einem gemeinsamen Punkt, der Haupt-Potentialausgleichsschiene, zusammen. Mittlerweile tendiert man zu einem maschenförmigen Erdungskonzept mit möglichst vielen geerdeten Punkten - das Gebäude wirkt dann wie ein großer Faradayscher Käfig. Dabei besteht jedoch die Gefahr, daß sog. Induktionsschleifen gebildet werden, ringförmige Gebilde also, an denen durch elektromagnetische Felder Spannungen induziert werden, die zu Ausgleichsströmen und dadurch wieder zu Störfeldern und Potentialverschleppungen führen. Die Diskussion über das optimale Erdungskonzept ist noch lange nicht abgeschlossen, falls sie überhaupt je abgeschlossen werden kann.

Bei der Stromversorgung für EDV-Netze ist auf eine saubere Erdung mit unbelastetem PE (also Trennung des noch weitverbreiteten PEN in N für Rückstrom und PE als reinen Schutzleiter) zu achten. Alle in Verbindung stehenden Einheiten sollten auf gleichem elektrischen Potential liegen. So sollte beispielsweise die Erdungsleitung für den Datenverteilerschrank und dessen Verteilfelder auf derselben Potentialausgleichsschiene aufgelegt werden wie der

Schutzleiter (PE) der Steckdosen, in die die aktiven Komponenten in diesem DV-Schrank eingesteckt werden. Es empfielt sich auch die Trennung der Elektroinstallation in Datenendgeräte-Stromkreise (DSK), die ausschließlich EDV-Geräte versorgen und in Allgemein-Stromkreise (ASK) für alle übrigen Verbraucher (Beleuchtung, Diktiergerät, Kaffeemaschine, Steckdosen für den Staubsauger, ...) vorzunehmen. Das DSK-Netz bleibt dadurch weitgehend von Störungen im ASK-Netz verschont. Man spricht dabei auch von einem sog. **beruhigten Netz**. Darüber hinaus führt ein Kurzschluß in einer Kaffeemaschine dann nicht zum Absturz ganzer Teile der EDV.

Die Stromversorgung der EDV-Geräte sollte auch mit einem **Überspannungs-schutz** versehen werden. Empfehlenswert ist die Kombination aus Blitzstrom-ableiter (sog. Grobschutz) im Elektro-Hauptverteiler (HVT) und Überspan-nungsschutz (sog. Mittelschutz) im Elektro-Unterverteiler UVT).

Ein Überspannungsschutz in der 230 V-Steckdose (sog. Feinschutz) kann bei Installation von Grob- und Mittelschutz oft entfallen, die meisten elektroni-schen Geräte und Komponenten sind heutzutage meist mit einem eigenen Feinschutz ausgerüstet. Ein Feinschutz allein, ohne vorgeschalteten Grob- und Mittelschutz ist wirkungslos. Ein Grobschutz darf je nach Fabrikat/Typ nur nach Sicherungen mit maximal 100 A bis 125 A betrieben werden. Falls Si-cherungen mit höheren Nennströmen vorhanden sind, ist das Elektronetz umzugestalten.

2.6 USV

Eine unterbrechungsfreie Stromversorgung (USV) übernimmt die kurzzeitige Energieversorgung wichtiger Bereiche oder einzelner Geräte. Sie ersetzt nicht die gesamte Energieversorgung bei Stromausfall. Notstromaggregate, auch als Netzersatzanlagen (NEA) bezeichnet, dienen hingegen der Versorgung des ge-samten Elektronetzes oder wichtiger Teile davon bei Stromausfall. Sie beste-hen meist aus einem Dieselmotor, einem Generator und der zugehörigen Schaltanlage zur Synchronisation des Elektronetzes. In diesem Kapitel werden keine Notstromaggregate, sondern die für lokale Netze sehr viel wichtigeren USV-Anlagen behandelt.

Eine USV wird meist auf Einzelgeräte wie beispielsweise Server oder auf einen Netzbereich, beispielsweise Backbone und WAN-Anbindung oder Workstations hoher Priorität begrenzt. Sie dient einer kurzzeitigen Energieversorgung zur Überbrückung kurzer Stromausfälle und sichert so zumindest die Datensicherung und das geordnete Herunterfahren des Systems. Von USV-Anlagen gibt es zwei wichtige Typen:

Schaltbild nach VDE 0558, Teil 5:

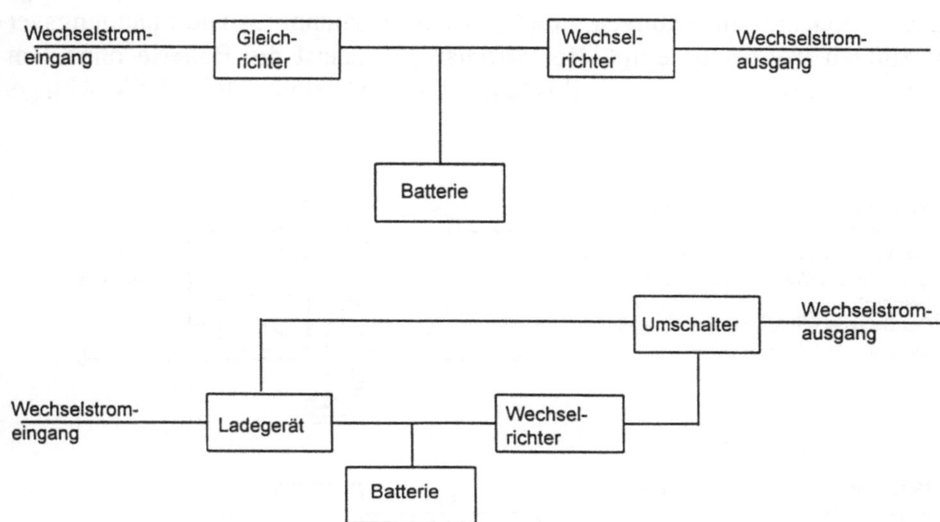

Bild 2.42: Prinzipieller Aufbau einer USV, oben Mitlaufbetrieb, unten Dauerbetrieb (Quelle: Exide Electronics)

Bei USV-Anlagen im **Mitlaufbetrieb**, auch als Offline- oder Standby-Betrieb bezeichnet, werden die zu versorgenden Geräte aus dem "normalen" Stromversorgungsnetz gespeist. Die Pufferbatterie wird durch ein separates Ladegerät im geladenen Zustand gehalten und wird erst bei Stromausfall zur Versorgung der jeweiligen Geräte zugeschaltet. Die Umschaltzeit, bestehend aus der reinen Umschaltung sowie der Ausregelzeit der USV, beträgt meist ca. 4 ms bis 20 ms. Diese Anlagen besitzen eine Leistung von ca. 100 VA bis ca. 3 kVA und sind wesentlich günstiger als Anlagen im Dauerbetrieb (für diese Zwecke im LAN ist 1 kVA ≈ 1 kW).

USV-Anlagen im **Dauerbetrieb**, auch als Online-Betrieb bezeichnet, arbeiten völlig unterbrechungsfrei, ohne Umschaltzeiten. Die versorgten Geräte, auch als Verbraucher bezeichnet, werden dabei ständig von der USV gespeist. Bei diesem Prinzip wird die Netzspannung des "normalen" Stromversorgungsnetzes zunächst in der USV-Anlage gleichgerichtet. Die Batterie wird vom Gleichrichter als Ladegeräte dabei im optimalen Ladezustand gehalten. Der anschließend folgende Wechselrichter erzeugt eine saubere Ausgangsspannung, die die angeschlossenen Geräte versorgt. Durch diesen Aufbau ist nicht nur die Überbrückung bei Stromausfall möglich, auch Störungen wie Spannungs- oder Frequenzschwankungen, überlagerte Störspannungen und Spannungsverzerrungen werden beseitigt. Bei Stromausfall speist die Batterie ohne Umschaltzeit den Wechselrichter. Zusätzlich können leistungsfähige USV-Anlagen

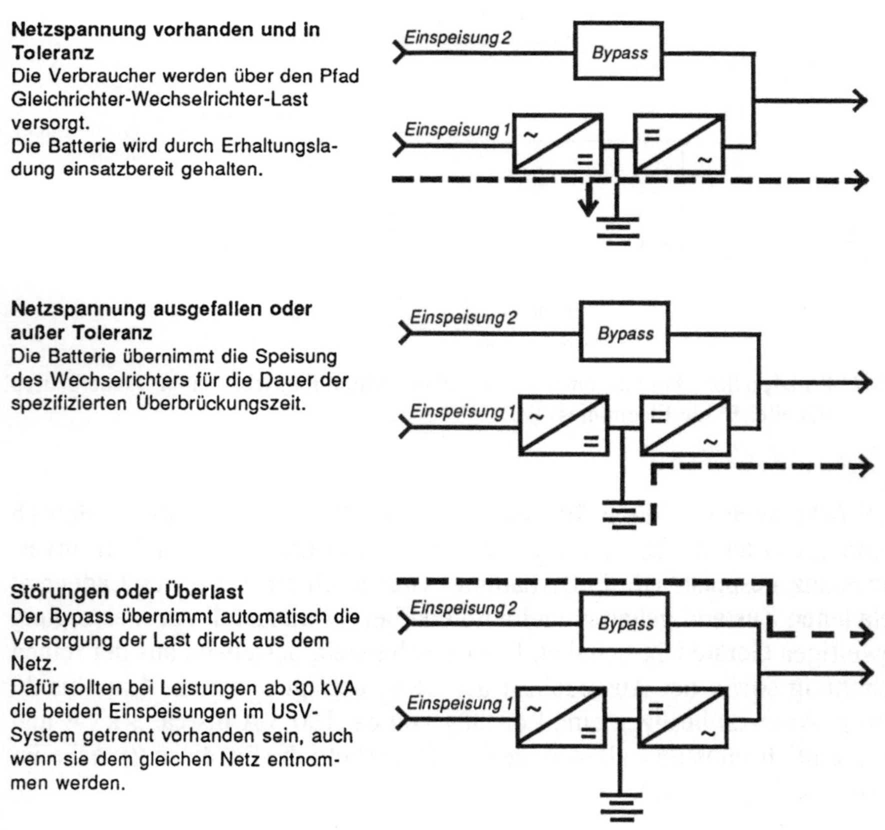

Bild 2.43: Prinzipielle Funktion einer USV im Dauerbetrieb (Quelle: PILLER)

noch mit einer Schnittstelle für eine EDV-gestützte Überwachung oder zur Datenfernübertragung ausgestattet werden. USV-Anlagen im Dauerbetrieb sind in jeder Leistungsgröße erhältlich.

Wichtige Faktoren bei USV-Anlagen sind die **Gesamtleistung** (welche Leistung wird für die zu versorgenden Geräte benötigt), die **Überbrückungszeit** (wie lange kann die USV die angeschlossenen Geräte versorgen) sowie der **Klirrfaktor**. Durch den Wechselrichter ist der Ausgangsspannung der USV ein (störender) hochfrequenter Anteil überlagert. Der Klirrfaktor gibt das Verhältnis dieses hochfrequenten Anteiles zur gewünschten Ausgangsspannung an. Von EDV-Herstellern wird meist ein Klirrfaktor von max. 5 % gefordert, gute USV-Anlagen besitzen einen Klirrfaktor von weniger als 2 %.

Moderne, leistungsfähige USV-Anlagen sind meist mit SNMP-Agent ausgestattet, um die USV in das Netzwerkmanagementsystem des LANs einzubeziehen. Einfache Systeme melden sich bei nachlassender Batteriespannung, damit noch ausreichend Zeit für das Herunterfahren der Server und Netzwerkkomponenten bleibt. Gehobene Systeme verfügen über eine leistungsfähige **Shutdown-Software**, die die automatische Datensicherung der PCs, Workstations und Server vornimmt und danach die Systeme definiert herunterfährt.

3 Netzarten, Topologien und Zugriffsverfahren

3.1 Grundlagen und Begriffe

Für die **Topologie**, also die prinzipielle Struktur eines Netzes, gibt es vier grundsätzliche Möglichkeiten. Bei der **Ringstruktur** werden alle Endgeräte wie PCs und Drucker sowie der Server/Großrechner so mit Leitungen untereinander verbunden, daß ein geschlossener Ring entsteht. Bei der **Sternstruktur** wird

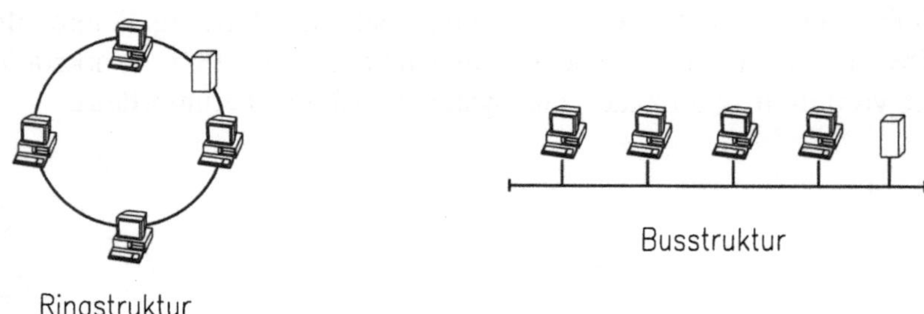

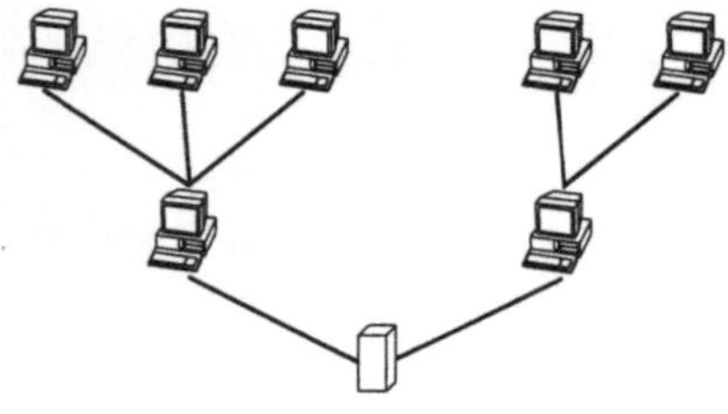

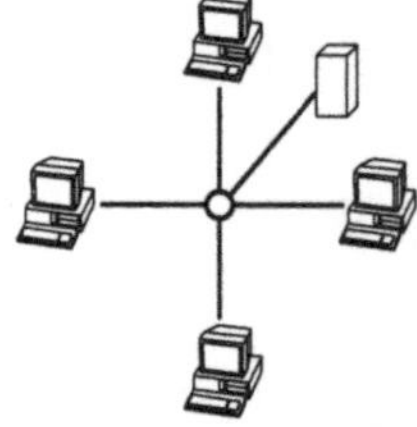

Bild 3.1: Grundlegende Topologien

von jedem Gerät eine Leitung zu einem gemeinsamen Konzentrationspunkt, dem Sternpunkt, gezogen. Bei der **Busstruktur** werden alle Netzteilnehmer und der Server/Großrechner hintereinander gereiht verbunden wie Perlen auf einer Schnur. Dies geschieht entweder direkt oder mit Stichleitungen zu einer gemeinsamen Leitung, dem sog. Bus. Bei der **Baumstruktur** verzweigt sich das Netz ähnlich wie die Äste und Zweige in einem Baum.

In der Verkabelung üblich ist der sog. **physikalische Stern**, bei dem alle Anschlußdosen für PC, Drucker und Server sternförmig von einem oder mehreren zentralen Verteilern aus mit mehrpaarigen Leitungen angefahren werden. Dabei reicht fast immer ein Aderpaar für "Senden" und eines für "Empfangen" (Ausnahmen: 100VGAnyLAN und 100Base-T4). Durch geschickte Paarzuteilung wird die eigentliche Topologie dann durch die aktiven Netzwerkkomponenten bestimmt.

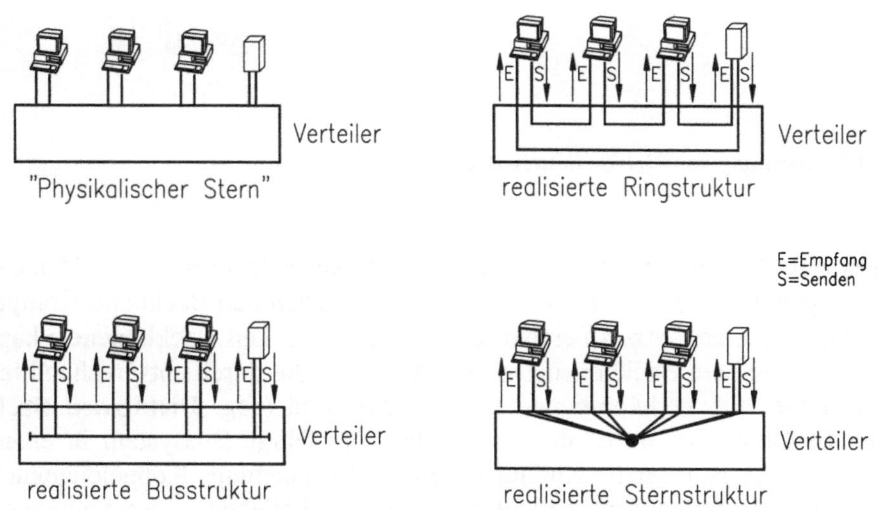

Bild 3.2: Physikalischer Stern und entsprechende Netztopologien

Mehrere Netze in einem Bereich werden oftmals nicht direkt sondern über ein Hochleistungsdatennetz miteinander verbunden, dem sog. **Backbonenetz** oder kurz Backbone (von engl. backbone = Rückgrat). Dieses Backbonenetz erlaubt mit seinen sehr viel höheren Datenraten einen sehr viel höheren Datendurchsatz und somit eine sehr viel bessere Netzperformance (von engl. performance = Leistung) als die direkte Kopplung einzelner Netze.

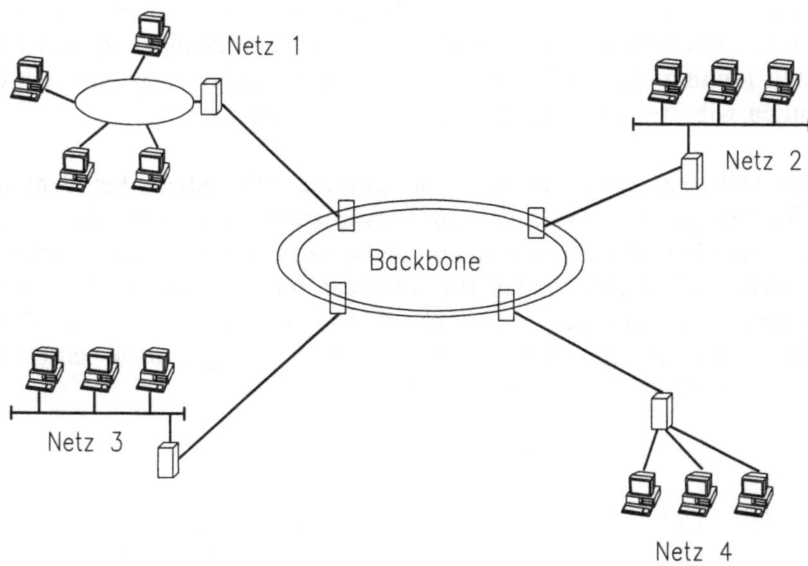

Bild 3.3: Kopplung von Netzen mittels Backbonenetz

Dieses Backbonenetz muß nicht unbedingt als ausgedehntes Netz vorhanden sein. Es genügt auch die direkte Verbindung zwischen den Backbone-Komponenten der anderen Netze zu einem sehr kleinen Netz. Das Backbonenetz kann in mehrere kleinere Backbonenetze unterteilt sein, die durch entsprechend leistungsfähige Netzwerkkomponenten gekoppelt sind (sog. **Distributed Backbone**). Es kann auch durch das äußerst leistungsfähige Bussystem in einem sog. Enterprise-Hub (siehe Kapitel 4), eines Hochleistungs-Koppelelementes also, realisiert werden. Man spricht hier vom sog. kollabierten Backbonenetz, engl. **collapsed backbone**. Dabei sollte dann ein Redundanzkonzept (redundant = aus Sicherheitsgründen mehrfach/überzählig vorhanden) ausgearbeitet werden, damit bei Ausfall *eines* Koppelelementes nicht das ganze Netz lahmgelegt wird. Bei Backbones gilt als Faustformel die sog. **80/20-Regel**, die besagt, daß ca. 80 % des Datenverkehrs eines Segmentes oder (Teil-)Netzes in diesem verbleiben und nur etwa 20 % über das Backbonenetz fließen sollten.

Bei den **Netz-Zugriffsverfahren** gibt es zum einen die Netze mit streng geregelter Zugangsberechtigung, engl. **token**. Immer nur ein Netzteilnehmer darf im Besitz des Tokens sein, der ihn zum Senden berechtigt. Alle anderen Teilnehmer "haben Sendepause". Nach einer festgelegten Zeit wird das Token an den nächsten Netzteilnehmer weitergegeben. Überwacht wird die Token-Weitergabe sowie die Einhaltung der Sendezeit durch eine sog. Monitor-Station, die im Bedarfsfall Netzteilnehmern das Token entziehen kann, doppelte Token vernichtet oder verloren gegangene ersetzt. Beispiele hierfür sind Token Ring, Token Bus und FDDI. Bei den anderen wichtigen Zugriffsverfahren existiert keine explizite Zugangsberechtigung, jeder sendewillige Netzteilnehmer darf senden, wann immer er möchte. Einzige Voraussetzung: Es darf keine andere Station bereits senden. Ist dies der Fall, so muß die sendewillige Station warten, bis das Netz "frei" ist. Durch die Überwachung des Netzes, engl. **carrier sense,** wird vermieden, daß sich zwei Netzteilnehmer durch gleichzeitiges Senden "ins Gehege kommen". Es gibt zwei grundsätzliche Carrier-sense-Verfahren: **CSMA/CD** (carrier sense multiple access with collision detection), bei dem Sendekollisionen erkannt werden, mit kurzer, zwangsweiser Sendepause für die betreffenden Stationen und **CSMA/CA** (carrier sense multiple access with collision avoidance), bei dem Sendekollisionen von vornherein durch ausgeklügelte Maßnahmen vermieden werden. Ein Beispiel für ein CSMA/CD-Netz ist das Ethernet. CSMA/CA-Netze haben sich nicht durchgesetzt.

Bei den sog. **Dedicated** LANs (engl. to dedicate = widmen, zuweisen) werden die Daten vom Koppelelement nur zu dem Endgerät übertragen, für das sie auch bestimmt sind. Dies setzt voraus, daß die Koppelelemente (Hubs) Zieladressen erkennen und zuordnen können (Switching). Dies spielt vor allem bei Ethernet mit intelligenten Hubs eine Rolle.

Bandwidth on Demand bedeutet, daß Netzteilnehmern situationsabhängig benötigte Übertragungsbandbreite für die benötigte Übertragungsrate zugeteilt wird. Dies kann **statisch**, also einmalig fest vorgegeben oder **dynamisch**, also automatisch und situationsabhängig erfolgen.

Vorsicht bei dem Begriff "Switching". **Switches** als aktive Netzwerkkomponenten verbinden wie Bridges und Router eigenständige (Teil-)Netze. Sie lesen den Informationsteil (Header) eines Datenpaketes (Rahmen) und entscheiden dann, ob der Rahmen für ein Gerät in dem (Teil-)Netz, aus dem er stammt, bestimmt ist, oder ob er in ein anderes (Teil-)Netz weitergeleitet werden muß (zu Switches als aktive Netzwerkkomponenten siehe Kapitel 4). **Switched LANs** verfügen über Netzwerkkomponenten (Switches, oft auch Switching Hubs, also Hubs mit dieser Switching-Funktionalität), die solches

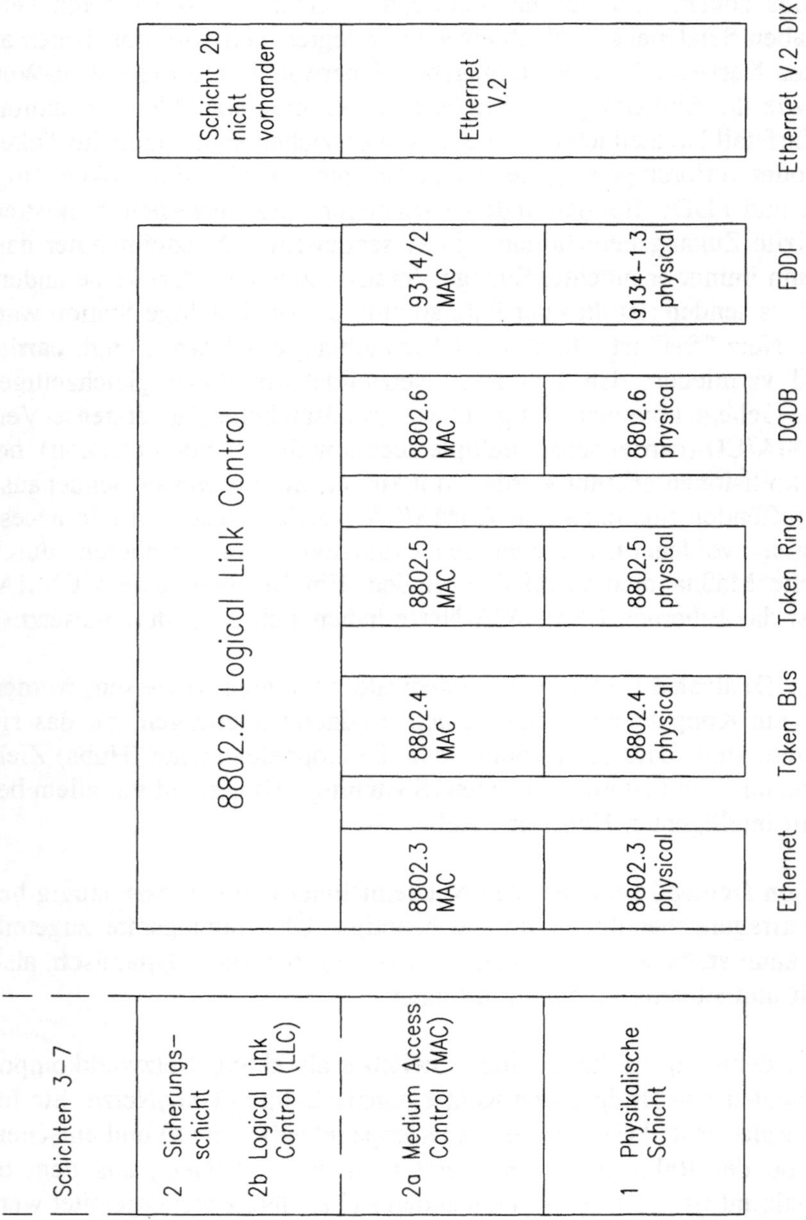

Bild 3.4: Die verschiedenen Netzarten im ISO-Schichtenmodell

Switching ausführen. Etwas ganz anderes jedoch ist es, wenn die Ports eines Hubs zu logischen Gruppen zusammengefaßt werden, die dann vom Gesamtnetz als eigenständige (Teil-)Netze angesehen werden. Dies wird als **Microsegmentierung** bezeichnet. Die logischen Gruppen können je nach Netzwerkkomponente aus beliebigen Einzelports gebildet werden, was als **Port Switching** oder (besser) als **Port Assignment** bezeichnet wird. Bei manchen Geräten können immer nur ganze Blöcke von Ports oder nur ganze Einschubkarten oder -module zu Gruppen zusammengefaßt werden, was dann als **Group Switching** oder (besser) als **Group Assignment** bezeichnet wird. Um Verwechslungen zu vermeiden, sollte der Begriff Switching nur für die Funktion eines Switches als Netzwerkkomponente mit Diensten der Schicht 2 des ISO-Schichtenmodelles und nicht für Assignment (Schicht 1) verwendet werden.

Virtuelle Netze sind Netze, die es eigentlich gar nicht gibt. Über Microsegmentierung werden beliebige Endgeräte im ganzen (!) LAN softwaregesteuert zu logischen, eigenständigen Netzen gruppiert. Die so entstandenen logischen Gruppen werden von der Software und der Systemverwaltung dann als echte, eigenständige Netze betrachtet. Diese Vorgehensweise ist besonders vorteilhaft bei Umstrukturierungen oder Umzügen. Früher mußte, nachdem der PC von einem Schreibtisch auf einen anderen verlegt wurde, die alte Rangierung im ursprünglichen Patchfeld gelöst und eine neue Rangierung (meist in einem völlig anderen DV-Schrank) neu gepatcht werden. Dann mußte mühsam sichergestellt werden, daß der PC "irgendwie" auf das alte Netz zugreifen konnte. Bei den virtuellen Netzen wird (zumindest im theoretischen Idealfall) das Symbol des PCs im Netzwerkmanagementsystem (NMS) mit der Maus angeklickt und an den neuen Platz gezogen. Alles andere erledigt das NMS.

Weitere wichtige Begriffe, bevor die einzelnen LAN-Typen ausführlich erklärt werden, sind Campusnet, MAN, WAN und GAN. Ein **LAN** ist ein lokales Netz, also ein Datennetz bestimmter Größe an einem Ort, meist in einem oder mehreren benachbarten Gebäuden. Wird das Netz nun auf einen größeren Standort wie beispielsweise das gesamte Campusgelände einer Universität ausgedehnt, spricht man von einem **Campusnet**. Sind einzelne Netze an verschiedenen Standorten innerhalb eines Stadtgebietes verbunden, wird diese Verbindung als **MAN** (engl. metropolitan area network) bezeichnet. Verläßt diese Verbindung das Stadtgebiet und ist sehr viel größer, so spricht man von einem **WAN** (engl. wide area network) oder einem Weitverkehrsnetz. Als WAN wird meist das Weitverkehrsnetz der Telekom verwendet, doch sind auch unternehmenseigene WANs keine Seltenheit. Ein weltweites WAN wird auch als **GAN** (engl. global area network) bezeichnet.

3.2 CSMA/CD ("Ethernet")

3.2.1 Einführung und Grundlagen

Bei den **CSMA/CD**-Netzen (engl. carrier sense multiple access with collision detection) haben alle Geräte gleichzeitig und quasi gleichberechtigt Zugriff auf das Netz (multiple access). Vor dem Senden ihrer Daten hören die sendewilligen Geräte jedoch das Trägermedium (Kabel, LWL oder Funkkanal) ab um festzustellen, ob ein anderes Gerät bereits sendet (carrier sense). Sollten zwei Geräte bei freiem Medium gleichzeitig senden, so wird die Kollision der Datenströme erkannt (collision detection). Die sendenden Geräte brechen ihre Datensendung ab, falls die Sendung noch nicht abgeschlossen ist. Gleichzeitig sendet das Gerät, das die Kollision erkannt hat, ein sog. Jam-Signal, das allen anderen Geräten mitteilt, daß die durch die Kollision fehlerhaften Datenpakete (sog. Rahmen, bestehend aus Adreßangaben, Prüfangaben und eigentlichen Daten) nicht auszuwerten sind. Beide an der Kollision beteiligten Geräte warten eine bestimmte Zeit, bevor sie einen erneuten Sendeversuch starten. Diese Zeit ist eine Zufallszeit, so daß eine erneute Kollision der Signale dieser beiden Stationen praktisch ausgeschlossen ist.

Bei den **CSMA/CA**-Netzen (engl. carrier sense multiple access with collision avoidance) wird eine Kollision gesendeter Nachrichten von vorn herein durch geeignete Maßnahmen, beispielsweise durch Prioritätenvergabe an die einzelnen Geräte, vermieden (collision avoidance). Leider haben sich CSMA/CA-Netze am Markt nicht durchgesetzt.

Die sog. Domänenbildung (Domäne = Netzbereich) ist bei allen Ethernetvarianten wichtig: Unter einer **Collision Domain** ("Kollisionsdomäne") versteht man den Bereich, in dem Kollisionen auftreten können (Koax-Segment oder Versorgungsbereich eines Hubs bei Shared Ethernet). Unter einer **Broadcast Domain** ("Broadcastdomäne") versteht man den Bereich, in dem Broadcasts weitergeleitet werden (logisches Netz, durch Router getrennt). Ein Broadcast stellt salopp gesagt ein "Rundschreiben" an alle Geräte innerhalb der Broadcast Domain dar.

Beim "Ethernet" ist besonders zu beachten, daß es heutzutage zwei verschiedene Arten gibt. Zum einen gibt es die standardisierte Version nach **ISO/IEC 8802.3** (früher **IEEE 802.3**). Bei dieser standardisierten Ethernetart folgen im

Datenrahmen nach der Quelladresse (Identifikation des sendenden Gerätes) zwei Byte für die Längenangabe des nachfolgenden Datenfeldes. Beim **eigentlichen Ethernet** (wörtl. Äthernetz) handelt es sich um eine Entwicklung der Firmen DEC, Intel und XEROX (DIX). Hier folgen nach der Quelladresse im Datenrahmen zwei Byte für die Typangabe, also Angabe über die Nutzung des Rahmens. Heutzutage ist eigentlich nur noch Ethernet Version 2 (V.2) im Einsatz, die alte Version 1 gibt es praktisch nicht mehr. Wenn in diesem Buch die Rede von Ethernet ist, ist damit immer die standardisierte Version nach ISO/IEC 8802.3 (IEEE 802.3) gemeint.

PRE	SFD	DA	SA	LE	DATA	PAD		FCS	IFG
7 byte	1 byte	2 oder 6 byte	2 oder 6 byte	2 byte	≥ 0 byte	≤ 46 byte		4 byte	$\geq 9{,}6\mu s$
					≥ 46 byte				
ges. ≥ 64 byte (51,2 µs bei 10 Mbit/s)									

Bild 3.5: Rahmenformat für CSMA/CD nach ISO/IEC 8802.3 (von links nach rechts)

Es ist:

PRE = preamble, dient der Synchronisation des Empfängers

SFD = starting frame delimiter, markiert den eigentlichen Beginn.

DA = destination address, Zieladresse (Gerätekennung des Empfängers)

SA = source address, Quelladresse (Gerätekennung des Senders)

LE = length, Länge der Nutzdaten des Datenfeldes, bei Ethernet V.2 nach DIX Typangabe

DATA = Nutzdaten, also echte auszuwertende Daten, von der Schicht 2b (LLC) unterstützt

PAD = padding bits, sog. Stopfbits, die bei wenig Nutzdaten den Rahmen künstlich füllen, um die Mindestlänge von 64 byte einzuhalten (wie alte Zeitungen im Postpaket)

FCS = frame check sequence, Prüfsumme zur Fehlererkennung

IFG = inter frame gap, Mindestabstand zum nächsten Rahmen

Wichtige Eckdaten / Beachten bei ISO/IEC 8802.3 allgemein:

(**Achtung:** Die Angaben gelten gem. Norm für Systeme bis 20 Mbit/s, also für alle 10Base-Varianten, nicht jedoch für Fast Ethernet mit 100...):

- minimale Rahmenlänge: 64 byte
- maximale Rahmenlänge: 1.518 byte
- Rahmenabstand: mind. 9,6 µs
- ISO/IEC 8802.3 ≠ Ethernet V.2 DIX
- durchschnittliche Netzlast sollte weniger als 35 % betragen (berechnen und/ oder im Betrieb über entsprechende Meßgeräte/Software prüfen), sonst zu hohe Verzögerungen durch Wartezeiten und Kollisionen

3.2.2 10Base-5

10Base-5 steht für Ethernet mit einer Übertragungsgeschwindigkeit von 10 Mbit/s, Basisbandübertragung und einer maximalen Segmentlänge (Segment = Teilnetz) von 500 m. 10Base-5 ist die klassische, alte Form des Ethernets.

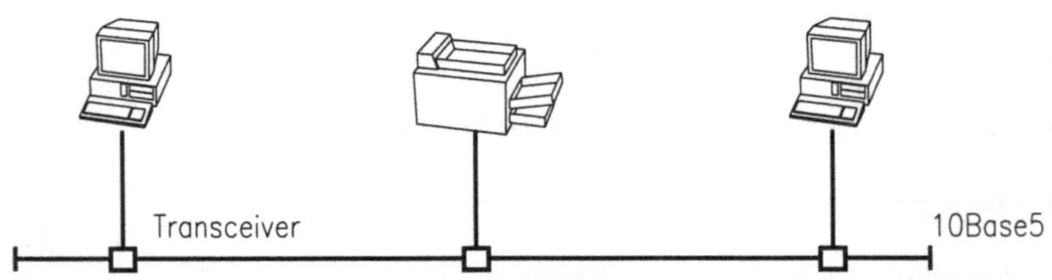

Bild 3.6: Einfaches 10Base-5-Netz

An ein dickes, meist gelbes Koaxialkabel (sog. Yellow Cable) werden kleine Sende-Empfänger (sog. Transceiver, s. Kapitel 4) über entsprechende Adapter, die die mechanische und elektrische Verbindung sicherstellen, angeschlossen. Diese Adapter werden TAP (engl. terminal access point = Zugriffspunkt für Endgeräte) oder Vampirklemmen genannt. Die Transceiver besitzen eine AUI-Schnittstelle (engl. attachement unit interface = Schnittstelle für die Anschluß-einheit), an die über AUI-Kabel (auch Drop-Kabel, Branch-Kabel oder Trans-ceiverkabel genannt) die Endgeräte wie PCs oder Drucker angeschlossen werden. Für AUI-Schnittstellen wird ausschließlich der Steckertyp D-Sub15 verwendet. Mehrere Segmente (Teilnetze) können über Repeater, Hubs, Bridges oder Router verbunden werden (aktive Komponenten s. Kapitel 4).

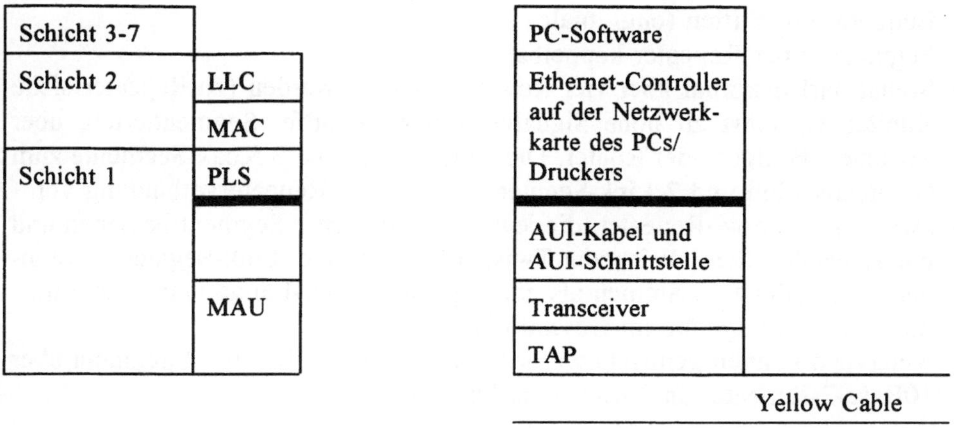

Schicht 3-7	
Schicht 2	LLC
	MAC
Schicht 1	PLS
	MAU

| |
| PC-Software |
| Ethernet-Controller auf der Netzwerkkarte des PCs/ Druckers |
| AUI-Kabel und AUI-Schnittstelle |
| Transceiver |
| TAP |

Yellow Cable

Bild 3.7: Transceiver und AUI-Schnittstelle im ISO-Schichtenmodell
PLS = physical signalling, Signalaufbereitung
MAU = medium attachement unit, Vorrichtung für den Zugriff auf das Übertragungsmedium

Wichtige Eckdaten / Beachten bei 10Base-5:

- Yellow Cable max. 500 m lang
- Yellow Cable auch in Teilstücken verlegbar, Verbindung über entsprechende Kupplungen. **Achtung**: Wegen Signalreflexionen sind nur Teilstücklängen von 23,4 m, 70,2 m, 117,0 m, 257,4 m und 500 m genormt.
- Yellow Cable: Länge immer ungeradzahliges Vielfaches von 23,4 m
- Yellow Cable an beiden Enden mit Abschlußwiderständen versehen!
- Yellow Cable: - Wellenwiderstand 50 $\Omega \pm 2\ \Omega$
               - Signalausbreitungsgeschwindigkeit mind. 0,77 c
               - maximale Dämpfung 17 dB/km bei 10 MHz, d.h. max 8,5 dB bei 500 m-Segment
- Transceiver-Abstand auf Yellow Cable immer ganzzahliges Vielfaches von 2,5 m wegen möglichen Signalreflexionen (meist sind Markierungen auf dem Yellow Cable vorhanden)

- Transceiverkabel max. 50 m lang
- max. 100 Transceiver pro Segment
- SQE/Heartbeat am Transceiver bei Ethernet nach ISO/IEC 8802.3 ausschalten (OFF)
- AUI-Schnittstelle am Transceiver D-Sub15 mit Buchsen (engl. female), am Endgerät mit Stiften (engl. male)
- Segmente über Repeater koppelbar
- Signal darf maximal über vier Repeater geleitet werden (zu Repeater siehe Kapitel 4), sonst zu hohe Signallaufzeiten. Abhilfe: Segmentierung über Switches, Bridges oder Router. Die Norm sieht max. 3 Koax-Segmente zum Geräteanschluß und 2 Link-Segmente zur reinen Repeaterverbindung vor.
- zwei sog. Remote-Repeater, die jeweils ein Ethernet-Segment bedienen und untereinander über LWL (oder Twisted Pair) als sog. Link-Segment verbunden sind, zählen zusammen als *ein* Repeater. LWL-Länge max. 1.000 m.
- max. 1.024 Endgeräte im Gesamtnetz
- Netztypen können gemischt werden, beispielsweise 10Base-2-Segment über 10Base-2-Repeater an 10Base-5 anschließbar

3.2.3 10Base-2

10Base-2 steht für Ethernet mit einer Übertragungsgeschwindigkeit von 10 Mbit/s, Basisbandübertragung und einer max. Segmentlänge (Segment = Teilnetz) von ca. 200 m (genau: 185 m). Das verwendete Koaxialkabel ist dünner und preiswerter als das Yellow Cable, weshalb 10Base-2 oft auch als Cheapernet (engl. cheap = billig) oder Thinwire ("dünner Draht") bezeichnet wird.

An ein dünnes Koaxialkabel Typ RG 58 oder 10Base-2-Kabel werden Transceiver über T-Stücke angeschlossen. Sehr viele PC-Netzwerkkarten haben einen integrierten Transceiver, so daß das jeweilige Endgerät über entsprechende Anschlußleitungen direkt mit dem T-Stück oder der entsprechenden Anschlußdose (BNC oder EAD) verbunden wird. Sehr zu empfehlen sind unterbrechungsfreie Anschlußdosen (s. Kapitel 2).

Wichtige Eckdaten / Beachten bei 10Base-2:

- Segmentlänge max. 185 m
- beliebige Teilstücke und Teillängen kombinierbar

- jede Stich-/Anschlußleitung zu Endgeräten etc. doppelt zur Segmentlänge addieren, ges. max. 185 m!
- innerhalb eines Segments nur *einen* Kabeltyp verwenden, entweder RG 58 (0,66 c, Außenmantel meist schwarz) *oder* 10Base-2-Kabel (0,78 c, Außenmantel meist grau)
- Segment an beiden Enden mit Abschlußwiderständen versehen! Abschlußwiderstand kann in die jeweils letzte Dose integriert werden
- Transceiver-Abstand prinzipiell beliebig, jedoch mind. 50 cm
- Transceiverkabel für AUI-Anschluß max. 50 m lang
- max. 30 Transceiver pro Segment
- SQE/Heartbeat am Transceiver bei Ethernet nach ISO/IEC 8802.3 ausschalten (OFF)
- Segmente über Repeater koppelbar
- Signal darf maximal über vier Repeater geleitet werden (zu Repeater siehe Kapitel 4), sonst zu hohe Signallaufzeiten. Abhilfe: Segmentierung über Switches, Bridges oder Router. Die Norm sieht max. 3 Koax-Segmente zum Geräteanschluß und 2 Link-Segmente zur reinen Repeaterverbindung vor.
- zwei sog. Remote-Repeater, die jeweils ein Ethernet-Segment bedienen und untereinander über LWL (oder Twisted Pair) als sog. Link-Segment verbunden sind, zählen zusammen als *ein* Repeater. LWL-Länge max. 1.000 m.
- max. 1.024 Endgeräte im Gesamtnetz

3.2.4 10Broad-36

10Broad-36 steht für Ethernet mit einer Übertragungsgeschwindigkeit von 10 Mbit/s, Breitbandübertragung und einer maximalen Entfernung zweier Geräte von 3.600 m. Verwendet wird Koaxialkabel mit 75 Ω Wellenwiderstand wie beim Breitbandfernsehen (Kabelfernsehen). 10Broad-36-Netze spielen heutzutage eine untergeordnete Rolle. Aus diesem Grund und aufgrund der völlig anderen Technik wird in diesem Buch nicht weiter auf diese Netzart eingegangen.

3.2.5 10Base-T

10Base-T steht für Ethernet mit einer Übertragungsgeschwindigkeit von 10 MBit/s, Basisbandübertragung und Verwendung von verdrillten Paralleldrahtleitern (engl. twisted pair).

Ausgehend von einem oder mehreren DV-Schränken wird sternförmig mit Twisted-Pair-Leitungen verkabelt, jede Anschlußdose wird an eine Leitung angeschlossen. Für 10Base-T-Netze sind vieradrige Leitungen mit jeweils zwei verdrillten Paaren ausreichend, je ein Paar dient für Senden und Empfangen. Bei Verwendung von achtadrigen Leitungen mit jeweils vier verdrillten Paaren sind Doppeldosen möglich, aus Platz- und Kostengründen wird meist diese Variante gewählt.

Wichtige Eckdaten / Beachten bei 10Base-T:

- Verkabelung möglichst nach DIN EN 50 173 ("Strukturierte Verkabelung")
- für 10 Mbit/s eigentl. Leitungen der Kat. 3 ausreichend
- S/STP-Kabel Kat. 5 empfehlenswert (Zukunftssicherheit)
- Verkabelungstips siehe Kapitel 2.4 (Verkabelungspraxis)
- Stecker/Anschlußdosen: früher D-Sub25, heute ausschließlich RJ-45
- Wellenwiderstand der Leitungen 100 Ω (85 - 110 Ω zulässig)
- Leitungslänge max. 100 m (wie DIN EN 50 173: 90 m Tertiärleitung + 2 x 5 m Anschluß-/Rangierleitungen)
- Signalausbreitungsgeschwindigkeit min. 0,59 c

3.2.6 10Base-F (FL, FB, FA, FP) und FOIRL

10Base-F steht für Ethernet mit einer Übertragungsgeschwindigkeit von 10 Mbit/s, Basisbandübertragung und die Verwendung von Glasfaserleitungen (engl. fiber).

10Base-FL ist die einzige heute noch interessante 10Base-F-Variante. Sie wird sowohl für die Verbindung von Repeatern und Hubs eingesetzt als Ersatz für die ältere FOIRL-Spezifikation (siehe unten), als auch für den Anschluß von Endgeräten wie PCs und Drucker an Repeater/Hubs. Die Verkabelung erfolgt wie bei 10Base-T sternförmig, die Spezifikation sieht für 10Base-FL eine maximale Faserlänge von 1.000 m und Verwendung von Multimodefasern 62,5/125 µm. Viele Hersteller bieten aber auch 10Base-FL für 50/125 µm-Fasern an oder garantieren den störungsfreien Betrieb von 50er-Fasern an den 62,5er-Geräteanschlüssen. Die Spezifikation sieht ST- oder FSMA-Stecker vor.

10Base-FB war gedacht als neue Möglichkeit zur Verbindung zweier Repeater untereinander, besitzt jedoch heutzutage abgesehen von bestehenden Altsystemen praktisch keine Bedeutung mehr.

10Base-FA stellt Richtlinien für aktive Glasfaser-Hubs dar, also Hubs mit eigener Stromversorgung, die die ankommenden Signale wie Repeater regenerieren. 10Base-FA besitzt heutzutage praktisch keine Bedeutung.

10Base-FP stellt Richtlinien für passive Glasfaser-Hubs dar, also Hubs ohne eigene Stromversorgung, die die ankommenden Signale nicht regenerieren, sondern lediglich aufsplitten und weiterleiten (bildlich: wie eine Linse mit Facetten, die einen einfallenden Lichtstrahl in mehrere Lichtstrahlen derselben Wellenlänge (Farbe) splittet). Da keine Signalregenerierung stattfindet, darf die Entfernung zwischen passivem Hub und Endgerät max. 500 m betragen.

Für alle 10Base-F-Varianten sieht die Spezifikation ST- oder FSMA-Stecker vor.

FOIRL stellt eine ältere Spezifikation für die Verbindung zweier Repeater (Remote-Repeater) über LWL (engl. fiber optic interrepeater link) dar. Bei Ethernets mit fünf Segmenten (vier Repeatern) hintereinander darf die LWL-Strecke max. 500 m betragen, bei Netzen mit vier Segmenten (drei Repeatern) oder weniger hintereinander max. 1.000 m. Für FOIRL sind Multimodefasern 62,5/125 μm und ST-Stecker vorgeschrieben.

3.2.7 100Base-T (TX, X, T4, 4T+, FX, CAP) - Fast Ethernet

100Base-T nach **IEEE 802.3u** steht für Ethernet mit einer Übertragungsgeschwindigkeit von 100 Mbit/s, Basisbandübertragung und Verwendung von verdrillten Paralleldrahtleitern (engl. twisted pair).

100Base-T stellt die logische Weiterentwicklung von 10Base-T dar, mit 10Base-T-Rahmen mit kurzem Zusatz davor und danach sowie CSMA/CD-Zugriffsverfahren. Von 100Base-T existieren vier Varianten:

100Base-TX, auch als **100Base-X** bezeichnet, benutzt vieradrige Kupferdatenleitungen (zwei verdrillte Paare) der Kategorie 5 mit 100 Ω oder 150 Ω und RJ-45-Steckern. Pinbelegung wie 10Base-T (1-2, 3-6). Die Signalisierung

(PLS) auf ISO-Schicht 1 erfolgt ähnlich wie bei FDDI. Aufgrund von Laufzeit und Kollisionserkennung ist die maximal zulässige Entfernung zweier Endgeräte (ohne Zwischenschaltung von Switches) auf 210 m beschränkt. Das bedeutet, daß Hubs mit einer Leitung von max. 10 m verbunden werden dürfen (2 x 90 m zu den Endgeräten + 2 x 5 m Patchkabel + 2 x 5 m Anschlußleitungen = 200 m), sowohl bei Kupferleitungen als auch bei LWL. Hubs dürfen auch nur einmal kaskadiert (hintereinandergeschaltet) werden, doch dürfen an einem ("zentralen") Hub mehrere Hubs kaskadiert werden. Die Längenbeschränkung auf 210 m gilt jedoch nicht für die Verbindung einzelner Teilnetze über Switches oder andere Koppelelementen auf Schicht 2 und höher.

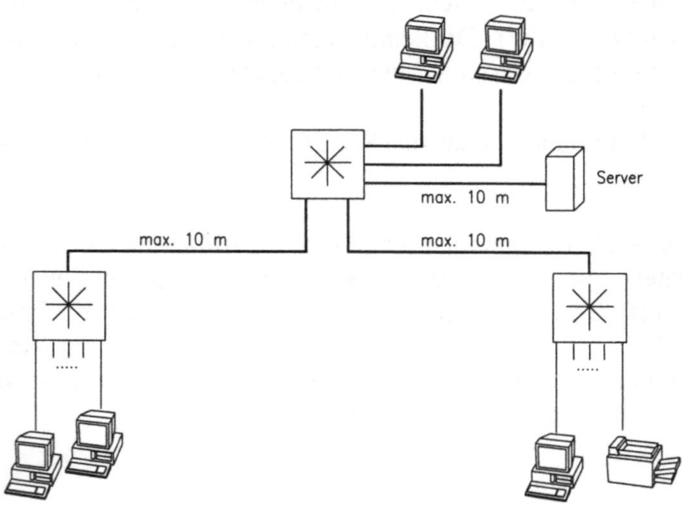

Bild 3.7: Kaskadierte Hubs bei 100Base-TX

100Base-FX verwendet Multimode-Gradienten-LWL vom Typ 50/125 µm und 62,5/125 µm und Duplex-SC-Stecker (MIC-M und ST ebenfalls möglich) und ist ansonsten mit 100Base-TX identisch. Leitungslänge zwischen zwei Endgeräten max. 400 m, im Vollduplexbetrieb (zwischen Switches/Bridges) max. 2.000 m. Bei Verwendung von Monomodefasern ist eine Leitungslänge von max. 412 m, im Vollduplexbetrieb zwischen zwei Switches/Bridges bis ca. 10 km möglich.

100Base-T4, auch als **4T+** bezeichnet, benutzt achtadrige Kupferdatenleitungen (vier verdrillte Paare) der Kategorie 3 oder besser.

CAP verwendet Kupferdatenleitungen der Kategorie 3 oder besser. CAP ist derzeit (1997) praktisch ohne Bedeutung.

Um zu verhindern, daß Geräte trotz Kollisionen noch senden, muß sichergestellt sein, daß aufgetretene Kollisionen auch in einer definierten Zeit sicher erkannt werden. Dies wird u.a. durch eine fest vorgegebene, maximale Signallaufzeit sowie eine Mindestrahmendauer erreicht. Von der Mindestrahmendauer ist die Mindestrahmenlänge abgeleitet, bei 10 Mbit/s-Ethernet beträgt die Mindestrahmenlänge 64 byte. Bei höheren Übertragungsraten wie bei Fast Ethernet oder Gigabit-Ethernet muß durch die höhere Übertragungsrate dann die Mindestrahmenlänge größer sein, um eine vergleichbare Mindestrahmendauer zu erreichen. Verschiedene Rahmenlängen verschiedener LAN-Typen führen jedoch immer zu Kompatibilitätsproblemen. Um alte und neue Ethernetsysteme durchgehend kompatibel zu gestalten, verwenden Fast Ethernet und Gigabit-Ethernet den gleichen Rahmen wie die alten 10Base....-Netze, jedoch mit einer zusätzlichen künstlichen Rahmenverlängerung (engl. **frame extension**). Diese Rahmenverlängerung besitzt keine weitere Bedeutung und wird vor Auswertung des Rahmens wieder entfernt, sie senkt jedoch die Nutzdatenrate (performance) deutlich. Benötigt wird die Rahmenverlängerung aufgrund der Kollisionserkennung nur im Shared- und Halbduplexbetrieb - im Vollduplexbetrieb können keine Kollisionen auftreten, hier steht die volle Nutzdatenrate zur Verfügung, da hier die Rahmenverlängerung nicht benötigt wird.

Ganz ähnlich verhält es sich mit den maximal zulässigen Leitungslängen. Wie oben bereits erwähnt, darf eine definierte, maximale Signallaufzeit nicht überschritten werden, um eine sichere Kollisionserkennung und -behandlung zu gewährleisten. Daraus leitet sich auch die maximal zulässige Leitungslänge ab - es dürfen nur "eine bestimmte Anzahl von Bits" zwischen Kollisionsentstehung und Kollisionsbehandlung noch unterwegs sein. Die Signalausbreitungsgeschwindigkeit (v_P) der Leitung ist eine physikalische Konstante, höhere Übertragungsraten führen somit unweigerlich zu kürzeren Leitungen. Dies gilt jedoch genau wie bei der Rahmenverlängerung nur für Shared- und Halbduplexbetrieb, da nur bei diesen Betriebsarten Kollisionen auftreten können. Im Vollduplexbetrieb können systembedingt ja keine Kollisionen auftreten (getrennte Sender, Empfänger und Leitungselemente für beide Richtungen), die Leitungslängen für Vollduplexstrecken unterliegen ausschließlich den physikalischen Grenzen.

84

Wichtige Eckdaten / Beachten bei 100Base-T:

- Rahmen wie bei ISO/IEC 8802.3
- künstliche Rahmenverlängerung bei Shared-/Halbduplexbetrieb
- Übertragungsgeschwindigkeit 100 Mbit/s
- Stecker/Anschlußdosen RJ-45, Paare 1-2 und 7-8
- LWL-Stecker SC-Duplex (MIC-M und ST ebenfalls möglich)
- max. 1.024 Stationen im Netz
- Zugriffsverfahren CSMA/CD
- Hubs nur einmal (in zwei Ebenen) kaskadierbar (100Base-TX)
- Leitungslänge max. 10 m (Kat. 5 oder LWL) zwischen zwei Hubs
  (100Base-TX)
- geeignet als Collapsed Backbone mit Switches
- max. Leitungslängen bei 100Base-TX:
  vom Hub zum Endgerät (Shared-/Halbduplexbetrieb): 100 m
  zwischen Hubs (Shared-/Halbduplexbetrieb): 10 m
  zwischen zwei Endgeräten (Shared-/Halbduplexbetrieb): 210 m
- max. Leistungslängen bei 100Base-FX:
  zwischen Switches (Multimode, Shared-/Halbduplexbetrieb): 400 m
  zwischen Switches (Multimode, Vollduplexbetrieb): 2.000 m
  zwischen Switches (Singlemode, Shared-/Halbduplexbetrieb): 412 m
  zwischen Switches (Singlemode, Vollduplexbetrieb): 10 bis 100 km, herstellerabhängig

3.2.8 100VGAnyLAN (100Base-VG, 100Base-DP)

100VGAnyLAN nach **IEEE 802.12** steht für eine Übertragungsgeschwindigkeit von 100 Mbit/s und die Verwendung von Leitungen in Telefonleitungs-
Qualität (engl. voice grade). Diese Netzform war auch für die Übertragung
von Token Ring-Daten gedacht, so daß quasi jeder wichtige LAN-Typ mit
Übertragungsraten deutlich kleiner 100 Mbit/s unterstützt werden könnte
(engl. any LAN).

Verwendet werden *acht*adrige Leitungen, die die Anforderungen der Kategorie
3 nach DIN EN 50 173, Typ S/UTP erfüllen. Die Leitungen besitzen also einen Gesamtschirm (Folie und/oder Geflecht), die verdrillten Paare sind nicht
separat geschirmt. Selbstverständlich können auch höherwertige Leitungen wie
S/STP oder Leitungen höherer Kategorien verwendet werden. Auch die alten

Level 3-Leitungen können verwendet werden. Obwohl zu den Fast-Ethernet-Varianten gezählt, verwendet 100VGAnyLAN nicht das CSMA/CD-Verfahren wie alle anderen Ethernet-Arten. Die einzelnen Geräte besitzen verschiedene Sendeprioritäten (engl. demand priority). 100VGAnyLAN stellt somit eine eigene Netzart dar. Es ist nicht wie 10Base-T der Arbeitsgruppe IEEE 802.3 zugeordnet, sondern der eigenständigen Arbeitsgruppe IEEE 802.12.

Alte Bezeichnungen sind auch **100Base-VG** für 100 Mbit/s, Basisbandübertragung und Telefonleitungen (engl. voice grade) **oder 100Base-DP**, was die Zugriffsregelung über Priorisierung (engl. demand priority) unterstreichen soll.

3.2.9 Gigabit-Ethernet

Gigabit-Ethernet nach **IEEE 802.3z** befindet sich zur Zeit der Drucklegung noch in der frühen Standardisierungsphase. Gedacht als schneller Backbone in Ethernet-Umgebungen soll eine Datenrate (Nutzdaten) von 1 Gbit/s (1 Gigabit = 1.000 Mbit) auf bereits verlegten Leitungen möglich werden - zumindest für Twisted-Pair-Kupferdatenleitungen gibt es derzeit jedoch noch keinen Stecker, der für diese Übertragungsraten geeignet ist. Ansonsten ist es 10Base-T sehr ähnlich, mit Ausnahme einer für eine größere Leitungslänge erforderlichen künstlichen Verlängerung des Rahmens (engl. **frame extension** oder **carrier extension**) auf 512 byte bei Shared- und Halbduplexbetrieb, die beim Übergang auf 10Base-T und 100Base-T wieder entfernt wird. Die Gründe für die Rahmenverlängerung und Längenrestriktionen der Leitungen sind dieselben wie bei Fast Ethernet, siehe dort.

Wichtige Eckdaten / Beachten bei Gigabit-Ethernet (vorläufig, geplant):

- Rahmen wie bei ISO/IEC 8802.3
- künstliche Rahmenverlängerung bei Shared-/Halbduplexbetrieb auf 512 byte
- Übertragungsgeschwindigkeit 1 Gbit/s
- Leitungen Kat. 5 mit 100 Ω Wellenwiderstand, Leitungslänge max. 100 m mit frame extension, 25 m ohne (Shared-/Halbduplexbetrieb)
- Multimode-LWL, Leitungslänge max. 500 m (Shared-/Halbduplexbetrieb)
- Monomode-LWL, Leitungslänge max. 2 km (Shared-/Halbduplexbetrieb)
- Vollduplex-Betrieb möglich
- zu 10Base-T und 100Base-T kompatibel

3.2.10 Full-Duplex-, Shared- und Dedicated-Ethernet

10Base-T arbeitet wie 10Base-5 und 10Base-2 im Halbduplexverfahren, ein Gerät kann dabei entweder Daten senden *oder* empfangen. Bei Twisted-Pair-Leitungen und LWL wird im Halbduplexbetrieb jedoch nur ein Aderpaar oder eine Faser verwendet. Durch das vorhandene zweite Aderpaar bzw. die zweite Faser ist übertragungstechnisch jedoch gleichzeitiger Sende- *und* Empfangsbetrieb möglich, was sich **Full-Duplex-Ethernet** zunutze macht. Da Sende- und Empfangskanal über je 10 Mbit/s verfügen, ergeben sich somit 20 Mbit/s, weshalb Full-Duplex-Ethernet auch **20 Mbit/s-Ethernet** genannt wird. Durch diesen Vollduplexbetrieb sind Kollisionen von Datenpaketen von vornherein ausgeschlossen.

Beim **Shared-Ethernet** teilen sich alle Geräte den Koax-Kabelstrang oder den Hub bei Twisted-Pair-Verkabelung (engl. to share = teilen). Alle Geräte greifen auf denselben Übertragungskanal zu, der immer nur ein Signal auf alle Ports des Hubs überträgt.

Bei Twisted-Pair-Verkabelung wird beim **Dedicated-Ethernet**, auch als **dediziertes Ethernet** bezeichnet, lediglich der benötigte Port im Hub aktiviert (engl. to dedicate = widmen), die anderen Ports, an die weitere Endgeräte angeschlossen sind, stehen für weitere Signale und Datenströme zur Verfügung. Dies erhöht die Leistungsfähigkeit des Netzes deutlich, jedem Gerät kann so theoretisch die gesamte Übertragungsgeschwindigkeit zur Verfügung gestellt werden, Kollisionen von Datensendungen werden so vermieden. Voraussetzung sind jedoch aktive Komponenten, die über die Zuordnung der Endgeräteadressen zu den einzelnen Ports des Hubs informiert sind und die die Datenpakete entsprechend weiterschalten können (Switches oder Switching Hubs, siehe Kapitel 4). Man spricht daher auch vom sog. **Switched-Ethernet**.

3.3 Token Ring

Im Gegensatz zu den CSMA/CD-Netzen ist das Zugriffsverfahren beim Token Ring deterministisch, d.h. exakt vorherbestimmt. Das Token ist eine Sendeberechtigung in Form einer bestimmten Bitfolge, die von einem Endgerät im Netz zum nächsten weitergereicht wird. Die Endgeräte sind ringförmig miteinander verbunden. Dieser Ring wird meist als physikalische Sternverkabelung realisiert: In einer Leitung (Twisted Pair) wird ein Paar für Senden und eines für Empfangen verwendet. Der Ring wird in der aktiven Netzwerkkomponente (Ringleitungsverteiler/Basiseinheit mit Leitungsanschlußeinheit, siehe hierzu Kapitel 4) im DV-Schrank geschlossen. Token Ring ist als **ISO/IEC 8802.5** (früher **IEEE 802.5**) genormt. Wie beim Ethernet wird für Token Ring Basisbandübertragung verwendet.

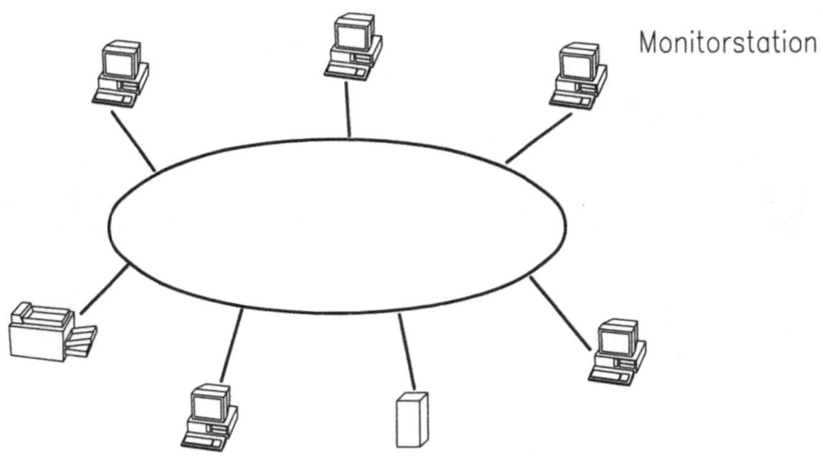

Bild 3.7: Prinzipieller Aufbau eines Token Rings

Die Datenübertragung erfolgt prinzipiell wie folgt: Die Endgeräte warten auf eine bestimmte Bitfolge, das sog. "Frei"-Token (engl. free token). Ein sendewilliges Gerät wandelt das "Frei"-Token in ein "Belegt"-Token (engl. busy token) um. Im Anschluß an das Token wird dann direkt die Sendenachricht (Adressen, Daten, Prüfbits) angehängt. Die Nachricht läuft dann den Ring entlang von Station zu Station, welche die Signale regenerieren. Das Gerät, für das die Daten bestimmt sind (Empfänger), kopiert die Sendenachricht und quittiert den Empfang im entsprechenden Feld der Nachricht und sendet diese weiter. Wenn sie wieder beim Absender (sog. Sendestation) angelangt ist, kontrolliert dieser die Sendung auf die Quittierung und nimmt die gesamte Sendenachricht anschließend vom Ring. Der Absender muß auch ein neues "Frei"-Token generieren, damit die nächsten Geräte (Stationen) senden können. Die Weitergabe des Tokens wird auch als **Token Passing** bezeichnet.

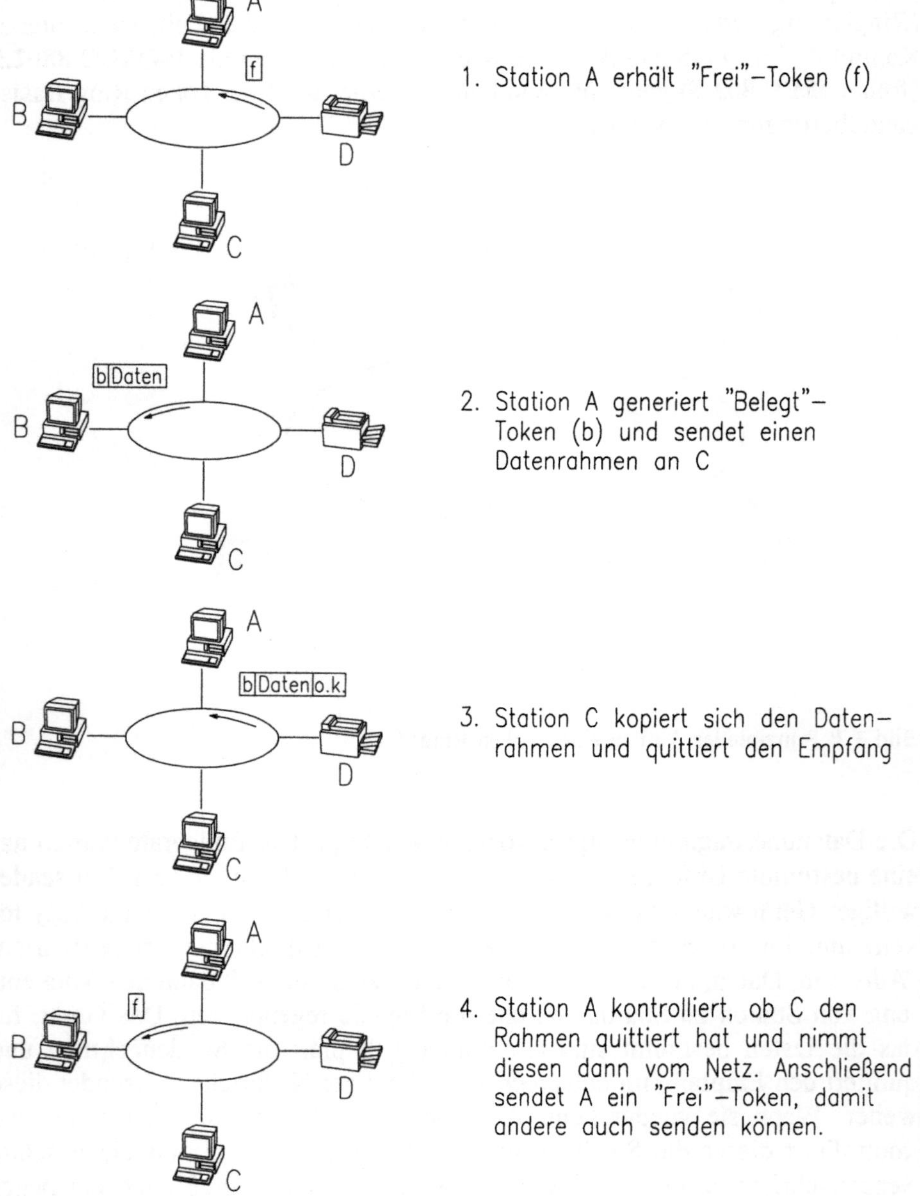

1. Station A erhält "Frei"-Token (f)

2. Station A generiert "Belegt"-
   Token (b) und sendet einen
   Datenrahmen an C

3. Station C kopiert sich den Datenrahmen und quittiert den Empfang

4. Station A kontrolliert, ob C den
   Rahmen quittiert hat und nimmt
   diesen dann vom Netz. Anschließend
   sendet A ein "Frei"-Token, damit
   andere auch senden können.

Bild 3.8: Prinzipielle Funktion eines Token Rings (vereinfacht)

Vom Token-Ring-Verfahren gibt es verschiedene Formen: Beim **Single Frame Ring (SFR)** wird ein neues "Frei"-Token erst dann generiert, wenn die Sendestation die gesamte quittierte Nachricht zurückerhalten hat. Die anderen Geräte müssen so lange warten, weshalb das SFR-Verfahren nicht besonders effizient ist. Single Frame Ring entspricht jedoch der Norm ISO/IEC 8802.5 (früher IEEE-Standard 802.5). Beim **Single Token Ring** wird ein neues "Frei"-Token bereits erzeugt, wenn die Sendestation das quittierte Kopfteil (Header) der Nachricht zurückerhalten hat. Single Token Ring wird auch als **Early Token Release** bezeichnet. Beim **Multiple Token Ring** hängt die Sendestation ein neues "Frei"-Token gleich an das Ende ihrer Sendung, damit der Ring nicht wie bei den anderen beiden Verfahren so lange ungenutzt bleibt.

Die Übertragungsgeschwindigkeit für Token-Ring-Netze beträgt wahlweise 4 Mbit/s oder 16 Mbit/s. Beim **Non-exhaustive-Verfahren** darf die Sendestation nur einen einzigen Datenblock bestimmter Länge übertragen, unabhängig davon, ob bei der Sendestation größere Datenmengen anstehen oder nicht. Beim **Exhaustive-Verfahren** darf die Sendestation beliebig viel übertragen, jedoch können - wie bei der menschlichen Kommunikation - Probleme durch "Endlosredner" entstehen. Die Norm sieht das Non-exhaustive-Verfahren mit einer maximalen Sendedauer (**Token Holding Time**) von 10 ms vor. Die Norm sieht außerdem eine Prioritätenvergabe an die einzelnen Stationen vor.

Die Überwachung des Netzes erfolgt durch die sog. **Monitorstation**. Dies kann ein beliebiges Endgerät sein, es ist nur sicherzustellen, daß es im Ring genau eine Monitorstation gibt. Zu ihren Aufgaben, die zusätzlich zu den normalen Aufgaben des Gerätes wahrgenommen werden, gehören beispielsweise die Kontrolle, daß nicht mehr als ein "Frei"-Token existiert, die Neugenerierung verlorengegangener Token und die Kontrolle, daß Nachrichtensendungen den Ring nur einmal durchlaufen. Dies geschieht durch ein Prüfbit, das bildlich dem "Gesehen"-Vermerk eines Vorgesetzten entspricht. Sollte also eine Sendestation ihre Nachricht nach Empfang nicht wieder vom Netz nehmen, so erkennt die Monitorstation den zweiten Durchlauf dieser Nachricht und nimmt diese ihrerseits vom Netz. Bei Ausfall der Monitorstation senden die anderen Endgeräte (Stationen) eine spezielle Kennung, um ihrerseits Monitorstation zu werden. In einer speziellen Prüfsequenz wird dann die neue Monitorstation festgelegt.

SD	AC	FC	DA	SA	DATA	FCS	ED	FS
"Header"						"Trailer"		

1 byte	1 byte	1 byte	2 od. 6 byte	2 od. 6 byte	≥ 0 byte	4 b.	1 b.	1 b.
ges. ≥ 13 byte (max. 4.109 byte bei 10 ms Token Holding Time)								

Bild 3.9: Rahmenformat für Token Ring nach ISO/IEC 8802.5 (von links nach rechts)

Es ist

SD	=	starting delimiter, markiert den Beginn
AC	=	access control, Zugriffskontrolle (Prioritätenvergabe, "Frei"-/"Belegt"-Token, Prüfbit für Monitorstation)
FC	=	frame control, Festlegung des Rahmentyps (Datenübertragung oder reine Steueranweisung)
DA	=	destination address, Zieladresse (Gerätekennung des Empfängers)
SA	=	source address, Quelladresse (Gerätekennung des Senders)
DATA	=	Nutzdaten, also echte auszuwertende Daten, von der Schicht 2b (LLC) unterstützt
FCS	=	frame check sequence, Prüfsumme zur Fehlererkennung
ED	=	ending delimiter, markiert das Rahmenende
FS	=	frame status, Kontrollfeld (für Vorgängeradresse oder Eindeutigkeit einer Adresse)

Wichtige Eckdaten / Beachten bei Token Ring:

- minimale Rahmenlänge: 13 byte
- max. Rahmenlänge: 4.109 byte (bei 10 ms Token Holding Time, 4 Mbit/s)
- Übertragungsgeschwindigkeit: 4 Mbit/s und 16 Mbit/s
- max. 260 Stationen im Ring bei 4 Mbit/s
- max. Leitungslänge zwischen Endgerät und Ringleitungsverteiler 300 m bei 4 Mbit/s
- max. Leitungslänge zwischen zwei Ringleitungsverteilern 200 m bei 4 Mbit/s und Kupferdatenleitungen
- Achtung: max. Leitungslängen Endgerät - Ringleitungsverteiler (RLV) und RLV - RLV voneinander abhängig (siehe hierzu IBM-Installationsrichtlinien)!

- max. Leitungslänge zwischen zwei Ringleitungsverteilern 750 m bei Verwendung von Leitungsverstärkern für Kupferdatenleitungen
- max. Leitungslänge zwischen zwei Ringleitungsverteilern 2.000 m bei Verwendung von LWL und Lichtleiterumsetzern, bei anderer Technik mehr
- **Achtung:** Ring-In/Ring-Out-Protokoll der Ringleitungsverteiler nicht genormt, Komponenten verschiedener Hersteller oftmals nicht kombinierbar! Vorsicht beim Koppeln von Ringen unterschiedlicher Hersteller!

3.4 Token Bus / MAP

Wie bei Token-Ring-Netzen wird der Zugriff der einzelnen Endgeräte auf das Netz durch ein Token, also eine Sendeberechtigung in Form einer bestimmten Bitfolge, die von einem Gerät zum nächsten weitergereicht wird, geregelt. Die Geräte sind wie bei den 10Base-5- und 10Base-2-Ethernetversionen busförmig (auch baumförmige Strukturen sind möglich) an einen Koaxialkabelstrang angeschlossen, bilden durch entsprechende Numerierung jedoch einen logischen Ring (nach der letzten Station ist wieder die erste an der Reihe). Token Bus ist als **ISO/IEC 8802.4** (früher **IEEE 802.4**) genormt. Im Gegensatz zum Token Ring wird für Token Bus Breitbandübertragung verwendet.

In der industriellen Fertigung erlangte Token Bus vor allem durch **MAP**-Anwendungen (engl. manufacturing automation protocol) Bedeutung. In Büroumgebungen sind Token-Bus-Netze außerordentlich selten, ihr Hauptnachteil liegt in ihrer mangelnden Flexibilität. Ein Vorteil von Breitbandnetzen allgemein ist die relativ große Unempfindlichkeit niederfrequenter Einstrahlungen durch Starkstromanlagen. Dieser Vorteil ist jedoch durch die Einführung guter S/STP-Leitungen bei Basisbandnetzen recht klein geworden.

Das Token-Bus-Verfahren ist außerordentlich komplex. Aufgrund seiner geringen Bedeutung in Büroumgebungen kann hier leider nicht weiter darauf eingegangen werden - der intessierte Leser sei auf die weiterführende Literatur verwiesen.

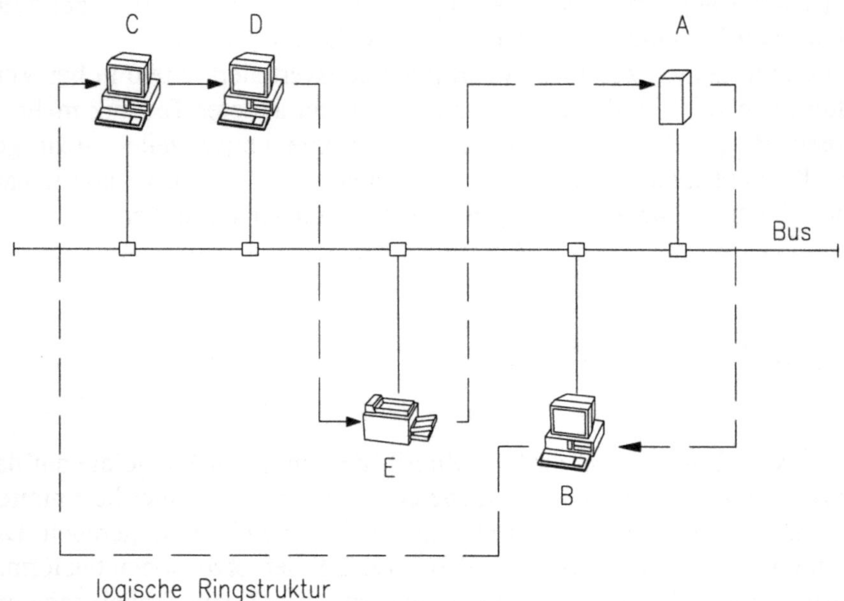

Bild 3.10: Prinzipieller Aufbau / Funktion eines Token-Bus-LANs

PRE	SD	FC	DA	SA	DATA	FCS	ED

≥ 1 byte min 2µs	1 byte	1 byte	2 od. 6 byte	2 od. 6 byte	≥ 0 byte	4 byte	1 byte
ges. ≥ 12 byte							

Bild 3.11: Rahmenformat für Token Bus nach ISO/IEC 8802.4 (von links nach rechts)

Es ist

PRE = preamble, dient der Synchronisation des Empfängers
SD = starting delimiter, markiert den eigentlichen Beginn
FC = frame control, Festlegung des Rahmentyps (Datenübertragung, reines Token, Steueranweisung)
DA = destination address, Zieladresse (Gerätekennung des Empfängers)
SA = source address, Quelladresse (Gerätekennung des Senders)

DATA   = Nutzdaten, also echte auszuwertende Daten, vor der Schicht 2b (LLC) unter-
           stützt
FCS   = frame check sequence, Prüfsumme zur Fehlererkennung
ED   = ending delimiter, markiert das Rahmenende

3.5 FDDI (MMF-PMD, SMF-PMD, SPM-PMD, TP-PMD, TPDDI, CDDI, SDDI, Greenbook-PMD, FFDT, FDDI-2, HRC)

FDDI (fiber distributed data interface) ist in seiner ursprünglichen Form ein LWL-Doppelring, bestehend aus vier Fasern.. Die Übertragungsrate beträgt 100 Mbit/s, das FDDI-Konzept reicht jedoch sehr viel weiter, bis ca. 500 Mbit/s. FDDI eignet sich hervorragend als LWL-Backbonenetz, das andere Netze verbindet und an das selbst keine Endgeräte angeschlossen werden. Es sind jedoch auch reine FDDI-Netze zur Verbindung von Endgeräten möglich. Oftmals verwendet man FDDI, um Server an Hochleistungs-Koppelelemente wie Enterprise-Hubs anzuschließen (sog. collapsed backbone). Genormt ist FDDI als **ISO 9314-X** (früher **ANSI X3T9.5**).

Der Netzzugriff erfolgt durch Token. Es gibt jedoch keine Unterscheidung zwischen "Frei"- und "Belegt"-Token. Eine Station empfängt das Token und nimmt es vom Netz. Sie sendet statt dessen ihre Nachricht und hängt direkt daran das Token wieder an. Die anderen Stationen verfahren genauso. Man spricht hier von einem **Token Append Ring**. FDDI ist dem Token Ring ähnlich, es gibt jedoch keine Monitorstation. Die Stationen überwachen gleichzeitig den Ring. Die Adressierung bei FDDI ist gleich wie bei Ethernet, dadurch ist eine direkte Kommunikation der Rechner ohne große Probleme möglich.

Im ersten Standard wurde FDDI für Multimode-Gradientenfasern mit MIC-Steckern spezifiziert mit einem maximalen Abstand von 2 km zwischen zwei Geräten. Bei Verwendung von Singlemodefasern sind bis zu 40 km möglich. Als Codierungsverfahren wurde 4B/5B verwendet. Das bedeutet, daß für vier Bit Information fünf Bit über die Leitungen übertragen werden. Für die Datenrate von 100 Mbit/s werden also 125 Mbit/s über die Leitungen übertragen. Die Gruppe von fünf Bit wird als "Symbol" bezeichnet, ein Byte mit acht Bit (2 x 4 Bit) wird also in zwei Symbole (2 x 5 Bit) umgewandelt.

FDDI wird, wie oben bereits erwähnt, als Doppelring realisiert. Die Daten werden jedoch nur auf einem Ring übertragen, dem sog. Primärring. Der andere Ring ist als Backup-Ring passiv geschaltet (sog. Sekundärring), auf dem die Daten im Fehlerfall in die Gegenrichtung bis zum Zielgerät laufen. Die Umschaltung erfolgt automatisch (nur bei DAS-Stationen, siehe weiter unten). Falls der Doppelring an einer Stelle unterbrochen wurde oder eine Station ausgefallen ist, werden Primär- und Sekundärring automatisch zu einem Ring zusammengeschaltet (sog. **Wrapping**). Der logische Ring ist auch als Baum- oder Sternstruktur realisierbar, was sehr wichtig für die strukturierte Verkabelung ist.

Die FDDI-Spezifikation enthält vier Teile:

FDDI-PMD   physical layer medium dependant
              Komponenten für den Zugriff auf das Medium (Kabel, Stecker)

FDDI-PHY   physical layer protocol
              Komponenten der Schicht 1 soweit vom Übertragungsmedium unabhängig, Verbindungsaufbau , -erhalt und erforderlichenfalls -wiederaufbau, Codierungsverfahren

FDDI-MAC   medium access control
              Zugriffsverfahren, Rahmenformat

FDDI-SMT   station management
              einfache Managementfunktionen für Stationen (Monitorfunktion, Ringkonfiguration, etc.)

FDDI sieht drei prinzipielle Anschlußarten an das Netz vor:

- **DAS**, dual attachement station (Station mit Doppelanschluß). Eine DAS besitzt zwei Anschlüsse. Der Port A dient als Eingang des Primär- und Ausgang des Sekundärringes; Port B dient als Ausgang des Primär- und Eingang des Sekundärringes. DAS können direkt zum Doppelring zusammengeschaltet werden; dabei wird immer Port A eines Gerätes mit Port B des anderen Gerätes verbunden. DAS werden auch als Class-A-Geräte bezeichnet.

- **SAS**, single attachement station (Station mit Einfachanschluß). Eine SAS besitzt nur einen Anschluß und wird immer mit einem Konzentrator (Koppelelement) verbunden. Dabei gibt es zwei Anschlußtypen: Typ S (slave)

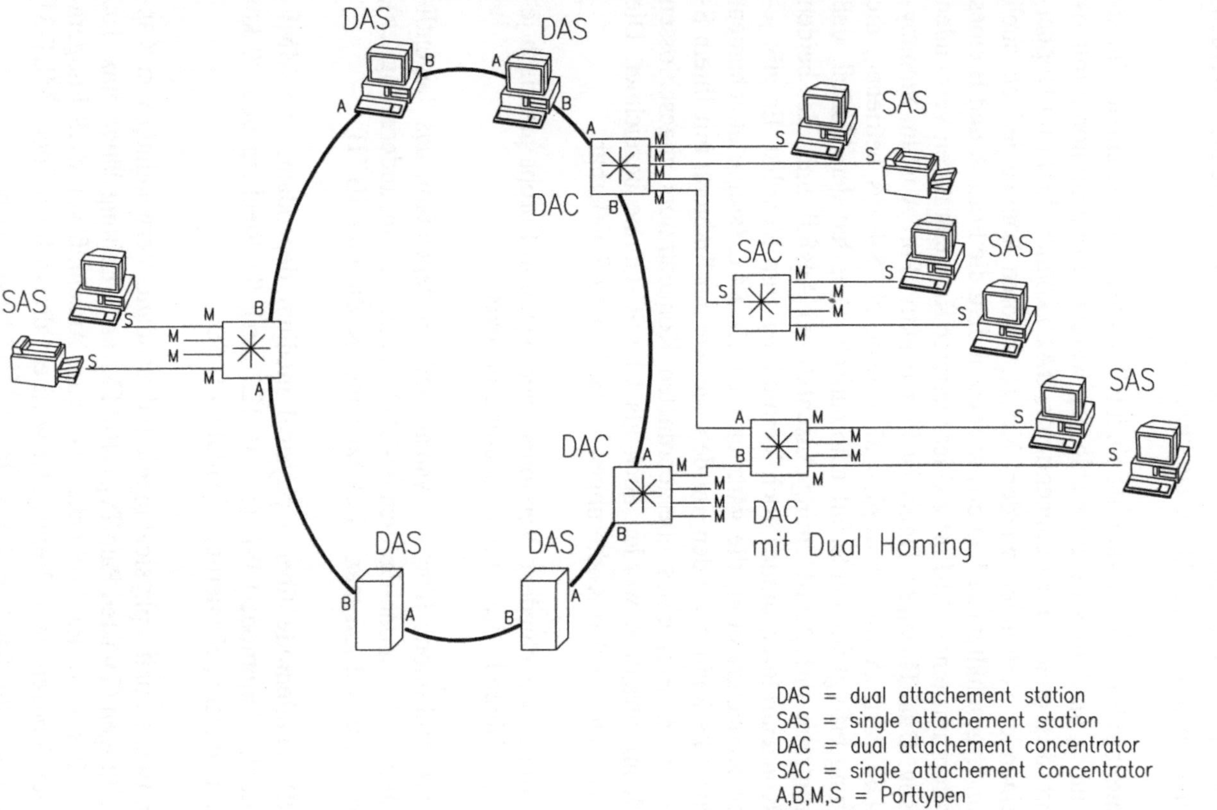

Bild 3.12: Prinzipieller Aufbau / Funktion eines FDDI-Netzes

befindet sich am Endgerät, Typ M (master) befindet sich am Konzentrator. Ein S-Port muß immer mit einem M-Port verbunden sein; ein M-Port kann auch mit einem B-Port eines weiteren Konzentrators verbunden werden. SAS werden auch als Class-B-Geräte bezeichnet.

- **Konzentratoren**. Ein Konzentrator ist ein intelligentes Koppelelement ("intelligenter Hub"), an dem SAS angeschlossen werden. Konzentratoren mit A- und B-Port (dual attachement concentrator, **DAC**) können direkt im Doppelring miteinander verbunden werden. Konzentratoren können jedoch auch hintereinandergeschaltet (kaskadiert) werden, indem die Ports A und B eines Konzentrators mit einem M-Port zweier weiterer Konzentratoren verbunden werden (sog. **Dual Homing**). Dabei ist Port B aktiv, Port A ist im Standby-Betrieb. Die Ports A und B werden also beide als S-Ports betrieben, die Umschaltung erfolgt im Fehlerfall automatisch. Dies hat den Vorteil, daß der Konzentrator mit Dual-Homing-Anschluß bei Ausfall eines der beiden anderen Konzentratoren immer noch Verbindung zum Netz hat. Es gibt jedoch auch Konzentratoren, die ganz einfach als **SAC** (single attachement concentrator) kaskadiert werden, im dem sie wie ein Endgerät mit Ihrem S-Port an einen M-Port eines übergeordneten Konzentrators angeschlossen werden. Konzentratoren werden auch als Class-C-Geräte bezeichnet. Die MIC-Stecker sind in den Kodierungen A, B, M und S lieferbar.

Von FDDI gibt es verschiedene Versionen, von denen in Europa praktisch jedoch nur noch folgende drei eine Bedeutung besitzen:

- **MMF-PMD**, multimode fiber - physical medium dependant, das "eigentliche" FDDI mit Multimode-Gradienten-LWL (62,5/125 μm, andere möglich), MIC-Steckern und 2 km max. Geräteabstand; Kodierung 4B/5B

- **SMF-PMD**, singlemode fiber - physical medium dependant, wie MMF-PMD, jedoch Monomode-LWL (8 - 10/125 μm), ST-Steckern und 40 km max. Geräteabstand; Kodierung ebenfalls 4B/5B.

- **TP-PMD**, twisted pair - physical medium dependant. Verwendung von Kupferdatenleitungen (Twisted Pair-Typ), 100 Ω Kat. 5, Leitungslänge max. 100 m (90 m + 2 x 5 m), RJ-45-Stecker; nur zum Anschluß von SAS-Endgeräten an einen Konzentrator. Verwendet wird ein dreistufiger Code (MLT-3), für 100 Mbit/s sind daher weniger als 40 MHz ausreichend.

Folgende Versionen besitzen in Europa praktisch keine Bedeutung (mehr), seien jedoch vollständigkeitshalber erwähnt:

- **SPM-PMD**, SONET physical layer mapping - physical medium dependant. FDDI für das öffentliche amerikanische SONET LWL-Netz.

- **TPDDI**, twisted pair distributed data interface. Wie TP-PMD, 100 Ω- und 150 Ω-Leitungen, RJ-45- und D-Sub9-Stecker.

- **CDDI**, copper distributed data interface. 100 Ω-Kat.5-Leitungen, jedoch UTP; wegen EMV-Bedenken in Europa keine Bedeutung. Kodierung PR-4.

- **SDDI**, shielded distributed data interface. 150 Ω-S/STP-Leitungen, IBM Typ 1A oder 6A, max. 100 m Leitungslänge. Kodierung 4B/5B.

- **Greenbook-PMD**, Greenbook - physical medium dependant. 150 Ω-S/STP-Leitungen, IBM Typ 1 oder 1A, Stecker RJ-45 oder D-Sub9. Kodierung NRZI.

- **FFDT**, FDDI full duplex technology. Vollduplexbetrieb mit 200 Mbit/s, Senden und Empfangen gleichzeitig.

- **FDDI-2**, auch als **HRC** (hybrid ring control) bezeichnet. FDDI-2 enthält FDDI vollständig und darüber hinaus noch weitere Funktionen, besitzt praktisch keine Bedeutung und wird wohl durch ATM ersetzt.

PRE	SD	FC	DA	SA	DATA	FCS	ED	FS
≥ 16 sb	2 sb	2 sb	4 od. 12 sb	4 od. 12 sb	≥ 0 sb	8 sb	1 od. 2 sb	3 sb
max. 9.000 sb (45.000 bit) = max. 4.500 byte dekodiert								

1 Symbol (sb) = 5 bit (4B/5B-Kodierung, 2 Symbole (ges. 10 bit) für 1 byte benötigt.

Bild 3.13: Rahmenformat für FDDI nach ANSI X3T9.5/ISO 9314-X (von links nach rechts)

Es ist

PRE   = preamble, dient der Synchronisation des Empfängers
SD   = starting delimiter, markiert den eigentlichen Beginn
FC   = frame control, Festlegung des Rahmentyps (Datenübertragung, reines Token,
         Steueranweisung)
DA   = destination address, Zieladresse (Gerätekennung des Empfängers)
SA   = source address, Quelladresse (Gerätekennung des Senders)
DATA   = Nutzdaten, also echte auszuwertende Daten, von der Schicht 2b (LLC)
         unterstützt
FCS   = frame check sequence, Prüfsumme zur Fehlererkennung
ED   = ending delimiter, markiert das Rahmenende
FS   = frame status, Kontrollfeld (Erkennung von Zieladresse, Fehlern, Rahmen
         kopiert)

Wichtige Eckdaten / Beachten bei FDDI:

- max. Rahmenlänge 4.500 byte (9.000 Symbole = 45.000 bit auf LWL bei MMF, dem "eigentlichen" FDDI)
- Übertragungsgeschwindigkeit 100 Mbit/s (MMF/SMF: 125 Mbit/s auf LWL, bei TP-PMD 31,25 MHz)
- Kodierung bei MMF/SMF 4B/5B, bei TP-PMD MLT-3
- max. 1.000 Anschlüsse, also 500 DAS oder SAS < 1.000, abhängig von der Anzahl der Konzentratoren
- max. Leitungslänge:
  2 km bei MMF zwischen zwei Stationen,
  40 km bei SMF zwischen zwei Stationen,
  100 m bei TP-PMD zwischen Endgerät und Konzentrator
- Ringlänge (Doppelring) max. 100 km
- MMF: Multimode-Gradientenfaser 62,5/125 μm (50/125 μm möglich), MIC-Stecker (Kod. A, B bei DAS; Kod. M, S bei SAS).
- SMF: Singlemodefaser 8 - 10/125 μm, ST-Stecker
- TP-PMD: 100 Ω-Kat.5-Leitungen (S/STP bevorzugt), RJ-45-Stecker
- Konzentratoren: Dual Homing möglich
- Prioritätenvergabe an einzelne Geräte möglich
- geeignet als LAN und kleines MAN

3.6 VLAN

Die virtuellen Netze (engl. virtual local area network, VLAN) befinden sich zur Zeit der Drucklegung noch in der frühen Standardisierungsphase. Mit dieser Standardisierung befaßt sich die Arbeitsgruppe **IEEE 802.1q**, verschiedene Hersteller bieten bereits eigene, proprietäre Lösungen an.

Achtung: Vorsicht beim Einsatz von Komponenten verschiedener Hersteller: Nicht alle arbeiten zusammen!

Wie in Kapitel 3 eingangs bereits erwähnt, sind VLANs Netze, die es eigentlich gar nicht gibt. Per Software werden beliebige Endgeräte im ganzen (!) LAN zu logischen, eigenständigen Netzen gruppiert. Die so entstandenen logischen Gruppen werden von der Software und der Systemverwaltung dann als echte, eigenständige Netze betrachtet. Diese Vorgehensweise ist besonders vorteilhaft bei Umstrukturierungen oder Umzügen. Früher mußte, nachdem der PC von einem Schreibtisch auf einen anderen verlegt wurde, die alte Rangierung im ursprünglichen Patchfeld gelöst und eine neue Rangierung (meist in einem völlig anderen DV-Schrank) neu gepatcht werden. Dann mußte mühsam sichergestellt werden, daß der PC "irgendwie" auf das alte Netz zugreifen konnte. Bei den virtuellen Netzen wird (zumindest im theoretischen Idealfall) das Symbol des PCs im Netzwerkmanagementsystem (NMS) mit der Maus angeklickt und an seinen neuen Platz gezogen - fertig. Alles andere erledigt das NMS.

VLANs basieren auf leistungsfähigen Switches und erlauben es, sog. Broadcast-Domänen (engl. broadcast domains) zu bilden. Das bedeutet, daß Nachrichten an alle Netzteilnehmer (ein Broadcast kann mit einem klassischen Rundschreiben verglichen werden) nicht das gesamte Netz überfluten, sondern ohne Bildung von Untergruppen (beispielsweise bei Multicasts) auf einen Netzbereich beschränkt werden können. VLANs auf ISO-Schicht 1 werden durch Microsegmentierung (Portassignment) gebildet. VLANs auf Schicht 2 verwenden die MAC-Adressen der Geräte und werden über Router miteinander verbunden. VLANs auf Schicht 3 verwenden die Schicht-3-Adressen (IP-Adressen) der Geräte. Weiteres befindet sich noch in der Definitions- bzw. Standardisierungsphase.

3.7 DQDB (QPSX)

Bei DQDB (engl. double queue distributed bus) sind die Geräte durch einen Doppelbus verbunden. Die Daten fließen dabei auf einem Bus nur in jeweils eine Richtung, und durch ein kollisionsvermeidendes Steuerungsschema ist Vollduplexbetrieb möglich. DQDB ist als **ISO/IEC 8802.6** (früher **IEEE 802.6**) standardisiert und wurde früher als **QPSX** (engl. queued packet switch exchange) bezeichnet.

Am Beginn jedes Busses befindet sich eine sog. Kopfstation oder Slot-Generator, der 53 byte große Slots erzeugt (5 byte Steuerungsinformation, 48 byte Adressen, Prüfsummen und Daten). Diese Slots entsprechen den Rahmen der in den vorherigen Kapiteln behandelten Netze, werden aber als Slots bezeichnet, um Verwechslungen zu vermeiden. Die eigentlichen DQDB-Rahmen besitzen nähmlich eine feste Rahmendauer von 125 µs und bestehen aus einer bestimmten Anzahl von Slots. Abhängig von der gewählten Übertragungsrate besteht der 125 µs-Rahmen also aus mehr oder weniger Slots.

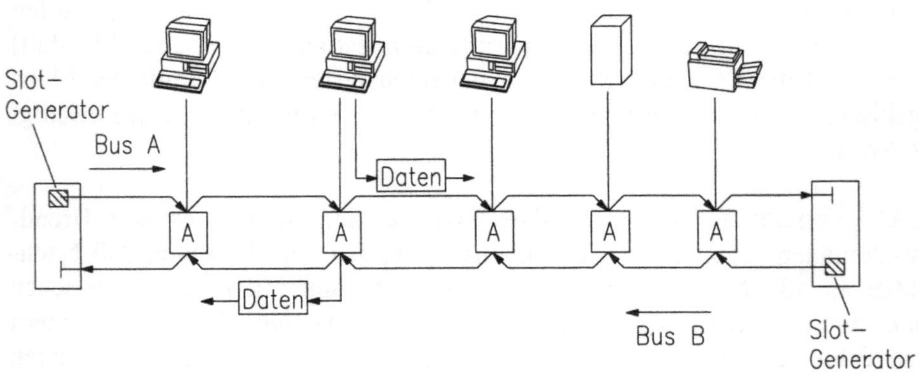

Bild 3.14: Prinzipieller Aufbau / Funktion von DQDB (A = Anschlußeinheit)

Bei DQDB sind höhere Datenraten und eine deutlich größere Netzausdehnung als bei den üblichen Standard-LANs wie Ethernet oder Token Ring etc. möglich, weshalb sich DQDB sehr gut für die stadtweite Verbindung einzelner LANs, also als MAN (metropolitan area network, siehe Kapitel 9) eignet. Den einzelnen Geräten können auch Prioritäten zugewiesen werden. DQDB funktioniert mit Kupferdatenleitungen und LWL, Übertragungsraten bis 300 Mbit/s (150 Mbit/s in jede Richtung) sind möglich. Leider hat sich DQDB nur wenig und in Europa so gut wie gar nicht durchgesetzt. Es steht zu erwarten, daß DQDB von ATM verdrängt wird.

3.8 ATM

ATM steht für asynchronous transfer mode, übersetzt "asynchrone Übertragungsart". Diese Hochgeschwindigkeits-Paketvermittlung wurde für Breitband-ISDN (B-ISDN) als Vermittlungstechnik entwickelt und ist für Daten, Sprache, Text und Bilder gleichermaßen geeignet und gilt als die Technologie der Zukunft. ATM basiert auf FPS (fast packet switching). Dabei werden die Daten zu Paketen zusammengefaßt und zum Ziel geroutet (Router und Routing-Algorithmen siehe Kapitel 4). Das zuständige Normungs- und Standardisierungsgremium ist nicht das IEEE, sondern das ATM-Forum.

Im folgenden soll die Funktion von ATM vereinfacht dargestellt werden. ATM arbeitet verbindungsorientiert, d.h. vor der Übertragung muß eine Verbindung erst geschaltet werden. Wie bei der klassischen Telefontechnik wird die Verbindung "irgendwie" geschaltet; wenn der kürzeste Weg bereits ausgelastet ist, wird ein Ausweichweg verwendet (salopp gesagt: Wenn die Strecke Stuttgart-München ausgelastet ist, wird eben der Weg Stuttgart-Hamburg-München gewählt). Im Kontrollfeld (Header) werden auch keine expliziten Quell- und Zieladressen angegeben, sondern ein virtueller Pfad und ein virtueller Kanal. Ein **virtueller Pfad** (engl. virtual path, VP) ist eine für kurze Zeit geschaltete Verbindung, die während ihrer Existenz so aussieht wie eine richtige Festverbindung (Standleitung). Dieser geschaltete Weg durch das Netz wird als virtuell bezeichnet, weil er nicht permanent fest geschaltet ist, sondern nur für die kurze Zeit der Datenübertragung. Zur Kennzeichnung wird ihm ein **VPI** (engl. virtual path identifier) als Bezeichnung zugeordnet. Ein **virtueller Kanal** (engl. virtual channel, VC) ist ein Übertragungskanal, der genau wie der virtuelle Pfad nur während der Datenübertragung existiert. Zur Kennzeichnung wird ihm ein **VCI** (engl. virtual channel identifier) als Bezeichnung zugeordnet. Ein virtueller Pfad besteht aus mehreren virtuellen Kanälen, komplexe Anwendungen können durchaus mehrere virtuelle Kanäle gleichzeitig belegen. Die klassischen Standleitungen enthalten ebenfalls mehrere Übertragungskanäle, doch können die virtuellen Kanäle bei ATM die virtuellen Pfade (Leitungen) wechseln. Wenn beispielsweise zwei virtuelle Kanäle auf Pfad 1 ankommen, kann Kanal 1 durchaus auf Pfad 2 und Kanal 2 auf Pfad 1 zum selben Zielnetz geschaltet werden.

Bei **VP-Switches** bleiben die Kanäle den virtuellen Pfaden fest zugeordnet, die Pfade werden durch das Netz geschaltet. Bei **VC-Switches** werden die Kanäle über verschiedene Pfade geschaltet. Bei den geschalteten Verbindungen gibt es wiederum zwei wichtige Arten: Ein **PVC** (permanent virtual circuit = permanente virtuelle Verbindung) bleibt auch im unbenutzten Fall so lange geschaltet, bis er wieder gewollt abgebaut wird. Ein **SVC** (switched virtual circuit = geschaltete virtuelle Verbindung) bleibt nur für die Dauer der Übertragung geschaltet und wird nach Übertragungsende automatisch wieder abgebaut. Die Leistungsfähigkeit ist dabei nur von der Netzauslegung abhängig, nicht vom Übertragungsprotokoll. Wenn das Netz ausgelastet ist, wird ein zusätzlicher Verbindungswunsch abgewiesen (beim klass. Fernsprechnetz ertönt beispielsweise noch vor dem Wählende der Besetztton).

Bei der Wegewahl wird eine einfache Art des Routings verwendet, um die Datenpakete durch das Netz zu senden. Der Weg, den das Datenpaket durch das ATM-Netz zurücklegt, besteht dabei aus drei Hauptabschnitten:

1. vom Absender zum Switch, an dem der Absender angeschlossen ist
2. Vermittlung innerhalb des ATM-Netzes von Switch zu Switch
3. vom Switch, an dem der Empfänger angeschlossen ist, zum Empfänger

Zum Vergleich: Beim Telefonieren sähe das ganze so aus:

1. Telefon abheben, die Verbindung vom Telefonapparat zum Koppelelement (Ortsvermittlungsstelle) wird automatisch geschaltet, was durch das Freizeichen zu hören ist
2. Vermittlung im Fernsprechnetz (der Verbindungsaufbau ist beim klassischen Telefon durch das Ticken während des Wählvorganges zu hören)
3. Telefon des Angerufenen läutet (Verbindung der Ortsvermittlungsstelle in der Stadt des Angerufenen zu dessen Telefonapparat)

Der genaue Ablauf des Routings einer solchen ATM-Verbindung unter Berücksichtigung des virtuellen Pfades und virtuellen Kanales soll anhand eines Beispieles vereinfacht dargestellt werden:

Beispiel 3.1

Gegeben sei das ATM-Netz gem. Bild 3.15. Die PCs als Teilnehmer tragen der besseren Übersicht halber Namen (Pippi, Herr Nilsson, Thomas und Annika). Das ATM-Netzwerk besteht aus mehreren Switches (A bis F), die untereinander durch Hochleistungsleitungen (I bis VI) verbunden sind. Die Teilnehmer Pippi und Co. sind an die Switches ebenfalls über Datenleitungen (1 bis 4) angeschlossen. Für die Vermittlung sind zwei Dinge wichtig: ein Teilnehmerverzeichnis und eine Routing-Tabelle.

Das **Teilnehmerverzeichnis** enthält die Teilnehmerkennung (Pippi, ...), die Bezeichnung des Switches (A, ...), an den der jeweilige Teilnehmer angeschlossen ist sowie die Anschlußnummer (Portnummer), also die Nummer der Datenleitung zum Teilnehmer (1, ...). Das Teilnehmerverzeichnis entspricht somit einem Telefonverzeichnis mit Name, Vorwahl und Telefonnummer. In diesem Beispiel sieht das Teilnehmerverzeichnis wie folgt aus:

Annika: B 3
Herr Nilsson: A 2
Pippi: A 1
Thomas: C 4

Die **Routing-Tabelle** ist ein tabellarisches Verzeichnis der Switches und der Verbindungen dazwischen. Bei der direkten Verbindung wird die Verbindungsleitung (in diesem Beispiel in römischen Ziffern) eingetragen. Falls keine direkte Verbindung besteht, wird derjenige Switch eingetragen, über den der andere Switch am besten erreichbar ist (weitere Details zu Routing-Algorithmen siehe Kapitel 4). In diesem Beispiel sieht die Routing-Tabelle so aus:

	A	B	C	D	E	F
A	-	D	D	I	D	D
B	E	-	E	E	III	E
C	D	D	-	IV	D	V
D	I	E	IV	-	II	VI
E	D	III	D	II	-	D
F	D	D	V	VI	D	-

Der Absender muß also wissen:

1. Weg zum nächsten Switch ("seinem" Switch)
2. Switch, an den der Empfänger angeschlossen ist

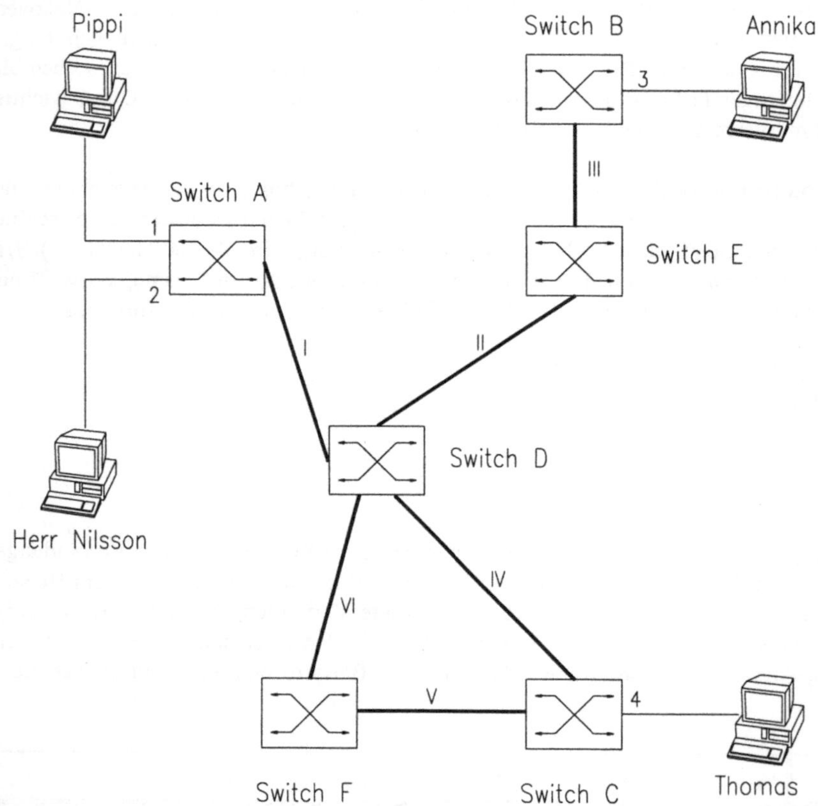

Bild 3.15: Prinzipieller Aufbau eines ATM-Netzes zu Beispiel 3.1

Gesetzt den Fall, Pippi möchte mit Annika Kontakt aufnehmen:

Pippi schaut ins Teilnehmerverzeichnis und findet: Annika B 3.

Dabei sind dann die drei Hauptabschnitte der Verbindung:
1. Verbindungsaufbau Pippi-Switch A
2. Pippi "wählt" B 3 (damit ist für Pippi die Sache ATM-seitig bereits erledigt). Verbindungsaufbau durch das ATM-Netz zu Switch B, ATM-Netz schaltet die Verbindung A-D-E-B als virtuellen Pfad durch das Netz.
3. Switch B schaltet den Pfad zu Annika durch.

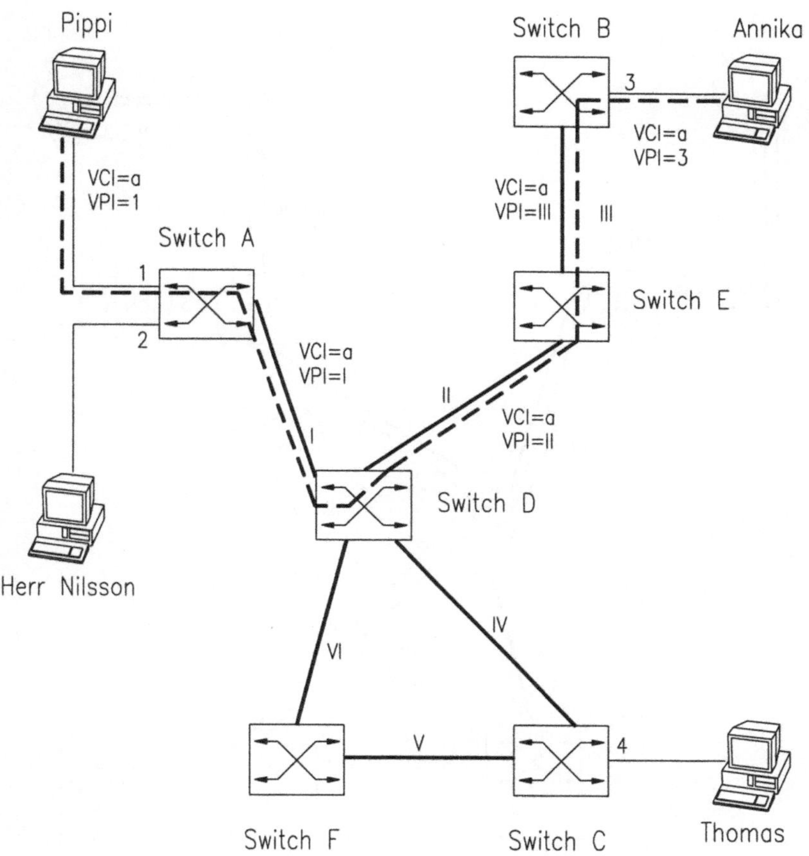

Bild 3.16: Verbindung mit Darstellung von VCI und VPI

Nun ist ein virtueller Kanal a von Pippi zu Annika offen, über den die beiden Daten austauschen können: VCI = a.

Der virtuelle Pfad ist geschaltet: Pippi 1 A I D II E III B 3 Annika.
Die VPIs werden immer nur zwischen zwei Komponenten definiert, es ist also:

VPI Pippi-A = 1, VPI A-D = I, VPI D-E = II, VPI E-B = III, VPI B-Annika = 3.
Dies ist alles in Bild 3.16 dargestellt.

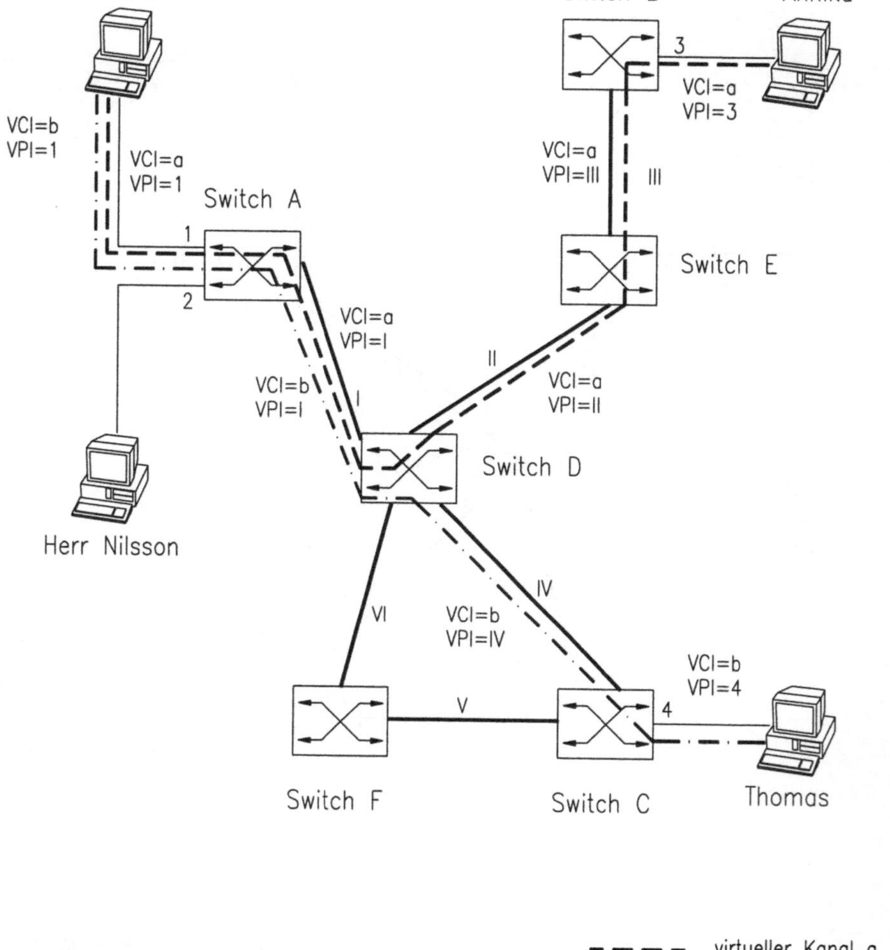

Bild 3.17: Verbindungen Pippi-Annika und Thomas-Pippi mit Darstellung von VCI u. VPI

Falls nun noch zusätzlich Thomas mit Pippi Kontakt aufnehmen möchte ist dies auch kein Problem, denn Endgeräte können mehrere Kanäle nutzen und mehrere Verbindungen haben:

Thomas schaut also ins Teilnehmerverzeichnis und findet: Pippi A 1.
Das ganze in Anlehnung an Pippi-Annika verkürzt:

1. Verbindung Thomas-Switch C
2. Verbindung C-D-A
3. Verbindung Switch A-Pippi

Virtueller Kanal b von Thomas zu Pippi, VCI = b.

Virtueller Pfad: Thomas 4 C IV D I A 1 Pippi
VPI Thomas-C = 4
VPI C-D = IV
VPI D-A = I
VPI A-Pippi = 1

Dies ist in Bild 3.17 dargestellt.

Ein Pfad kann, wie bereits erwähnt, durchaus mehrere Kanäle enthalten, die Kanäle müssen aber dem Pfad nicht immer fest zugeordnet sein.

Durch den redundanten Aufbau ist das Netz fehlertolerant. So ist der Ausfall der Leitung IV zwischen den Switches C und D für die Verbindung Thomas-Pippi kein Problem - es wird einfach die Strecke C-V-F-VI-D statt der C-IV-D geschaltet (Telefonnetz: Wenn die Strecke Stuttgart-München defekt ist, wird eben über Hamburg auf der Strecke Stuttgart-Hamburg-München telefoniert).

Als Übertragungsverfahren wird bei ATM das Paketvermittlungsverfahren Cell Relay ("Zellenvermittlung") verwendet. Bei diesen Zellen handelt es sich um Rahmen fester Länge mit 5 byte Header für Adressierung, Kontroll- und Steueranweisung und 48 byte Nutzdaten, gesamt also 53 byte. Dabei wird zwischen zwei unterschiedlichen Zelltypen unterschieden. Die **UNI**-Zellen (engl. user network interface) werden an der Schnittstelle zwischen Anwender und ATM-Netz verwendet und besitzen im Header 8 bit für die Angabe des virtuellen Pfades und 4 bit für die Flußkontrolle. Die **NNI**-Zellen (engl. network node interface) werden zwischen den Netzwerkknoten (ATM-Switches) verwendet und besitzen 12 bit für die Angabe des virtuellen Pfades, jedoch keine Flußkontrolle. Die Zellen werden von den Switches an den entsprechenden Trennstellen im ATM-Netz automatisch umgewandelt. Durch die sog. **cell loss priority**, die Verlustpriorität wird festgelegt, welche Zellen auch bei sehr hoher Auslastung des Netzes noch unbedingt übertragen werden müssen (z.B. kritische Daten oder Synchronisationsanweisungen) und welche u.U. auch verloren gehen können (z.B. Bildinformation bei Bildtelefonie). Die Fehlerkontrolle bezieht sich nur auf den 5 byte-großen Header, nicht jedoch auf die Daten. Sehr salopp gesprochen ist es ATM völlig egal, was übertragen wird, wichtig ist

108

nur, wie und wohin (ähnlich einem Postpaket). Dies ist auch ein Grund für die Schnelligkeit von ATM.

Die wichtigsten Übertragungsraten sind

622,08 Mbit/s für Singlemode- und Multimode-LWL

155,52 Mbit/s für LWL und Kupferdatenleitungen, Kodierung 8B/10B (für acht "echte" Bit wird ein Block von zehn Bit übertragen).
Multimode: 62,5/125 und 50/125, max. 2 km
Singlemode: bis 40 km
Kupferdatenleitungen: Kat. 5 100 Ω und 150 Ω, 100 m zwischen Endgerät und ATM-Netzwerkkomponente

100 Mbit/s sog. TAXI (transparent asynchronous transmitter-receiver interface) für Multimode-LWL 62,5/125, das FDDI-Technik und 4B/5B-Kodierung verwendet.

25,6 Mbit/s für Kupferdatenleitungen Kat. 5 (100 Ω und 150 Ω) und Kat. 3 (100 Ω), Kodierung 4B/5B

ATM kann Datenströme unterschiedlicher Bitraten flexibel übertragen und vermitteln. Die Übertragungsrate ist skalierbar, d.h. Übertragungsbandbreite wird flexibel bereitgestellt. Jedem Endgerät kann statisch (also von vornherein) oder dynamisch (also bei konkretem Bedarf, sog. bandwidth on demand) Brandbreite zugewiesen werden, die Netzleistung wächst also mit. Durch die transparente Übertragung in den Zellen werden bei den Netzübergängen keine Gateways (siehe Kapitel 4) benötigt, um von LAN- auf WAN-Protokolle umzusetzen, ATM ist gleichermaßen für den LAN-, den schnellen Backbone- und den WAN-Bereich geeignet.

Wie bereits erwähnt, ist ATM verbindungsorientiert und baut immer eine Punkt-zu-Punkt-Verbindung auf. Für eine Übertragung muß also immer eine Verbindung zwischen zwei Stationen geschaltet werden (ATM basiert auf der Vermittlungstechnik, wie etwa die klassische Vermittlung beim Telefon). Klassische LANs sind *nicht* verbindungsorientiert (verbindungslos), jede Station ist zu jeder Zeit mit allen anderen Stationen fest verbunden, alle teilen sich dasselbe Übertragungsmedium (sog. Shared-Medium-Technik). ATM als LAN (sog. lokales ATM, L-ATM) benötigt eine LAN-Emulation (LAN wird nachgebildet), es entsteht ein virtuelles Netz, also ein "Netz", das so physikalisch eigentlich gar nicht vorhanden ist. Sehr salopp gesprochen muß das ATM-Netz bei mehreren Teilnehmern den Endgeräten/Programmen ein nicht-existierendes LAN "vorgaukeln". Dabei sind verschiedene Ansätze allerdings noch in Diskussion. Diese LAN-Emulationen arbeiten alle auf Schicht 2 des ISO-Schichtenmodells, dadurch eignen sie sich für routebare und nicht routebare Protokolle gleichermaßen. Aufgrund der Punkt-zu-Punkt-Orientierung gibt es auch Schwierigkeiten bei Broadcasts (Meldungen/Nachrichten an alle Endgeräte, quasi ein Rundschreiben), ein möglicher Ansatz ist der, daß Switches die Broadcasts kopieren und an angeschlossene Endgeräte leiten.

Die Migration, die Hinentwicklung über einen längeren Zeitraum also zu ATM wird voraussichtlich durch ATM-Switches als Collapsed Backbone, auf die die anderen Komponenten sternförmig zugreifen, erfolgen. Eine Möglichkeit für ein ATM-Netz sei kurz skizziert: Innerhalb des ATM-Netzes werden ATM-Switches untereinander verbunden. An diese werden ATM-Router oder ATM-LAN-Access-Switches für die Anbindung von LANs und/oder Endgeräten angeschlossen. Zur Zeit der Drucklegung ist die ATM-Standardisierung zwar weitgehend aber noch nicht vollständig abgeschlossen. Daher kann es zu Problemen kommen, wenn Produkte verschiedener Hersteller gemischt werden. Im Moment kann kein Hersteller eine universelle, offene und flexible Lösung bieten.

GFC (UNI) VPI (NNI)	VPI	VCI	PT	CLP	HEC	DATA
4 bit	8 bit	16 bit	3 bit	1 bit	8 bit	48 byte
	5 byte					
	53 byte					

Bild 3.18: Rahmenformat (Zellformat) für ATM nach ATM-Forum (von links nach rechts)

Es ist

GFC   = generic flow control, Flußkontrolle, Steuerung des Zugangs zu ATM (nur bei Übergang ins ATM-Netz (UNI) vorhanden, innerhalb des ATM-Netzes (NNI) werden diese vier Bit zusätzlich für VPI verwendet)

VPI   = virtual path identifier, Angabe des virtuellen Pfades durch das ATM-Netz (Routing-Imformation)
VCI   = virtual channel identifier, Angaben des virtuellen Kanales, in dem die Daten übertragen werden (Routing-Information)
PT   = payload type, Festlegung des Zellentyps (Datenübertragung, Steueranweisung)
CLP   = cell loss priority, Verlustpriorität der Zelle (welche Zelle muß unbedingt übertragen werden, welche ist u.U. nicht so kritisch ...)
HEC   = header error control, Fehlererkennung für Fehler im Header (Fehler bei den Nutzdaten werden nicht erkannt)
DATA = Nutzdaten, echte auszuwertende Daten, für ATM völlig transparent und ungeprüft

3.9 FPS, Frame Relay, X.25/X.21, ISDN

Allen diesen Diensten ist eines gemeinsam: Sie werden ausschließlich für WAN-Anwendungen verwendet. Reines X.21 bildet hierbei eine Ausnahme, ist jedoch auch Teil des X.25, wie weiter unten dargestellt.

FPS (engl. fast packet switching) ist ein schneller Paketvermittlungsdienst, bei dem Rahmen fester Länge vermittelt werden. Die Rahmen werden auch als Zellen bezeichnet, man spricht von Zellenvermittlung (engl. cell switching). ATM basiert auf FPS. FPS zeichnet sich durch eine variable Bandbreitenzuordnung aus. Nur die Informationen im Informationsteil (Header) der Zellen sind mit einer Fehlererkennung ausgestattet. Die Zellen werden wie bei ATM über virtuelle Verbindungen durch das Netz übertragen (zu virtuellen Verbindungen siehe Kapitel über ATM). Zellen werden ununterbrochen generiert und übertragen, nicht belegte Zellen werden im Header als "leer" gekennzeichnet.

Frame Relay ist X.25 ähnlich, jedoch für Übertragungsgeschwindigkeiten bis ca. 2 Mbit/s ausgelegt. Frame Relay ist ebenfalls ein Paketvermittlungsdienst, die Paketlänge ist jedoch variabel. Variabel ist auch die Bandbreitenzuordnung. Frame Relay war als Ergänzung zum deutlich langsameren X.25 gedacht und wird vermutlich durch Breitband-ISDN/ATM abgelöst.

X.25 ist ein Paketvermittlungsdienst für Übertragungsraten von 300 bit/s bis 64 kbit/s und ist besonders für internationale Verbindungen über öffentliche Weitverkehrsnetze geeignet, da es sich als *der* Standard für Paketvermittlung bis 64 kbit/s weltweit etabliert hat. X.25 arbeitet auf den Schichten 1 - 3 des

ISO-Schichtenmodells und schreibt auf Schicht 1 das Protokoll **X.21** vor. X.21 ist dabei die Schnittstelle zwischen einem Endgerät bzw. einer aktiven Netzwerkkomponente (z.B. Hub) und dem Gerät am WAN-Zugang (z.B. Modem oder Router).

ISDN (engl. integrated services digital network) ist ein dienstintegriertes digitales (WAN-)Netz, also ein digitales Netz (im Gegensatz zum klassischen analogen Fernsprechnetz) für verschiedene Dienste (Sprache, Daten, Text, Bilder, ...). Verschiedene Geräte sind an einen Anschluß busförmig anschließbar. ISDN ist über bereits installierte Telefonleitungen möglich. Die ursprünglichen Unterschiede zwischen nationalen und internationalen ISDN-Protokollen sind in Europa aufgehoben. In Deutschland wurde früher das (nationale) Protokoll 1TR6 eingesetzt. In Europa gilt jetzt das Euro-ISDN (E-ISDN) mit dem Protokoll DSS1. X.25 kann im ISDN integriert werden. Eine genaue Beschreibung von ISDN würde ausreichen, um mehrere Bücher zu füllen - leider kann im Rahmen dieses Buches nicht näher darauf eingegangen werden.

4 Aktive Netzwerkkomponenten, Koppelelemente und Internetworking

In diesem Kapitel werden die aktiven Netzwerkkomponenten (salopp: "alles, was im eigentlichen Netz Strom benötigt") behandelt, angefangen bei einfachen Umsetzern und Koppelelementen, die die einzelnen Leitungen zu einem Netz zusammenfügen, bis hin zu den Internetworking-Komponenten, die getrennte Netze verbinden. Dabei werden wir Schicht für Schicht im ISO-Schichtenmodell fortschreiten, angefangen bei den Medienkonvertern der Schicht 1 bis zu den Gateways auf Schicht 7. Alle wichtigen Komponenten werden kurz und prägnant beschrieben, um dem Leser einen effektiven Überblick zu verschaffen, auf dem dann bei Interesse das Studium einschlägiger Fachliteratur aufgebaut werden kann.

4.1 Medienkonverter, DTE (DEE) und DCE (DÜE)

Die Aufgabe von **Medienkonvertern** ist das Umsetzen der Signale auf ein anderes Medium auf Schicht 1 im ISO-Schichtenmodell, beispielsweise von Kupferdatenleitungen auf LWL (z.B. 10Base-T auf 10Base-FL). Diese Umsetzung erfolgt natürlich in beiden Übertragungsrichtungen und ist für das Netz bzw. die Netzwerkkomponenten und Endgeräte völlig transparent, d.h. die Geräte bemerken die Umsetzung gar nicht. Medienkonverter sind meist sehr klein und mit einem Steckernetzteil ausgestattet, jedoch verfügen nicht alle Medienkonverter über Repeaterfunktionen, die das Signal regenerieren. Dies ist nicht weiter tragisch, es muß jedoch auf die maximal zulässigen Leitungslängen geachtet werden.

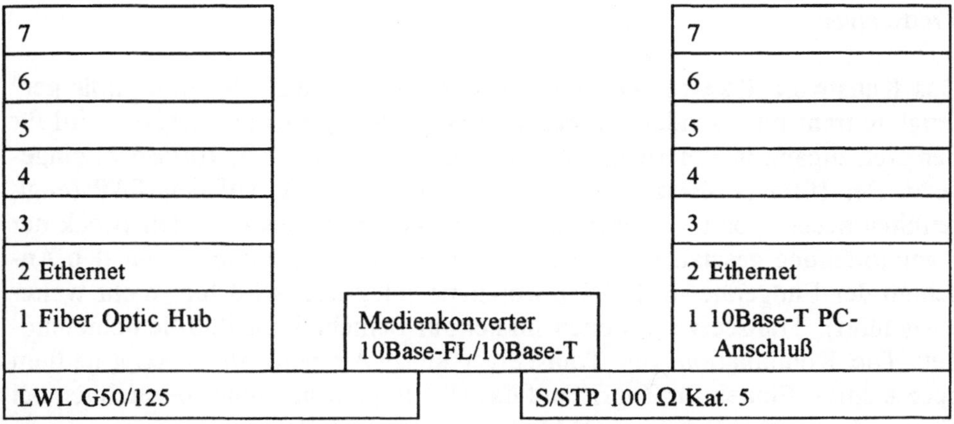

7	7
6	6
5	5
4	4
3	3
2 Ethernet	2 Ethernet
1 Fiber Optic Hub	1 10Base-T PC-Anschluß

	Medienkonverter 10Base-FL/10Base-T	

LWL G50/125	S/STP 100 Ω Kat. 5

Bild 4.1: Ein Medienkonverter im ISO-Schichtenmodell, hier 10Base-FL/10Base-T

DTE (engl. data terminal equipment), im deutschen Sprachgebrauch auch als **DEE** (Datenendeinrichtung) bezeichnet, ist nichts anderes als ein Datenendgerät wie PCs, Terminals, Drucker, Codeleser etc. **DCE** (engl. data circuit-termination equipment), im deutschen Sprachgebrauch auch als **DÜE** (Datenübertragungseinheit) bezeichnet, wird für Übertragungseinrichtungen verwendet. Diese können sich am Netzende (Router, Modems etc.) oder im Netz (Terminalserver etc.) befinden. Die vier Bezeichnungen sind schon recht alt, werden aber in der Literatur und in den Gebrauchsanweisungen immer noch häufig benutzt, hauptsächlich beim Anschluß von Endgeräten oder Koppelelementen ("DTE-seitig ist ein RJ-45-Stecker vorgesehen", "Schnittstelle von DTE auf DCE umschaltbar", ...).

Wichtig: Immer nur DTE mit DCE verbinden (DEE mit DÜE), nie gleiches mit gleichem!

4.2 Transceiver, Fan Out Units, Repeater

Die in diesem Kapitel behandelten Komponenten werden ausschließlich für Ethernet-Arten (ISO/IEC 8802.3) eingesetzt.

114

Transceiver

Das Kunstwort **Transceiver** bedeutet wörtlich übersetzt "Sende-Empfänger" (engl. to transmit = senden, to receive = empfangen). Ein Transceiver wird für den Netzzugang in Ethernets mit Koaxialkabeln (10Base-5, 10Base-2) eingesetzt. Bei 10Base-5-Netzen wird der Transceiver direkt auf den TAP (engl. terminal access point = Zugriffspunkt für Endgeräte), also auf den Block der Vampirklemme gesetzt. Bei 10Base-2-Netzen ist der Transceiver für den Anschluß der Endgeräte in die Netzwerkkarte integriert (wird hier nicht weiter ausgeführt). Transceiver arbeiten immer auf Schicht 1 im ISO-Schichtenmodell. Die Kombination von Transceiver und TAP wird als MAU (medium access unit = Einheit für Zugriff auf das Übertragungsmedium) bezeichnet, bei Verwendung von LWL als FOMAU (fiber optic MAU).

Transceiver besitzen eine AUI-Schnittstelle (attachement unit interface = Schnittstelle für die Anschlußeinheit) mit D-Sub15-Buchse, an die über ein AUI-Kabel (D-Sub15-Stecker - D-Sub15-Buchse) Endgeräte angeschlossen werden.

Wichtig: Endgerät (DTE) hat D-Sub15-Stecker (Stifte, male)
Transceiver (DCE) hat D-Sub15-Buchse (Buchsen, female)

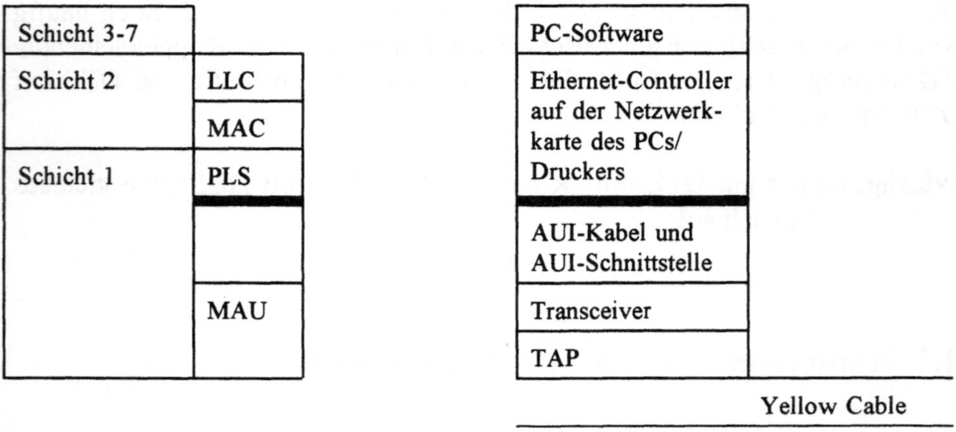

Schicht 3-7		PC-Software
Schicht 2	LLC	Ethernet-Controller auf der Netzwerk-karte des PCs/ Druckers
	MAC	
Schicht 1	PLS	
		AUI-Kabel und AUI-Schnittstelle
	MAU	Transceiver
		TAP

Yellow Cable

Bild 4.2: Transceiver und AUI-Schnittstelle im ISO-Schichtenmodell
    PLS   = physical signalling, Signalaufbereitung
    MAU = medium attachement unit, Vorrichtung für den Zugriff auf das Übertragungsmedium

Achtung: Ein Hub mit AUI-Schnittstelle wird AUI-seitig als Endgerät betrachtet; d.h., auf die AUI-Schnittstelle des Hubs muß ein Transceiver gesteckt werden, von dem es dann zu einem PC oder einer weiteren Netzwerkkomponente geht.

Ein AUI-Anschluß mit Stiften (male) ist *immer* DTE, es wird immer ein Transceiver benötigt. Der Transceiver ist *immer* DCE, er besitzt immer Buchsen.

AUI ist, wie oben bereits erwähnt, eine *Schnittstelle*, zulässige Datenraten sind 1, 5, 10 und 20 Mbit/s. Die maximale Länge für ein AUI-Kabel beträgt 50 m. Die AUI-Schnittstelle wird immer von der DTE-Seite mit Spannung versorgt, ein Transceiver besitzt also keine eigene Stromversorgung.

Achtung: Nie zwei Transceiver zusammenschalten!

Wenn zwei Transceiver direkt miteinander verbunden werden, sind die Anschlüsse Senden mit Senden und Empfangen mit Empfangen verbunden. Auch die Verbindung über (gekreuzte) Spezialkabel entspricht nicht dem Standard ISO/IEC 8802.3. Das richtige Verbinden von Senden und Empfangen über gekreuzte Kabel stellt zwar kein Problem dar, jedoch kann der Anschluß "Control In" nicht angeschlossen werden, Kollisionen werden nicht mehr zuverlässig erkannt und behandelt.

Achtung: **SQE** bei ISO/IEC 8802.3 ausschalten (OFF),
bei Ethernet V.2 nach DIX anschalten (ON).

Das SQE-Signal (signal quality error) wird bei Ethernet nach ISO/IEC 8802.3 für die Störungsmitteilung verwendet. Bei Ethernet V.2 nach DIX wird es als sog. **heartbeat** als Funktionsmitteilung ("Transceiver in Ordnung") verwendet.

Ein **Multiporttransceiver** ist ein Transceiver für das Yellow Cable (10Base-5) mit mehreren AUI-Schnittstellen zum Anschluß mehrerer Geräte. Eine Fan Out Unit wird oft (fälschlicherweise) auch als Multiporttransceiver bezeichnet.

Fan Out Unit

Eine Fan Out Unit ist ein Schnittstellenvervielfacher, der auf der einen Seite an einen Transceiver angeschlossen wird, an der anderen Seite mehrere AUI-

116

Anschlüsse besitzt. Fan Out Units sind *nicht* standardisiert. Sie können auch im Stand-alone-Modus betrieben werden, also ohne Transceiver, um so als passiver Hub Endgeräte zu verbinden. Fan Out Units arbeiten wie Transceiver auf Schicht 1 im ISO-Scllichtenmodell.

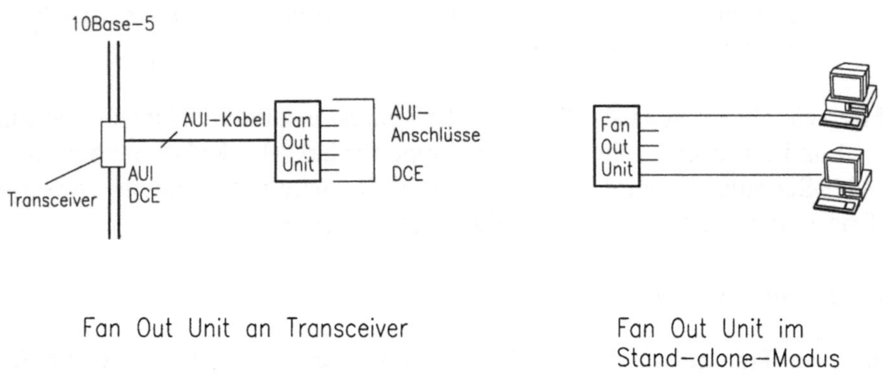

Bild 4.3: Fan Out Unit

Repeater

Repeater regenerieren und wiederholen alle Signale eines Segments und geben sie an ein anderes Segment weiter. Dabei sind auch unterschiedliche Verkabelungen der Segmente zulässig. So ist es beispielsweise möglich, ein 10Base-2-Segment mit einem 10Base-5-Netz über einen 10Base-2-Repeater, der an einen 10Base-5-Transceiver angeschlossen ist, zu verbinden. Repeater arbeiten auf der Schicht 1 des ISO-Schichtenmodells.

Wichtig: Das Koppeln und Verbinden von Segmenten erfolgt immer über Repeater. Es erfolgt *nicht* über Transceiver allein, auch nicht mit speziellen Kabeln (Probleme mit Kollisionserkennung), da Control-In nicht angeschlossen werden kann.

Die meisten Repeater erkennen fehlerhafte Signale (Jam-Signal) und leiten diese nicht in das andere Segment weiter. Fehlererkennung über die Frame Check Sequence (FCS) des Rahmens erfolgt jedoch in Schicht 2 des ISO-Schichtenmodells und ist nicht Aufgabe des Repeaters.

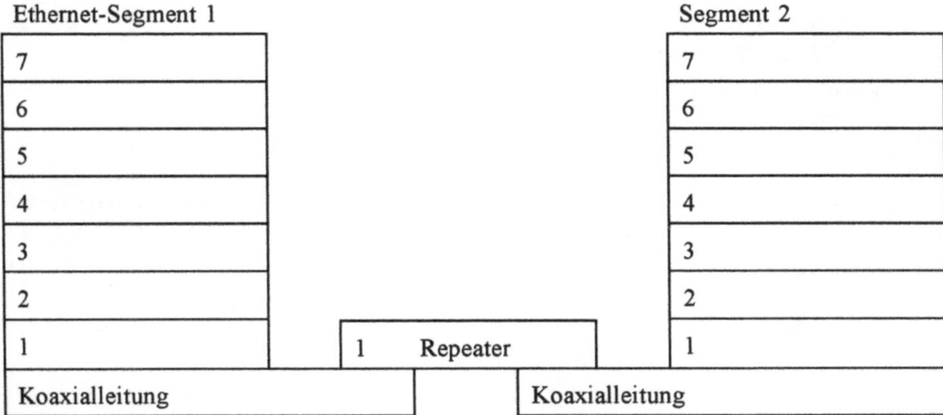

Bild 4.4: Repeater im ISO-Schichtenmodell

Achtung: Repeater dürfen nicht zu Ringen oder Schleifen zusammengeschaltet werden, jeder Signalweg muß eindeutig sein.

Remote-Repeater bestehen aus zwei eigenständigen Hälften, die zusammen als *ein* Repeater gezählt werden (wir erinnern uns: max. 4 Repeater im Ethernet, also max. 5 Segmente, wobei davon nur max. 3 Segmente mit Koaxialkabeln ausgeführt sein dürfen, die übrigen beiden sind Link-Segmente zwischen Remote-Repeatern). Die Hälften besitzen je einen Anschluß für die Koaxialseite (10Base-2: BNC, 10Base-5: AUI für Transceiver) und einen Anschluß für das sog. Link-Segment, das die beiden Hälften verbindet. Das Link-Segment kann bei LWL bis 1.000 m und bei Twisted-Pair-Leitungen bis 100 m betragen; an das Link-Segment (engl. to link = verbinden) dürfen keine Geräte angeschlossen werden, es dient einzig und allein der Verbindung anderer, weit entfernter Segmente über Remote-Repeater. Bei Remote-Repeatern mit LWL-Link-Segment (Twisted Pair ist aufgrund der Längenbeschränkung auf 100 m meist nicht sinnvoll) wird als Protokoll meist FOIRL oder 10Base-FL verwendet. FOIRL (engl. fiber optic interrepeater link) stellt eine ältere Spezifikation für die Verbindung zweier Repeater (Remote-Repeater) über LWL dar. Bei Ethernets mit fünf Segmenten (vier Repeatern) hintereinander darf die LWL-Strekke max. 500 m betragen, bei Netzen mit vier Segmenten (drei Repeatern) oder weniger hintereinander max. 1.000 m. Für FOIRL sind Multimodefasern 62,5/125 µm und ST-Stecker vorgeschrieben.

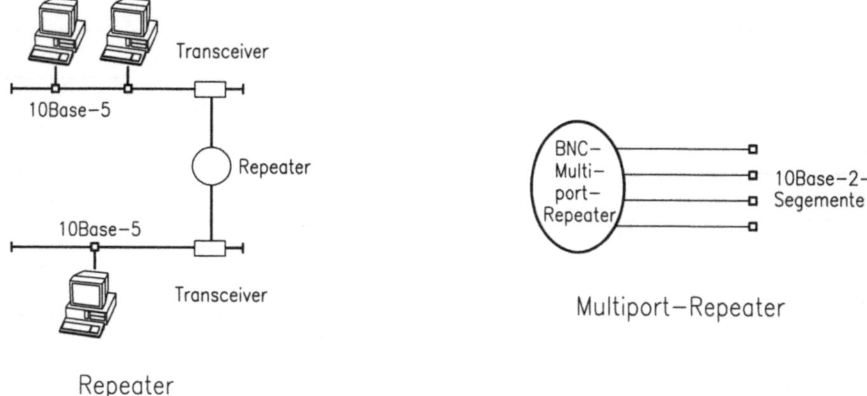

Repeater

Multiport−Repeater

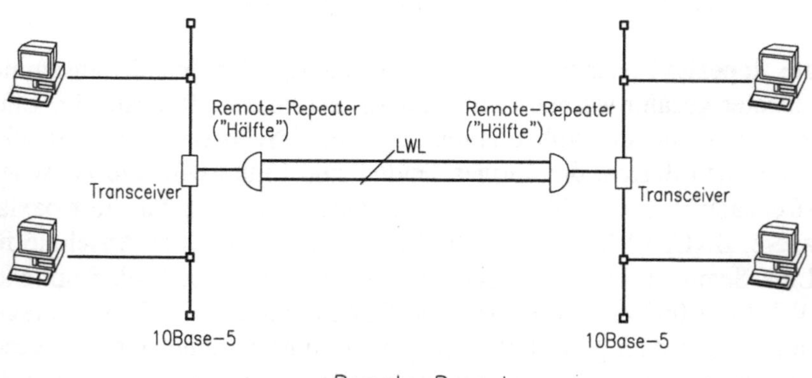

Remote−Repeater

Bild 4.5: Beispiele für den Repeater-Einsatz

Bei einem **Multiport-Repeater** können mehrere 10Base-2-Segmente (meist acht) sternförmig zusammengeschaltet werden. Meist besitzt er noch einen zusätzlichen AUI-Anschluß, über den dann über einen Transceiver ein weiteres Gerät oder ein 10Base-5-Segment angeschlossen werden kann. Ein Multiport-Repeater kann sehr gut im Stand-alone-Modus, also ohne Anschluß an ein 10Base-5-Segment betrieben und so als kleiner BNC-Hub betrachtet werden.

Achtung: Ein Multiport-Repeater besitzt auf der 10Base-2-Seite die Funktion eines Transceivers, es können also nur noch max. 29 Endgeräte angeschlossen werden (wir erinnern uns: max. 30 Transceiver pro 10Base-2-Segment).

4.3 Ringleitungsverteiler, Basiseinheiten, Leitungsanschlußeinheiten und Splitter

Die in diesem Kapitel behandelten Komponenten werden ausschließlich für Token-Ring-Netze (ISO/IEC 8802.5) eingesetzt.

Ringleitungsverteiler verbinden die sternförmig verkabelten Endgeräte zu einem Ring. Das Paar für "Senden" der Datenleitung zu einem Endgerät wird mit dem Paar für "Empfangen" der Leitung zum nächsten Gerät verbunden usw. Die Schaltung dafür wird vom jeweiligen Endgerät mit Spannung versorgt. Fällt dieses Endgerät aus und wird die Schaltung dadurch nicht mehr mit Spannung versorgt, so wird dieser Anschluß im Ringleitungsverteiler automatisch überbrückt, der Ring bleibt also weiterhin voll funktionsfähig. Ringleitungsverteiler werden untereinander über die Ring-In- und Ring-Out-Anschlüsse verbunden. Dabei wird immer "Ring-In" (RI) eines Ringleitungsverteilers mit "Ring-Out" (RO) eines anderen verbunden, so daß auf diese Weise ein Ring entsteht. Neuere Modelle besitzen Ring-In-/Ring-Out-Module, die es für Twisted-Pair-Leitungen und LWL gibt. Um im Fehlerfall auf einen redundanten Weg umschalten zu können, sind RI- und RO-Anschlüsse bei Twisted-Pair-Leitungen jeweils zweipaarig (vieradrig) und bei LWL jeweils zweifasrig angeschlossen. Die Umschaltung erfolgt automatisch.

Achtung: Das Ring-In-/Ring-Out-Protokoll ist nicht standardisiert, verschiedene Hersteller verwenden oft unterschiedliche Protokolle, so daß Ringleitungsverteiler verschiedener Hersteller nicht beliebig kombinierbar sind.

Viele Hersteller schreiben bei Ring-In-/Ring-Out-Modulen für Twisted-Pair-Leitungen 150 Ω Wellenwiderstand vor (auch bei RI/RO-Anschlüssen mit RJ-45-Ports und auch dann, wenn die Anschlüsse für die Endgeräte 100 Ω vorsehen).

Ringleitungsverteiler werden auch als **MSAU** (multistation access unit = Einheit für den Zugriff mehrerer Stationen) bezeichnet. Steuerbare Ringleitungsverteiler besitzen Managementfunktionen. Ringleitungsverteiler (RLV) können auch aus zwei separaten Teilen bestehen. Die **Basiseinheit** (BE) nimmt die RI-/RO-Module und sog. **Lobe-Module** auf. Die Lobe-Module enthalten die Anschlüsse für die Endgeräte. An die Basiseinheit können dann noch zusätzliche **Leitungsanschlußeinheiten** (LAE), auch als **Leitungsanschlußmodule** (LAM) bezeichnet, angeschlossen werden. Sie enthalten ebenfalls Anschlüsse für die Endgeräte (Lobe-Anschlüsse), jedoch in sehr viel größerer Stückzahl. Leitungsanschlußeinheiten und Lobe-Module gibt es für verschiedene Wellenwiderstände (100 Ω, 150 Ω) und für verschiedene Steckertypen (RJ-45, IVS). Mit sog. aktiven Leitungsanschlußeinheiten sind größere Leitungslängen realisierbar.

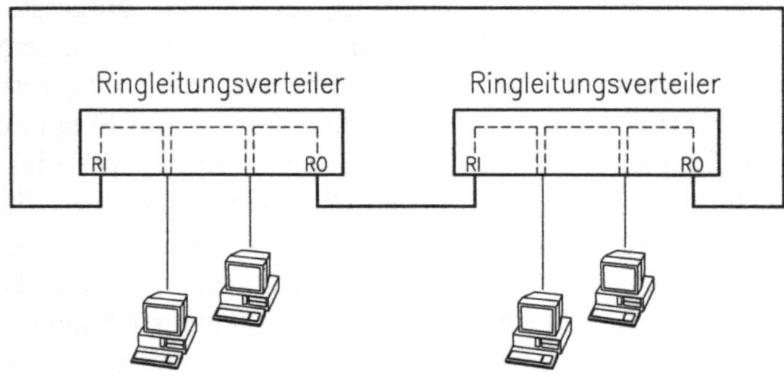

Bild 4.6: Ringleitungsverteiler (Ringstruktur angedeutet)

Sogenannte **Splitter** sind eigentlich Schnittstellenvervielfacher. Sie können, über Ring-In- und Ring-Out-Anschluß angeschlossen, wie kleine Ringleitungsverteiler arbeiten. Wird jedoch der Ring-In-Anschluß des Splitters an einen normalen Lobe-Anschluß eines Ringleitungsverteilers oder einer Basiseinheit angeschlossen, wirkt er als Schnittstellenvervielfacher, d.h. aus dem einen Lobe-Anschluß werden dadurch mehrere (meist 8).

Ringleitungsverteiler, Basiseinheiten, Leitungsanschlußeinheiten und Splitter arbeiten auf der Schicht 1 des ISO-Schichtenmodells.

PC X				1 Ringleitungsverteiler (oder BE + LAE)	PC Y	

<table>
<tr><td>PC X</td><td></td><td></td><td>PC Y</td></tr>
<tr><td>7</td><td></td><td></td><td>7</td></tr>
<tr><td>6</td><td></td><td></td><td>6</td></tr>
<tr><td>5</td><td></td><td></td><td>5</td></tr>
<tr><td>4</td><td></td><td></td><td>4</td></tr>
<tr><td>3</td><td></td><td></td><td>3</td></tr>
<tr><td>2</td><td></td><td></td><td>2</td></tr>
<tr><td>1</td><td>1 Ringleitungsverteiler
(oder BE + LAE)</td><td></td><td>1</td></tr>
<tr><td>Datenleitung, z.B. Kat. 5 100 Ω</td><td></td><td>Datenleitung</td><td></td></tr>
</table>

Bild 4.7: Ringleitungsverteiler im ISO-Schichtenmodell

4.4 Hubs

Hubs sind die mit Abstand häufigsten aktiven Netzwerkkomponenten, an die
Endgeräte angeschlossen werden. Hub bedeutet aus dem Englischen übersetzt
"Radnabe". Es handelt sich bei Hubs also um Koppelelemente, die die angeschlossenen Geräte sternförmig zusammenschalten, weshalb sie oftmals auch
als **Sternkoppler** oder **Konzentratoren** bezeichnet werden. Früher wurden die
Hubs nur für Ethernet nach 10Base-T oder 10Base-FL eingesetzt, mittlerweile
haben sie sich als einfache Koppelelemente für fast alle gängigen Netzarten
etabliert. Hubs arbeiten eigentlich auf der Schicht 1 des ISO-Schichtenmodells
und sind als Ansammlung von Repeatern bei Ethernet oder von Ringleitungsverteilern bei Token Ring zu betrachten. Das ursprüngliche Prinzip des Hubs
war, Daten auf einem Port von irgend einem Endgerät zu empfangen und an
alle anderen angeschlossenen Endgeräte über alle Ports weiterzuleiten. Fortge-
schrittene Hubs arbeiten als Switching Hubs auf den Schichten 1 und 2 des
ISO-Schichtenmodells und kontrollieren die MAC-Adressen der Datenrahmen.
Der Hub besitzt Informationen, welche Geräte mit welchen Adressen an welchem Port (Anschluß) des Hubs angeschlossen sind. Dies hat folgende Vorteile:

- Datenpakete werden nur auf dem Port ausgegeben, für den sie bestimmt sind, die anderen Ports stehen dann für die Übertragung anderer Daten zu den anderen Endgeräten zur Verfügung (sog. **Switching Hub**, z.B. bei Dedicated Ethernet).

- An Geräte, die dem Hub nicht bekannt sind, werden keine Daten übertragen; Ports, an denen ein "fremdes" Gerät angeschlossen wird, werden gesperrt (für Empfangen *und* Senden). Dies wird als **Port Security** bezeichnet.

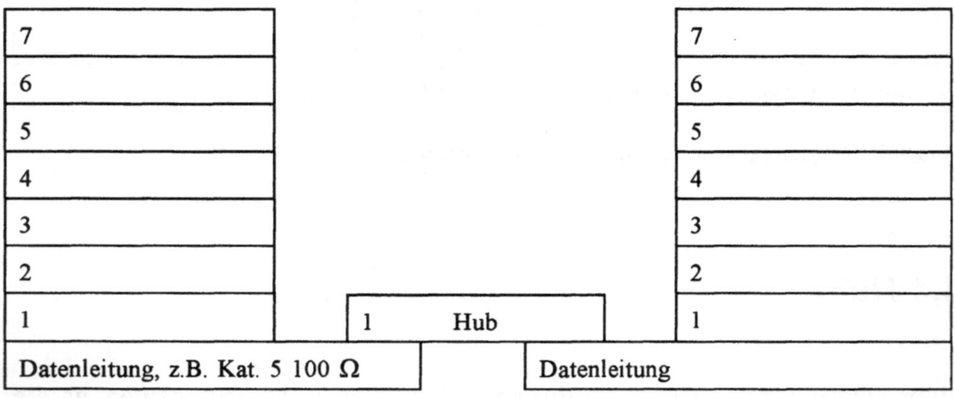

Bild 4.8: Hub im ISO-Schichtenmodell

Diese Dienste der Schicht 2 stellt das Hub-Management zur Verfügung, das es entweder als separate Einschubkarte oder Modul gibt oder das bereits herstellerseitig im Hub vorhanden ist. Da Hubs zentrale Elemente eines LANs sind, sind redundante Netzteile sehr zu empfehlen. Diese überzählig eingebauten Netzteile sollten im sog. Load-sharing-Verfahren (Lastteilung) arbeiten: Jedes Netzteil stellt dabei den gleichen Teil der elektrischen Leistung zur Verfügung (bei zwei Netzteilen also jeweils die Hälfte) und übernimmt bei Ausfall eines oder mehrerer Netzteile einen größeren Teil oder die gesamte Energieversorgung.

Viele Hubs der höheren Leitungsklassen verfügen über die Möglichkeit der **Microsegmentierung**, was (leider) auch als **Port/Group Switching** bezeichnet wird, das mit echten Switches als aktiven Komponenten bzw. mit dem Schicht-2-Dienstes als Switching Hub jedoch nichts zu tun hat. Bei der Microsegmentierung werden die Ports eines Hubs zu logischen Gruppen zusammengefaßt, die dann vom Gesamtnetz als eigenständige Segmente angesehen werden. Die logischen Gruppen können je nach aktiver Netzwerkkomponente aus beliebigen Einzelports gebildet werden, was als **Port Switching** oder (besser) als **Port Assignment** bezeichnet wird. Bei manchen Netzwerkkomponenten können immer nur ganze Blöcke von Ports oder nur ganze Einschubkarten oder -module zu Gruppen zusammengefaßt werden, was dann als **Group Switching** oder (besser) als **Group Assignment** bezeichnet wird. Um Verwechslungen zu vermeiden, sollte der Begriff Switching nur für die Funktion eines Switches als aktiver Netzwerkkomponente mit Diensten der Schicht 2 des ISO-Schichtenmodelles und nicht für Assignment verwendet werden. Die Ports eines Hubs sind meist als geschirmte RJ-45-Ports ausgeführt, seltener trifft man auf die 50polige Telco-Buchse, an die dann über ein Telco-Kabel ein separates Hub-Verteilfeld angeschlossen wird. Von den sog. Hydra-Kabeln mit einem Telco-Stecker auf der einen und zwölf Leitungen mit RJ-45-Steckern auf der anderen Seite ist aus Gründen der Übersichtlichkeit und Ausfallsicherheit abzuraten.

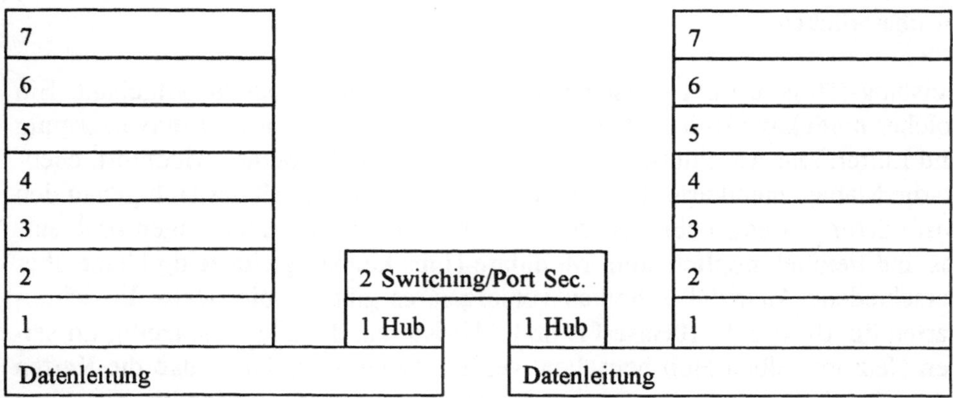

Bild 4.9: Switching Hub / Port Security im ISO-Schichtenmodell

Hubs gibt es in verschiedenen Ausführungen. Die **Stand-alone-Hubs** sind die klassischen Hubs, Einzelgeräte mit jeweils eigenem Management, die sich jedoch auch zu einer größeren Einheit zusammenschalten lassen. Dieses Zusammenschalten von Hubs wird auch als **Kaskadieren** bezeichnet.

Die **Stackable Hubs**, zu deutsch "stapelbare Hubs", sind meist preisgünstige Lösungen für kleinere Netze mit der Möglichkeit, diese später problemlos und kostengünstig mit Netzwerkkomponenten zu vergrößern. Es handelt sich dabei um Einzelgeräte, die zu einem sog. Stapel (engl. stack) über eigens dafür vorgesehene Ports verbunden werden. Dies kann über reine Kasdadierports geschehen oder über BNC-Anschlüsse für ein Mini-10Base-2-Backbone. Der Stapel ähnelt dann sehr dem HiFi-Turm moderner Stereoanlagen. Die Anzahl der einzelnen Hubs im Stapel ist jedoch herstellerspezifisch begrenzt. Ein weiterer Vorteil der Stacktechnik ist der, daß das Managementmodul *eines* Hubs oftmals für den gesamten Stapel ausreicht. Manche Hersteller bieten auch **Stackable Router** an, die einfach wie ein Stackable Hub in den Stapel miteinbezogen werden.

Sogenannte **Kanaleinbauhubs** oder **Mini-Hubs** besitzen an der Vorderseite 4 RJ-45-Anschlüsse (meist 10Base-T) und an der Rückseite einen LWL-Anschluß (meist 10Base-FL). Diese Mini-Hubs sind für den Einbau in einen Kabelkanal gedacht, um durch die Verwendung einer zweifasrigen LWL-Zuleitung mit kleineren Kabeltrassen auszukommen und größere Entfernungen zum zentralen Verteilerstandort (meist ein einziger Standort mit Switching Hubs) zu überbrücken.

Leistungsfähigere (und meist auch teure) Hubs sind modular aufgebaut. Ein solcher **modularer Hub** besteht aus einem Grundchassis mit Stromversorgung und Lüfter. Die Anschlußeinheiten sind als Einschubmodule ausgeführt, ebenso die Managementkarte. Dies hat den großen Vorteil, daß der Hub genau den Anforderungen angepaßt werden kann und daß spätere Änderungen problemlos und flexibel möglich sind. Modulare Hubs können gleichzeitig Netze über verschiedene Anschlußtechniken versorgen, es gibt beispielsweise Einschubkarten für 10Base-T, 10Base-FL und AUI-Karten, die alle gleichzeitig im selben Netz im selben Hub betrieben werden. Wichtig ist dabei, daß die Karten oder Module im laufenden Betrieb des Hubs gewechselt werden können, ohne das Netz und die anderen Karten zu beeinflussen oder gar zu stören (sog. **hotswappable**, kurz hot-swap).

Die konsequente Weiterentwicklung der modularen Hubs zu noch mehr Leistungsfähigkeit führte zu den sog. **Enterprise-Hubs**, zu deutsch "Unternehmens-Hubs". Diese modularen Hochleistungshubs verfügen meist über mehrere Datenbusse, die im Hub Datenraten im Gbit/s-Bereich (1 Gigabit (Gbit) = 1.000 Megabit (Mbit)) ermöglichen. Für Enterprise-Hubs werden leistungsfähige Internetworking-Karten (Switches, Bridges, Router) angeboten. Auf diese

Weise können mit nur einem Gerät verschiedene Netze versorgt und untereinander gekoppelt werden. Enterprise-Hubs sind die aktiven Netzwerkkomponenten der Zukunft (und bei vielen Unternehmen bereits auch die der Gegenwart). Gerade im Hinblick auf virtuelle Netze wird die Bedeutung der Enterprise-Hubs noch zunehmen. Der theoretische Idealfall bei virtuellen Netzen sieht so aus, daß die meisten Datendosen unabhängig davon, ob sie gerade gebraucht werden oder nicht, über das Patchfeld im DV-Schrank auf den Hub gepatcht sind. Die einzelnen Endgeräte werden per Software logischen Gruppen zugeordnet (Microsegmentierung). Bei Verlegung eines PCs wird dann nicht erneut gepatcht, sondern das Symbol diese PCs wird im Netzwerkmanagementprogramm per Mausklick zur neuen Gruppe verschoben - fertig (zumindest theoretisch).

Da in der Praxis Hubs sehr häufig kaskadiert werden müssen, seien hier die wichtigsten Möglichkeiten kurz skizziert:

1. Über spezielle Buchsen mit entsprechenden herstellerspezifischen Sonderkabeln (meist bei Stackable Hubs).

2. Über Standardanschlüsse zur Kaskadierung als kleines Backbone, meist 10Base-2 (meist bei Stackable Hubs).

3. Über AUI-Anschluß und 10Base-T-Transceiver. Der Transceiver wird auf den AUI-Anschluß eines Hubs gesteckt und über ein gewöhnliches RJ-45-Patchkabel mit einem beliebigen RJ-45-Port des anderen Hubs verbunden. Nachteil: Falls der Transceiver aus Platzgründen nicht direkt gesteckt werden kann, muß er "irgendwo" befestigt werden.

4. Über umschaltbaren RJ-45-(Kaskadier)Port. Manche Hubs besitzen einen Anschluß (meist der letzte), der über einen Schalter vom gewöhnlichen RJ-45-Anschluß zum Kaskadierport (entspricht dann dem RJ-45-Anschluß des Transceivers von Möglichkeit 3) umgeschaltet werden kann. Verwendet wird dabei ebenfalls ein gewöhnliches RJ-45-Patchkabel.

5. Über ein gekreuztes Kabel. Zwei gewöhnliche Ports werden über ein gekreuztes RJ-45-Patchkabel (Paare für Senden und Empfangen an einer Seite vertauscht) verbunden. Dies ist technisch unproblematisch, da die RJ-45-Anschlüsse des Hubs nur vieradrig (je ein Paar für Senden und Empfangen) belegt sind, die Problematik bei der Kopplung von Transceivern beispielsweise durch nicht belegte Control-In-Signale entfällt. Die Kaskadie-

rung über gekreuzte Kabel sollte immer als letzte Möglichkeit in Betracht gezogen werden, denn pro Verbindung gehen zwei RJ-45-Anschlüsse verloren, die Verwechslung von gekreuzten und gewöhnlichen Patchkabeln kann zu langer Fehlersuche führen. Gekreuzte Kabel immer gut sichtbar und dauerhaft kennzeichnen, Kabel möglichst in einer anderen Farbe (z.B. rot) verwenden.

4.5 Switches

Switches sind die neuesten Netzwerkkomponenten und stellen, sehr salopp gesprochen, eine praktische Kreuzung aus Hub und Bridge dar. An Switches können Endgeräte wie PCs, Drucker und Server direkt angeschlossen werden; genausogut können Switches zum Verbinden getrennter Netze eingesetzt werden.

Vorab sei auch auf die Gefahr der Wiederholung hin bemerkt, daß Switching als Schicht-2-Dienst, wie es hier beschrieben wird, nichts mit **Port-** und **Group-Switching** zu tun hat. Diese werden viel besser als Port- und Group-**Assignment** bezeichnet und unter dem Begriff der **Microsegmentierung** zusammengefaßt. Dies bedeutet nichts anderes, als daß einzelne Anschlüsse (Ports) oder Ansammlungen davon zu logischen Gruppen zusammengefaßt werden. Diese Gruppen werden dann als eigenständige Segmente behandelt.

Switches lesen den ankommenden Datenrahmen während einer Übertragung ganz oder teilweise und schalten die Verbindung nur zu dem Anschluß (Port), an dem das Gerät, für den der Datenrahmen bestimmt ist, durch (engl. to switch = schalten). Diese Funktionsweise wird auch als **Frame-Switching** oder **LAN-Switching** bezeichnet.

Es existieren drei verschiedene Switching-Arten, die alle auf Schicht 2a des ISO-Schichtenmodells arbeiten:

Beim **Cut-Through-Switching** werden nur die MAC-Adressen (Quell- und Zieladresse, also die MAC-Adresse des Senders und des Empfängers) gelesen. Danach wird sofort durchgeschaltet. Es findet keine Fehlerkontrolle statt, auch fehlerhafte und unvollständige Rahmen werden durchgeschaltet. Cut-Through-

Switching arbeitet also auf der MAC-Schicht (2a) und ist topologieabhängig, es kann immer nur innerhalb derselben Netzart (Ethernet - Ethernet, Token Ring - Token Ring) geschaltet werden. Bei Überlast im Netz wird der Rahmen trotzdem zwischengespeichert, so daß der zeitliche Vorteil gegenüber dem Store-and-Forward-Switching verschwindet. Cut-Through-Switching verliert zunehmend an Bedeutung.

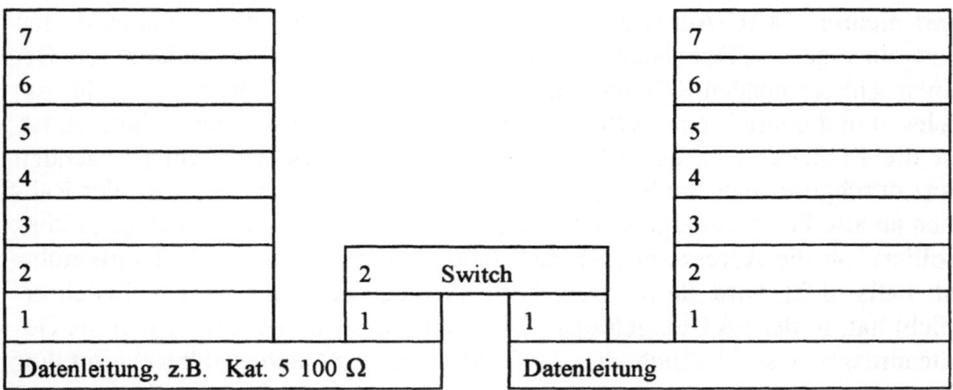

Bild 4.10: Switch im ISO-Schichtenmodell (nur 2a (MAC))

Beim **Store-and-Forward-Switching** wird der komplette Rahmen inklusive der Frame Check Sequence (FCS) gelesen und eine entsprechende Fehlerkontrolle durchgeführt. Store-and-Forward-Switches arbeiten ebenfalls auf der Schicht 2a (MAC) des ISO-Schichtenmodells. Auch bei dieser Switching-Art werden Quell- und Zieladresse gelesen und der Rahmen entsprechend durchgeschaltet. Store-and-Forward-Switching entspricht dem Transparent Bridging, das im nachfolgenden Kapitel beschrieben wird. Es ist jedoch auch eine Umsetzung in eine andere Netzart möglich. Die Rahmen können entweder echt umgesetzt werden, so daß beispielsweise ein Ethernet mit einem Token Ring oder FDDI verbunden werden kann. Durch **Encapsulation** ist es jedoch auch möglich, einen kompletten Rahmen eines Netzes in einen Rahmen eines anderen Netzes einzubetten und ihn an anderer Stelle wieder zurückzusetzen (z.B. Ethernet-Rahmen in FDDI-Rahmen eingepackt, im FDDI-Backbone transportiert und an anderer Stelle in ein anderes Ethernet zurückgesetzt).

Beim **Modified-Cut-Through-Switching** arbeitet der Switch standardmäßig im Cut-Through-Modus. Wenn durch Protokolle höherer ISO-Schichten oder durch RMON-Probes (Möglichkeit zur Netzüberwachung, siehe Kapitel 10) zu viele Fehler entdeckt werden, wird auf Store-and-Forward-Switching umgeschaltet.

Bei allen Switching-Arten muß der Switch also über Informationen verfügen, an welchem Port des Switches welche MAC-Adresse angeschlossen ist. In der sog. **Source-Address-Table (SAT)** sind die MAC-Adressen der Endgeräte und der Port, an welchem sie angeschlossen sind, aufgeführt. Dabei können einem Port mehrere MAC-Adressen zugeordnet sein, beispielsweise wenn an diesen Port ein eigenes (Teil-)Netz oder ein weiterer Switch angeschlossen ist. Bei einem ankommenden Rahmen wird dann die Zieladresse (destination address) gelesen und geprüft, an welchem Switchport der Empfänger angeschlossen ist. Ist die Zieladresse in der SAT aufgeführt, wird direkt zum entsprechenden Port durchgeschaltet. Falls die Zieladresse nicht aufgeführt ist, wird der Rahmen an alle Ports weitergeschaltet (sog. **Flooding**). Gleichzeitg wird auch kontrolliert, ob die Adresse des Senders (source address) in der SAT aufgeführt ist. Falls nicht, wird sie mit dem Port, über den der Rahmen den Switch erreicht hat, in der SAT eingetragen. Dies bedeutet also, daß der Switch die Geräteadressen ausschließlich über die Senderadressen (source address) lernt. Für den Fall, daß ein Rahmen aus einem Netzsegment beim Switch ankommt und dieser feststellt, daß der Empfänger sich ebenfalls in diesem Segment befindet, wird das Paket verworfen und vom Switch nicht weitergeleitet. Die Einträge in der SAT sind mit der Zeit des Eintrages versehen. Jedesmal, wenn eine Quelladresse in einem Rahmen gelesen wird, wird der Eintrag in der SAT aktualisiert. Nach einer festgelegten Zeit werden nichtaktualisierte Einträge in der SAT gelöscht, um diese aktuell und möglichst klein zu halten (Tabellen durchsuchen kostet Zeit). Dieser Vorgang wird als **Aging** bezeichnet.

Switches können über mehrere Wege miteinander verbunden werden. Über den **Spanning-Tree-Algorithmus** wird sichergestellt, daß zwischen den Switches nur jeweils ein eindeutiger Weg existiert um zu verhindern, daß Datenpakete "ewig" im Netz kreisen und so eine große Netzlast erzeugen. Die verschiedenen Wege bilden eine baumförmige Netztopologie. Spanning Tree wird im nächsten Kapitel über Brücken ausführlich beschrieben. Manche Hersteller ermöglichen, entgegen dem Spanning-Tree-Algorithmus, mehrere Verbindungen gleichzeitig zu unterhalten, um so Back-Up-Pfade und eine höhere Bandbreite durch gleichzeitige Nutzung mehrerer Verbindungen zur Verfügung zu stellen.

Wie Brücken (Bridges) schalten Switches sog. Broadcasts durch. Broadcasts sind Rahmen, die an alle Ports durchgeschaltet werden und können als eine Art "Rundschreiben" im Netz betrachtet werden. Wie bereits erwähnt, können Switches nach dem Store-and-Forward-Prinzip quasi als "schnelle Multiport-Bridges" betrachtet werden. Ihr Vorteil liegt hauptsächlich in der sehr viel höheren Portdichte mit direktem Endgeräteanschluß und in ihrer Geschwindigkeit. Während Brücken hauptsächlich softwarebasiert sind, arbeiten Switches hardwarebasiert mit speziellen ICs, die sehr viel schneller als softwarebasierte Systeme sind. Durch die höhere Leistungsfähigkeit können mehrere Pfade gleichzeitig geschaltet werden.

Bei der Dimensionierung von Switches sind verschiedene Aspekte von Bedeutung. Die Leistungsfähigkeit (Performance) des Switches intern sollte mindestens die Übertragungsrate der einzelnen Ports (sog. **Link Performance**) multipliziert mit der halben Portzahl betragen. So sollte beispielsweise ein Switch mit 16 Ports für Ethernet mit 10 Mbit/s einen Durchsatz intern von mindestens 16/2 • 10 Mbit/s = 80 Mbit/s aufweisen. Bei kaskadierten Switches, wenn Switches mit Endgeräteanschlüssen (sog. **User Links**) auch mit anderen Switches verbunden sind (sog. **Uplinks**), sollte die Datenrate des Uplinks der Summe der User-Link-Datenraten entsprechen. Dies ist jedoch meist nicht so realisierbar, meist wird der Uplink geringer dimensioniert, abhängig vom tatsächlichen, strukturabhängigen Datenaufkommen und der Verteilung des Datenverkehrs. Geräte mit hohem Verkehrsaufkommen wie beispielsweise Server sollten immer mit einer deutlich höheren Link Performance angebunden werden als Endgeräte wie beispielsweise PCs (z.B. Server über 100Base-TX, PCs über 10Base-T am selben Switch). Dasselbe gilt für die Link Performance von Switches untereinander.

Bei einem **Single MAC Layer Switch** wird innerhalb derselben Netzart (z.B. Ethernet zu Ethernet, FDDI zu FDDI) geschaltet. Bei einem **Multiple MAC Layer Switch** wird auch zwischen verschiedenen Netzarten (z.B. Ethernet zu Fast Ethernet, Ethernet zu FDDI etc.) geschaltet, was dem Translational Bridging des nächsten Kapitels entspricht. Ein **Non-blocking-Switch** liest die Datenrahmen direkt ohne Zwischenspeicher ein und schaltet sie nach Adreßauswertung und evtl. Fehlerkontrolle gleich durch. **Blocking-Switches** verfügen über keine so hohe interne Performance und müssen die Rahmen noch zusätzlich zwischenspeichern. Eine besonders wichtige Kenngröße eines Switches ist die **Latenzzeit** (engl. latency), die Verweildauer des Rahmens im Switch - die Zeit also, die vergeht, bis ein ankommender Datenrahmen den Switch wieder verläßt. Manche Switches verfügen über **Autosensing**, durch das die mögliche

130

Übertragungsrate eines Links (10 Mbit/s, 100 Mbit/s etc.) automatisch ermittelt und eingestellt wird.

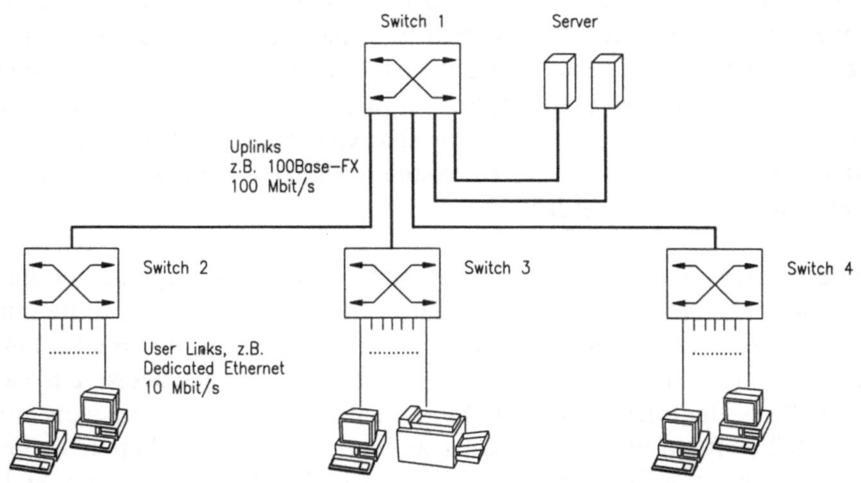

Bild 4.11: Beispiel für den Switch-Einsatz

Switches arbeiten wie bereits erwähnt auf Schicht 2 des ISO-Schichtenmodells. **Multilayer Switches** arbeiten jedoch auf den Schichten 2 und 3, nämlich innerhalb des Netzes auf Schicht 2 als Switch und zwischen zwei Netzen auf Schicht 3 als Router. Für "normale" Switche jedoch ist die Schicht 3 völlig transparent, der Switch schaltet alle Protokolle der Schicht 3 wie IP, IPX, Apple Talk etc. direkt durch, salopp: Der Switch interessiert sich überhaupt nicht für Informationen der Schicht 3.

Zur Zeit der Drucklegung dieses Buches befindet sich das sog. **IP-Switching** (auch als **Layer-3-Switching** bezeichnet) in der frühen Entstehungs- und Standardisierungsphase. Ein IP-Switch stellt eigentlich einen Switching Router dar: Das erste Datenpaket, das an einen bestimmten Empfänger gerichtet ist, wird geroutet, alle nachfolgenden Pakete für diesen Empfänger dann geswitcht. Dies bringt einen erheblichen Zeitvorteil mit sich. IP-Switching ist vor allem für virtuelle Netze (VLANs) interessant.

Switches sind in modernen LANs und gerade im Hinblick auf ATM und virtuelle LANs von ausschlaggebender Bedeutung.

4.6 Bridges

Bridges (engl. bridge = Brücke) werden zur Segmentierung mit gleichzeitiger Lasttrennung verwendet. Datenpakete, die für einen Teilnehmer innerhalb desselben Segmentes oder Teilnetzes bestimmt sind, bleiben innerhalb dieses Teilnetzes und werden nicht an andere Segmente oder Teilnetze weitergeleitet. Eine Bridge leitet nur Datenpakete, die für Adressaten in anderen Teilnetzen bestimmt sind, weiter. Dadurch wird erreicht, daß die einzelnen Teilnetze nicht mit zusätzlichen, für sie uninteressanten Datenpaketen anderer Teilnetze überschwemmt werden, die Leistungsfähigkeit des Netzes (Performance) steigt dadurch erheblich.

Durch Bridges verbundene Teilnetze bilden noch immer ein gemeinsames logisches Netz, jedoch gegliedert in verschiedene Teile; eine Trennung in logische, selbständige Netze mit eigenen Adreßräumen erfolgt erst durch einen Router auf ISO-Schicht 3 (siehe nächstes Kapitel). Bridges arbeiten auf der Schicht 2 des ISO-Schichtenmodells, genauer gesagt auf der Teilschicht 2a (MAC), was ihnen auch die Bezeichnung **MAC-Level-Bridges** eintrug. Bridges lesen also die MAC-Adressen von Sender und Empfänger der Rahmen (Anm.: MAC-Adressen sind Adressen, die auf den Nezwerkkarten der einzelnen Geräte hardwareseitig fest vorgegeben sind; jede MAC-Adresse existiert nur ein einziges Mal auf der Welt und kann nicht geändert werden. Nicht verwechseln mit den Adressen der Schicht 3 (IP-Adresse, IPX-Adresse etc.), die softwaremäßig vergeben wird und per Software jederzeit in Abhängigkeit des (Teil-)Netzes geändert werden kann/muß). Darüber hinaus führen sie auch eine Fehlerkontrolle über die Prüfsumme (frame check sequence, FCS) durch. Manche Brücken verfügen darüber hinaus auch über Funktionen der Teilschicht 2b (LLC). Bridges sind für höhere Schichten protokolltransparent, d.h. höhere Protokolle sind der Brücke quasi "egal". Dadurch können verschiedene Protokolle (IP, IPX, AppleTalk etc.) über dieselbe Brücke übertragen werden.

Arbeitsweise

Vereinfacht kann die Arbeitsweise einer Bridge wie folgt dargestellt werden: In einem ankommenden Rahmen liest die Brücke Sendeadresse (Quelladresse, engl. source address) und Empfängeradresse (Zieladresse, engl. destination address). Die Brücke verfügt über eine Tabelle von *Quell*adressen (engl.

source address table, kurz SAT) für jeden Teilnehmeranschluß (Port). In dieser Tabelle sind die MAC-Adressen aller Geräte des Teilnetzes, das an diesen Port angeschlossen ist, aufgelistet. Sollte die Rahmen-Zieladresse in der SAT des Ports, an dem der Rahmen ankam, verzeichnet sein, so bedeutet dies, daß sich der Empfänger im selben Teilnetz befindet wie der Sender. Die Brücke verwirft dann einfach den Rahmen. Sollte die Zieladresse nicht in der SAT dieses Ports verzeichnet sein, so wird der Rahmen in das andere Teilnetz weitergeleitet.

Bei Brücken mit mehr als zwei Ports werden alle SATs durchsucht und der Rahmen an den richtigen Port weitergeleitet. Kurz gesagt: Die Brücke prüft, ob sich der Empfänger im selben Teilnetz befindet wie der Sender. Falls ja, wird das Paket von der Brücke verworfen, falls nein, wird es weitergeleitet. Durchgeschaltet werden ebenfalls Rahmen mit unbekannten Zieladressen, Broadcasts (Rahmen an alle) und Multicasts (Rahmen an eine bestimmte Gruppe). Fehlerhafte Rahmen (Prüfung über FCS-Prüfsumme) werden nicht weitergeleitet.

Selbstlernende Brücken prüfen auch gleichzeitig, ob die Quelladresse eines Rahmen in der SAT eingetragen ist. Falls nicht, wird sie automatisch dazugesetzt. Um die SAT in einer vernünftigen Größe und aktuell zu halten, werden die Einträge mit der Zeitangabe ihres Eintrages versehen und nach einer bestimmten Zeit gelöscht (sog. **Aging**). Bei nicht selbstlernenden Brücken bleibt die SAT fest und muß von Hand eingegeben und aktualisiert werden.

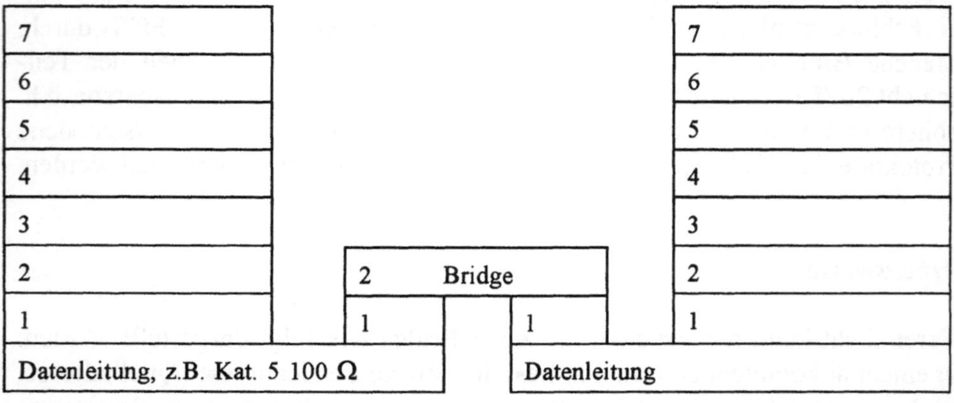

Bild 4.12: Bridge im ISO-Schichtenmodell

Filter

Bei Bridges ist es möglich, **Filter** zu setzen als Auswahlkriterien, welche Rahmen weitergeleitet werden und welche nicht. Die Filter können auf bestimmte Stellen im Rahmen gesetzt werden wie Quelladresse, Zieladresse, Broadcasts, Typfeld etc., und es ist möglich, mehrere Filter gleichzeitig zu verwenden. Dabei ist zwischen positiven und negativen Filtern zu unterscheiden. Bei positiven Filtern werden die Rahmen, die die Prüfkriterien erfüllen, weitergeleitet. Bei negativen Filtern werden die Rahmen, die die Prüfkriterien erfüllen, gesperrt. Ein einfaches Beispiel aus dem Alltag sei das Filterkriterium "grüne Autos". Bei einem positiven Filter werden dann nur grüne Autos durchgelassen, bei einem negativen Filter werden alle anderen Autos außer den grünen durchgelassen und die grünen werden gesperrt. Die Bridge prüft die Filterkriterien immer erst nach ihren üblichen Arbeiten (Vergleich der Zieladresse mit der SAT, Aktualisierung der SAT mit der Quelladresse und Fehlerkontrolle).

Local, Remote und Multiport Bridges

Eine **Local Bridge** verbindet zwei Teilnetze an *einem* Standort direkt miteinander. Eine **Remote Bridge** besteht wie ein Remote Repeater aus zwei Hälften und verbindet zwei Teilnetze an verschiedenen Standorten beispielsweise über WAN-Leitungen miteinander. Eine **Multiport Bridge** verbindet mehrere Netze miteinander. Sie leitet Rahmen immer nur an den Port weiter (engl. **forwarding**), an dem das Teilnetz des Empfängers angeschlossen ist. Broadcasts und Rahmen für Empfänger, die in keiner SAT verzeichnet sind (sog. unbekannte Adressen, engl. unknown destination) werden an alle Ports weitergeleitet (engl. **flooding**).

Transparent Bridges

Transparent Bridges verhalten sich für die Endgeräte in den angeschlossenen Teilnetzen so, als ob sie gar nicht da wären. Sie sind für die Endgeräte quasi unsichtbar (transparent), kontrollieren jedoch wie eingangs beschrieben die MAC-Adressen und führen die Fehlerkontrolle durch. Transparent Bridges verbinden immer nur Teilnetze derselben Netzart, also beispielsweise Ethernet mit Ethernet. Transparent Bridges benötigen untereinander immer einen eindeutigen Weg (meist baumförmig), Schleifen und Mehrfachverbindungen werden durch den sog. Spanning-Tree-Algorithmus unterdrückt, der am Ende die-

134

ses Kapitels über Bridges etwas ausführlicher beschrieben wird. Transparent Bridges werden hauptsächlich für Ethernet eingesetzt.

Translation Bridges

Translation Bridges (engl. to translate = übersetzen) werden für die Kopplung unterschiedlicher Netze mit echter "Übersetzung" verwendet, also wenn beispielsweise Geräte in einem Token-Ring-Netz mit Geräten in einem Ethernet Daten austauschen sollen. Dabei werden alle erforderlichen Maßnahmen zur Übersetzung wie beispielsweise die Anpassung der Rahmen, eventuell notwendige Umkehrungen von Bitfolgen etc. von der Bridge vorgenommen, der Empfänger bemerkt nicht, ob sich der Sender im selben oder im anderen Teilnetz befindet. Dies ist zumindest der theoretische Idealfall. Translational Bridging ist in der Praxis mit zahlreichen Schwierigkeiten verbunden. So bereiten unterschiedliche Rahmenlängen oftmals Schwierigkeiten (Token Ring nach Ethernet ist von der Rahmenlänge problemlos möglich, Ethernet nach Token Ring kann bei großen Ethernet-Rahmen Probleme bereiten). Adressenumwandlung ist oftmals auch nicht einfach (im Ethernet wird das Adreßbit der niedrigsten Stelle (engl. least significant) zuerst übertragen, bei Token Ring das der höchsten Stelle (engl. most significant)), darüberhinaus sind noch weitere Punkte heikel.

Encapsulation Bridges

Encapsulation Bridges werden eingesetzt, wenn ein Datenrahmen vorübergehend über eine andere Netzart geleitet wird, Sender und Empfänger jedoch derselben Netzart in unterschiedlichen Teilnetzen angehören. Ein Beispiel dafür ist die Kopplung mehrerer Ethernet-Teilnetze an ein gemeinsames FDDI-Backbone. Wenn nun der Sender im Ethernet-Teilnetz 1 an den Empfänger im Ethernet-Teilnetz 2, das mit 1 über ein FDDI-Backbone verbunden ist, einen Rahmen sendet, so wird dieser Rahmen von der Bridge, die das Teilnetz 1 mit dem FDDI-Backbone verbindet, quasi in einen Briefumschlag gesteckt. Der Umschlag mit Inhalt wird durch das FDDI-Backbone transportiert. Die Bridge, die das Teilnetz 2 mit dem Backbone verbindet, entfernt den Umschlag wieder. Der Ethernet-Rahmen bleibt also während der gesamten Zeit vollständig erhalten und wird nicht angetastet.

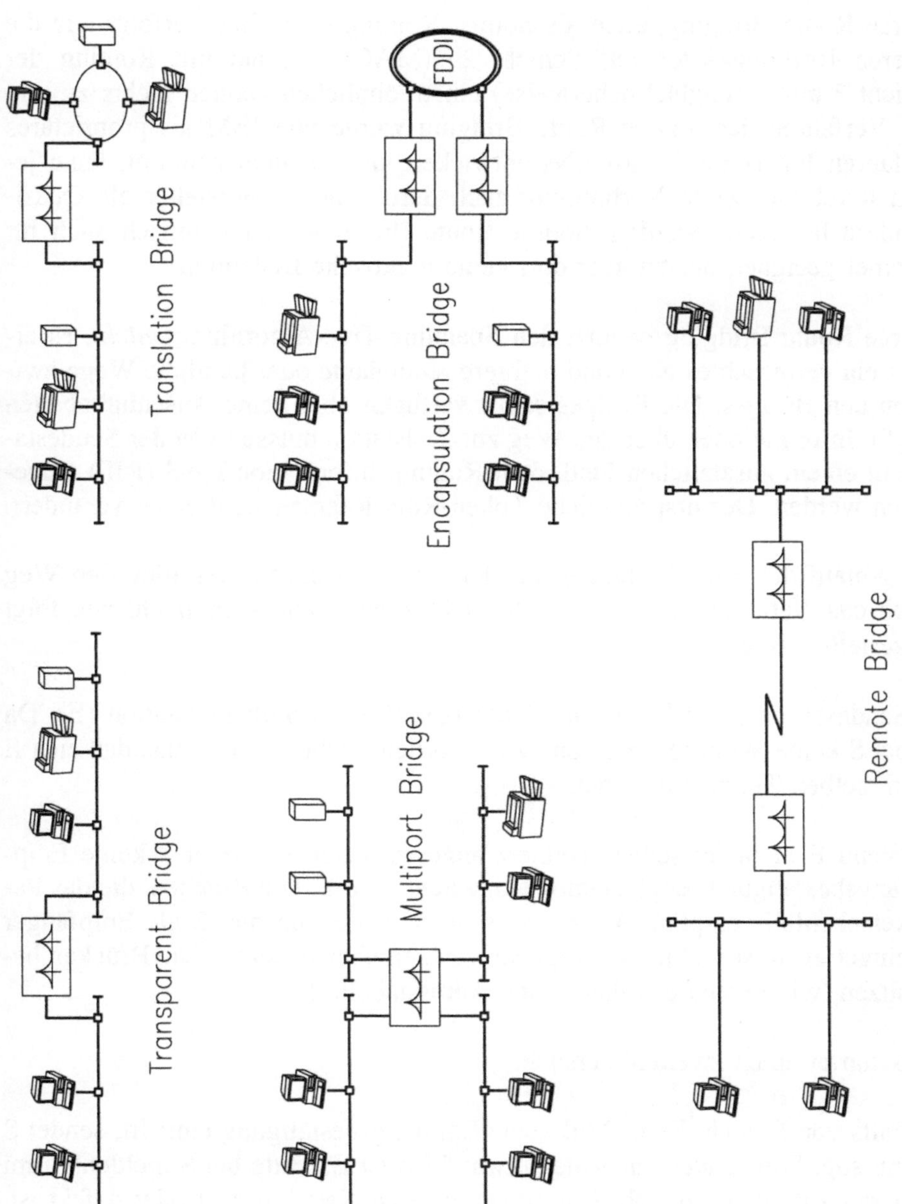

Bild 4.13: Beispiele für den Bridge-Einsatz

Source Route Bridges

Source Route Bridging, auch als Source Routing bezeichnet, erfolgt wie die anderen Bridging-Arten auf Schicht 2a (MAC) und hat mit Routing der Schicht 3 außer (unglücklicherweise) einem ähnlichen Namen nichts zu tun. Das Verfahren des Source Route Bridging wurde von IBM als proprietäres Verfahren für Token-Ring-LANs entwickelt und ist nicht genormt, kann jedoch durch die weite Verbreitung auch durch andere Hersteller als Quasi-Standard betrachtet werden. Source Route Bridging ist theoretisch auch für Ethernet geeignet, besitzt aber dort keine praktische Bedeutung.

Source Route Bridging benutzt den Spanning-Tree-Algorithmus *nicht*, es erlaubt ein vermaschtes Netz und mehrere redundante oder parallele Wege zwischen den Bridges. Die Bridges selbst verfügen über keine Anschlußtabellen (SAT), Informationen über den Weg zur Zielstation müssen von der Sendestation in einem zusätzlichen Feld, dem Routing Information Field (RIF) eingetragen werden. Der ursprüngliche Token-Ring-Rahmen wird dabei verändert.

Der Ablauf der Wegefestlegung für den Fall, daß die Sendestation den Weg durch das Netz zur Zielstation noch nicht kennt, kann vereinfacht wie folgt dargestellt werden:

1. Sendestation (S) schickt ein Datenpaket an die Empfängerstation (E). Da bei S keine Wegebeschreibung zu E vorliegt, geht S davon aus, daß sich E im selben Teilnetz befindet.

2. Wenn E nicht im selben Teilnetz angeschlossen ist, erhält S keine Empfangsbestätigung (engl. acknowledgement) von E. Die Brücken, die das Paket ebenfalls empfangen, leiten es nicht weiter, da nur E als Empfänger eingetragen ist und keine Wegenanweisung über Brücken. Die Brücken besitzen, wie bereits erwähnt, keine Adresstabelle (SAT).

3. S startet einen zweiten Versuch.

4. Falls von E auch dieses Mal keine Empfangsbestätigung eintrifft, sendet S ein sog. Fragepaket (im Alltag etwa: "Wo ist E? Bitte bei S melden!") um herauszufinden, ob sich E in einem anderen Netz befindet oder defekt ist.

5. Die angeschlossenen Brücken geben den Fragerahmen weiter, versehen ihn aber zusätzlich mit ihrer eigenen Kennung, vergleichbar mit einem Stempel

eines Postamtes (die saloppe Frage lautet nun "Wo ist E? Bitte bei S über Brücke Nr. soundso melden!").

6. Das Fragepaket wird über alle weiteren Brücken überall hin weitergeleitet.

7. Das Fragepaket trifft schließlich bei E ein, versehen mit der Adresse des Senders S und aller Brücken, die das Paket passiert hat.

8. E sendet ein Antwortpaket (etwa "Hallo S, hier ist E über Brücke x, Brücke y und Brücke z!"). Die Wegebeschreibung entnimmt E den Brückenkennungen.

9. Nachdem das Antwortpaket bei S eingetroffen ist, verfügt S über die Wegeinformation und sendet den oder die Datenrahmen "von S an E über Brücken x, y, z".

Im Source-Route-Bridging-Verfahren sind im Gegensatz zum Spanning Tree mehrere Wege zwischen Sender und Empfänger möglich, und es treffen nach einer Anfrage auch tatsächlich mehrere Antwortpakete bei S ein. Davon wird immer nur eines benutzt, meist das erste, das bei S eintrifft. Bei Ausfall einer Brücke oder einer Verbindung geht das Frage- und Antwortverfahren wieder von vorne los.

Source Route Transparent Bridges

Source Route Transparent Bridging (SRT) stellt eine Synthese aus den vorstehend beschriebenen Bridging-Arten Transparent mit Spanning-Tree-Algorithmus und Source Routing dar. SRT-Bridges können beide Verfahren umsetzen. Dabei besitzt eine Source Route Transparent Bridge einen gemeinsamen Spanning Tree mit all den Brücken im Netz, die ebenfalls diesen Algorithmus benutzen.

Achtung: Source Route Transparent Bridges arbeiten oftmals nicht mit bereits vorhandenen Source Route oder Transparent Bridges zusammen, ein nachträgliches Einfügen einer SRT-Bridge ist oftmals mit erheblichen Schwierigkeiten verbunden.

Spanning Tree

Das Spanning-Tree-Verfahren nach **IEEE 802.1d** wird für Transparent Bridges verwendet, es kann bei Source Route Bridges jedoch nicht eingesetzt werden. Das Spanning-Tree-Verfahren dient dazu, ein Netz mit Maschen und parallelen Verbindungen so zu gestalten, daß es immer nur einen eindeutigen Weg zwischen zwei Geräten gibt, nicht benötigte Wege werden passiv geschaltet. Die so entstehende Struktur ist baumförmig, was zu dem Namen Spanning Tree ("aufgespannter Baum") geführt hat. Vereinfacht dargestellt läuft die Strukturierung des Netzes zu einem Baum wie folgt ab:

- Die Brücke (oder der Switch) mit der niedrigsten MAC-Adresse wird zum Ausgangspunkt des Baumes (engl. root).

- Die leistungsfähigsten Verbindungen bleiben aktiv geschaltet und bilden die Äste und Zweige des Baumes. Wenn alle Bridges in den Baum eingebunden sind, werden die nicht benötigten Verbindungen passiv geschaltet.

So läuft prinzipiell das automatische Spanning Tree ab. Dazu sei angemerkt, daß nicht die Brücke mit der niedrigsten MAC-Adresse zwingend zur Root-Bridge gemacht werden muß - es kann prinzipiell jede Brücke manuell als Root-Bridge festgelegt werden. Die leistungsfähigsten Verbindungen werden über das Modell der sog. Pfadkosten festgelegt. Die Kosten einer Verbindung (eines Pfades) werden berechnet zu:

$$\text{Pfadkosten} = 1000 / \text{Übertragungsrate in Mbit/s} \qquad (4.1)$$

Somit betragen die Pfadkosten beispielsweise für eine Ethernet-Verbindung mit 10 Mbit/s 100. Remote- oder WAN-Leitungen mit ihren geringeren Übertragungsraten sind dann dementsprechend teuer, für eine Leitung mit 64 kbit/s betragen die Kosten dann 15.625 usw. Die Kosten können beim Spanning Tree zwischen 1 und 65.535 liegen und sind vom Netzwerkbetreuer einzusetzen. Sie sind prinzipiell beliebig einsetzbar, jedoch sei empfohlen, die Standardformel nach (4.1) zu verwenden.

Zu beachten ist, daß die Root-Bridge automatisch einen Engpaß (Falschenhals, engl. bottleneck) darstellt, da über sie sehr viel mehr als der eigene Datenverkehr fließt. Bei Ausfall der Root-Bridge fällt zwar nicht das ganze Netz aus, denn nun wird die Brücke mit der nächsthöheren MAC-Adresse zur Root-Bridge, die Festlegung und die damit verbundene Umstrukturierung des Netzes sind jedoch relativ zeitaufwendig. Bei den Geräten mancher Hersteller werden die passiv geschalteten Leitungen im Stand-by-Modus gehalten, um sie bei Übertragungsengpässen zu aktivieren oder um echten Duplexbetrieb zu ermöglichen; dasselbe gilt auch für parallele Verbindungen. Diese Lösungen sind jedoch herstellerabhängig. Spanning Tree besitzt neben diesen prinzipiellen Grundzügen noch weitere Details, auf die im Rahmen dieses Buches jedoch nicht weiter eingegangen werden kann.

4.7 Router und Brouter

Die Hauptaufgaben von Routern sind die Lenkung des Datenverkehrs, die optimale Netzauslastung und die intelligente Wegewahl für Datenpakete (engl. route = Weg, Route) durch das Datennetz oder das WAN. Gleichzeitig nimmt der Router alle notwendigen Anpassungen (Schnittstellen, Übertragungsraten, Rahmenlängen und -aufbau etc.) vor und ist somit in der Lage, auch Netze völlig unterschiedlicher Topologien und Zugriffsverfahren zu verbinden. Router arbeiten auf Schicht 3 des ISO-Schichtenmodelles und verbinden logische Netze miteinander. Ein logisches Netz ist, salopp gesprochen, eine sinnvolle Gruppierung von Geräten, beispielsweise das (Teil-)Netz der Konstruktionsabteilung oder einer Filiale und besitzen einen eigenen Adreßbereich (wie der Bereich einer Telefon-Vorwahl). Die für das Routing nötige Adressierung auf Schicht 3 des ISO-Schichtenmodelles ist von den MAC-Adressen (Schicht 2a), die den Netzwerkkarten der Endgeräte ja bei der Herstellung bereits fest eingebrannt werden, völlig unabhängig. Die Schicht-3-Adressen (beispielsweise IP- oder IPX-Adressen) werden den Geräten per Software zugewiesen und können auch jederzeit vom Netzwerkbetreuer wieder geändert werden.

Durch die Auswertung der logischen Adressen (Schicht 3) jedes Rahmens sind Router sehr viel langsamer als Switches oder Bridges. Im Gegensatz zu diesen sind Router nicht protokolltransparent, sie müssen alle Schicht-3-Protokolle (z.B. IP, IPX, AppleTalk usw.), deren Rahmen sie routen sollen, auch verstehen. Voraussetzung dafür ist, daß das jeweilige Protokoll auch tatsächlich routebar ist (IP, IPX, AppleTalk, DECnet, ...), denn manche Protokolle wie beispielsweise LAT und NetBEUI sind nicht routebar. Rahmen dieser nicht routebaren Protokolle müssen dann auf Schicht 2 gebridget werden, weshalb viele Router auch gleichzeitig die Funktionen einer Bridge integriert haben und nicht routebare Protokolle automatisch bridgen. Solche Router werden als **Bridging Router** oder kurz als **Brouter** bezeichnet. Viele Router unterstützten mehrere Schicht-3-Protokolle (beispielsweise IP und IPX) gleichzeitig an jedem Port und werden dann als **Multiprotokollrouter** bezeichnet. Jeder Port eines Routers besitzt eine eigene Schicht-3-Adresse sowie eine eigene MAC-Adresse. Ein Routerport kann je nach Router jedoch auch durchaus mehrere Schicht-3-Adressen desselben Protokolles (also beispielsweise mehrere IP-Adressen) besitzen. Durch dieses sog. **Secondary Addressing** können an einem Routerport beispielsweise mehrere, über Switches verbundene Subnetze oder VLANs logisch miteinander verbunden werden.

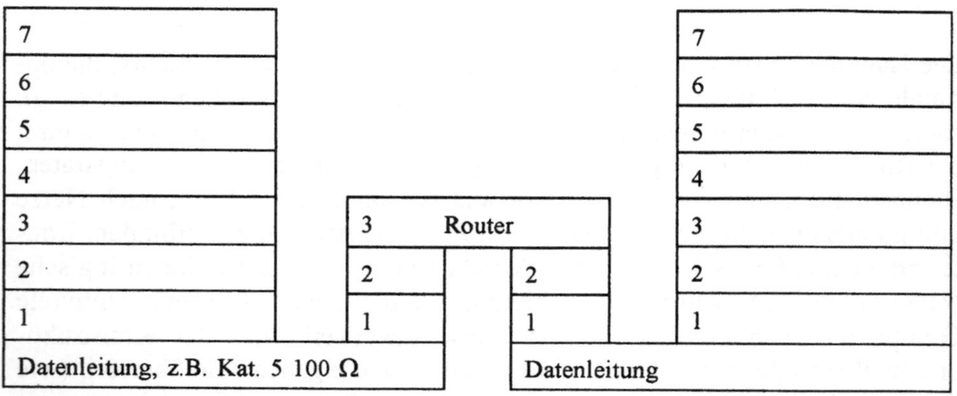

Bild 4.14: Router im ISO-Schichtenmodell

Router bieten eine bessere Trennung des Datenverkehrs als Bridges oder Switches und sind sehr gut für komplexe, weit verzweigte Netze geeignet. Sie übertragen keine Broadcasts oder Multicasts. Die Grenzen des Netzwerkes können durch Router im Hinblick auf Ausdehnung und Stationszahl stark erweitert werden, denn jedes so verbundene (Sub-)Netz kann die maximale Ausdehnung und Stationszahl, die die Netzspezifikation zuläßt, annehmen. Dabei ist jedoch vorab zu prüfen, ob das zum Einsatz kommende Routing-Protokoll von der Netzwerkspezifikation abweichende Beschränkungen der maximalen Stationszahl bedingt.

Die alte Unterscheidung zwischen sog. **Local Routern** im LAN und **WAN-Routern** als Schnittstelle zwischen LAN und WAN verliert immer mehr an Bedeutung, da sie sich lediglich durch die jeweilig benötigte Schnittstelle unterscheiden. Router sind heutzutage meist eigene Geräte oder Einschubkarten für Enterprise-Hubs. Nur noch selten werden Router rein softwaremäßig auf Servern oder PCs realisiert. Fehlerkontrolle und Fehlerkorrektur werden von Routern auf Schicht 3 und 2b (LLC) durchgeführt.

Der allgemeine **Routing-Ablauf** kann vereinfacht wie folgt dargestellt werden: Zuerst stellt die sendewillige Station anhand ihrer Routing-Tabelle fest, ob der Empfänger direkt im eigenen (Sub-)Netz (local) erreichbar ist oder ob er sich in einem anderen Netz (remote) befindet. Dieser Vorgang wird als **Route Determination** bezeichnet. Falls der Empfänger im eigenen Netz erreichbar ist, werden die Rahmen direkt an ihn gesandt und der Router wird erst gar nicht bemüht. Falls sich der Empfänger jedoch in einem anderen Netz befindet, schickt der Sender die Rahmen an den Router, über den der Empfänger erreichbar ist. Die (MAC-)Adresse des Routers findet die Sendestation in ihrer Routing-Tabelle. Dies wird als **Address Resolution** bezeichnet. Die Rahmen enthalten dann folgende vier Adressen:

- die Schicht-3-Adresse (z.B. IP-Adresse) des Senders
- die Schicht-3-Adresse (z.B. IP-Adresse) des Empfängers
- die MAC-Adresse des Senders (source address)
- die MAC-Adresse des Routerports (destination address)

Die vier Adressen sind deshalb nötig, weil logische Netze und logische Adressierungen erst auf Schicht 3 möglich sind, die Kommunikation zwischen zwei Geräten jedoch auf MAC-Ebene (Schicht 2a) stattfindet. Umgangssprachlich bedeuten diese vier Adressen nichts anderes als die Aufforderung der Sendestation: "Hallo Router R1, hier ist Sender S mit der logischen Nummer s. Bitte leite diesen Rahmen an den Empfänger mit der logischen Nummer e, den Weg dorthin muß Du noch bestimmen." Der Router (er liest ausschließlich Rahmen, die direkt an ihn auf MAC-Ebene adressiert sind, alle anderen ignoriert er) liest daraufhin die logische Schicht-3-Adresse des gewünschten Empfängers und bestimmt anhand seiner Routing-Tabelle den besten Weg dorthin. Seine Routing-Tabelle enthält die logischen Schicht-3-Adressen aller irgendwie erreichbaren Endgeräte und deren MAC-Adressen (falls sie von ihm direkt erreichbar sind) bzw. die MAC-Adressen des nächstgelegenen Routers, über den die einzelnen Endgeräte erreichbar sind. Der Router beläßt die Schicht-3-Adressen im Rahmen, ersetzt jedoch die MAC-Adressen für die direkte Kommunikation. Die Rahmen enthalten dann folgende vier Adressen:

- die Schicht-3-Adresse (z.B. IP-Adresse) des Senders (bleibt)
- die Schicht-3-Adresse (z.B. IP-Adresse) des Empfängers (bleibt)
- die MAC-Adresse des Routers (source address)
- die MAC-Adresse des Empfängers bzw. des nächsten Routers auf dem Weg zum Empfänger (destination address)

Umgangssprachlich bedeutet dies für den Fall, daß sich der Empfänger in einem Netz befindet, das direkt an den Router angeschlossen ist: "Hallo Empfänger E mit der logischen Nummer e, hier ist Router R1 mit einem Rahmen einer Sendestation mit der logischen Nummer s." Für den Fall, daß der Empfänger erst über weitere Router erreichbar ist, bedeutet es: "Hallo Router R2, hier ist Router R1. Bitte leite diesen Rahmen an den Empfänger mit der logischen Nummer e, den weiteren Weg dorthin mußt Du bestimmen. Absender des Rahmens ist eine Station mit der logischen Nummer s." Der Routing-Ablauf soll anhand des folgenden Beispieles weiter verdeutlicht werden:

Beispiel 4.1:
Gegeben sei die Anordnung gem. Bild 4.14. Die PCs als Teilnehmer tragen der besseren Übersicht halber Namen (Pippi und Annika), ebenso die Router (Tom und Jerry).

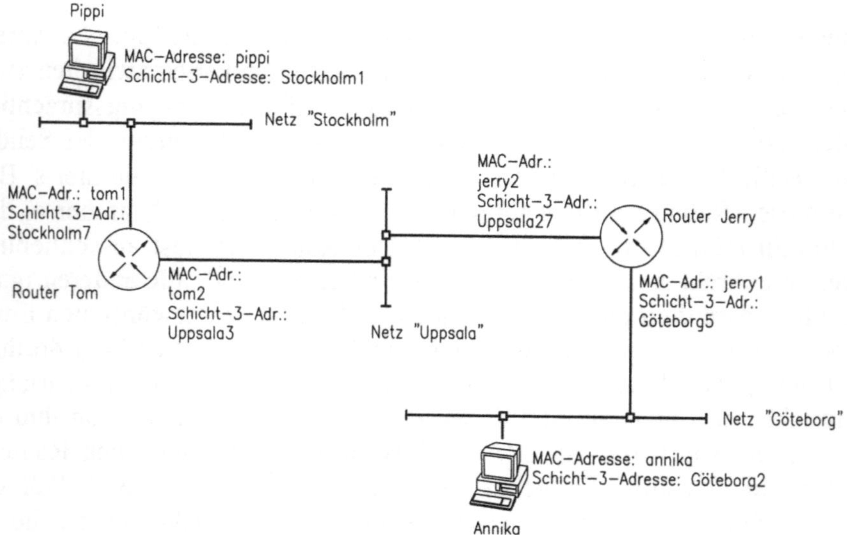

Bild 4.15: Prinzipieller Aufbau des Netzes zu Beispiel 4.1

Wenn Pippi nun irgendwelche Rahmen an Annika schickt (z.B. "Kaffee morgen 15.00 Uhr") läuft das vereinfacht wie folgt:

1. Pippi prüft, ob Annika auch an das Netz "Stockholm" angeschlossen ist und stellt fest, daß sie über Router Tom erreichbar ist.

2. Rahmen von Pippi an Router Tom:

   - an: tom1 (MAC-Adresse des Empfängers, destination address) mit der Bitte um Weiterleitung
   - von: pippi (MAC-Adresse des Senders, source address)
   - Urheber: Stockholm1 (Schicht-3-Adresse des Urhebers)
   - Ziel: Göteborg2 (Schicht-3-Adresse des Endzieles)
   - Daten: Kaffee morgen 15.00 Uhr

3. Rahmen von Router Tom an Router Jerry:

   - an: jerry2 mit der Bitte um Weiterleitung
   - von: tom2
   - Urheber: Stockholm1
   - Ziel: Göteborg2
   - Daten: Kaffee morgen 15.00 Uhr

4. Rahmen von Router Jerry an Annika:

   - an: annika
   - von: jerry1
   - Urheber: Stockholm1
   - Ziel: Göteborg2
   - Daten: Kaffee morgen 15.00 Uhr

Die Zuweisung von zwei Adressen (eine Schicht-3-Adresse, eine MAC-Adresse) hat folgenden Hintergrund: Die Kommunikation erfolgt direkt auf der einfachst möglichen Schicht, also 2a (MAC). Um Netze logisch zu gliedern ist jedoch noch eine zusätzliche Kennzeichnung, die die Bezeichnung des jeweiligen Netzes enthält, notwendig. Mit anderen Worten: Während mit der MAC-Adresse das Gerät als solches eindeutig gekennzeichnet wird, wird mit der Schicht-3-Adresse die Zuordnung zu einem separaten (Teil-)Netz vorgenommen, die logischerweise auch manchmal geändert werden muß (z.B. bei Umzug oder Versetzung). Eine IPX-Adresse beispielsweise besteht ganz einfach aus der MAC-Adresse und einer vorangestellten Netznummer. Eine IP-Adresse hingegen ist eine von der MAC-Adresse völlig losgelöste, eigene Adresse. Über Vor- und Nachteile der einzelnen Protokolle und Adressierungsarten läßt sich streiten. IP, IPX und anderen Protokollen sind in diesem Buch jeweils eigene Kapitel gewidmet, siehe dort.

Die Konfiguration eines Routers ist recht aufwendig, abhängig von der Anzahl der Adressen und (Sub-)Netze. Die Router sollten von einer Stelle (meist dem Rechenzentrum) aus zentral fernkonfigurierbar sein, besonders bei vielen Außenstellen ist dies von Vorteil. Dem Router kann der Aufbau des gesamten Netzes sowie die zu wählenden Wege manuell fest vorgegeben werden. Sämtliche Änderungen im Netz müssen dann manuell nachgeführt werden. Man spricht hierbei vom **statischen Routing**. Beim **dynamischen Routing** verfügt jeder Router über eine eigene Routing-Tabelle und Kenntnis der gesamten Konfiguration des gesamten Netzes, welche bei Änderungen im Netz automatisch aktualisiert werden. Durch die Kenntnis des gesamten Netzes ist eine automatische Umschaltung auf alternative Verbindungen bei Ausfall einzelner Komponenten ebenso möglich wie Lastausgleich durch Steuerung des Datenverkehrs über alternative Routen gleichzeitig.

Die Art und Weise, wie die Datenpakete geroutet werden, wird durch das **Routing-Protokoll** festgelegt. Abhängig vom jeweiligen Protokoll wird der optimale Weg zwischen der Sendestation und dem Empfänger der Datenpakete bestimmt, abhängig von verschiedenen Kriterien wie beispielsweise der durchschnittlichen Übertragungsdauer, der Netzlast, der zur Verfügung stehenden Brandbreite etc. Beim sog. **Multipath Routing** können mehrere mögliche Wege zwischen Sender und Empfänger entweder abwechselnd oder anteilmäßig gleichzeitig an Hand ihrer Eignung verwendet werden.

Bei den **Distance-Vector**-Routingprotokollen besitzt der kürzeste Weg die oberste Priorität bei der Routing-Entscheidung. Wichtige Vertreter sind RIP (routing information protocol für TCP/IP), RIP (ebenfalls routing information protocol, jedoch für IPX), IGRP (intergateway routing protocol der Fa. Cisco), EIGRP (enhanced IGRP) und RTMP (routing table maintenance protocol). Bei den **Link-State**-Routingprotokollen werden der Routing-Entscheidung zusätzliche Informationen wie etwa Hierarchiestufen innerhalb des Netzes zugrundegelegt und die Aktualisierung der Routing-Tabellen geschieht anders als beim Distance-Vector-Algorithmus. Wichtigte Vertreter der Link-State-Protokolle sind IS-IS (intermediate system to intermediate system), OSPF (open shortest path first) und NLSP (NetWare link state protocol). Darüber hinaus sind noch ES-IS (end system to intermediate system), EGP (exterior gateway protocol) und BGP (border gateway protocol) unter den wichtigsten Routing-Protokollen zu nennen. Viele Router unterstützen mehrere Routing-Protokolle.

Achtung: Routing-Protokolle sind nicht genormt, viele Router besitzen herstellereigene Funktionen, so daß zwei Router unterschiedlicher Hersteller auch bei Verwendung desselben Routing-Protokolles nicht immer zusammenarbeiten können!

Bei Routern mit WAN-Anschluß wird durch das **Verbindungsprotokoll** (auch als **Data-Link-Protokoll** bzeichnet) festgelegt, wie die Daten über das WAN übertragen werden (ISDN, X.25, Frame Relay, HDLC, PPP, SMDS etc.). Beim sog. **Dial-on-Demand-Routing** wird immer nur bei Bedarf eine WAN-Verbindung aufgebaut, was deshalb auch als **Wählverbindung** (im Gegensatz zu den permanent geschalteten Festverbindungen/Standleitungen) bezeichnet wird. Solche Wählverbindungen sind besonders bei niedrigem Datenaufkommen kostenmäßig sehr interessant, sie sollten aber auch sonst aus Gründen der Ausfallsicherheit in jedem Falle als Backup-Anschluß vorhanden sein. Wenn dann einmal die Hauptverbindung ausfallen sollte, schaltet der Router automatisch auf die Backup-Verbindung um.

Bei Routern können auch einzelne Adreßgruppen der Schicht 3 zugelassen oder gesperrt werden, um die Sicherheit im Netz besonders an der LAN/WAN-Schnittstelle zu gewährleisten. Je nach Hersteller können auch **Filter** auf MAC-Ebene (Schicht 2a) wie bei Bridges gesetzt werden. Leider kann im Rahmen dieser Einführung nicht auf die überaus interessanten Details der Routing-Protokolle eingegangen werden. Detaillierte Abhandlungen über Routing-Protokolle und -Verfahren füllen ganze Bibliotheken und würden den Rahmen dieses Buches bei weitem sprengen. Der interessierte Leser sei hier auf die weiterführende deutsch- und englischsprachige Literatur verwiesen.

4.8 Gateways und Firewalls

Der Begriff **Gateway** ist schon recht alt und war ursprünglich gedacht für eine Netzwerkkomponente, die den Übergang von einem Netz in ein anderes oder ins WAN ermöglicht. Heutzutage wird der Begriff unterschiedlich gebraucht, für Geräte für den WAN-Zugang, für Umsetzer auf irgendeiner Schicht zwischen 4 und 7 im ISO-Schichtenmodell oder für Umsetzer, die alle Schichten incl. Schicht 7 abdecken. Wir verwenden den Begriff Gateway für Geräte, die eine Verbindung zwischen Netzen auf der Schicht 4 und/oder höher vornehmen. Bridges und Router betrachten wir somit nicht als Gateway. Auf welcher Schicht zwischen 4 und 7 ein Gateway arbeitet und ob dies nur auf einer oder auf mehreren erfolgt, möchten wir als akademische Diskussion beiseite lassen und im Rahmen dieses pragmatisch orientierten Buches nicht näher darauf eingehen. Jeder Standpunkt in der Gateway-Diskussion zeichnet sich durch spezifische Vor- und Nachteile aus. **Protokollkonverter**, die komplette Netzwerkprotokolle höherer ISO-Schichten ineinander übersetzen und konvertieren, sind Paradebeispiele für Gateways.

Es sei hier noch angemerkt, daß im Bereich des IP-Protokolles (Schicht 3) der Begriff Router nicht verwendet wird und statt dessen jedes Gerät, das den Übergang in ein anderes (Sub-)Netz ermöglicht, als Gateway bezeichnet wird. Dieses IP-Gateway stellt nichts anderes dar als einen Router auf Schicht 3 - die unglückliche Wortwahl führt in der Praxis sehr oft zu Mißverständnissen.

Eine **Firewall** (engl. firewall = Brandschutzmauer) ist eine Netzwerkkomponente, die das gesamte Netz oder Teile davon vor unbefugtem Zugriff schützt. Dies kann im einfachsten Fall ein Router sein, der nur für einen bestimmten Adreßbereich routet. Meist besitzen Firewalls jedoch ausgeklügelte Sicherheitsmechanismen auf mehreren Schichten gleichzeitig (3 und höher) und werden hauptsächlich am WAN-Zugang eingesetzt. Besonders wichtig sind Firewalls bei Anschlüssen an große, fremde Netze mit hohen Teilnehmerzahlen wie beispielsweise das Internet. Konzepte und Einsatzmöglichkeiten von Firewalls füllen ganze Bücher, der interessierte Leser sei bei tiefergehendem Interesse auf die deutsch- und besonders englischsprachige Fachliteratur verwiesen.

4.9 Einfache Beispiele

In diesem Kapitel soll der Einsatz aktiver Netzwerkkomponenten anhand einfacher Beispiele veranschaulicht werden.

Beispiel 4.2:
Ein Token-Ring-Netzwerk mit ca. 200 Teilnehmern soll kostengünstig realisiert werden. Durch die hohe Teilnehmerzahl ist die Verwendung von zwei Ringen sinnvoll, die über einen Token-Ring-Switch verbunden werden. An den Switch werden ebenfalls die beiden Server angeschlossen.

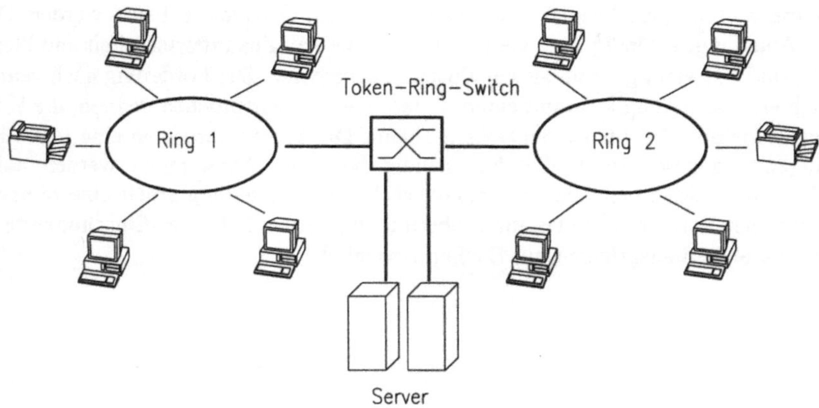

Bild 4.16: Zwei Token Ringe, verbunden über Token-Ring-Switch

Beispiel 4.3:
Ein einfaches, kleines 10Base-T-Netzwerk ohne hohe Anforderungen an Übertragungsraten soll kostengünstig und erweiterbar realisiert werden. Dies kann durch die Verwendung kostengünstiger Stackable Hubs für Shared Ethernet realisiert werden. Viele Hersteller bieten ebenfalls Stackable Router an. Die Verbindung erfolgt in diesem Beispiel über die BNC-Ports (10Base-2) der Stack-Komponenten.

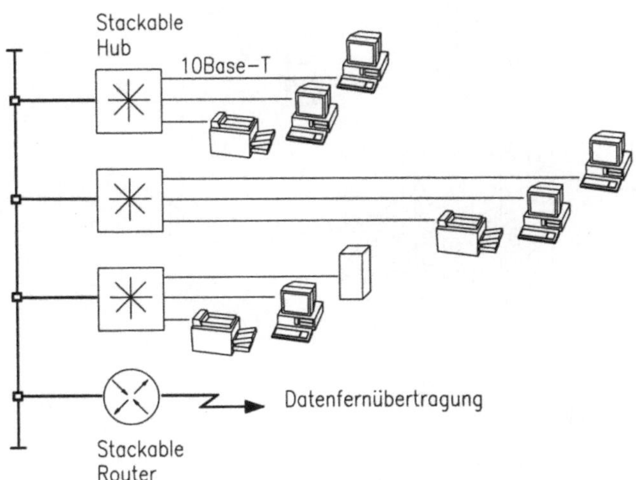

Bild 4.17: Einfaches, kleines 10Base-T-Netz mit stabelbaren Komponenten

148

Beispiel 4.4:

Ein Ethernet soll möglichst zentral und flexibel in einem Gebäude realisiert werden. Dabei sind drei Abteilungen ständig, eine vierte nur selten besetzt. Zukunftssicherheit und Flexibilität sollen hierbei wichtiger sein als der Kostengesichtspunkt. Der Forderung nach zentraler und flexibler Realisierung kann mit einem Enterprise-Hub entsprochen werden, die Kosten dafür sind - wie oben bereits erwähnt - kein Thema. Die Server werden an eine 100 Mbit/s-Switchingkarte angeschlossen, die drei ständig besetzten Abteilungen werden auf 10 Mbit/s-Switchingkarten gepatcht, die sporadisch besetzte Abteilung erhält eine preiswerte Shared-Ethernet-Karte. Für die Datenfernübertragung wird eine Router-Einschubkarte vorgesehen, aus Sicherheitsgründen mit Backup-Anschluß.

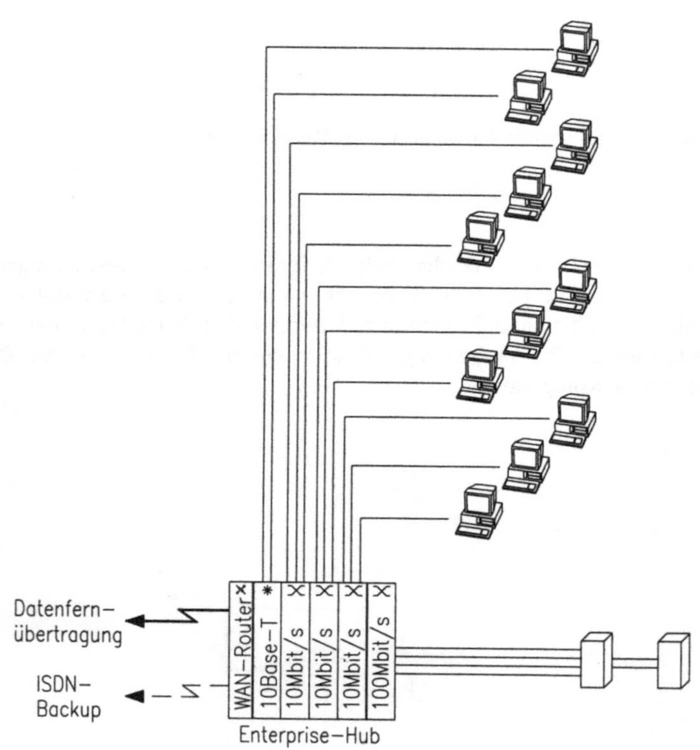

Bild 4.18: Enterprise-Hub

Beispiel 4.4:
Ein kürzlich renoviertes, denkmalgeschütztes Gebäude soll mit einem leistungsfähigen Ethernet ausgestattet werden. Jede Art von Leitungsverlegung ist schwierig, die Kosten steigen mit der Größe der Kabelkanäle und Kabeltrassen explosionsartig. Diese Probleme können durch kleine Mini-Hubs mit je vier Shared-Ethernet-Ports entschärft werden, denn die Mini-Hubs werden unter Putz installiert (Größe wie zwei normale Stromsteckdosen) und mit jeweils zwei Glasfasern an einen Enterprise-Hub mit Switchingkarten angeschlossen. 10 Mbit/s als Dedicated Ethernet für vier Anschlüsse reicht meist aus. Die beiden Glasfasern können in äußerst kompakter Ausführung (Außendurchmesser jeweils 0,9 mm, s. Kapitel 2.4) verlegt werden, so daß in das Gebäude nur minimal baulich eingegriffen werden muß. Die Server werden an eine 100 Mbit/s-Switchingkarte angeschlossen, die Datenfernübertragung übernimmt eine Router-Einschubkarte, aus Sicherheitsgründen mit Backup-Anschluß.

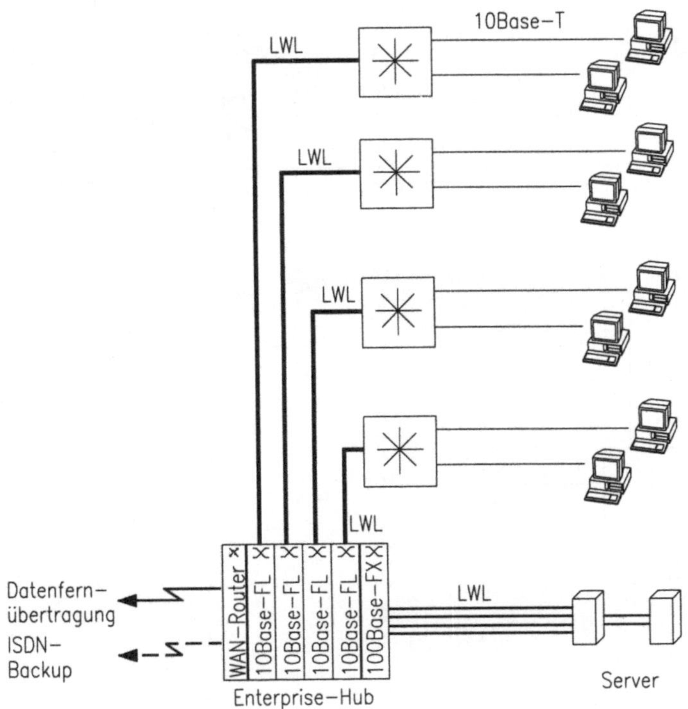

Bild 4.19: 10Base-T-Kanaleinbauhubs mit zentralem Switching-Enterprise-Hub

150

Beispiel 4.6:

Drei im Gebäude verteilte virtuelle LANs sollen verbunden werden. Dazu werden die Teilnehmer an Switch-Ports mit je 100 Mbit/s angeschlossen. Die Switches werden über LWL an einen zentralen Switch mit 100 Mbit/s angeschlossen, ebenso die Server im Full-Duplex-Betrieb sowie der Router zur Verbindung der drei virtuellen LANs untereinander. Der Router ist in diesem Beispiel als separates, modulares Gerät ausgeführt, um später in größerem Umfang für weitere externe LANs und WAN-Anbindungen erweitert werden zu können.

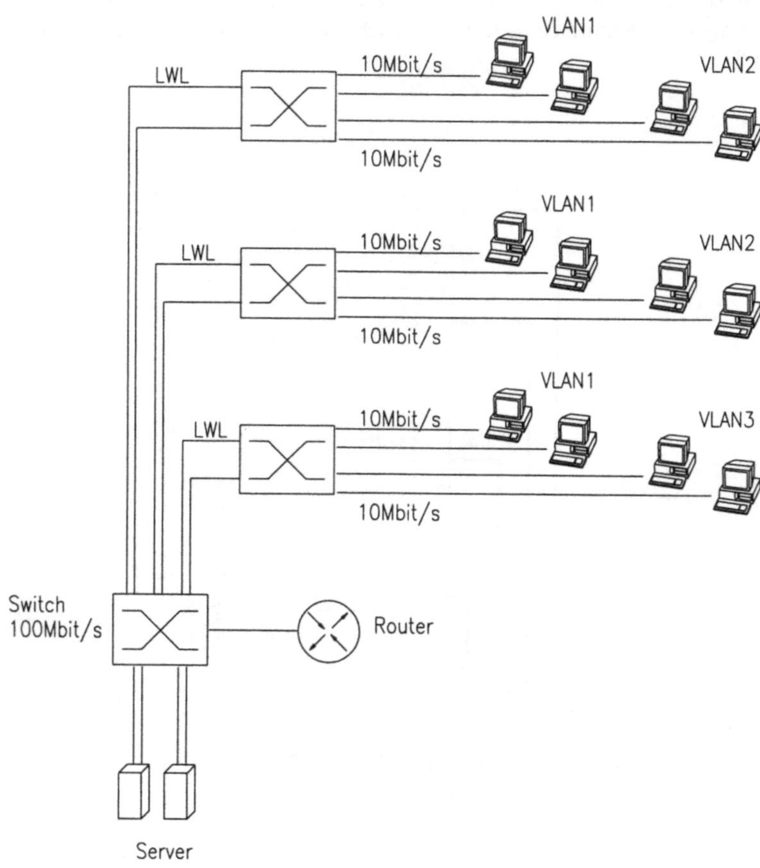

Bild 4.20: VLANs mit kaskadierten Switches und Router

Beispiel 4.7:
Drei kleinere Filialen sollen mit der etwas größeren Zentrale verbunden werden (alles Ethernet). In der Zentrale werden die Endgeräte mit 10 Mbit/s, die Server mit 100 Mbit/s an einen Switch angeschlossen. Die kleinen Filialen werden mit einem preiswerten 10Base-T-Hub ausgestattet und über einfache Router über Festverbindungen an die Zentrale angeschlossen. Aus Gründen der Ausfallsicherheit sind die Routerverbindungen zusätzlich mit einer Backup-Wählverbindung ausgestattet.

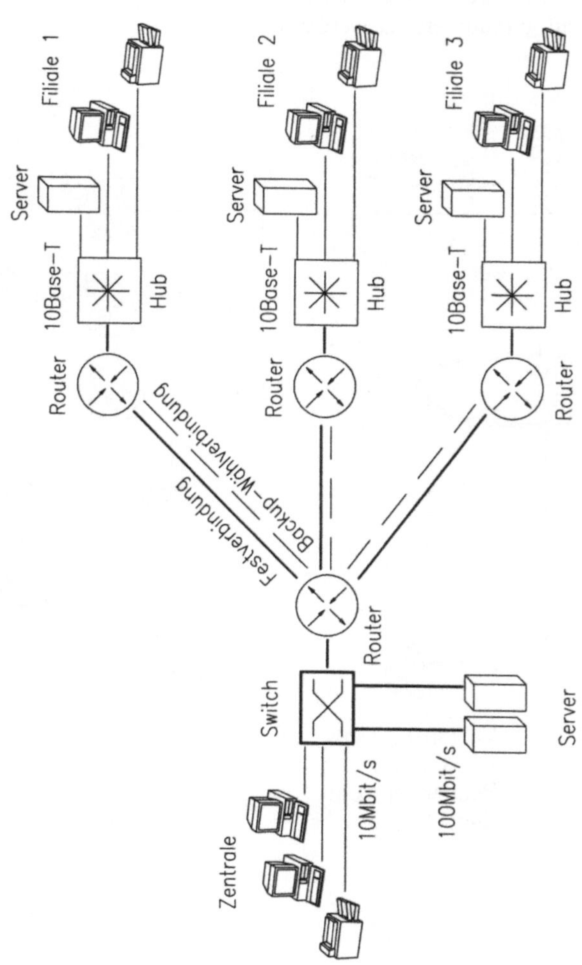

Bild 4.21: Anbindung der Filialen an die Zentrale

152

Beispiel 4.8:
Ein Areal mit vier Gebäuden soll mit einem Campusnet ausgestattet werden. Teilweise sind
Datennetze (Token Ring und Ethernet) vorhanden. Zusätzliche Randbedingung ist ein her-
stellerneutrales, offenes Netz in bewährter Technik sowie die Unterbringung der Server im
bestehenden Rechenzentrum (aus organisatorischen Gründen). Die vier Teilnetze werden
über Encapsulation Bridges als Einschubkarten in Enterprise-Hubs an ein FDDI-Backbone
angeschlossen, wobei durch das offene Konzept der Enterprise-Hubs eine spätere Migration
zu ATM nach dessen abschließender Standardisierung möglich ist. (Die Migration besteht
allerdings nicht allein im Umpatchen. Vielmehr müssen die Bridges durch ATM-Switches
mit begleitender Netzkonfiguration ersetzt werden.)

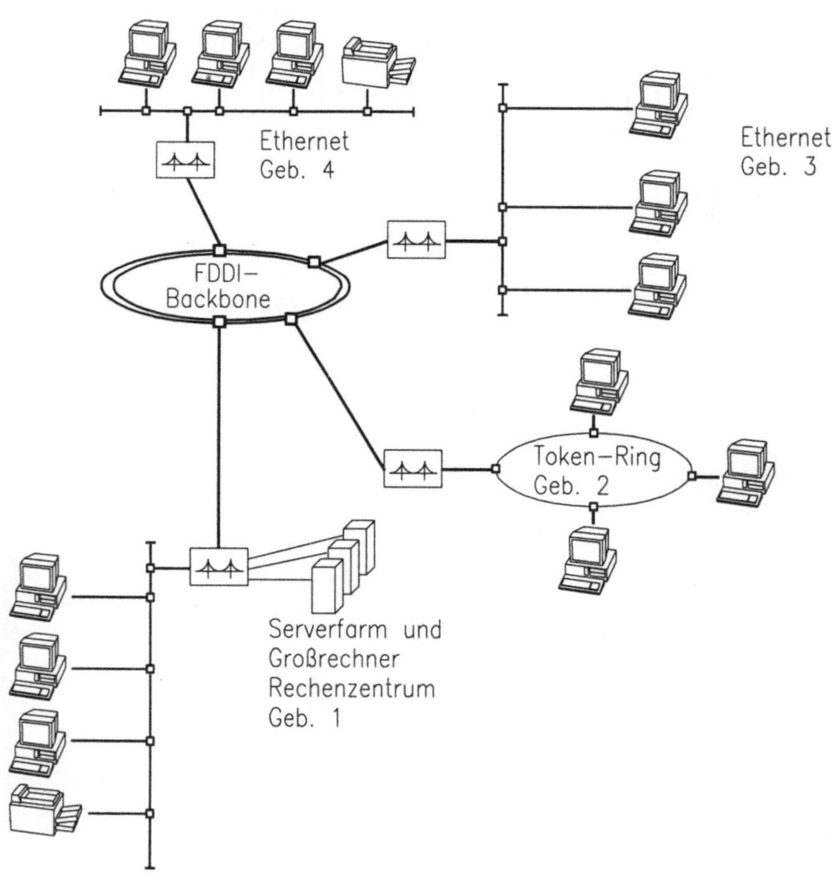

Bild 4.22: Campusnet mit FDDI-Backbone für vier Gebäude

5 Verteilte Systeme

Bisher erstreckten sich die Themenfelder auf den weit gefächerten Bereich der Netzwerke, gleich welcher Struktur; ob LAN, MAN oder WAN. Da im zweiten Abschnitt des Buches aber auf die software-technische Realisierung eines Netzwerkes eingegangen wird, soll hier der Begriff der **verteilten Systeme** eingeführt werden.

Bevor zur Diskussion einzelner Konzepte übergegangen wird, sollte man sich zunächst noch einmal die Definition des Begriffs **Rechnernetz** vor Augen führen.

Wichtig: Ein Rechnernetz oder Netzwerk ist eine Ansammlung von Hardwarekomponenten, welche im Zusammenspiel mit Softwareprodukten eine Kommunikation von Rechnern und Systemen untereinander ermöglichen. Zweck dieser Kommunikation ist es, dem Endbenutzer ein möglichst breites Spektrum an Diensten zur Verfügung zu stellen und die Zusammenarbeit der Endbenutzer so effizient wie möglich zu unterstützen.

Wir bitten um Verständnis dafür, daß andere Netzwerk-Architekturen, außer den verteilten Systemen, nur sehr knapp erläutert werden, denn es erscheint wenig sinnvoll, Konzepte der 70er-Jahre in einem Buch zu erwähnen, welches den Anspruch erhebt, aktuelle Entwicklungen und Architekturen zu veranschaulichen. Bei der Modernisierung der Datenverarbeitungsstruktur eines Unternehmens muß selbstverständlich auf die Integration alter Rechneranlagen und Datenleitungen Rücksicht genommen werden.

Es gilt daher, den Begriff der verteilten Systeme im Umfeld der Netzwerke richtig einzuordnen. Wie das Wort *verteilt* bereits sagt, existiert in einem solchen System keine **Zentraleinheit**, sondern sämtliche Dienste und Daten, die ein Anwender benötigt, sind auf verschiedene Rechner im Netz verteilt. Ein verteiltes System kann weit mehr bedeuten, wenn nicht ein Rechner ein oder mehrere Programme bereitstellt, sondern eine Anwendung mit all ihren Daten über mehrere Rechner verteilt sein kann.

154

Anmerkung: Der Begriff des verteilten Systems ist in der Fachliteratur oft
nicht klar definiert. Einige Autoren, die besonders auf parallele
Verarbeitung abzielen, bezeichnen ein Rechnersystem nur
dann als verteilt, wenn Teile ein und derselben Anwendung auf
verschiedenen Rechnern im Netz ablaufen, wodurch eine Art
Parallelverarbeitung möglich wird. Der Begriff soll an dieser
Stelle weiter gefaßt werden. Ein System ist verteilt, wenn der
Anwender von seinem Arbeitsplatz aus auf Dienste zugreifen
kann, die auf verschiedenen Rechnern des Netzwerks implementiert sind. Ob in einem solchen Netzwerk eine Anwendung
auf mehrere Rechner verteilt werden kann, ist davon abhängig,
wie die jeweilige Applikation programmiert wurde und welche
Kommunikationsmechanismen zur Verfügung stehen.

Wichtig: Ein verteiltes System besteht aus den Rechnern, dem Kommuni-
kationsnetz und der Systemsoftware, welche die Verteilung von
Applikationen und Daten ermöglicht.

Zunächst sollen einige Begriffe abgegrenzt werden, die nötig sind, um sich in
der Welt der verteilten Systeme zurechtzufinden.

Dienst:

So bezeichnet man die netzwerkweite Verfügbarkeit von Ressourcen, zum
Beispiel den Zugriff auf einen Drucker, die Abfrage auf eine Datenbank oder
die Bereitstellung von Speicherplatz und Rechenzeit.

Prozeß:

Er stellt eine Folge von Befehlen dar, durch die eine in sich abgeschlossene
Aufgabe bearbeitet wird.

Ressource:

Das Verständnis dieses Begriffes ist essentiell für den Themenkomplex der
verteilten Systeme. Als eine Ressource bezeichnet man alles, was einem
Anwender in einem Netz zur Nutzung zur Verfügung gestellt wird, kurz
Hardware, Software oder Daten. Hier muß scharf vom Begriff des Dienstes
getrennt werden. Der Dienst stellt dem Anwender den Zugriff auf eine
Ressource zur Verfügung, er ist nicht die Ressource.

Client

Dieser Begriff wird oftmals doppeldeutig verwendet. Ein Client kann ein Arbeitsplatzrechner sein. Auf der Ebene von Prozessen wird ein Prozeß, der eine Ressourcen anfragt ebenfalls oftmals Client genannt. Dabei ist es unerheblich, ob ein solcher "Anfrage-Prozeß" auf einem PC oder einem Zentralrechner abläuft. In diesem Buch wird folgende Abgrenzung der Begriffe vorgenommen:

1. Ein **Client** ist ein Datenendgerät (PC oder Workstation), da er keine Dienste zur Verfügung stellt, sondern diese beansprucht.
2. Ein Prozeß, der einen Dienst anfragt, wird **Clientprozeß** genannt.
3. Sollte eine verteilte Applikation vorliegen, wird der Teil von ihr, welcher Dienste benötigt, als **Clientapplikation** bezeichnet.

Server:

Im Kontext dieses Buches ist ein Server ein Rechner im Netzwerk, der Ressourcen zur Verfügung stellt, also Dienste anbietet. In mancher Literatur wird der Ausdruck "Server" genauso zweideutig verwendet, wie das Wort "Client". Prozesse, die den Zugang zu einer Ressource verwalten, werden dann ebenfalls als "Server" bezeichnet. In diesem Buch werden folgende Ausdrücke verwendet:

1. Als **Server** wird ein Rechner benannt, der NICHT als Endarbeitsplatz für Anwender dienen, sondern hauptsächlich den Zugang zu Ressourcen verwaltet.
2. Ein Prozeß, der einem anfragenden Prozeß (Clientprozeß) den Zugriff auf eine Ressource ermöglicht, ist ein **Serverprozeß**.
3. Sollte es sich um eine Applikation handeln, die über das ganze Netz verteilt ist, wird für den Serverteil einer solchen Applikation der Ausdruck **Serverapplikation** verwendet.

Mainframe:

Ein "Großrechner", der die zentrale Steuerung über alle Vorgänge der Datenverarbeitung besitzt. Diese Rechnerarchitektur ist hauptsächlich darauf ausgelegt, schnelle Rechenoperationen durchzuführen. Sollte der Rechner aufgrund seiner Prozessorarchitektur in der Lage sein, mehr als eine halbe Milliarde Gleitkommaoperationen pro Sekunde durchzuführen, so spricht man von einem sogenannten Supercomputer. Zentralrechner, die darauf ausgelegt sind etwa 100 Benutzer zu bedienen, werden auch als Minicomputer bezeichnet (mehr dazu in Kapitel 5.1.1).

Single-User:
Dieser Begriff wird auf jede Ressource angewandt, auf die nur eine Person ausschließlich Zugriff hat. Ein Heim-PC ist ein Single-User-Gerät.

Multi-User:
Bezeichnet Ressourcen, auf die mehr als ein Anwender Zugriff haben, oder die mehr als einem Anwender den Zugriff ermöglichen. Ein Betriebssystem, das mehr als einem Anwender Zugriff auf die Rechnerressourcen gestattet, ist ein Multi-User-Betriebssystem.

Knoten:
Jede Hardwareeinheit, die über einen eigenständigen Hauptspeicher und Prozessor verfügt und daher in der Lage ist, Prozesse im eigenen Speicher auszuführen, wird in der Parallelprogrammierung als Knoten bezeichnet. Im Bereich der verteilten Systeme auf Netzwerkbasis benötigt ein Knoten (engl.: **node**) jedoch eine weitere Eigenschaft; er muß eine Schnittstelle zum Netzwerk besitzen. Jeder Rechner in einem Netzwerk, ob Client oder Server, ist ein Knoten. Ebenso verhält es sich mit Netzwerkkomponenten, die über einen eigenen Prozessor und Speicher verfügen und in denen Programme ablaufen.

Remote:
Bedeutet übersetzt eigentlich "entfernt". Es gibt dafür keine kurze prägnante Übersetzung ins Deutsche, so daß in diesem Buch der englische Begriff verwendet wird. Remote bedeutet, daß vom lokalen Rechner auf ein Programm zugegriffen wird, welches komplett auf einem anderen Rechner abläuft. Ein Beispiel dafür ist das "remote-login". Ein Anwender meldet sich von seinem Arbeitsplatz aus auf einem anderen Rechner an und arbeitet auf diesem.

5.1 Historischer Überblick

Von fundamentaler Bedeutung für das Verständnis moderner Datenkommunikation ist, sich klar zu machen, *WO* im Netzwerk Daten und Applikationen gehalten werden. Daher soll in den folgenden Ausführungen auf drei Systemkomponenten Wert gelegt werden:

- **Applikationsintelligenz**
- **Datenintelligenz**
- **Kommunikationsintelligenz**

Der Begriff "Intelligenz" hat in diesem Zusammenhang nichts mit Intelligenz im menschlichen Sinne zu tun. Intelligenz bedeutet im Kontext mit diesen drei Begriffen einfach *Steuerung*. Die Frage nach der Applikationsintelligenz bedeutet daher: "Welcher Rechner steuert den Ablauf einer Anwendung? WO wird das Programm, welches der Endanwender ausführt, abgearbeitet?"

Identisch ist die Fragestellung im Falle der Datenintelligenz. "An welcher Stelle im System liegen die von den Applikationen benötigten Daten? Welcher Rechner steuert den Zugriff auf diese Daten?" Bei der Kommunikationsintelligenz ist die Fragestellung schwieriger, da im Netzwerk sehr viele Komponenten außer dem Ziel- und Endgerät bei der Datenkommunikation beteiligt sind. Im Idealfall ist die Kommunikationsintelligenz nicht zuordbar, sondern liegt über das ganze Rechnernetz verteilt. Gibt es jedoch eine Komponente im Netz, welche die Steuerung der Datenkommunikation dominiert, wird diese als Sitz der Kommunikationsintelligenz bezeichnet.

5.1.1 Mainframe-Systeme

Ende der 60er und Anfang der 70er Jahre brach das Zeitalter der großen Mainframes an. Diese Zentralrechner stellten die gesamte Rechen- und Datenleistung eines Unternehmens dar. Der Zugriff auf Programme und Daten erfolgte über Terminals, deren einzige Aufgabe es war, dem Anwender eine Schnittstelle bereitzustellen. Das Terminal ermöglichte die Dateneingabe und präsentierte die Anwendungsoberfläche (meist in ASCII-Format) des auf dem Zentralrechner laufenden Programms. Man könnte auch sagen, daß sich die Anwendungsintelligenz und die Datenkompetenz auf dem Mainframe befand. Ein anderer gebräuchlicher Ausdruck für einen Zentralrechner ist auch **Host**.

Daher nannte man die Terminals auch "dumme Terminals", denn sie verfügten über einen sehr geringen Arbeitsspeicher, der gerade einmal dazu ausreichte, einige Darstellungs- und Kommunikationsparameter zu konfigurieren. Jegliche Manipulation von Daten (lesen, schreiben, ändern, etc.) fand im Speicher des Mainframes statt. Jedem Anwender und seinem Programm stand ein Hauptspeicherbereich des Mainframes zur Verfügung. Je mehr Anwender daher am System arbeiteten, desto kleiner wurde dieser Bereich.

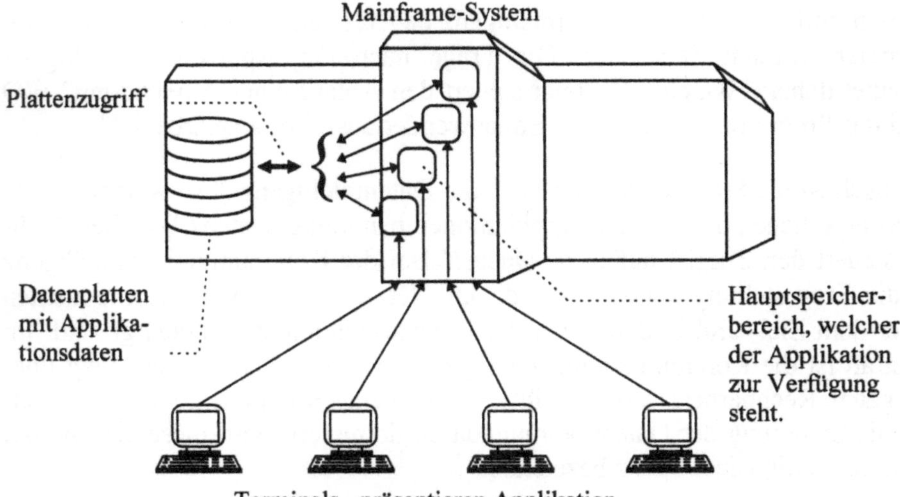

Bild 5.1: Datenzugriff auf einem Mainframe

Einen weiteren kritischen Schwachpunkt bildeten die Plattenzugriffe. Festspeicherplatten haben Datenzugriffszeiten, die zwar je nach Plattentyp verschieden sein können, aber feste, unveränderliche Parameter darstellen. Je mehr Personen auf einem einzigen Rechner arbeiten, desto mehr Daten werden gelesen oder geschrieben und desto mehr Plattenzugriffe werden erforderlich. Da jeder Zugriff aber eine feste Zeitspanne in Anspruch nimmt, bilden sich bei steigender Anzahl der Anwender "Warteschlangen". Dadurch wird die Verarbeitungsleistung des System reduziert. Dieser Sachverhalt stellt sich heute noch genau so dar wie damals. Daher geht man dazu über, Daten auf mehrere Rechner zu verteilen. Die vorherige Abbildung verdeutlicht die Probleme beim Zugriff vieler Anwender auf ein zentrales System.

Die Nachteile dieser Systeme liegen - aus heutiger Sicht - auf der Hand.

1. Nicht existente Ausfallsicherheit.
   Trat an dem Mainframe ein Defekt auf oder mußte er zu Wartungsarbeiten abgeschaltet werden, stand die Datenverarbeitung der jeweiligen Institution still.

2. Geringe Skalierbarkeit
   Veränderte sich der Leistungsanspruch an das System oder wurde Rechenleistung verlangt, welche über den Möglichkeiten des Mainframes lag (dies
   konnte bei schnell wachsenden Firmen oder Abteilungen rasch der Fall
   sein) waren die Methoden zur Leistungssteigerung oft auf den Einbau von
   mehr Hauptspeicher oder aber die Optimierung der Software begrenzt.

3. Mangelnde Flexibilität
   Einzelnen Abteilungen oder Anwendern konnte meist nicht gezielt mehr
   Rechenleistung zur Verfügung gestellt werden. Bestand das System aus
   mehreren Mainframes, mußte sich der Anwender explizit mit dem Rechner,
   der die gewünschte Applikation bereitstellte, verbinden. War dieser
   Rechner überlastet, war ein Ausweichen auf einen weniger ausgelasteten
   Rechner nicht möglich, da dieser nicht über die Applikation verfügte. Eine
   Applikation und ihre Daten konnten nicht über mehrere Mainframes
   verteilt werden, da ein Zugriff verschiedener Rechner auf dieselben Daten
   zu Inkonsistenzen geführt hätte.

4. Technologische Abhängigkeit von einem Hersteller.
   Jeder Hersteller verfügte über seine eigene Rechnerarchitektur und über
   seine eigene Methode, die Terminals mit dem Zentralrechner zu verbinden
   (Kabel, Anschlüsse, aber auch eigene Modelle der Datenkommunikation).
   Selbstverständlich gehörten zu einem firmenspezifischen Rechnersystem
   auch firmeneigene Datenbanken und Programme, deren Programmierung
   genau auf die Rechnerarchitektur abgestimmt war (z.B. Verwaltung des
   Hauptspeichers). Legte man sich auf die Rechner eines Herstellers fest, so
   mußte man dessen Produkte auch in allen anderen Bereichen verwenden.

Zu diesem Zeitpunkt existierten auch schon Netzwerksysteme, welche ein in
einer weit entfernten Filiale stehendes Terminal mit dem Host in der Hauptge-
schäftsstelle verbanden. Diese Netzwerke bezeichnete man als **hierarchisch**
oder **zentral**. Sie bestanden aus den Terminals, dem Host und diversen Zwi-
scheneinheiten, welche das Verhalten der Terminals überwachten. Diese sind
zwar aus Sicht der Verkabelung Netzwerke, hinsichtlich der Datenkommunikation müssen aber Bedenken angemeldet werden. Ein Terminal sendet seine
Daten auf einem festgelegten Weg zum Host, ein Ausweichen über Alterna-
tivleitungen ist nicht möglich. Das Terminal besitzt auch keinen Einfluß auf
die Steuerung der Daten.

Ist der Benutzer einmal mit dem Host verbunden und hat seine Anwendung
aufgerufen, wird die Kommunikation einzig und allein vom Mainframe

gesteuert, weder die Steuerlogik des Terminals, noch der daran arbeitende Benutzer haben darauf Einfluß.

Nach der zu Anfang diesen Kapitels gegebenen Definition von Rechnernetzen liegt demnach gar kein Netzwerk vor, da nur EIN Teilnehmer kommuniziert und dies ist der Host. Das Terminal ist KEIN AKTIVER Kommunikationsteilnehmer.

In einem typischen hierarchischen Netzwerk unterscheidet man vier Geräte:

1. Terminals,
2. Controller, die den Zustand der nicht lokalen, sondern in entfernten Lokationen stehenden Terminals kontrollieren,
3. Vorstufen-Prozessoren, welche die einkommenden Controllerleitungen der lokalen Terminals bündeln und den Host bei Grundaufgaben unterstützen,
4. den Host selbst.

Dies zeigt auch die Abbildung 5.2 .

Die Vorstufen-Prozessoren werden oftmals auch als Kommunikations-Controller bezeichnet, was aber nichts an ihrer Funktion ändert. Wichtig sind zum Verständnis nur zwei Aspekte.

Den ersten stellt die statische Zuordnung der einzelnen Einheiten und der Kommunikationswege dar. Terminal 1 kann nur über den Controller 1 und den Vorstufen-Prozessor 1 mit dem Zentralsystem kommunizieren. Sollte eine dieser Komponenten oder die Datenleitung zwischen den Komponenten ausfallen, kann der Anwender am Terminal 1 nicht mehr auf den Host zugreifen. Meist waren die Datenleitungen seriell ausgelegt.

Den zweiten Aspekt bildet die Lokation der Anwendungs-, Daten- und Kommunikationsintelligenz. Die Kommunikation wird nur vom Host gesteuert, ebenso wie die Anwendungsprogramme ausschließlich auf dem Host ablaufen. Da die Terminals nicht über eigene Speichermedien verfügen, verhält es sich mit den Daten ganz genauso. Daten werden ausschließlich auf dem Mainframe gehalten. Die Zentraleinheit vereint also alle diese drei Komponenten.

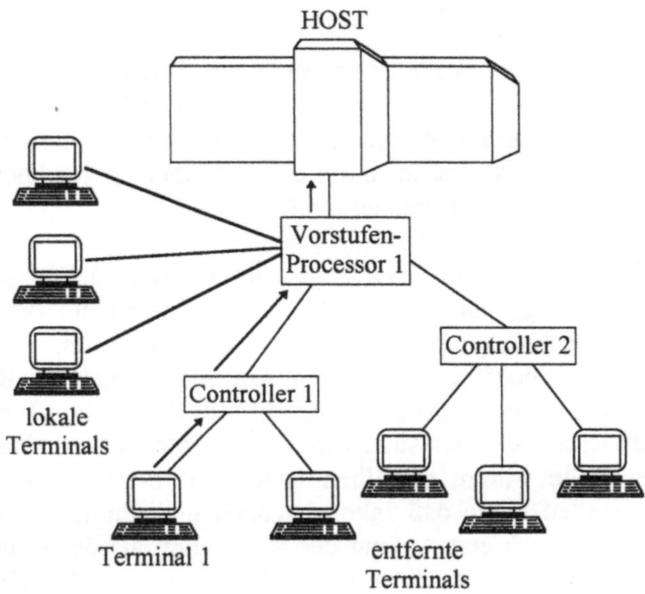

Bild 5.2: Mainframe-System

5.1.2 Der Umbruch

Ein Umbruch wurde Anfang der 80er Jahre durch mehrere Entwicklungen eingeleitet. Natürlich waren die Mängel der bestehenden EDV-Modelle hinreichend bekannt und analysiert worden. Schon lange vor dem Jahr 1980 wurden erfolgreiche Neukonzepte entwickelt, die Lösungsansätze zum Aufbrechen der starren Kommunikationsstrukturen beinhalteten. Diese im Bereich der Forschung erzielten Ansätze setzten sich aber in der breiten Masse nicht durch, so daß sie das Bild der EDV-Landschaft nicht veränderten.

Alles dies hier aufzuzeigen und die beteiligten Institutionen entsprechend zu würdigen, würde den Rahmen dieser Übersicht sprengen. Deswegen sollen nur drei den Umbruch einleitenden Konzepte angesprochen werden.

1. Die Entwicklung von UNIX,
2. das Aufkommen alternativer Vernetzungsverfahren und
3. die Entwicklung der Personel Computer (PC).

5.1.2.1 Die Entwicklung von UNIX

Den größten Komplex an Änderungen stellt das Betriebssystem UNIX dar, welches in den Bell Laboratories 1969 entwickelt wurde. Im UNIX-Konzept gibt es keinen dedizierten Zentralrechner. Die Idee hinter UNIX war, mehreren Entwicklern, welche an ihren eigenen, lokalen Rechnern arbeiten, den Zugriff auf gemeinsame Daten zu ermöglichen.

Standard Multiuser-Systeme (wie die in Kapitel 5.1.1 aufgezeigten Mainframe-Systeme) gewährten dem Anwender Zugriff auf die Hard- und Software *eines* Rechnersystems (Speicherplatz des Hosts, Plattenzugriff, usw.). UNIX hatte jedoch zum Ziel, den Anwendern mehrere Rechner zur Verfügung zu stellen. Die damit gebotenen Möglichkeiten zogen eine weitere Welle von Entwicklungen nach sich, wie zum Beispiel verteilte Dateisysteme, welche in der Lage waren, dieselben Daten auf mehreren Rechnern zur Verfügung zu stellen, ohne daß Inkonsistenzen und ähnliches auftraten. In Fahrt kam UNIX jedoch erst Anfang der 80er Jahre, als der Ende der 70er-Jahre entwickelte Berkley Standard (benannt nach der Berkley-Universität in Kalifornien) kommerzielle Anwendung fand. Dieser Standard führte die **Interprozeßkommunikation** ein. Diese ermöglichte, daß Programme, die auf verschiedenen Rechnern abliefen, miteinander kommunizieren und Nachrichten austauschen konnten. Dadurch war gegeben, daß einzelne, auf verschiedenen Rechnern laufende Programme zu EINER Applikation zusammengeschlossen werden konnten. So war ein Rechner in der Lage, Geräte (Drucker, Platten, usw.), die an einem anderen Rechner angeschlossen waren, zu nutzen. Aber auch auf einen einzelnen Rechner hatte die Prozeßkommunikation Auswirkungen. Arbeiteten mehrere Benutzer auf einem System mit einem Prozessor, so war es bisher üblich, daß ein Teil des Programms von Benutzer A ausgeführt und dann beendet wurde. Nachdem der Status des Programms gespeichert worden war, konnte es von Benutzer B aufgerufen werden. Nun war es aber möglich, daß ein Prozeß, bevor er beendet wurde, eine Nachricht abspeicherte, die ein Folgeprozeß lesen konnte. Somit waren die beiden Programme, obwohl sie nacheinander aufgerufen wurden in der Lage, miteinander zu kommunizieren. Dies ergab eine neue Dimension des Multiuser-Betriebs.

Die Neuerungen noch einmal in Stichworten zusammengefaßt:

1. Möglichkeit der Zusammenarbeit mehrerer Rechner als ein System durch Interprozeßkommunikation und andere unterstützende Dienste.

2. Dadurch, daß mehrere Rechner als ein System fungierten, war der Grund-
   stein für die Skalierbarkeit des Gesamtsystems gelegt. Weitere Rechner
   konnten eingebunden und somit auf neue Leistungsansprüche Rücksicht
   genommen werden.

3. Die Zusammenarbeit der einzelnen Rechner bot bereits eine partielle Ausfallsicherheit. Fiel einer der Rechner aus, so konnte ein anderer immer noch
   Dienste ,wie Drucken oder Dateizugriffe, bereitstellen (sofern er eine Kopie
   der Dateien besaß).

4. Durch Interprozeßkommunikation konnten Applikationen realisiert werden, die nicht unbedingt auf einem Rechner ablaufen mußten, sondern sich
   die Leistungsstärke vieler Rechner zu nutze machten.

Dies beinhaltet schon einige der Anforderungen an verteilte Systeme, stellt
aber noch keine vollständige Auflistung der Bedingungen für ein verteiltes
System dar. Diese werden in Abschnitt 7.3 definiert.

Selbstverständlich ist UNIX nicht das einzigste Betriebssystem auf dem Markt.
Wie in Kapitel 7 dargestellt ist, eignen sich dazu noch viele andere Betriebssysteme. Allerdings haben diese Systeme viele der Eigenschaften von UNIX
übernommen. UNIX fungierte daher als Vorreiter auf diesen Gebieten. Als
weiterer "Pionier" wäre das Betriebssystem VMS zu nennen.

5.1.2.2 Aufbruch der starren Netzwerkstrukturen

Der zentrale Verbindungsaufbau der Mainframe-Systeme wurde ebenfalls
Anfang der 80er Jahre durchbrochen. Dies war der Konzeption von Ring- und
Bussystemen zu verdanken. Dabei sind das von Digital Equipment Corperation, Xerox PARC und INTEL bereits Mitte der 70er Jahre entwickelte **Ethernet** (siehe Abschnitt 3.2) und der Anfang der 80er Jahre von IBM konzipierte
Token Ring (vergleiche Kapitel 3.3) besonders hervorzuheben. Diese Modelle
der Vernetzung werden in ihren eigenen Kapiteln erläutert, so daß an dieser
Stelle davon abgesehen werden kann. Dennoch sollte man sich die Veränderungen, die sie bewirkten, vor Augen halten.

Die Funktionsweise und Topologie von Ethernet und Token Ring sind explizit
in Kapitel 3 dargestellt. Hier sei nur auf die Kommunikationsintelligenz hingewiesen. Sie liegt im Falle der hierarchischen Topologie auf dem Mainframe.
Da in den beiden anderen Topologien jede Komponente Sender und Empfän-

ger sein kann, ist die Kommunikationsintelligenz auf alle Datenstationen verteilt. Eine solche Struktur unterstützt natürlich Betriebssysteme wie UNIX, die auf eine enge und schnelle Zusammenarbeit mehrerer Rechner aufbauen.

5.1.2.3 Die Entwicklung des PC

Die Bedürfnisse des Benutzers hatten sich, hin zu Applikationen verschoben, die schnelle graphische Interaktion erfordern. Daran ist definitiv die Entwicklung des PCs *schuld* (zu erwähnen wären hier die Entwicklungen des APPLE-Macintosh 1980 und des IBM-PC ca. 1981). Die Programme für diese Rechner waren schon sehr früh graphisch orientiert (wobei APPLE beinahe als Erfinder der graphischen Oberflächen gelten kann), da der Mensch schließlich ein Wesen ist, dessen primäre Wahrnehmung die visuelle ist. Anwender und Unternehmen forderten derartige graphisch übersichtliche Programme bald auch an den Arbeitsplätzen. Aber textorientierte Terminals waren dafür nicht ausgelegt. Es wurden Single-User-Ressourcen benötigt, sprich: Dem Anwender mußten die kompletten Ressourcen einer Workstation zur Verfügung stehen. Hätte er diese mit anderen Anwendern und deren Prozessen teilen müssen, so wäre die Reaktionsgeschwindigkeit seines Systems nicht mehr akzeptabel gewesen. Als sich in der Konstruktion mit CAD die Entwicklung von Werkstücken am Computer durchzusetzen begann, wurde der Ruf nach leistungsstarken graphischen Arbeitsplätzen noch lauter.

Der PC ist daher ein Arbeitsplatzrechner an dem EIN Anwender arbeitet; ein Single-User-Arbeitsplatz. Um mit anderen Systemen zusammenzuarbeiten, fordert er nun die Dienste anderer Rechner (der Server) an, welche diese zur Verfügung stellen. Der PC wurde zum Client.

5.1.3 Client/Server

Der Begriff Client/Server dürfte fast allen Lesern gebräuchlich sein, denn kein Ausdruck ging so oft durch die Fachpresse (nur das Wort "Multimedia" hat einen ähnlich hohen Ge- und Mißbrauch erfahren). Was verbirgt sich also hinter dem Begriff, den Softwarehersteller anscheinend für alle ihre Produkte einsetzen? Aus historischer Sicht ist die Entwicklung von Client/Server eine logische Konsequenz aus den Umbruch-Entwicklungen und den Nachteilen der hierarchischen Mainframe-Systeme.

Dienste sind in der Abbildung 5.3 die Nutzung von Druckern, Faxgeräten und Dateien auf verschiedensten Rechnern, aber auch eines Internetzugangs. Die einzelnen Funktionen (Zugriff auf Datenspeicher, Drucker oder ein Faxgerät) werden im gesamten Netz bereitgestellt und sind somit von den einzelnen PC-Arbeitsplätzen aus verfügbar. Die PCs sind daher die Clients, welche die Funktionen (oder Dienste) der einzelnen Server nutzen.

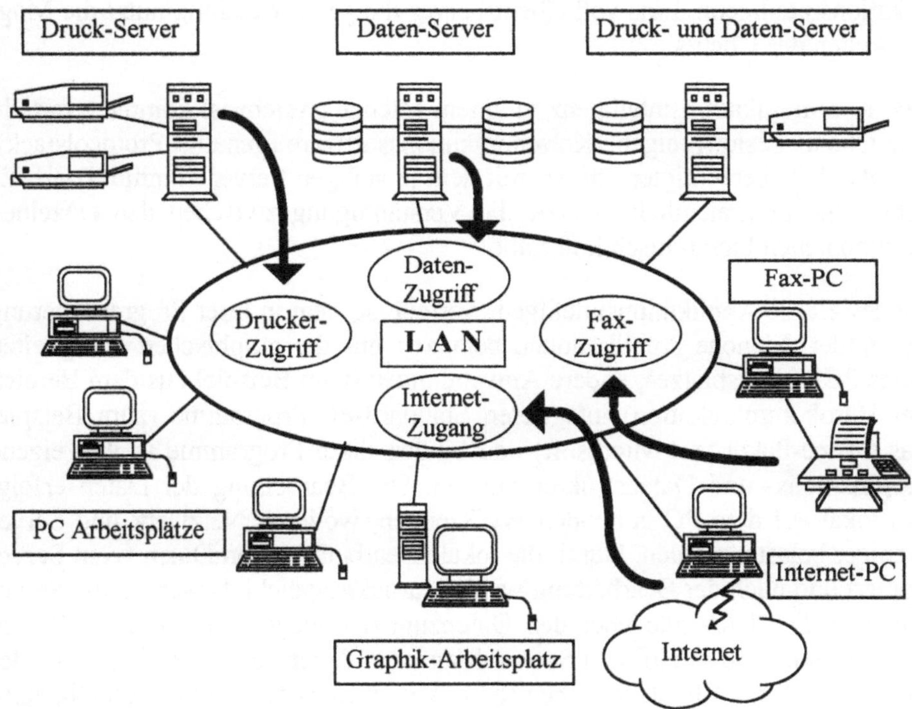

Bild 5.3: Client/Server-System

Alle notwendigen Systemdienste, die benötigt wurden, um ein solches System zu realisieren, waren Mitte der 80er Jahre bereits vorhanden. Allerdings war die Softwareentwicklung noch nicht bereit, ein solches System zu nutzen. Es dauerte bis zum Anfang der neunziger Jahre, bis kommerziell ausgereifte Softwarepakete zur Verfügung standen (beispielsweise verteilte Datenbanken, auf die später noch kurz eingegangen wird).

Ein weiterer Vorteil von Client/Server-Architekturen liegt in den Clients. Moderne PCs sind selbst sehr leistungsfähige Rechner. Sie können weit mehr, als nur einen Bildschirmaufbau präsentieren. Sie verfügen über Hauptspeicher, eigene Plattenspeicher und meist auch über entsprechende Graphikkarten, welche professionelle graphische Oberflächen und den Einsatz aufwendiger graphischer Applikationen (CAD) ermöglichen. Daher verschiebt sich im Client/Server-Bereich die Verteilung von Daten-, Applikations- und Kommunikationsintelligenz. Eine voll Client/Server fähige Anwendung nutzt die Möglichkeiten des Clients.

Die Kommunikationsintelligenz in einem solchen System ist komplett verteilt. Die Clients besitzen eigene Kommunikationssoftware (genannt Protocolstack), die als gleichberechtigter Partner mit dem jeweiligen Server kommuniziert. Es gibt keine Zentraleinheit, welche die Verständigung zwischen den einzelnen Komponenten hierarchisch kontrolliert.

Inwieweit die Applikationsintelligenz verteilt ist, liegt in ihrer Programmierung begründet. Manche Applikationen benutzen nur die graphischen Fähigkeiten eines PC-Arbeitsplatzes, andere Anwendungen (zum Beispiel aus dem Bereich der Bürokommunikation) integrieren Standard-PC-Programme (zum Beispiel das Office-Paket von Microsoft) und binden diese Programme in ihre eigene Applikations- und Datenstruktur mit ein. Die Bearbeitung der Daten erfolgt mit lokal auf dem PC laufenden Werkzeugen, wodurch Netzwerk und Server weniger belastet werden. Durch die lokale Bearbeitung von Daten (vom Server kopiert und nach der Bearbeitung wieder zurückgespeichert) werden die Server entlastet. Die Kontrolle über den Datenzugriff obliegt aber immer noch den Datenbankinstanzen auf dem Server. Man kann daher von einer Entlastung der Server durch die Clients sprechen (nicht von einer verteilten Datenintelligenz). Wie Client/Server-Applikationen im Idealfall arbeiten, ist im Kapitel (5.3.1) genauer erläutert.

Vorteile von Client/Server-Systemen:

1. Skalierbarkeit des Rechnersystems. Bei größerer Beanspruchung können weitere Server in das System eingebunden werden (sofern die jeweiligen Applikationen eine unkomplizierte Integration weiterer Rechner zulassen).

2. Fehlertoleranz des Systems. Sollte einer der Server ausfallen, können seine Aufgaben teilweise von anderen wahrgenommen werden. Auch wenn die Applikationen nicht portabel sind, vermögen Anwender, die mit den restlichen Servern verbunden sind, weiterzuarbeiten. In Mainframe-Systemen

bedeutet der Ausfall des Mainframes immer eine Unverfügbarkeit der gesamten elektronischen Datenverarbeitung. Sollte das Client/Server-System jedoch nur einen Server besitzen, besteht das Problem auch dort.

3. Anpassung des Rechnersystems an die Organisationsstruktur des Betriebs. Wächst eine Abteilung sehr schnell oder verschieben sich Aufgaben zwischen den Abteilungen, können Abteilungsserver individuell aufgerüstet werden. Das wiederum erfordert, daß in den Fachabteilungen Administratoren eingesetzt werden müssen, die den Server für ihre Abteilung betreuen.

4. Herstellerunabhängigkeit. Dieses Argument ist mit Vorsicht zu behandeln. Durch Quasistandards ist es zwar möglich, Rechner verschiedener Hersteller in einem Netz zu einem System zusammenzufassen, jedoch erweist sich Software oftmals inkompatibel mit den Softwarestandards anderer Hersteller, so daß hier eine eingehende Prüfung vorangehen muß.

5. Lastverteilung. Durch den Einsatz mehrerer Rechner verteilt sich die Rechenlast und ein einzelner Mainframe wird nicht zum Flaschenhals, da sich alle Anwender mit ihren Terminals zu ihm verbinden müssen.

Die Nachteile der Client/Server-Systeme

1. Extrem hoher Planungsaufwand. Um die Vorteile von Client/Server-Systemen effektiv zu nutzen, muß die Software sorgfältig ausgewählt werden. Eine Software, die nur auf einem Server installiert wurde und nicht von mehreren Rechnern gesteuert werden kann, ist nicht fehlertolerant. Beim Ausfall des Servers können die Benutzer nicht auf andere Rechner ausweichen; sprich: Diesbezüglich wird gegenüber den Mainframesystemen nichts gewonnen. Bei der Konfiguration der Server ist ebenfalls auf Skalierbarkeit zu achten.

2. Hohe Netzlast. Wie oben schon angedeutet, werden weit mehr Daten im Netz übertragen, als bei klassischen Host-Systemen. Allein die "Verwaltungsinformation" stellt eine nicht zu unterschätzende Netzlast dar, da in manchen Fällen die Server untereinander immer wieder prüfen, ob ihre Kommunikationspartner noch verfügbar oder eventuell ausgefallen sind. Gerade bei verteilten Applikationen, bei denen die Server auf demselben Datenstand zu halten sind, entsteht eine sehr hohe Netzbelastung. Diese Netzlast ist bereits im Vorfeld zu eruieren und das Netz dann entsprechend zu planen.

3. Erhöhter Verwaltungsaufwand. Ein Systemadministrator ist nicht mehr Verwalter eines Rechners. Ein Client/Server-System ist keine Ansammlung mehrerer Rechner, sondern ein Gesamtsystem und daher als Einheit zu betrachten. Der Systemverantwortliche für ein solches Systems ist daher auch Applikations- und Netzwerkadministrator. Dies erfordert eine Aufstockung der EDV-Mannschaft.

Ein Client/Server-System ist ein Typus eines verteilten Systems. Auf verteilte Systeme als solche wird im folgenden noch eingegangen. Client/Server ist allerdings die Form eines verteilten Systems, die sich am meisten durchgesetzt hat.

5.1.4 Downsizing - Rightsizing - Upsizing .... Wrongsizing ?

Kaum wurden die ersten Client/Server-Installationen durchgeführt, bemerkten die Unternehmensberater und die ausführenden Firmen, daß Client/Server nicht das allein seeligmachende Konzept ist. Den Vorgang, die großen Mainframes durch mehrere über ein Netzwerk verbundene Server abzulösen, bezeichnet man im Fachjargon als **Downsizing**. Leider mußte man feststellen, daß die Number-Cruncher (engl. = "Zahlenzermahler"; da Mainframes darauf ausgelegt waren, in sehr kurzer Zeit sehr viele Berechnungen auf große Datenmengen durchzuführen und komplexe Berechnungen in einfache Operationen zu zerlegen) durchaus ihre Daseinsberechtigung hatten. Bei datenintensiven Anwendungen mit hoher Interaktion der Anwender sind Client/Server-Architekturen überlegen. Auch wenn es darum geht, komplexere Datenbankoperationen auszuführen, mag ein *Zusammenschluß* mehrerer kostengünstiger Server preisgünstiger und effektiver sein, als ein einzelner Mainframe. Geht es jedoch um rechenintensive Operationen und viele Einzeldaten, erweisen sich große Mainframes als leistungsstärker.

In manchen Fällen waren die eingeführten Server in ihrer Ausstattung und Anzahl der Situation durchaus gewachsen, allerdings hatte man den immensen Datenverkehr auf dem Netz unterschätzt, so daß die Netze unter der Datenlast beinahe zusammenbrachen und das Gesamtsystem dadurch nicht mehr effektiv arbeitete.

Nach diesen Erfahrungen wurde anfangs der 90er Jahre das Schlagwort **Rightsizing** kreiert, was für die optimale Anpassung der Rechnerumgebung an die Bedürfnisse des Unternehmens oder der Institution steht. Das bedeutet, daß manche Bereiche des Unternehmens eher aufgerüstet, Datenleitungen teilweise ausgetauscht und die "alten Mainframes" in das Netz integriert werden müssen. Schließlich besteht der Vorteil von Client/Server in der Möglichkeit, heterogene Umgebungen zu realisieren. Mittels genormten Protokollen und entsprechenden Schnittstellenprogrammen können, verschiedenste Rechnerarchitekturen in einem System zusammengefaßt werden. Daher ist es möglich, die Mainframes in das System einzugliedern und Software, die sich nur schwer auf die neuen Serverarchitekturen portieren läßt, auf den Mainframes zu belassen.

Durch die heterogene Umgebung läßt sich noch eine andere Aufgabe realisieren, nämlich die Integration einzelner PC-Netze und wildgewachsener Insellösungen in das System. Diese Anbindung bisher eigenständiger Teillösungen in das Gesamtkonzept bezeichnet man als **Upsizing**.

Es gibt kein Patentrezept für Client/Server-Konfigurationen. Das ist auch ein Vorteil, denn für fast jedes Unternehmen existiert eine *EIGENE* Lösung. Der einzige Weg, der zu dieser Lösung führt, besteht aus einer sorgfältigen Planung.

Mit Client/Server ist nicht das Ende der Entwicklung der Rechnersysteme erreicht. Die "Eierlegende Wollmilchsau" wurde damit auch nicht erfunden. Auch wenn es sich jetzt um ein heiß diskutiertes Thema handelt, zeichnen sich bereits wieder neue Entwicklungen am Horizont ab. Auf diese neuen Aspekte soll erst am Ende dieses Buches ein Ausblick gegeben werden, da ein Gesamtverständnis des Themenkreises LAN erforderlich ist.

5.2 Das Netzwerk als verteiltes System

Nach einem Vorüberblick aus historischer Sicht geht es nun darum, die verteilten Systeme genauer kennenzulernen. Das Client/Server-Modell als Vertreter der verteilten Systeme und die Entwicklungen, die zu dieser Architektur führten, wurden bereits vorgestellt. Die Ziele und Eigenschaften verteilter Systeme sollen nun aber allgemein definiert werden. Sie sind in [CoDoKi94] auch unter dem Aspekt der Parallelverarbeitung ausführlich erläutert und zeigen faszinierende Ansätze auf. Jedem, der tiefer in die Materie einsteigen möchte, sei [CoDoKi94] empfohlen.

5.2.1 Eigenschaften und Ziele verteilter Systeme

5.2.1.1 Transparenz

Transparenz bedeutet, daß alle Rechner im LAN und alle Dienste die sie verfügbar halten, sich als *EIN* System und nicht als ein Sammelsurium aus Einzelgeräten mit verschiedenen Netzwerkadressen darstellen. Für den Benutzer bedeutet dies, daß er auf Programme, Daten und Geräte im Netz zugreift, ohne daß er wissen muß, auf welchen Rechnern sich diese Dienste befinden. Sie sind für ihn einfach vorhanden (**Ortstransparenz**). Dieser Zugriff erfolgt über EINE Schnittstelle, beispielsweise die Netzwerksoftware, ohne daß der Anwender sich darum kümmern muß, wie diese konfiguriert ist (**Zugriffstransparenz**).

Doch dies genügt noch nicht. Der Zugriff mehrerer Anwender auf gemeinsame Dienste muß so geregelt sein, daß es für die Benutzer zu keinen Störungen kommt (**gleichzeitige Transparenz**). Da es beim gleichzeitigen Zugriff verschiedener Anwender auf dieselbe Datei zu zeitlichen Verzögerungen kommen kann, ist es unter Umständen ratsam, Kopien dieser Dateien anzulegen. Die Anwender greifen dann auf verschiedene Kopien derselben Datei zu, wobei die Kopien wiederum auf verschiedenen Servern liegen. Dadurch steigt auch die Ausfallsicherheit. Geht der Server mit der Originaldatei vom Netz, kann auf den Kopien weitergearbeitet werden, ohne daß der Anwender davon etwas bemerkt. Dieses "Verstecken" von Fehlern durch redundante Auslegung von Hard- und Software bezeichnet man auch als **Fehlertransparenz**.

Eine weitere extrem wichtige Form der Transparenz ist die **Migrationstransparenz**. Geht der Plattenplatz auf einem der Server zu Ende, muß es für den Systemverwalter möglich sein, Dateien oder Programme auf einen anderen Server auszulagern, ohne daß sich für den Benutzer etwas ändert. Man stelle sich vor, aus Platzgründen muß eine Datei mit Preisdaten auf einen anderen, weniger ausgelasteten Server ausgelagert werden und die PCs aller Anwender, die Preisdaten benötigen, müßten umkonfiguriert werden.

Die Migrationstransparenz stellt damit eine Erweiterung der Ortstransparenz dar. Nicht nur nachdem festgelegt wurde, welcher Server welche Dienste zur Verfügung stellt, muß der Benutzer transparent auf sie zugreifen können, sondern auch, wenn sich die Lokation verschiebt. Das bedeutet, daß im System eine Software implementiert ist, die den Namen eines Dienstes von dem Gerät, das ihn bereitstellt, entkoppelt. Über die Bezeichnung des Dienstes muß dieser im gesamten Netzwerk zugreifbar sein, ganz gleich, welcher Rechner im Netz ihn zur Verfügung stellt.

Bisher wurde die Benutzerseite betrachtet. Aber welche Anforderungen an die Transparenz stellen Systemverwalter und Programmierer? Für den Systemverwalter ist sicherlich die schon erwähnte Fehlertransparenz von Bedeutung. Ein modernes System muß sich aber auch konfigurieren lassen, ohne daß der Betrieb dadurch zum Erliegen kommt. Sprich: Hardwarekomponenten (neue Drucker, Festplatten usw.) müssen integrierbar sein, ohne daß das ganze System lahmgelegt wird. Wurde in einem zentralen Mainframesystem der Hauptspeicher erweitert, mußte der Mainframe abgeschaltet werden und der Betrieb lag für diese Dauer still. Auch ein Server, dessen Hauptspeicher erweitert wird, muß "heruntergefahren" werden, aber erstens laufen andere Server weiter (und stellen ihre Dienste weiterhin zur Verfügung) und zweitens wird von einem verteilten System erwartet, daß andere Rechner im Netzwerk in der Lage sind, zumindest die wichtigsten Dienste des abzuschaltenden Rechners für die Dauer der Reparatur zu übernehmen. Dies führt im Idealfall zu einem ungestörten Betrieb oder zumindest ist ein eingeschränkter Betrieb mit den wichtigsten Systemfunktionen möglich. Die Datenverarbeitung kommt nicht zum erliegen. Ziel der Transparenz ist eine flexible Konfiguration des Gesamtsystems.

Für Programmierer stellt ein transparentes System aber noch weitere Möglichkeiten zur Verfügung. Man unterscheidet zwischen dem System- und dem Anwendungsprogrammierer. Anwendungsprogramme sind Programme, mit denen die Benutzer ihre Arbeit verrichten (Textverarbeitung, Kalkulationen, Buchungsprogramme etc.). Systemprogramme oder Systemsoftware sind Routinen, die das System an sich, die Netzwerkkommunikation, das Verhalten der einzelnen Rechner und die Konfiguration der bereitgestellten Dienste beeinflussen.

Da die Systemsoftware bereits Schnittstellen und Kommunikationsroutinen enthält, muß der Anwendungsprogrammierer keine neuen Routinen für seine Anwendungen schreiben, damit diese bereits vorhandene Dienste nutzen können. Wenn er die Schnittstellen der Systemsoftware verwendet, kann er seine Programme problemlos integrieren.

Ähnlich stellt es sich für den Systemprogrammierer dar. Ein voll transparentes System ist ein **offenes System (open system)**. Neue Dienste und Anforderungen können implementiert werden, ohne die Systemsoftware ändern oder neu starten zu müssen. Sofern sich Hersteller an Standards halten, ist es möglich, die Soft- und Hardware verschiedener Hersteller in das bereits vorhandene Rechensystem zu integrieren. Dies erfordert einen modularen Aufbau der Systemsoftware. So daß Teile der Software austauschbar sind, ohne das System als Gesamtheit zu beeinflussen.

Transparenz muß nicht durchgängig sein. Es kann vorkommen, daß nur einige Applikationen die Tatsache verstecken, daß es sich um ein Multirechner-System handelt (z.B. Mailing). Das System ist nur dann transparent, wenn diese Applikationen verwendet werden. Andere Dienste können dennoch erfordern, daß sich der Anwender explizit zu einem Server verbindet, da diese Dienstfunktionen nicht voll in das System integriert oder zur Systemsoftware inkompatibel sind. Die Tatsache, daß man ein verteiltes System aus mehreren Rechnern besitzt, bedeutet nicht, daß auch alle Formen der Transparenz realisiert sind.

5.2.1.2 Separation

Transparenz ist ohne Separation nicht möglich. Dies klingt unlogisch, denn es bedeutet, daß durch die Trennung (Separation) der einzelnen Rechner EIN System entsteht.
Separation steht für die Eigenständigkeit der einzelnen Komponenten des Systems. Die einzelnen Knoten sind voneinander unabhängig und können ihre Programme und Prozesse asynchron ausführen. Das bedeutet, daß ein Programm oder ein Prozeß unabhängig von anderen Prozessen im System abläuft und keine Einheit im Netz den Ablauf von Programmen koordiniert oder synchronisiert. Dies sei an einem Beispiel mit Abbildung erläutert.

Beispiel 5.1:
Ein Programm 1 auf Server 1 benötigt die Information I, die ein Programm 2 auf Server 2 liefert. Programm 1 (Prog-1) läuft im Hauptspeicher von Server 1 (S-1) und Programm 2 (Prog-2) läuft eigenständig im Hauptspeicher von Server 2 (S-2).

Schritt 1:
Prog-1 gelangt in seinem Ablauf an eine Stelle, an der die Information I benötigt wird. Da Prog-1 nicht weiß, wo Information I zu holen ist, wird über eine Schnittstelle die entsprechende Systemroutine der Systemsoftware aufgerufen. Diese ermittelt über Systemtabellen, von welchem Server der Dienst (Liefere I) bereitgestellt wird. Die Sytemsoftware fragt nun den Dienst (Liefere I) bei S-2 an. Dies zeigt Bild 5.4 .

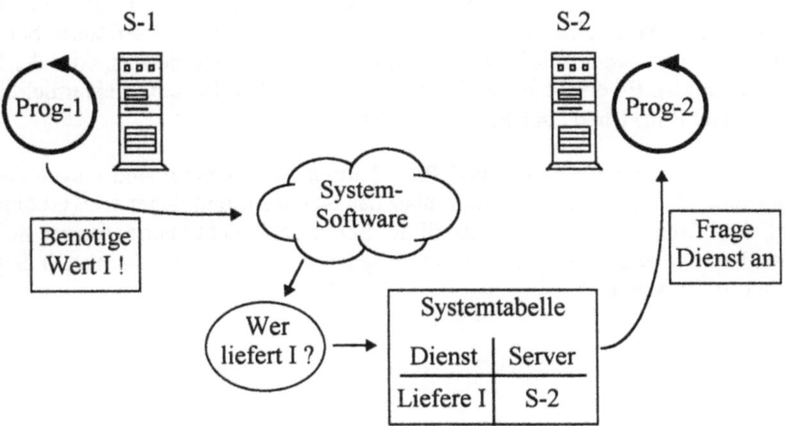

Bild 5.4: Separation - Dienstanfrage

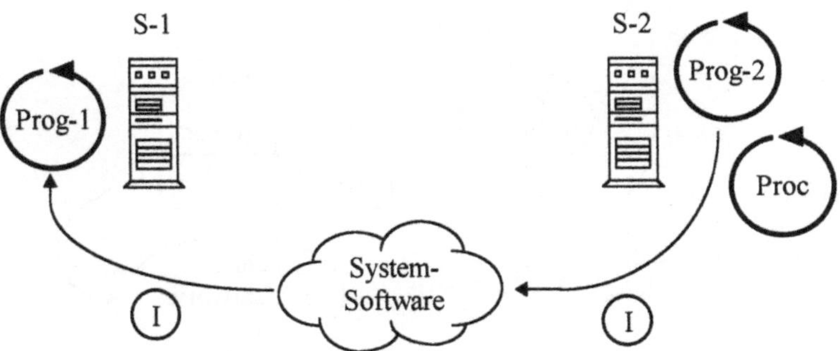

Bild 5.5: Separation - Dienstvermittlung

Schritt 2:
Sollte Prog-2 noch nicht laufen, würde es nun gestartet. Sollte es bereits laufen, so wird nun ein Prozeß (Proc) auf S-2 gestartet, der den Wert I von Prog-2 übernimmt und an die anfragende Routine der Systemsoftware übergibt. Diese reicht über die Schnittstelle von Prog-1 mit der Systemsoftware den Wert I an das Prog-1 weiter, welches nun weiterlaufen kann (siehe Abbildung 5.5)

Es mag sehr kompliziert erscheinen, aber wie verhält sich die Situation beim Ausfall von Server 2? Die Systemsoftware wird bemerken, daß S-2, welcher den Dienst anbietet, nicht erreichbar ist und daher eine Fehlerroutine auslösen, die über eine definierte Schnittstelle den Fehler an Prog-1 weiterreicht. Wenn Prog-1 sauber programmiert ist, wird der Fehler in Prog-1 abgefangen. Es erscheint am Bildschirm beispielsweise eine Fehlermeldung, aber die Anwendung Prog-1 und auch Server 1 laufen weiter.

Würden beide Programme Prog-1 und Prog-2 ihren Ablauf miteinander synchronisieren, hätte dies eine häufige Kommunikation über das Netzwerk und daher eine erhöhte Datenlast zur Folge. Außerdem wäre der Ausfall des Servers S-2 nicht über definierte Schnittstellen abfangbar. Die Nichtverfügbarkeit von Programm Prog-2 würde dann auch den Ausfall von Prog-1 verursachen.

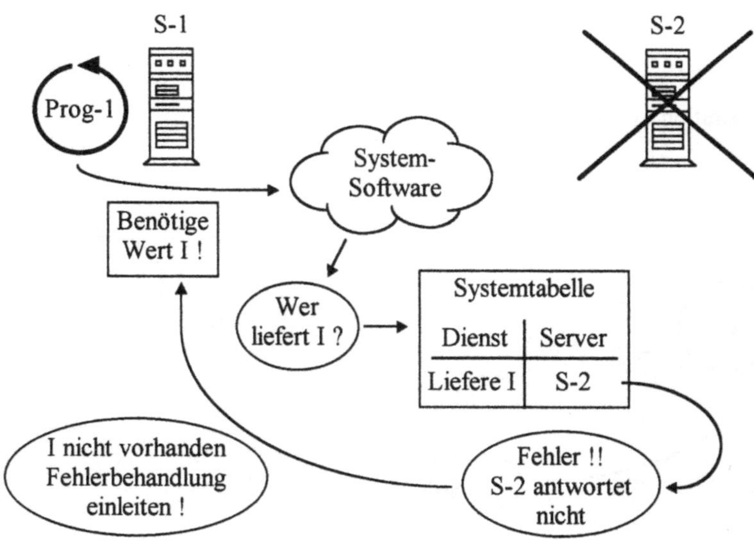

Bild 5.6: Fehlerverhalten beim Ausfall von S-2

Die Kommunikation muß nicht, wie im obigen Beispiel, über Systemtabellen erfolgen. Server S-1 könnte auch mittels seiner Netzwerksoftware direkt eine Anfrage in das Netz stellen: "Wer kann mir den Wert I liefern?" Server 2 könnte entsprechend antworten, ohne daß der Umweg über eine Systemtabelle genommen werden müßte, die den Namen des Dienstes mit dem Server, der ihn bereitstellt, verbindet. Die Methoden sind von Netzwerksoftware zu Netzwerksoftware verschieden. Wie "Anfragen" an das Netzwerk gestellt werden, ist Thema von Kapitel 6. Es stellt sich auch die Frage: "Wo liegt eigentlich die als obskure Wolke dargestellte Systemsoftware?" Da es sich hier um verteilte Systeme handelt und die Systemsoftware die Kommunikationsintelligenz beinhaltet, lautet die Antwort: "Sie liegt über alle Server im Netz verteilt". Wie man sich das genau vorzustellen hat und welche Anforderungen an ein Netzwerkbetriebssystem (schönes Wort) gestellt werden, soll in Kapitel 7.2.4 behandelt werden.

Um die Bedeutung der Separation weiter herauszustellen, soll als weiteres Beispiel die Umsetzung der Migrationstransparenz mittels der Separation erklärt werden.

Beispiel 5.2:

Schritt1:
Wie im vorhergehenden Beispiel, existierte das Programm Prog-1 auf Server S-1. Es hat sich nun gezeigt, daß Server S-2 überlastet ist. Um den Server zu entlasten, hat der Systemverwalter beschlossen, den oft angeforderten Dienst "Liefere Wert I", auf den wenig frequentierten Server S-3 auszulagern. Das Programm Prog-2 wird daher auf den Server S-3 kopiert und dort eingebunden.

Schritt 1:

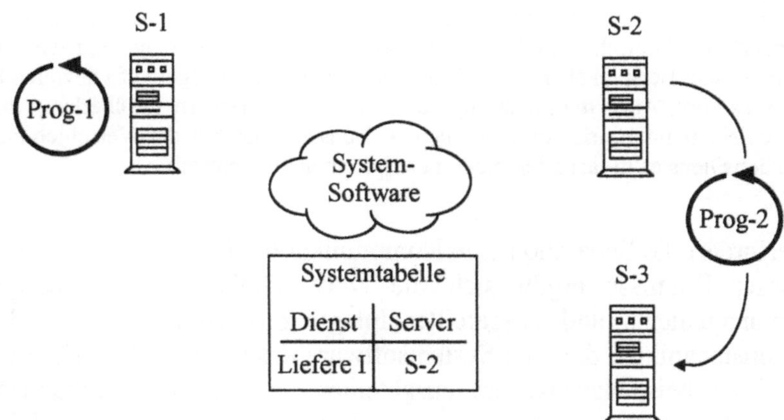

Schritt 2:

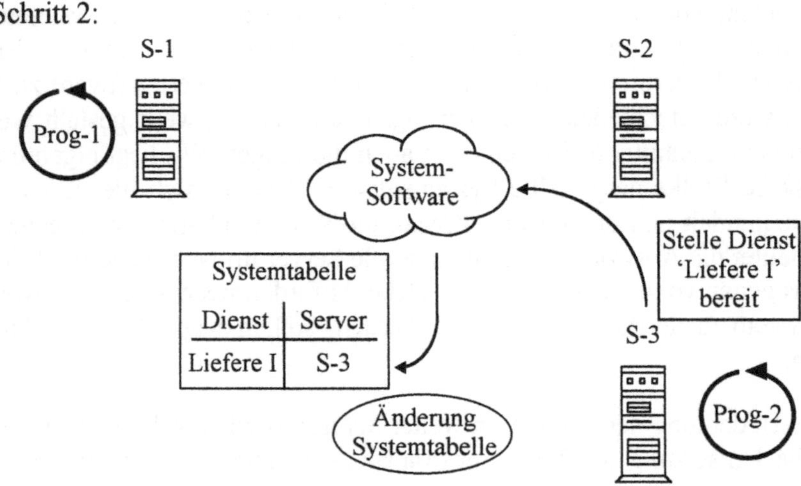

Bild 5.7: Ermöglichung der Migrationstransparenz durch Separation

Schritt2:
Die auf Server S-3 laufende Systemsoftware meldet sich nun im Netz mit der Nachricht:
"Der Dienst - Liefere I - wird nun von mir angeboten". Daraufhin wird die Systemtabelle
(eine Kopie könnte beispielsweise auf jedem Rechner liegen) geändert und als "Lieferant"
von I wird nun S-3 eingetragen. Benötigt Prog-1 nun den Wert I, wird über die Systemtabelle automatisch der Server S-3 gefunden.

Wären S-1 und S-2 keine separaten Rechner, sondern würden Prog-1 und Prog-2 direkt
miteinander kommunizieren, wäre ein "Umzug" von Prog-2 auf den Rechner S-3 nicht
möglich, ohne Prog-1 umzuschreiben, denn S-3 müßte in Prog-1 direkt adressiert, Prog-1
also geändert, neu kompiliert und auf alle Rechner, auf denen es eingesetzt wird, kopiert
werden. In diesem Beispiel aber bedarf Prog-1 keiner Änderung, egal auf wievielen Knoten
im System es läuft. Auch die Änderung der Systemtabelle (sofern sie überhaupt benötigt
wird) geschieht beim Einrichten eines neuen Dienstes oder bei der Verschiebung eines
existierenden Dienstes in fast allen modernen Systemen automatisch.

Daher erfordert die Separation eine Kommunikation der Knoten untereinander.
Aus dieser Prämisse ergibt sich die Notwendigkeit eines konsequenten
Systemmanagements und ausgefeilter Integrationstechniken. Es sind diese
Integrationstechniken, die eine Systemsoftware ausmachen. Sicherlich ist aufgefallen, daß beispielsweise ein ausgefeilter Mechanismus vorhanden sein
muß, der allen Knoten im Netz über den Namen eines Dienstes ("Liefere I")
den richtigen Dienst auf dem richtigen Rechner zuweist.

Durch Separation wird ermöglicht:

1. Systemteile können ausfallen, ohne daß das gesamte System darunter leidet.

2. Da die Bausteine der Systemsoftware zwar miteinander kommunizieren, einzelne Dienste und Applikationen auf den Rechnern aber unabhängig voneinander laufen, können Dienste und der Zugriff auf Hardwareeinheiten gezielt abgesichert werden.

3. Die Spezialisierung und Ausweitung des Systems durch Addition oder Subtraktion von Komponenten ist möglich. Reicht in einer Abteilung ein Drucker nicht mehr aus und wird ein Plotter benötigt, kann dieser an den Server der Abteilung angeschlossen und in das Netz eingebunden werden (oder er ist nur für einige Anwender zugänglich - Isolationstechnik).

4. Das parallele Arbeiten wird unterstützt. Dies ist NICHT Thema dieses Buches. Allerdings soll kurz erwähnt werden, daß ein verteiltes System das Potential besitzt, einzelne Prozesse desselben Programmes können auf unterschiedlichen Rechnern gleichzeitig ablaufen zu lassen. Dadurch wird die ganze Anwendung schneller, als wenn alle Prozesse nacheinander auf demselben System abgearbeitet werden müßten. Wer Interesse an diesem Thema findet, der sei auf [Nehmer85] oder [Ragsda92] und [Bräunl93] verwiesen. In diesen Büchern wird das Thema ausführlich erläutert.

Aufgrund der Separation könnte man Transparenz auch so definieren: "Transparenz ist die Eigenschaft, die den einzelnen Benutzer die Separation nicht bemerken läßt, sondern ihm das Gefühl gibt, auf einem zusammenhängenden System zu arbeiten".

Transparenz und Separation bieten natürlich nicht nur Vorteile, sondern haben durchaus ihre Tücken. Eine davon ist die Abhängigkeit von der Verläßlichkeit des Netzwerks. Fehler und Überlastung des lokalen Netzwerks können dazu führen, daß die Verbindung zu einem Anwender unterbrochen wird oder die Antwortzeiten inakzeptable Längen erreichen. Durch die Separation stehen verschiedene Methoden der Zugriffseinschränkung zur Verfügung. Diese sind jedoch sehr viel verzweigter und unübersichtlicher, als es auf zentralen Systemen der Fall ist. Um Erweiterbarkeit zu erreichen, sind viele der Schnittstellen für Benutzer zugänglich. Eine solche offene Architektur ist für Systementwickler attraktiv, aber einige der Dienste müssen gegen unsachgemäßen Gebrauch geschützt werden.

Ein weiterer Nachteil ist vielleicht nicht so offensichtlich. In einem herkömmlichen Großrechnersystem stehen dem Betriebssystem alle Prozessoren- und Speicherressourcen in jeder gerade benötigten Konstellation zur Verfügung. Dagegen begrenzen in einem verteilten Netzwerk die Kapazitäten des Knotens, der eine Aufgabe gerade ausführt deren Größe.

Nur wenn eine Anwendung parallel konzipiert wurde, können auch weniger stark belastete Knoten im Netz zusätzlich genutzt werden, indem an der jeweiligen Aufgabe beteiligte Prozesse auf diese Rechner ausgelagert werden. Daher ist die Leistungsfähigkeit aller Komponenten sorgfältig zu planen. Wieder einmal gilt die Regel: "Wer die Vorteile verteilter Systeme nutzen will, muß sorgfältig planen."

Hierzu ein Beispiel aus der Praxis. Die Aufgabe bestand darin ein Update einer Bürokommunikation durchzuführen. Davon waren etwa 120 Endarbeitsplätze und die Datenbank auf dem Server betroffen. Gleichzeitig waren die Server neu zu dimensionieren, da sie an der Grenze ihrer Auslastung angelangt waren. Die Server waren entsprechend sorgfältig geplant und die Migration aller Daten lief nach Plan. Als das System erneut anstartete, häuften sich die Fehlermeldungen auf seiten der Anwender. Die Clients (Standard PCs mit 8 MB Hauptspeicher) brachten immer häufiger Fehler und stürzten ab. Es stellte sich heraus, daß der Client-Teil der Bürokommunikation zwar für 8 MB-Rechner freigegeben war, alle Entwickler der Bürokommunikation jedoch 12 MB als ein Minimum ansahen und sogar zu 16 MB rieten. Die Kapazität des Clients (8 MB RAM) war der Anforderung der Aufgabe nicht gewachsen.

5.2.1.3 Konsistenz

Die Bedeutung des Wortes Konsistenz ist eigentlich Beständigkeit oder Zusammenhang. Auf ein verteiltes System angewandt bedeutet dies, daß das Verhalten des Systems in sich stabil bleibt.

Sollte in einem Computersystem eine Inkonsistenz durch das Versagen von Soft- oder Hardwarekomponenten auftreten, kann es vorkommen, daß ein zentralisiertes System nicht mehr zugreifbar wird oder mit einem Fehler abbricht und alle laufenden Programme stoppt. Man spricht dann von einem Systemcrash. In einem verteilten System muß dies nicht der Fall sein. Wenn mehrere Rechner an der Bearbeitung einer Aufgabe beteiligt sind und einer davon ausfällt, ist das nur ein partieller Fehler, da die anderen Rechner die Aufgabe immer noch erfolgreich beenden können. Sie sind also vom Versagen eines beteiligten Rechners "unabhängig". Dies muß beim Entwurf aller Formen verteilter Systeme berücksichtigt werden. Folgendes Beispiel soll das verdeutlichen:

Beispiel 5.3:
Angenommen, ein Datenbank-Server hat einen Systemcrash, allerdings werden seine Daten als Kopie auf einem anderen Rechner gehalten. Die Anwender arbeiten nun auf der Kopie weiter und verändern die Daten. Wird der ausgefallene Rechner später wieder ans Netz genommen, darf er seine Rolle als Datenbank-Server NICHT ausüben, denn er würde den Anwendern seinen Datenstand als Datenbank präsentieren. Seine lokale Datenbank hat allerdings den Status vom Zeitpunkt des Systemabsturzes. Da aber auf den Kopien weitergearbeitet wurde, sind diese die aktuellen Daten. Der Server kann diese Änderungen noch nicht in seinem Datenbestand haben. Bietet er nun wieder den Dienst "Datenbank" an, sehen alle Anwender die Daten, die zum Zeitpunkt des Absturzes vorhanden waren. Ihre Änderungen sind verschwunden. Bevor ein solcher Rechner wieder zum Datenbank-Server wird, muß er sich zuerst den aktuellen Datenstand kopieren. Auf derartige Konstellationen muß ein Systemverwalter Rücksicht nehmen.

Dieses Beispiel führt zur sogenannten Datenkonsistenz. Es muß festgelegt sein, daß die Datenbankabfragen auf gemeinsame Datenbereiche in fester Sequenz stattfinden. Es gibt zwei kritische Situationen.

Der erste Fall entsteht, wenn mehrere, unabhängige Prozesse auf denselben Datenbestand zugreifen. Dies muß sequentiell erfolgen. Beginnt ein Prozeß Daten zu schreiben, während ein anderer seine Operation auf dieselben noch nicht abgeschlossen hat, wird er die Änderungen dieses Prozesses überschreiben. Das darf nicht vorkommen. Um derartiges zu verhindern, sperrt (engl. = to lock) der Prozeß, der als erster den Zugriff auf die Daten bekommt, den Datensatz. Jedem anderen Prozeß wird der Zugriff verweigert. Erst wenn Prozeß A die Daten wieder freigibt (die *Sperre* aufhebt), darf Prozeß B seine Transaktion ausführen.

Der zweite Fall tritt auf, wenn der Rechner (beispielsweise ein Client-PC), der den Lock der Datensätze veranlaßt hat, mitten in der Transaktion abstürzt. Der Prozeß wird dann den Datensatz nie wieder freigeben. Es ist die Aufgabe moderner Datenbank-Systeme, solche Probleme zu "beheben", welche der Einsatz verteilter Systeme mit sich gebracht hat.

Es gibt noch andere Beispiele für Inkonsistenzen, die in einem verteilten System auftreten, hier aber nicht alle aufgeführt werden können. Die vorstehend gegebenen Beispiele sollten aber das Verständnis für die Komplexität der

Zusammenhänge schärfen und zu Bewußtsein bringen, daß die Problemfelder und die mit einzubeziehenden Faktoren weitaus komplizierter sind, als dies bei hierarchischen Systemen der Fall ist.

5.2.2 Architekturen verteilter Systeme

Was wird durch ein Architekturmodell beschrieben? Die hauptsächliche Hard- und Softwarekomponenten sowie die einzelnen Module und deren Beziehungen zueinander. Wichtig für die Definition einer Architektur drei Fragen:

1. Welche Computertypen werden verwendet ?
2. Wo sind diese Computer im Netz lokalisiert ?
3. Wo werden Systemprogramme und Applikationen ausgeführt ?

Diese Modelle basieren auf dem Gebrauch modularer, verteilter Systemsoftware. Dabei ist zu erwähnen, daß die Entwicklung solcher Software sehr von den Errungenschaften des Software-Engineering profitiert hat (Modularität, Schichtung und Datenabstraktion). Diese Notationen helfen, die Systemsoftware für ein verteiltes System zu strukturieren. Welche Anforderungen an die Systemsoftware solcher Systeme gestellt werden, ist in Kapitel 7.3 beschrieben. In [CouDol88] wurde bereits eine Typisierung verteilter Architekturen vorgenommen. Eine dieser Architekturen ist das bereits in Kapitel 5.1.3 vorgestellte Client/Server-Modell. Es wird daher hier nicht mehr umrissen, ihm wurde der nächste Abschnitt 5.3 komplett gewidmet. Das bei [CoDoKi94] ausführlich diskutierte Poolprozessor-Modell wird nur kurz und der Vollständigkeit halber erwähnt. Es ist in der Praxis nicht weit verbreitet. Das Ziel soll sein, daß der Leser SEIN System oder seine Vorstellungen davon in diesem Buch und in den Architekturen wieder erkennt.

5.2.2.1 Das integrierte Modell

Dieses Modell bezeichnet die Integration traditionell gewachsener Host- und Mainframe-Systeme in eine Client/Server-Umgebung. Mini-Computer kommunizieren mit modernen Servern, Terminals werden via Terminalserver in das Netz eingebunden und können die Dienste der Server nutzen, indem sie sich entweder über ein entsprechendes Protokoll direkt mit ihnen verbinden, oder aber der Mainframe, der wiederum mit dem Server in enger Verbindung steht, dem Terminal die Dienste des Servers anbietet. Der Host dient dann als "Vermittler".

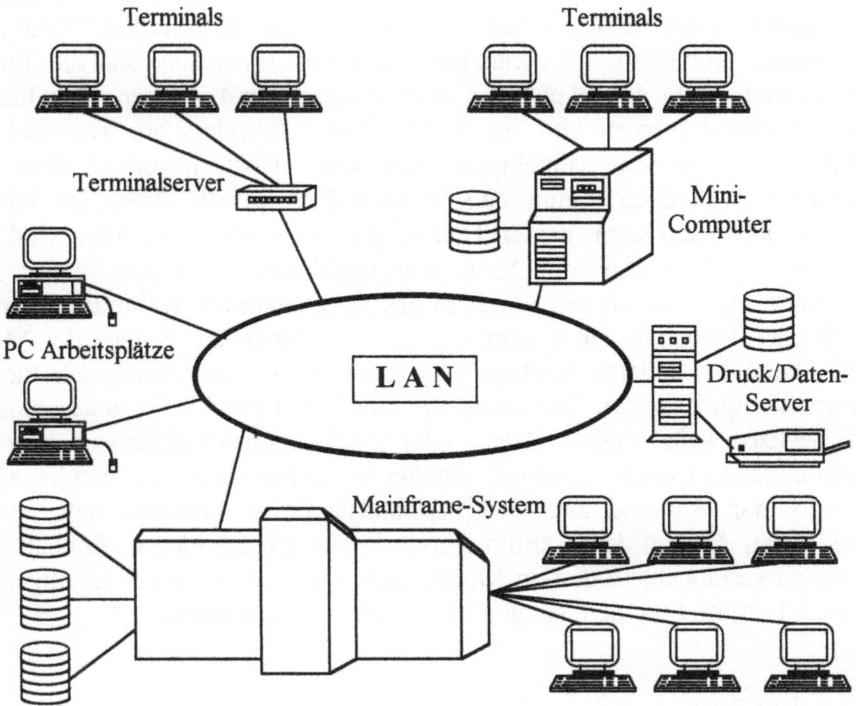

Bild 5.9: Integriertes Modell

Auf jedem Computer - Server oder Minicomputer - läuft ein kompletter Satz an Standardsoftware und er behält auch im Zugriff auf seine Programme seine autonome Position. Dateinamen sind global definiert, so daß die lokalen Programme, gleich auf welchem Rechner sie laufen, auf die Daten Zugriff haben; der Mainframe auf die Daten des Servers, ein Server auf die Daten des Mainframes und ein Client auf die Daten von beiden. Dies erfordert eine Systemsoftware, die von allen Rechnertypen unterstützt wird, ein gemeinsames Protokoll oder zumindest transparente Schnittstellen zwischen den Protokollen. Der Vorteil gegenüber dem reinen Client/Server-Modell besteht in der Applikations-Kompatibilität. Die Software zentralisierter Systeme kann ohne große Veränderungen verwendet werden. Müßten diese historisch gewachsenen Mainframe-Applikationen auf Client/Server-Systeme umgesetzt werden, wäre, allein um die graphische Präsentation zu realisieren, ein kompletter Neuentwurf erforderlich. Die Abbildung 5.9 erläutert das Modell.

Doch wie steht es um Applikations- Kommunikations- und Datenintelligenz? Diese sind in einem solchen System nicht mehr exakt lokalisierbar. Wenn man noch einmal Abbildung 5.9 heranzieht, wird man feststellen, daß die Terminals, welche direkt am Mainframe angeschlossen sind, immer noch hierarchisch gesteuert werden und aus Sicht eines Anwenders am Terminal die Daten- und Applikationsintelligenz auf dem Host liegen. Sofern die Systemsoftware jedoch erlaubt, daß der Host auch auf die Daten des Servers zugreifen kann und sogar dessen Dienste ganz oder teilweise nutzt, sind aus der Sicht des Mainframes die Daten- und Applikationsintelligenz verteilt. Der Mainframe selbst ist wie ein Server in das Netz integriert, während die angeschlossenen Terminals ein hierarchisches Netz darstellen. Sofern der Mainframe Daten der anderen Rechner verwenden kann, sind diese auch für die Terminals zugreifbar. Die Terminals, die mittels Terminalserver angeschlossen sind, besitzen keine eigene Daten- oder Applikationsintelligenz. Sofern die Kommunikation jedoch heterogen gestaltet ist, stellen sie aktive Mitglieder im Netzwerk dar. Sie sind über den Terminalserver so integriert, daß sie mit jedem Gerät, daß mit dem Terminalserver kommunizieren kann, Kontakt aufzunehmen vermögen. In diesem Modell kann die Verteilung der Intelligenzen nur noch bestimmt werden, wenn Teilnetze betrachtet werden.

5.2.2.2 Das Prozessor-Pool-Modell

Die Anwender greifen auf das System über Terminals zu, die beispielsweise über einfache Netzwerkserver mit dem Rechner (**Poolprozessor**), auf dem sie gerade arbeiten, eine Verbindung aufbauen. Mit dem Netzwerk sind dann eine Anzahl von Mikro- und Minicomputern verbunden, welche als **Poolprozessoren** bezeichnet werden. An diese Poolprozessoren (Prozessoren mit genügend Kapazität und Speicher, um alle geforderten Programme ausführen zu können) sind keine Bildschirme oder Plattenspeicher angeschlossen. Greift ein Anwender per Terminal auf das System zu, wird ihm bis zur Beendigung der Sitzung ein Poolprozessor EXKLUSIV zugewiesen.

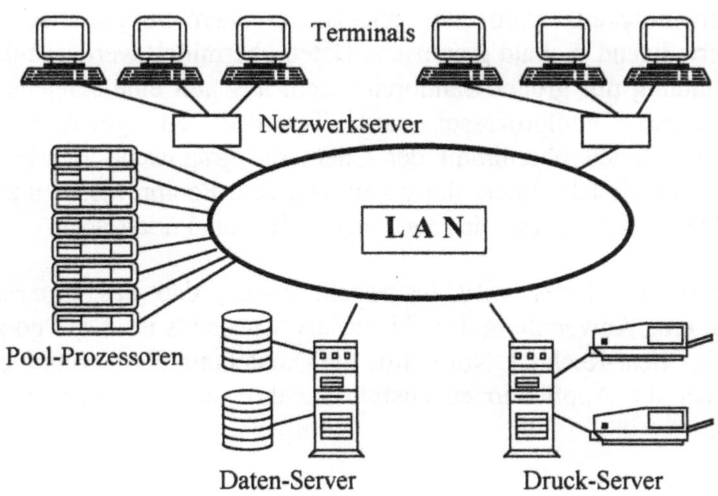

Bild 5.10: Prozessor-Pool-Modell

Das Betriebssystem ist oftmals ein konventionelles, welches für den Gebrauch auf einem verteilten System umgeschrieben wurde. Ist das Betriebssystem einmal in den Poolprozessor geladen, kann der Anwender direkt darauf zugreifen. Angeschlossen sind meist noch: Dateiserver, Bootserver (von denen sich die Terminals ihre Betriebssoftware laden und die den Zugriff auf die Poolprozessoren steuern), Timeserver (welche dafür sorgen, daß alle Systeme die gleiche Systemzeit besitzen) und Druckserver. Die vorstehende Abbildung zeigt die wichtigsten Komponenten des Konzeptes auf.

Die Vorteile gegenüber dem reinen Client/Server-Modell sind:

1. Flexibilität: Das System kann erweitert werden, ohne daß neue Server installiert werden müssen. Poolprozessoren können auch als zusätzliche Server fungieren, indem sie Überlasten übernehmen etc. .

2. Heterogene Prozessoren: Verschiedenste Rechner sind als Poolprozessoren verwendbar. Die Verarbeitungsleistung des Systems kann durch den Austausch von Poolprozessoren und dem Hinzufügen von neuen verändert werden.

Allerdings befriedigt das Prozessor-Pool-Modell nicht die Bedürfnisse der Hochgeschwindigkeitsverarbeitung und ist vor allem im graphischen Sektor eher unbefriedigend. Sobald graphische Daten übermittelt werden, reicht selbst eine Verbindung mit großer Bandbreite nicht aus, um eine schnelle Übertragung zwischen Poolprozessor und Terminal zu gewährleisten. Im Client/Server-Modell übernimmt der Client die graphische Bearbeitung. Im Prozessor-Pool-Modell obliegt diese Aufgabe dem Poolprozessor und die graphischen Daten werden über das Netz an das Terminal übertragen.

Der aufmerksame Leser wird festgestellt haben, daß das Prozessor-Pool-Modell nur eine Abwandlung des Client/Server-Modells ist. Die Poolprozessoren sind die Client-Rechner. Nur wurde die Darstellung der Applikationen vom Rechner, der die Applikationen ausführt, entkoppelt. Sie läuft nun auf den Terminals.

5.2.3 SMP, Cluster und Co.

Natürlich existieren noch andere Modelle, welche aber hauptsächlich Mischformen der drei Architekturen (Client/Server-, Prozessor-Pool- und Integriertes Modell) sind. In vielen Fachbüchern wird man aber noch ganz andere Architekturen verteilter Systeme finden. Da ist von "Shared Memory Systemen", "Clustern", "Multiprocessing Architectures" und "tightly coupled network" die Rede. Auch diese sind verteilte Systeme aber es sind Rechnerarchitekturen und nach der hier gegebenen Definition KEINE Netzwerke. Bereits eingangs wurde darauf hingewiesen, daß verteilte Systeme auch eine Bedeutung in der Parallelverarbeitung haben. Die Parallelverarbeitung ist nicht Thema dieses Buches - wir haben uns ohnehin schon sehr viel vorgenommen.

Doch Worte wie *Cluster* und *SMP* sind in aller Munde (und jedem Fachartikel), besonders wenn es darum geht, über Serverarchitekturen für Client/Server-Systeme zu diskutieren. Leider ist festzustellen, daß es auch in manchen Fachartikeln zu wissenschaftlichen *Unschärfen* kommt. Daher sollen hier nur zwei der Begriffe aus diesem Bereich abgegrenzt werden; SMP und Cluster.

5.2.3.1 SMP - Symmetric Multi-Processing

Dies besagt nichts anderes, als daß in einem Rechner mehrere Prozessoren eingebaut sind, die gleichzeitig auf den Hauptspeicher zugreifen. Man nennt dies auch ein **"shared memory system"**, da sich mehrere Prozessoren den Hauptspeicher teilen.

Beim gemeinsamen Speicher greifen alle Prozessoren auf diesen einen Speicher zu. Dieser Zugriff erfolgt meist über den System-BUS. Bei einer wachsenden Anzahl von Anwendern und bei steigender Komplexität der Programme kann das BUS-System zu einem Engpaß werden. Es ist die Aufgabe des Betriebssystems, die Anwendungen nicht zu komplex werden zu lassen. Die Idee dahinter ist einleuchtend. Die Applikationen oder einzelne Prozesse einer sehr großen Applikation, die unabhängig voneinander ausführbar sind, werden auf die verschiedenen Prozessoren verteilt. Dadurch ist gleichzeitiges Arbeiten möglich. Jeder Prozessor arbeitet an seinem eigenen Programm, entkoppelt von den anderen Prozessoren. Sollte eine Abstimmung unter zwei Programmen dennoch nötig sein, legen sie Daten oder auch Nachrichten füreinander in einem Bereich des gemeinsamen Hauptspeichers ab, auf den alle Prozessoren zugreifen. Auf diese Art synchronisieren sie sich notfalls.

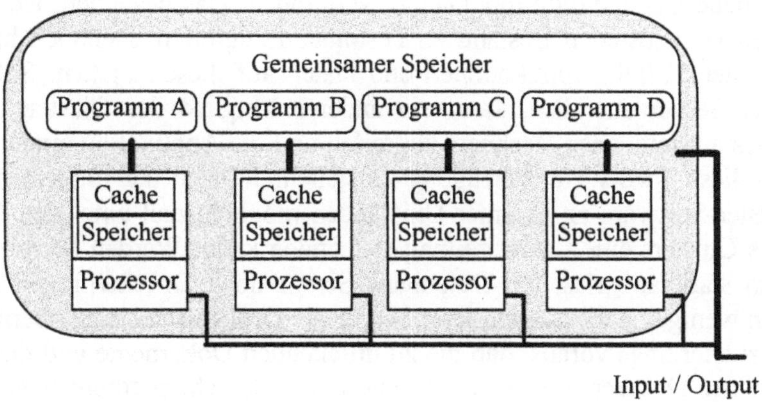

Bild 5.11: Symmetric Multiprocessing / Shared Memory

Die Besonderheit des symmetrischen Multiprocessings besteht darin, daß alle Prozessoren gleichberechtigt sind. Jeder Prozessor kann Teile des Betriebssystems ausführen und die zu bearbeitenden Programme werden über einen "Verteilmechanismus" (engl. = **Scheduler**) unter den Prozessoren aufgeteilt. Das **asymetrische Multiprocessing** hingegen benötigt einen Prozessor, auf dem das Betriebssystem läuft und der die Aufgaben auf die anderen Prozessoren verteilt und deren Tätigkeit koordiniert. Man spricht auch von Master- und Slaveprocessors (Meister- und Sklavenpozessoren)

Sollte jemand versuchen zu wetten, daß es sich bei einem SMP-System *nicht* um ein "Netzwerk" handelt, so sei ihm davon abgeraten. Obwohl mehrere Prozessoren im *SELBEN* Rechner an demselben System-BUS angeschlossen sind, handelt ist es nach streng wissenschaftlicher Definition um ein Netzwerk. Man verwendet dafür den Ausdruck "tightly coupled Network" (= eng gekoppeltes Netzwerk). In die Tiefen der Abgrenzung des Begriffs "Netzwerk" hinabzusteigen, würde nun wahrlich zu weit führen. Derartige "Feinabgrenzungen" soll akademischeren Kreisen überlassen bleiben.

5.2.3.2 Cluster

Der englische Begriff *Cluster* kann mit "Gruppe" übersetzt werden. Oftmals wird das Cluster mit SMP verwechselt. Ein Cluster ist eine enge Kopplung eigenständiger Rechner (NICHT Prozessoren). Mehrere Server sind über eine sehr schnelle Datenleitung miteinander verbunden. Das besondere ist, daß sie auf einen gemeinsamen Bestand an Festplatten zugreifen. Dennoch hat jeder der Rechner SEINE Applikationen und Daten auf diesen Platten. Sollte nun einer der Server ausfallen, kann ein anderes Mitglied des Clusters auf die Daten des ausgefallenen Rechners zugreifen und die Applikation erneut anstarten, um diese wieder zur Verfügung zu stellen. Je nach der Implementierung der Cluster-Software ist es unter Umständen möglich, daß unter den Mitgliedern des Clusters eine Lastverteilung stattfinden kann. Werden beispielsweise an einen stark ausgelasteten Datenbank-Server noch Druckanfragen gestellt, kann ein weniger stark ausgelasteter Server die Druckersteuerung übernehmen. Das setzt allerdings voraus, daß die zu druckenden Dokumente und die Konfiguration der Drucker auf einem gemeinsamen Speichermedium abgelegt ist. Die nachfolgende Abbildung veranschaulicht ein Cluster.

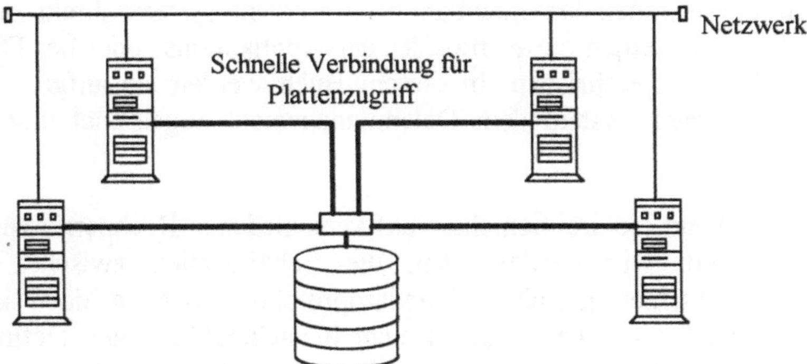

Bild 5.12: Cluster

5.3 Client/Server als verteiltes System

Der Grund, warum dem Client/Server-Modell ein ganzes Kapitel gewidmet ist, liegt in der Verbreitung und der Popularität der Architektur. Allerdings zählt auch das bereits vorgestellte integrierte Modell zum Client/Server. Die integrierten Mainframes oder Minicomputer nehmen in diesem Fall den Status von Servern an.

5.3.1 Klassifizierung von Client/Server-Architekturen

Es wurde bereits angesprochen, daß die Verteilung von Applikations- und Datenintelligenz stark davon abhängt, wie die Applikation konzipiert und programmiert wurde. Um eine Einteilung von Client/Server-Applikationen vornehmen zu können, wurde das "Drei-Ebenen-Modell" von der Unternehmensberatung *Gartner-Group* entwickelt. Es ist in der Abbildung 5.13 dargestellt und unterscheidet fünf Arten von Applikationen.

Die drei Ebenen oder Schichten (Präsentation, Applikation und Datenmanagement) gliedern sich in fünf vertikale Varianten, die im folgenden noch abgehandelt werden sollen. Es ist darauf hinzuweisen, daß mit "Applikation", die von der Informationsdarstellung entkoppelte Anwendungslogik gemeint ist. Noch schwieriger ist die Trennung von Ebene 2 und Ebene 3. Wo liegen die Schnittstellenprogramme (API - Application Programming Interface), die be-

188

kanntlich auf die Routinen des Datenbank-Management-Systems direkt zugreifen? Je nach Autor werden diese entweder der Applikations- oder der Datenmanagementebene zugeschrieben. In diesem Buch werden sie aufgrund der Nähe zum Datenbank-System dem Datenmanagement zugeordnet und sind Teil der Ebene 3.

Anmerkung: Wenn die drei Schichten auf verschiedenen Rechnern realisiert sind, wie werden dann die Schnittstellen zwischen den Schichten gestaltet? Standardprotokolle reichen dazu kaum noch aus. Dies führt zu einer herstellerabhängigen Definition von Diensten, die von den jeweiligen Schichten bereitgestellt und genutzt werden. Kaum ein Hersteller hält sich jedoch an Standarddienste. Das Drei-Ebenen-Modell ist und bleibt ein theoretisches Gliederungsmodell; als mehr sollte es nicht angesehen werden.

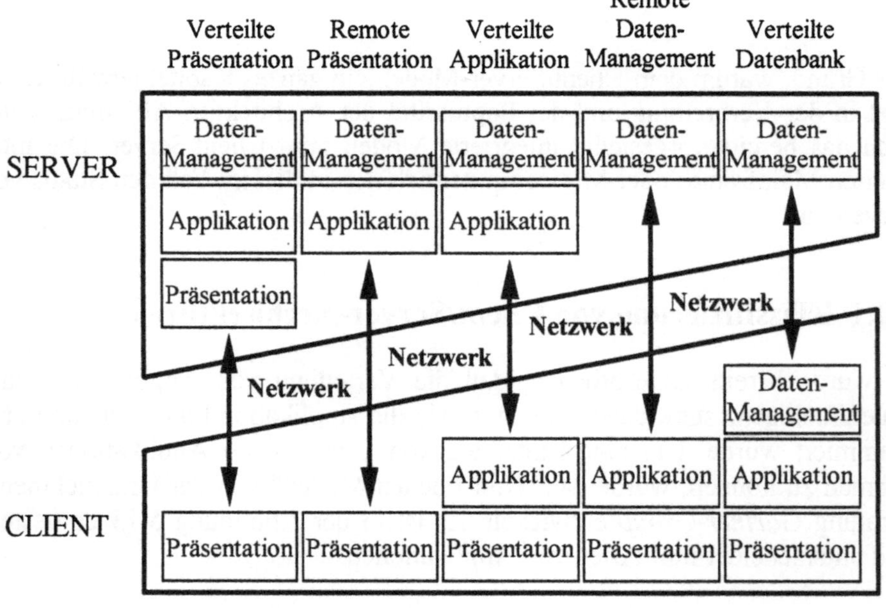

Bild 5.13: Drei-Ebenen-Modell der Gartner-Group

5.3.1.1 Modell 1 - Verteilte Präsentation

Die graphische Information wird vom Server bereitgestellt und an den Client gesendet, der sie auf den Bildschirm umsetzt. Der Leser wird bemerkt haben, daß dieses nichts anderes als die gute, alte Terminal-Mainframe-Verbindung ist und mit Client/Server gar nichts zu tun hat. Dieser Punkt ist Teil des Modells, da die erste Ebene (Präsentation) aufteilbar ist. Dennoch werden manchmal derartige Anwendungen als Client/Server-Anwendungen etikettiert.

5.3.1.2 Modell 2 - Remote Präsentation

Die Anwendung mit all ihren Datenstrukturen liegt vollständig auf dem Server. Auf dem Client läuft die gesamte graphische Darstellung. Die darzustellenden Informationen werden von der Anwendung an die Schnittstelle des Darstellungsmoduls auf dem Client gesendet. Mancher sieht darin schon eine verteilte Anwendung, schließlich werden die bunten Bilder und Masken des Programms komplett auf dem Client generiert, während die Anwendungslogik auf dem Server liegt. Der Knackpunkt liegt im Wort *Anwendungslogik*. Würde die Präsentation zur Anwendung gehören, wäre auch eine Terminal-Host-Verbindung eine verteilte Applikation. Erst wenn die *Logik* verteilt ist, spricht man von einer verteilten Applikation.

5.3.1.3 Modell 3 - Verteilte Applikation

Eines vorweg, auch wenn eine Applikation über mehrere Server verteilt liegt, aber keine ihrer Funktionen auf einem Client ausgeführt wird, spricht man ebenfalls von einer verteilten Applikation. Eine solche Form der Programmarchitektur erfordert eine modulare Programmierung, die Baukastenfunktionen liefert. Durch eine Entkopplung der Applikation von der Datenbank können die Funktionen auf jedem Knoten im Netz installiert werden. Die APIs, welche die Schnittstelle zwischen Applikation und Datenbank realisieren, werden dann beispielsweise als Dienste netzwerkweit zur Verfügung gestellt und können somit von den Funktionen von jedem Rechner im Netz aus aufgerufen werden. Dadurch ist es möglich, Module auf *den* Rechnern zu installieren, die am besten zu ihrer Ausführung geeignet sind. Es wäre denkbar, daß die am Bildschirm eingegebenen Daten bereits auf dem Client vorbearbeitet werden und dann an eine Funktion auf einem Server über eine Schnittstelle weitergereicht werden.

190

5.3.1.4 Modell 4 - Remote Datenmanagement

Das bedeutet, daß nur das Datenmanagement und die Datenbank auf einem oder mehreren Servern liegen. Die Applikation samt der Darstellung läuft komplett auf dem Client und ruft die auf den Servern liegenden APIs auf. Diese reichen die Applikationsdaten an die Datenbank weiter bzw. stellen der Applikation Daten aus der Datenbank zur Verfügung. Klassische Beispiele dafür sind CAD Programme oder Geographische Informationssysteme (GIS). Graphische Applikationen, man denke zum Beispiel an die Konstruktion von Produkten mittels CAD, sind sehr aufwendig. Sie benötigen viele Ressourcen und die Übertragung von Graphiken erzeugt eine große Datenlast. Daher werden meist sehr leistungsfähige Workstations verwendet, auf denen die komplette CAD-Applikation läuft. Die für alle Konstrukteure zugängliche Konstruktionsdatenbank liegt auf dem Server.

5.3.1.5 Modell 5 - Verteilte Datenbank

Aus Abbildung 5.13 des "Drei-Ebenen-Modells" könnte man interpretieren, daß bei einer verteilten Datenbank die Applikationen komplett auf dem Client laufen. Das muß nicht der Fall sein. Es ist durchaus möglich, eine verteilte Anwendung mit einer verteilten Datenbank zu kombinieren. In einer verteilten Datenbank läuft auf jedem Knoten, auf dem sich ein Teil der Datenbank befindet, ein Datenbank-Manager-Prozeß. Daher kann das Datenbank-Management-System mehrere Knoten in *eine* Transaktion einbeziehen. Dies ermöglicht nicht nur dieVerteilung der Datenbank über mehrere Rechner, sondern auch eine Lastverteilung. Jeder Knoten führt nur den Teil der Transaktion durch, der sich auf seinen Teil der Datenbank bezieht. Es wäre auch denkbar, daß die Applikation und die APIs komplett auf den Clients liegen. Die Datenbank ist dann über alle Server verteilt und die Anwendung kommuniziert mit ihr über die APIs.

5.3.2 Abgrenzung verteilter Applikationen

Mancher Leser wird nun vielleicht ein klassisches Bürokommunikationssystem für eine verteilte Datenverarbeitung halten. Das ist in keinster Weise der Fall. Folgendes Beispiel soll dies verdeutlichen:

Beispiel 5.4:
Ein Teilnehmer in einem Bürokommunikationssystem möchte einen Text, den er bereits geschrieben hat, weiter bearbeiten und mittels eines elektronischen Postsystems an einen Kollegen versenden. Der Anwender verbindet sich zum System, ruft die Textverarbeitung auf und öffnet die Textdatei. Aus Systemsicht sieht der Vorgang folgendermaßen aus.

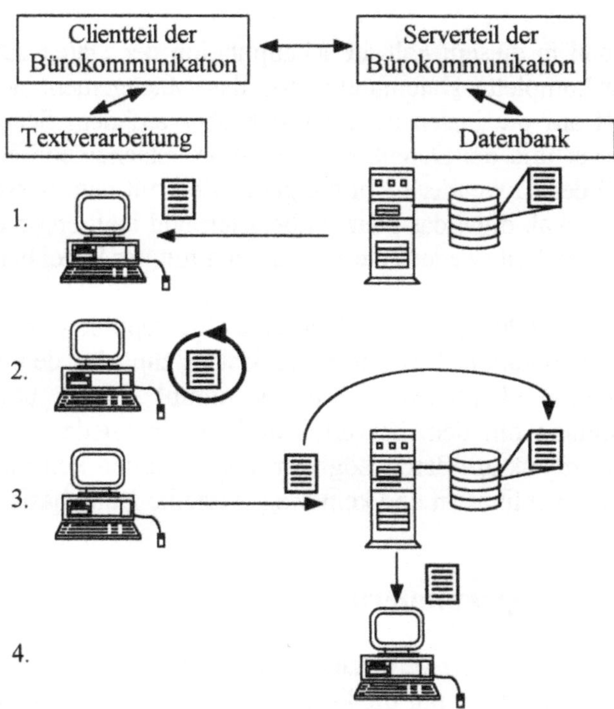

Bild 5.14: Beispiel einer Bürokommunikation

Der Clientteil der Bürokommunikation nimmt mit dem Serverteil Verbindung auf. In der Datenbank auf dem Server wird geprüft, ob der Anwender eine Zugriffsberechtigung besitzt. Da dies der Fall ist, erhält der Client eine Kopie des Textes aus der Datenbank. Die auf dem Client laufende Textverarbeitung ist über Schnittstellen in die Bürokommunikation eingebettet. So kann die Kopie in der Textverarbeitung bearbeitet werden (1). Während der Anwender dies tut, schützt die Datenbank das Original des Textes vor dem Zugriff durch andere Anwender, um Inkonsistenzen zu verhindern (2). Sobald der Anwender mit der Änderung des Textes fertig ist, schließt er die Textverarbeitung. Das geänderte Schriftstück wird nun an den Server zurückgesendet und abgespeichert (3). Danach wird wiederum eine Kopie des Textes über das elektronische Postsystem dem Kollegen zugestellt (4).

Man könnte nun zu folgender Auffassung gelangen: "Auf einem klassischen Mainframe werden die Daten auf dem Zentralrechner bearbeitet. Im obigen Beispiel jedoch wird das Schriftstück auf dem Client editiert. Der Server wird mit dem Vorgang der Datenbearbeitung nicht belastet. Ergo handelt es sich um Modell 5, eine verteilte Datenbank."

Es ist richtig, daß in diesem Fall die Manipulation der Daten auf dem Client stattfindet. Die komplette Datenintelligenz, das Management der Datenbank und der Zugriff auf die Daten befindet sich aber auf dem Server. Natürlich werden der Server und die Datenkommunikation entscheidend entlastet, denn schließlich muß der Anwender nicht die ganze Zeit mit dem Server verbunden sein. Er arbeitet lokal, ohne das Netz zu belasten und baut erst nach der Beendigung seiner Textarbeit wieder eine Verbindung mit der Datenbank auf.

Der Fall ist jedoch anders gelagert, denn eine Clientapplikation kommuniziert mit einer Serverapplikation. Das Schriftstück wird zunächst dem Clientteil der Bürokommunikation übergeben und dieser nimmt - nach abgeschlossener Arbeit - Verbindung mit dem Serverteil auf. Dieser wiederum greift mittels API auf die Datenbank zu, deren Logik er ausschließlich kontrolliert. Es liegt also eine verteilte Applikation und keinswegs verteilte Datenbasis vor.

5.3.3 Verteilte Programmierung

Dies ist ein Buch über Netzwerke und nicht über Programmierung. Die verteilte Programmierung nutzt nur die Dienste und Möglichkeiten eines verteilten Systems. Dabei handelt es sich einerseits um Kommunikationsfunktionen, die als Dienste zur Verfügung stehen, andererseits bedeutet ein verteiltes System auch die Entkopplung von Kommunikation, Applikation und Datenbank. Durch diese Entkopplung (man könnte schon fast von "Entwirrung" sprechen) können modulare Funktionen geschrieben werden. Sofern sich diese an definierte Schnittstellen halten, brauchen sie sich nicht um die Form der Netzwerkkommunikation zu sorgen. Sie nutzen diese nur per Schnittstelle, ohne sich darum zu kümmern, wie sie realisiert ist.

Generell unterscheidet man zwei Arten der Client/Server-Applikation. Die **datenorientierte** und die **funktionsorientierte** Applikation.

In einer datenorientierten Applikation (Abbildung 5.15) hat der Client eine Verbindung zur Datenbank (über seine Applikation). Er stellt von der Applikation vorbearbeitete Abfragen an die Datenbank (öffne Dokument, öffne

Zeichnung, lese Buchungssatz ... usw.). Es wird eine Verbindung zur Datenbank aufgebaut und die entsprechende Transaktion durchgeführt. Das kann
unter Umständen, je nach Art der Transaktion, sehr lange dauern. Durch die
offene Kommunikations-Verbindung und die stetige Übertragung von Teiler-
gebnissen entsteht dann ein erheblicher Datenverkehr.

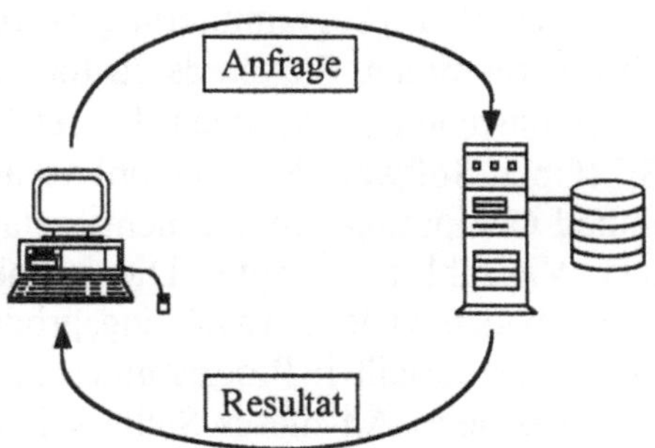

Bild 5.15: Datenorientierte Applikation

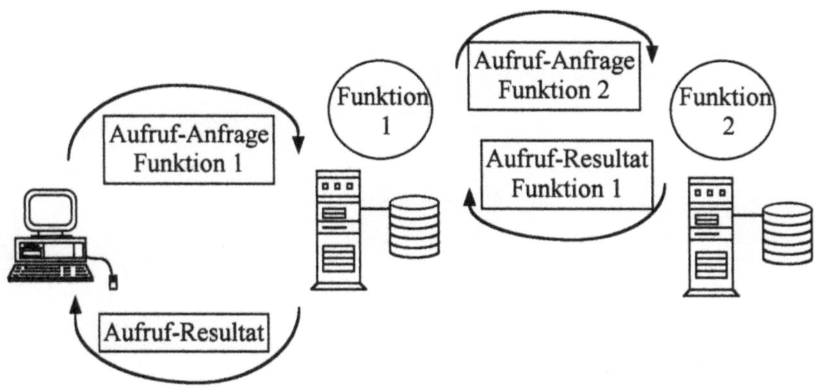

Bild 5.16: Applikationen mit dienstorientierten Funktionen

Anders verhält sich eine funktionsorientierte Applikation. Der Client ruft eine
Funktion auf dem Server als Dienst auf. Sollte diese Funktion weitere Dienste
benötigen, um ihre Aufgabe zu erfüllen, so ruft sie wiederum andere Dienste
auf. Diese können durchaus auf einem anderen Server liegen. Wichtig ist, daß
ein Knoten, sobald er einen Dienst aufgerufen hat, weiterarbeiten kann. Er baut

die Verbindung zum anderen Rechner wieder ab und gibt seine Kommunikationsressourcen wieder frei. Ist der aufgerufene Dienst zu einem Ergebnis gekommen, so ruft er die Funktion, die an ihn die Anfrage stellte, wieder auf und übergibt das Resultat. Doch Vorsicht, derartige Applikationen werden sehr rasch unübersichtlich.

Anmerkung: Bezüglich verteilter Programmierung wurde schon 1994 der Versuch unternommen, Standards zu formulieren, um zu definierten Schnittstellen zu gelangen. Dieser Standard wurde von der OSF (Open Software Foundation) verabschiedet und DCE (Distributed Computing Environment) getauft. DCE setzt sich aus einer Vielzahl festgelegter Dienstfunktionen zusammen. Inzwischen bauen viele Entwicklungsprodukte auf DCE auf. Ein Ansatz zur verteilten Programmierung kann nicht Thema dieses Buches sein. An dieser Stelle sei nur auf [RoKeFi92] und [Schill93] verwiesen.

6 Protokolle

In verschiedenen Publikationen werden Protokolle unterschiedlich erklärt und oftmals mit einer *Sprache* verglichen, die alle Rechner im Netz sprechen. Dieser Vergleich hinkt etwas, wenn man das OSI-Modell ,so theoretisch es auch sein mag, zur Erklärung heranzieht. Als Referenz zum OSI-Modell sei auf Kapitel 1.3 verwiesen. Hier wird klar, daß sich zwei Rechner *NICHT* in TCP/IP oder SNA unterhalten. Über das Kabel oder die Funkstrecke, wodurch zwei Rechner verbunden sind, gehen nur Signale in Form von Spannungen oder elektromagnetischen Wellen; sonst nichts. Es werden keine Internet-Adressen auf dem Kabel realisiert. Um aus dem Impuls oder Signal wieder eine Adresse zu machen, ist Software notwendig. Diese muß auf den beiden Knoten, die kommunizieren wollen, implementiert sein. Alle Protokolle liegen in den Schichten über dem Kabel und setzen Hardwareadressen in logische Protokoll-Adressen um. Erst dadurch werden Funktionen, wie Routing, realisiert. Betrachtet man einzelne Instanzen im OSI-Modell, die untereinander in Verbindung treten, so ist ein Protokoll natürlich die "gemeinsame Sprache" zweier Rechner. Nur die damit verbundene Vorstellung, daß diese Protokolle auch direkt über das Kabel kommunizieren, ist falsch. Die Kapitel 6.1.1 bis 6.1.3 werden weiteren Aufschluß dazu geben.

Wichtig: Ein Protokoll ist eine Ansammlung von Regeln, nach denen Applikationen Daten austauschen. Diese Regeln legen z.B. das Format und die Reihenfolge der zu übertragenen Daten fest. Es ist einer Schicht im OSI-Modell zuzuordnen. Der Sender kommuniziert mit der Protokollinstanz des Empfängers.

Über die meisten der hier aufgeführten Protokolle wurden vielfältige Publikationen veröffentlicht. Im Rahmen einer praktischen Einführung, die dieses Buch geben soll, wird auf Charakteristika der Protokolle eingegangen. Eine technische Erläuterung der einzelnen Produkte muß detaillierter, technischer Literatur überlassen bleiben.

Auch kann nicht auf alle Protokolle eingegangen werden, da es viele herstellerspezifische Produkte gibt oder sehr herstellereigene Implementierungen bekannter Protokolle existieren. Die Autoren haben sich auf die derzeit relevantesten Protokolle beschränkt.

In diesem Kapitel werden auch einige Funktionen behandelt, die keine Protokolle sondern Dienste sind. So zum Beispiel das NFS (Networking File System) von SUN. Mittels NFS kann auf Dateien eines fernen Rechners zugegriffen werden als wären diese lokal auf dem eigenen System. Hier handelt es sich um kein Protokoll, sondern um eine Anwendung, die UNMITTELBAR auf ein Protokoll aufsetzt. Um anderen Rechnern die Daten des eigenen Dateisystems zugänglich zu machen, nutzt NFS direkt die Dienste der unterliegenden Protokollumgebung. NFS ist eine protokollnahe Anwendung. Auch diese sind in diesem Kapitel aufgeführt.

6.1 Grundlagen

6.1.1 Kommunikation in einem Schichtenmodell

Zunächst gilt zu klären, WIE eine Kommunikation zwischen solchen Instanzen aussieht. Hierzu sei das OSI-Schichtenmodell herangezogen, welches bereits in Kapitel 1.3 ausreichend erläutert wurde. Um dem Leser allerdings das lästige Rückblättern zu ersparen, sei es hier nochmals kurz dargestellt.

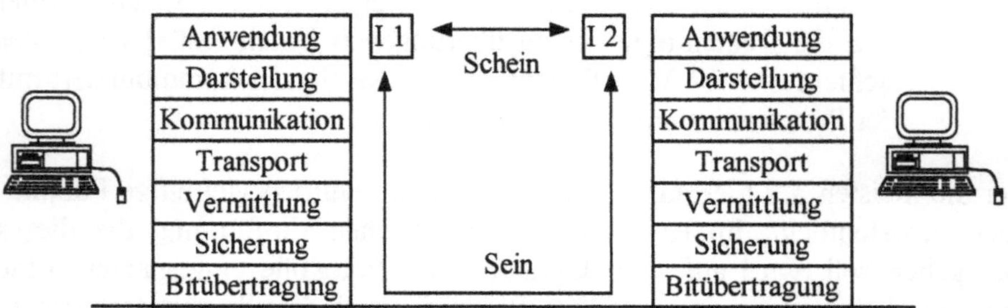

Bild 6.1: Instanzen im OSI-Modell

Abbildung 6.1 stellt dar, daß zwei Protokollinstanzen derselben Schicht untereinander kommunizieren. Versendet beispielsweise eine Anwendung eine elektronische Nachricht mittels dem in Schicht 7 eingelagerten Protokoll X.400 (siehe Kapitel 6.9.1), so kann nur die X.400 Instanz im Empfänger mit den Daten etwas anfangen. Beide Instanzen kommunizieren also miteinander. Da diese jedoch nicht direkt von Schicht 7 zu Schicht 7 Daten austauschen können, müssen die Daten im Sendegerät durch die Schichten nach unten durchgereicht werden. Im Empfänger wandern sie durch die Schichten wieder nach oben zu der Instanz, für die sie bestimmt sind und die sie auswertet. Die Instanzen *scheinen* direkt miteinander zu kommunizieren; tatsächlich werden die Daten jedoch durch alle Schichten durchgereicht. An dieser Stelle soll daher der Begriff des **Protokoll-Stacks** eingeführt werden, da die einzelnen Protokolle wie ein geschichteter Haufen (engl. = stack) von Ziegelsteinen übereinander liegen. Jede OSI-Schicht stellt dabei nicht ein Protokoll, sondern eine Funktion innerhalb der Datenkommunikation dar. Da eine solche Funktion oft von einem Protokoll gar nicht alleine bewältigt werden kann und jede Kommunikationsphilosophie ihre eigenen Protokolle hervorgebracht hat, vermag eine Schicht mehrere Protokolle zu beinhalten. Diese stellen dann Dienste zur Erfüllung der Funktion dieser Schicht bereit.

6.1.2 Encapsulation und Segmentierung

Das *Durchreichen* geht folgendermaßen vonstatten. Eine Protokoll-Dateneinheit besteht aus zwei Formen von Daten, nämlich Benutzerdaten und Protokolldaten. Die Protokolldaten sind die Kontroll- und Transportinformationen des Protokolls, während die Benutzerdaten die eigentlich zu übertragende Information darstellen. Verschickt ein Anwender eine Botschaft über elektronische Post (Email), so bestehen die Benutzerdaten aus dem Text. Das Protokoll stellt diesen Benutzerdaten nun eigene Daten voran, mit denen das Ziel der Daten bestimmt werden kann. Durch diese Protokolldaten findet aber auch eine Kontrolle statt, ob einzelne Datenpakete in der richtigen Reihenfolge übertragen werden und / oder Verfälschungen der Daten aufgetreten sind. Wird eine Protokolldateneinheit nun an eine tiefere Schicht weitergeleitet, fügt das Protokoll dieser Schicht wiederum seine Protokolldaten an und so weiter. Diesen Vorgang nennt man auch **Encapsulation** (deutsch = Einkapselung) und die vorangestellten Protokolldaten werden als **Header** bezeichnet.

Im Zielgerät - dem Empfänger - entfernt jede Protokollinstanz ihre Protokolldaten, interpretiert diese und reicht sie, je nachdem welche Anweisungen die Protokolldaten enthielten, an eine Instanz in der höheren Schicht weiter. Das geht so lange, bis die Protokoll-Dateneinheit bei ihrer Zielinstanz angelangt ist. Folgende Darstellung verdeutlicht den Vorgang.

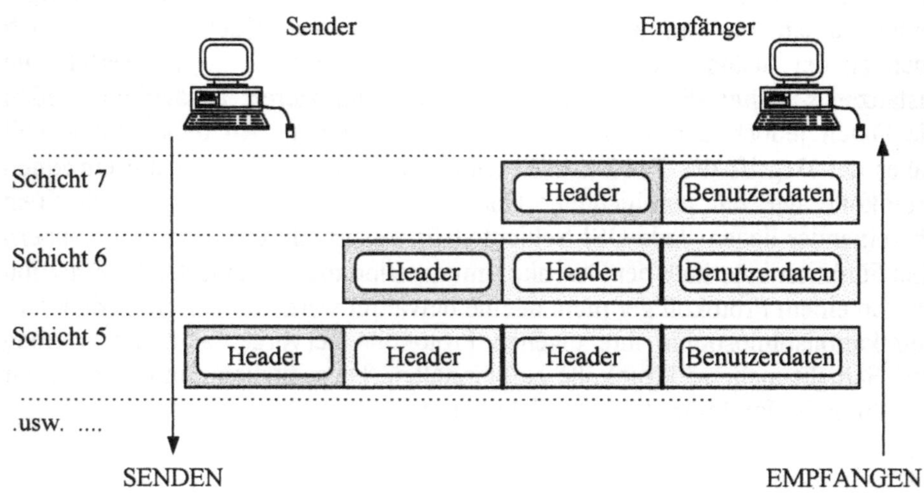

Bild 6.2: Encapsulation

Je nachdem welche Kommunikationsart beziehungsweise Protokollfamilie verwendet wird, sind nicht alle Schichten des OSI-Modells umgesetzt. Wie schon erwähnt, handelt es sich um ein theoretisches Modell und in manchen Kommunikationskonzepten wurden einige Schichten einfach zusammengefaßt, so daß nicht alle sieben Schichten durchlaufen werden müssen.

Unabhängig vom Encapsulation muß auch eine **Segmentierung** gewährleistet sein. Es dürfte einleuchten, daß eine Datei von mehreren Megabyte Größe nicht als ein Block übertragen werden kann. Erstens muß gewährleistet sein, daß eventuell noch andere Anwendungen zur selben Zeit Daten übertragen möchten und zweitens ist es schwierig, einen Fehler in einem so großen Datenblock zu erkennen und zu korrigieren. Dateien werden daher zerlegt (segmentiert), die einzelnen Segmente mit den notwendigen Headern versehen und im Empfänger wieder zu einer Datei zusammengesetzt.

6.1.3 Vom Protokoll auf das Kabel

Wie aber findet ein Datensatz seinen Zielrechner? Im LAN wird dies in der Schicht 2 des OSI-Modells realisiert. Diese wird unterteilt in die LLC-Schicht (Schicht 2b) und die MAC-Schicht (Schicht 2.a). Diese Schichten wurden bereits in Kapitel 1.3 erläutert. Die unter der LLC-Schicht liegende MAC-Schicht dient dabei als Dienstgeber. In einem PC, der an ein LAN angeschlossen werden soll, befindet sich eine LAN-Adapter-Karte (umgangssprachlich auch *Netzwerkkarte* genannt). Die auf dem PC laufende Applikation greift mit Hilfe ihres Protokolls über diese Karte auf das Medium (das Netzwerk) zu. Daher realisiert die Karte den **Media Access** (den Zugriff auf das Medium). Folgende Abbildung verdeutlicht die Schichtung, die für die Auflösung von Protokolladressen notwendig ist. Das Kommunikationsprotokol und die LLC-Schicht sind als Software im Rechner realisiert, während die MAC-Schicht von der Karte umgesetzt wird.

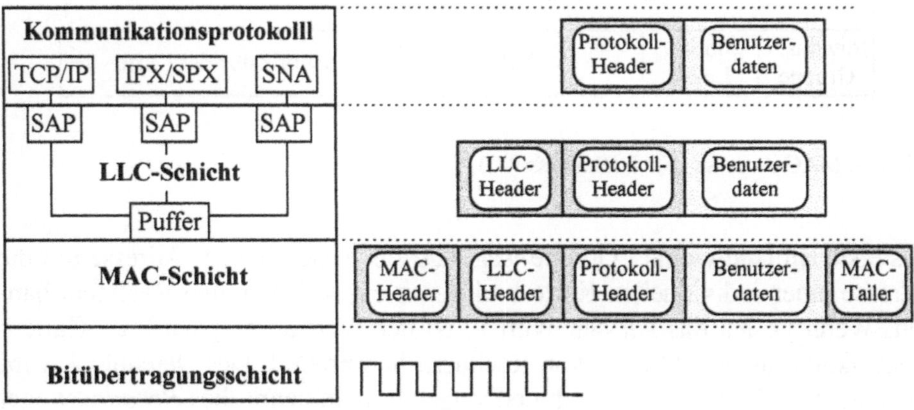

Bild 6.3: Protokolle und die OSI-Schicht 2

Die LLC-Schicht stellt, wie oben gut sichtbar, sogenannte **SAPs** (**Service Access Points**) für jedes Protokoll zur Verfügung. Diese SAPs sind weltweit genormt. Jedes Protokoll hat seinen eigenen SAP in der LLC-Schicht. Ein SAP ist daher ein Kommunikationspuffer für ein Protokoll. So erklärt sich, wie mehrere Protokolle über eine LAN-Adapter-Karte realisiert werden können. Alle Protokolle nutzen die LLC-Schicht, aber sie haben ihren eigenen Zugangsweg. Jedes Protokoll kommt durch seine eigene Tür in den LLC-Raum. Dieser LLC-Raum ist der in Abbildung 6.3 eingezeichnete Puffer, in den der Datenblock geschrieben wird. So funktioniert auch der Datenempfang. Welches Protokoll den empfangenen Datenblock gesendet hat, wird erst in der LLC-Schicht ermittelt, wenn der LLC-Header entfernt wird. Dann wird der Datenblock an den SAP des entsprechenden Protokolls weitergereicht. Der LCC-Header enthält unter anderem den Quell-SAP und den Ziel-SAP.

Der Datenblock wird über den Puffer an die MAC-Schicht übergeben. Diese umschließt ihn mit einem MAC-Header und einem MAC-Trailer. Der MAC-Header beinhaltet unter anderem die sogenannte Ziel-MAC-Adresse und die Quell-MAC-Adresse. Dies ist die physikalische Adresse der LAN-Adapter-Karte. Eine **MAC-Adresse** *sollte* weltweit eindeutig sein. Jeder Kartenhersteller kann einen Adreßbereich von der IEEE kaufen. Dieser Bereich bildet den **OUI-Code** (Organisationally Unique Identifier) . Eine MAC-Adresse setzt sich aus 6 Byte zusammen und ist in Abbildung 6.4 erläutert.

<table>
<tr><td colspan="3" align="center">3 Byte</td><td align="center">3 Byte</td></tr>
<tr><td>Ididividual /
Gruppe</td><td>Global /
Lokal</td><td align="center">OUI</td><td align="center">Identifikator der Karte</td></tr>
</table>

Bild 6.4: MAC-Adresse (Nach [BaHoKn94])

Das erste Bit (Individual / Gruppe) sagt aus, ob es sich bei der Adresse um die Adresse einer individuellen Karte und damit eines dedizierten Rechners handelt. Wenn ja, hat das Bit den Wert 0. Ist der Wert aber 1, wird der Karten-Identifikator als eine Gruppe von Rechnern interpretiert. Der Datenblock wird dann an eine Gruppe von Maschinen versandt; man nennt dies *Broadcast* oder *Multicast* (siehe Kapitel 6.1.5). Das zweite Bit sagt aus, ob dies eine globale Adresse ist, die weltweite Gültigkeit besitzt, oder aber eine lokale, die nur in einem lokalen Netz des Herstellers eingesetzt werden kann.

Sollte der Leser einmal eine LAN-Adapter-Karte zur Hand nehmen, so wird er feststellen, daß die MAC-Adresse der Karte meist aufgedruckt ist. Sie ist als HEX-Code dargestellt und heißt beispielsweise 08-00-2B-34-A6-E2. Dabei ist 08-00-2B die Herstellerkennung (OUI) und 34-A6-E2 der Identifikator der Karte. In manchen Publikationen wird man statt des Begriffs "MAC-Adresse" auch den Ausdruck "Ethernet-Adresse" finden. Diese Bezeichnungen sind synonym zu verwenden.

Es stellt sich vielleicht die Frage, wie eine Protokoll- in eine MAC-Adresse umgewandelt wird. Entweder besitzt das Protokoll selbst interne Tabellen, in denen die MAC-Adresse eines Rechners der Protokolladresse zugeordnet wird, oder es arbeitet mit Broadcasts und sendet seine Datenblöcke an alle Rechnerknoten im Netz. Das aber verursacht einen hohen Verkehr im Netz. Es ist auch denkbar, daß sich ein Protokoll eine solche Adreß-Tabelle selbst erstellt, indem es mit einem Broadcast auf das Netz fragt: "Wie lautet die MAC-Adresse von dem Rechner mit dem logischen Namen PC-Bruno"? Sofern ein PC diesen logischen Protokollnamen besitzt, wird er antworten. Da ein MAC-Header immer auch die Quell-Adresse enthält, kann seine Adresse in die Tabelle aufgenommen werden, ohne daß sie explizit angegeben werden muß. Dennoch ist es immer dieser MAC-Datenblock, der in einem LAN in einen Bitstrom umgewandelt wird. Die hier gegebene Übersicht über die LLC-Schicht ist nur so intensiv, wie sie für das weitere Verständnis notwendig ist. Eine weitaus exaktere und detailliertere Erläuterung findet sich in [BaHoKn94] oder in [Tanenb92].

6.1.4 Aufgaben der Protokolle

Als Grundaufgabe aller Protokolle lassen sich drei Punkte herausarbeiten. Daten können während ihrer Übertragung verloren gehen oder verfälscht werden. Ein Protokoll muß zunächst sicherstellen, daß Daten in der richtigen Reihenfolge und korrekt übertragen werden. Dies bezeichnet man als **Fehlerkontrolle** (engl. = **fault control**). Die **Flußkontrolle** (engl. = **flow control**) koordiniert die Geschwindigkeit von Sender um Empfänger. Ein Sender darf seine Daten nicht schneller versenden, als der Empfänger sie einlesen kann. Der dritte Aspekt betrifft die Netzlast. Sind die Datenleitungen überlastet, müssen Datenblöcke verworfen werden, damit die 'Warteschlangen" vor den Knoten nicht zu lang werden und die Kommunikation nicht gänzlich zusammenbricht. Diese Funktion bezeichnet man auch als **Überlastkontrolle** (engl. = **congestion control**).

6.1.4.1 Fehlerkontrolle

Zunächst muß man sich folgendes vor Augen führen. Während der Datenübertragung können Daten zum Beispiel durch ungenügende Abschirmung oder Fehlern in Übermittlungsgeräten verfälscht werden. Daher fertigen alle Sender Kopien der verschickten Daten, um diese im Bedarfsfall nochmals senden zu können. Um anzuzeigen, ob ein Datenblock korrekt empfangen wurde, sendet der Empfänger eine positive Quittung. Ist der eingegangene Datenblock nicht korrekt, so wird eine negative Quittung übermittelt, die eine erneute Verschickung des falsch empfangenen Datenblocks ausgelöst hat. Erfolgt eine positive Quittierung, wird die Kopie des Datenblocks im Sender verworfen. Die Realisierung von Quittungen zeigt die folgende Abbildung.

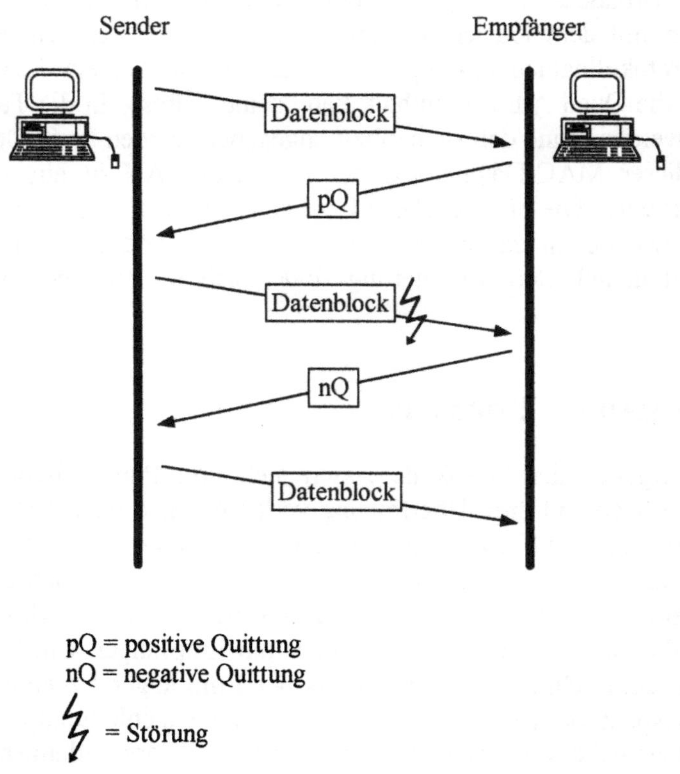

Bild 6.5: Fehlerkontrolle - Quittierung

Es muß aber bedacht werden, daß Quittungen ebenfalls Datenblöcke sind und daher ebenfalls verfälscht werden können. Wird eine positive Quittung in eine negative verwandelt, wird der Datenblock erneut versandt. Diese Verdopplung des Datenblockes muß der Empfänger erkennen und den zweiten Block verwerfen. Im ungünstigsten Fall wird zunächst der Datenblock und dann die negative Quittung in eine positive verfälscht. Dann bleibt der Fehler unerkannt. Deshalb werden auch Quittungen für ganze Dateien und nicht nur für Datenblöcke vereinbart. Sollte beim Zusammensetzen der einzelnen Segmente im Empfänger auffallen, daß ein Datenblock fehlt, oder nicht *paßt*, wird eine negative Quittung für die ganze Datei gesendet und die Datenübertragung beginnt von neuem.

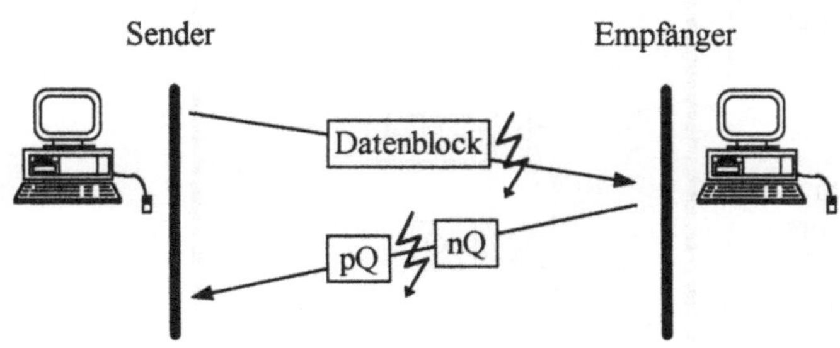

Bild 6.6: verfälschter Datenblock und verfälschte Quittung

Neigt man zu Gedankenspielen, so wird man sich fragen, was passiert, wenn die Datei-Quittung von einer negativen in eine positive Quittung umgewandelt wird? Nun, jeder der schon einmal eine Datei von einem anderen Rechner gesendet bekam (z.B. via FTP) und, als er sie mit seinem Editor bearbeiten wollte, feststellen mußte, daß sie nur Hieroglyphen enthielt, hat jetzt zumindest *eine* mögliche Erklärung für dieses Phänomen!

Allerdings können Datenblöcke nicht nur während der Übertragung verändert werden, sie können auch ganz verloren gehen. Das kann zum Beispiel geschehen, wenn die Protokolldaten (der Header) verfälscht werden. Da diese unter anderem auch die Adresse des Empfängers enthalten, ist der ganze Datenblock nicht mehr zustellbar. Er geht *irgendwo* im Netzwerk verloren. Auch dieser Fehlerfall muß abgefangen werden. Dies wird mit einem **time-out** erreicht. Dabei handelt es sich um eine fest definierte Zeitspanne, innerhalb der der Sender auf eine Quittung wartet. Kommt nach dieser Zeit keine Quittung bei ihm an, geht er davon aus, daß entweder der Datenblock oder die Quittung verloren ging. In diesem Fall wird der Datenblock nochmals versandt. Auch hier gilt, daß doppelt empfangene Blöcke vom Empfänger erkannt werden müssen. Die folgende Abbildung verdeutlicht den "Time-out-Mechanismus".

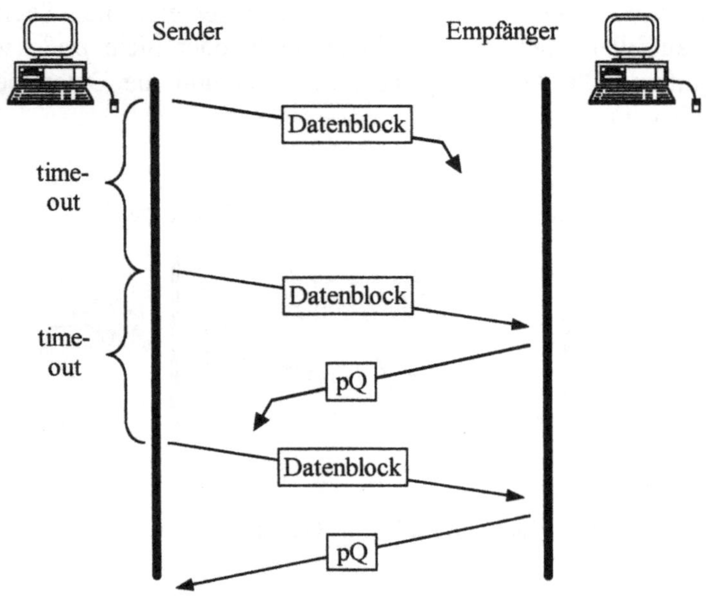

Bild 6.7: Verlust von Datenblöcken

Ein doppelter Datenblock wird dadurch erkannt, indem der Sender alle seine Datenblöcke numeriert. Wird beispielsweise der dritte Datenblock nochmals versandt, geschieht dies mit SEINER Nummer (3). Somit kann die Zielstation erkennen, ob dieser Block bereits empfangen wurde. Da diese Information im Header gespeichert wird, steht nur ein begrenzter Platz für die Nummern zur Verfügung. Bei dem Verfahren Modulo 8 werden drei Bit im Header für die Numerierung verwendet, so daß sich Nummern von 0 bis 7 ergeben. Bei dem Verfahren Modulo 128 stehen sieben Bit im Header bereit. Das ermöglicht einen Nummernkreis von 0 bis 127. Ist die Numerierung bei der letzten darstellbaren Zahl angelangt, so wird der nächste Block wieder mit der Nummer 0 gesendet. Es ist so auch möglich, daß ein Empfänger nicht jeden einzelnen Datenblock, sondern eine Gruppe empfangener Datenblöcke quittiert. Dadurch läßt sich das Datenaufkommen im Netz reduzieren.

6.1.4.2 Flußkontrolle

Sendet beispielsweise ein Server Daten an einen Drucker mit kleinem Drucker-speicher, ist zu befürchten, daß der Speicher überläuft. Die Lösung besteht darin, daß der Empfänger dem Sender vorschreibt, wann oder wieviel er senden darf. Dies wird zum Beispiel durch Meldungen wie "HALT" und "WEITERSENDEN" realisiert. Hat der Empfänger genug Daten erhalten, schickt er einen Datenblock mit dem Befehl HALT an den Sender. Dieser unterbricht die Datenübertragung, bis er vom Empfänger einen Datenblock mit dem Inhalt "WEITERSENDEN" erhält. Diese Methode ist sehr einfach zu implementieren, beinhaltet aber den Nachteil, daß - wie bereits bekannt - Datenblöcke verändert werden können und aus dem HALT unter Umständen ein WEITERSENDEN wird. Die Kommunikation ist dann gestört und die Druckwarteschlange läuft über.

Eine weitere Methode stellt das Kredit-Verfahren dar. Der Empfänger teilt zu Beginn der Datenübertragung dem Sender mit, wieviele Datenblöcke er senden kann, ohne auf eine Quittung zu warten. Ist die angegebene Anzahl der Blöcke versandt, so stellt der Sender die Übertragung ein. Erst wenn ihm ein neuer Kredit zugewiesen wird, fährt er mit der Verschickung von Datenblöcken fort.

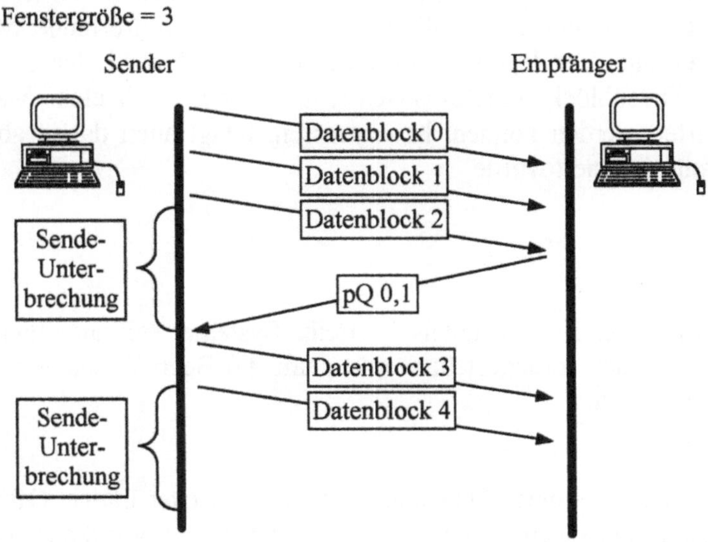

Bild 6.8: Fenster-Mechanismus

Der dritte Mechanismus, der zur Verfügung steht, ist der Fenster-Mechanismus. Ein Fenster ist ein fester Kredit über eine Anzahl von Datenblöcken. Sind diese gesendet, bricht der Sender die Übertragung ab. Erhält er nun eine Quittung über zwei Datenblöcke, versendet er wiederum zwei Blöcke, da dieses innerhalb des "Rahmens" seines Fensters liegt. Das hat den Vorteil, daß - solange Quittungen eintreffen - die Kommunikation nicht abgebrochen wird. Uneffizient sind kleine Fenstergrößen. Setzt man diese auf 1, wird nach jedem Datenblock die Sendung unterbrochen. Dadurch wird das Medium nicht gerade optimal ausgenutzt. Die Fenstertechnik wird in Abbildung 6.8 veranschaulicht.

6.1.4.3 Überlastkontrolle

Hierzu gibt es kein allgemeingültiges Konzept. Jedes Netz, insbesondere Weitverkehrsnetze haben einen gewissen Datendurchsatz. Er stellt die Aufnahmekapazität eines Netzes dar. Wird diese Kapazität überschritten, laufen die Aufnahmepuffer in den Netzknoten über. Dies führt dazu, daß neu eintreffende Datenblöcke verworfen werden. Ferner bilden sich auch vor den Übertragungsleitungen "Warteschlangen", die dazu führen, daß die Datenblöcke sehr lange im Netz liegen, anstatt verarbeitet zu werden. Das kann darin resultieren, daß Quittungen ausbleiben und Datenblöcke wiederum versandt werden. Dadurch wird das Problem noch verschlimmert. Die dann zu treffende Maßnahme könnte man mit "Sendepause" umschreiben. Die Anzahl der in das Netz gesendeten Datenblöcke muß drastisch reduziert werden. Welche Maßnahmen noch ergriffen werden können, bzw. müssen, hängt auch davon ab, wie die Flußkontrolle realisiert wurde.

6.1.5 Begriffe

Wie schon zu Beginn des Kapitels "Verteilte Systeme" soll auch hier zunächst ein kleiner Glossar vorangestellt werden, um die Begriffe später im Kontext besser zu verstehen.

Paket:
Ein Paket bezeichnet einen Datenblock von festgesetzter Länge. Oftmals kann nicht davon ausgegangen werden, daß eine Verbindung physikalisch über stets dieselbe Leitung realisiert wird. Im Gegenteil, meist wandern die Daten über den jeweils gerade schnellsten oder effektivsten Weg in einem Weitverkehrsnetz. Daher müssen sie zwischengespeichert werden. Um bei dieser Zwischen-

speicherung zu vermeiden, daß ein Datenblock zu lang ist und in seiner Vollständigkeit gar nicht verarbeitet werden kann, werden Datenblöcke von fester Länge definiert, die eine in sich geschlossene Einheit bilden. Diese enthält alle Informationen, um sie über ein Netz zu versenden (z.B. Ziel- und Quell-Adresse, usw.). Man spricht dann auch von paketorientierter Vermittlung.

Verbindungsorientierter Dienst:
Hierzu wird zwischen zwei Rechner eine feste logische Verbindung aufgebaut. Zunächst wird beim Empfänger um seine Kommunikationsbereitschaft angefragt. Nach Bestätigung der Empfangsbereitschaft wird eine virtuelle Verbindung aufgebaut. Virtuell bedeutet, daß die Verbindung nicht über eine feste Leitung stattfindet. Der Weg, den die Daten innerhalb des Netzes nehmen, kann sich während der Kommunikation ändern, aber für die Anwendung besteht immer der Eindruck einer fest geschalteten Verbindung.

Session:
Eine Session ist eigentlich eine verbindungsorientierte Kommunikation. Die Schicht 5, im OSI-Modell die Sitzungsschicht, hat als Aufgabe den Sessionaufbau. Die tieferliegenden Schichten, ganz besonders aber die Protokolle der Transportschicht haben zur Aufgabe, einen Ende-zu-Ende-Transportdienst zur Verfügung zu stellen. Daten werden dabei zwischen zwei oder mehreren Datenstationen übermittelt. Es ist die Aufgabe der Schicht 5 (auch Session-Layer genannt), die Verläßlichkeit dieser Verbindungen zu gewährleisten. Dazu bauen die Protokolle der Schicht 5, basierend auf den Transportverbindungen, eine Sitzung (Session) auf. Die Rechner *sprechen* die Datenübertragung untereinander ab, synchronisieren sich regelmäßig und setzen sogenannte Wiederaufsetzpunkte. Besteht eine gesicherte Kommunikation, werden Kopien der Datenblöcke und des Kommunikationsstatuses angelegt. Sollte ein Fehler in der Datenübertragung auftreten, wird die Session auf den gesicherten Zustand dieses Wiederaufsetzpunktes zurückgesetzt und die Kommunikation erneut aufgenommen. Ein Wegbrechen der Datenverbindung aufgrund eines Fehlers der niedrigeren Schichten wird so vermieden. Nicht alle Kommunikationslösungen verwenden Sessions oder die Dienste der Schicht 5. Eigentlich beruht eine Session immer auf einem verbindungsorientierten Dienst, aber auch verbindungslose Sitzungen sind inzwischen implementiert. Ein Beispiel dafür ist der in Kapitel 6.9.2 erläuterte RPC (Remote Procedure Call).

Verbindungsloser Dienst:
Ein verbindungsloser Dienst kommt ohne den Aufbau einer logischen Verbindung aus. Der Datenblock wird vom SAP der Sendestation versandt und vom SAP des Empfängers an das jeweilige Protokoll weitergereicht. Es wird nicht geprüft, ob der Empfänger auch empfangsbereit ist. Ein solcher verbindungsloser Dienst kann **bestätigt** oder **unbestätigt** sein. Unbestätigt bedeutet, daß der Sender weder eine positive noch eine negative Quittung erhält. Gingen Datenblöcke verloren oder wurden verfälscht, müssen dies Protokolle der höheren Schichten erkennen und entsprechende Reaktionen einleiten. Ein bestätigter Dienst bedeutet, daß die Datenblöcke quittiert werden.

Datagramm:
Eine verbindungslose Kommunikation wird auch als Datagramm bezeichnet. Jedes Datenpaket ist eine in sich geschlossene Einheit, die einfach abgeschickt wird. Über welchen Weg sie ankommt, ist unerheblich. Man kann einen Datagrammdienst auch als *"Übertragen und Beten"* bezeichnen, da man nicht weiß, ob der Empfänger ein Datagramm erwartet oder überhaupt empfangsbereit ist.

Frame:
Ein Data-Frame wird von der Sicherungsschicht (Schicht 2) erzeugt. Da der Datenstrom aus den höheren Schichten (wie schon in Kapitel 6.1.3 gezeigt) in ein übertragungsfähiges Format gebracht wird, welches an die Bitübertragungsschicht weitergegeben werden kann, wird der Bytestrom in einzelne Datenblöcke verpackt und mit den nötigen Headern versehen. Dieser in der Schicht 2 entstehende Datenblock wird Frame genannt und entspricht aber dem dann übertragenen Paket oder Datenblock.

Multicast:
Ein Multicast ist eine Punkt-zu-Gruppe Verbindung. Eine Datenstation versendet einen Datenblock nicht an einen anderen Kommunikationspartner sondern an eine bestimmte Gruppe von Knoten. Eine Multicast-Adresse definiert die Gruppe an die der Datenblock gerichtet ist.

Broadcast:
Ein Broadcast ist nicht die Versendung eines Datenblocks an eine bestimmte Gruppe sondern an *alle* Knoten im LAN. Ein Broadcast wird üblicherweise von einem Router (siehe Kapitel 4.7) gestoppt.

Bei der folgenden Darstellung der Protokolle soll auf praktische, anwendungsspezifische Aspekte Bezug genommen werden. Auch Fragen wie etwa: "Ist das Protokoll routbar?" sollen eher in den Vordergrund rücken, als die Diskussion, welches Bit in der Adresse was bedeutet. Dies ist in diesem Rahmen auch nicht möglich, denn über fast jedes der nun folgenden Protokolle existieren vielfältige Publikationen, die, bei Protokollen wie TCP/IP oder SNA, auch schon mal eine kleine Bibliothek füllen können. *WAS* das Protokoll macht ist den Autoren wichtiger, als zu erörtern, *WIE* es dies zu Stande bringt.

Folgendes Grobschema soll daher als Richtlinie dienen:

1. Welche Funktion erfüllt das Protokoll?
2. In welcher Schicht liegt das Protokoll?
3. Arbeitet es verbindungsorientiert oder verbindungslos?
4. Ist es routbar und wenn ja, existieren Einschränkungen?
5. Wie sind wichtige Funktionen zur Fehler-, Fluß- und Überlastkontrolle geregelt?

6.2 Die NetBEUI-Umgebung

Die NetBEUI-Umgebung, die von IBM entwickelt wurde, bildet die Grundlage vieler LAN Umgebungen. Sie findet besonders in Peer-to-Peer-Netzen (siehe Kapitel 9.2.2) Anwendung. Die NetBEUI-Umgebung setzt sich aus drei Komponenten zusammen.

1. der Schnittstelle NetBIOS,
2. dem Protokoll NetBEUI und
3. der Schnittstelle NDIS.

Bei NetBIOS beginnt auch schon der Streit: Ist NetBIOS eigentlich ein Protokoll? NetBIOS ist ein **API (Application Programming Interface)**, liegt zwischen den Kommunikationsprotokollen und der Anwendung und ist daher eine Schnittstelle. In der IBM-Welt wird NetBIOS oftmals als Protokoll gesehen. Das dazugehörige Protokoll heißt NetBEUI (NetBIOS Extended User Interface). Es hat sich in der IBM-Umgangssprache teilweise eingebürgert, zwischen diesen beiden Instanzen nicht zu unterscheiden. Wenn in einigen Publikationen daher vom NetBIOS-Protokoll die Rede ist, wird das Protokoll NetBEUI in Verbindung mit der Schnittstelle NetBIOS gemeint. Der Netzwerkkarten-Treiber NDIS übernimmt die Kommunikation zwischen Protokoll und Karte. Die NetBEUI-Umgebung hält sich nicht sonderlich an das OSI-Modell. Die Schichtung stellt sich wie folgt dar.

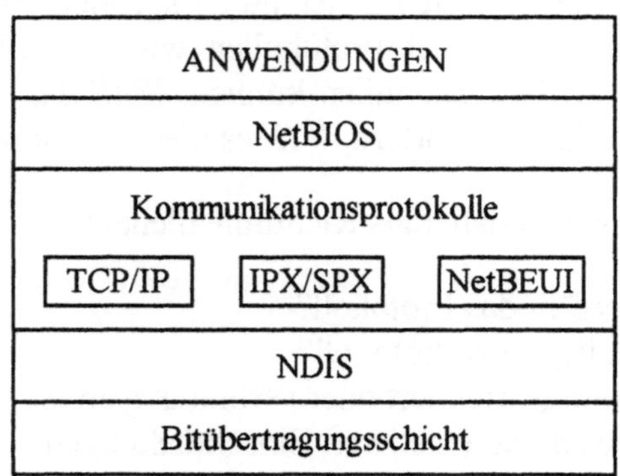

Bild 6.9: Schichtung in einer NetBEUI-Umgebung

6.2.1 NetBIOS

NetBIOS (Netware Basic Input Output System) wurde 1984 von IBM vorgestellt. Der Hauptbestandteil von NetBIOS ist sein **Naming-Service** (= Dienst zur Verwaltung logischer Namen). Er erlaubt es, logische Namen zu verwalten und mit MAC-Adressen zu verknüpfen. Daher sind die Namen Synonyme für die Adressen der LAN-Adapter-Karten. Dieser Dienst unterstützt Einzelnamen und Gruppennamen, mit denen mehrere MAC-Adressen verbunden sind, so daß ein *Multicast* möglich ist.

NetBIOS stellt zwei Kommunikationsarten zur Verfügung. Zum einen die verbindungslose Kommunikation mittels Datagrammen und zum anderen die verbindungsorientierte Kommunikation über eine Session.

Der Datagrammdienst ist unbestätigt, sprich, es werden keine Quittungen versandt, mit der Folge, daß auch keine Absicherung bei Datenverlust besteht. Eine Überprüfung gegen Verfälschung findet allerdings statt. Der Datagrammdienst erlaubt das Versenden an gezielt adressierte Stationen sowie Multicast und Broadcast.

Der verbindungsorientierte Kommunikationsdienst realisiert den Aufbau von einfachen Sessions zwischen zwei Kommunikationspartnern. Bei dieser Form der Kommunikation werden die bis zu 64 KByte großen Datenblöcke quittiert. Der Befehlssatz enthält Funktionen wie *CALL* (Anforderung für einen Verbindungsaufbau), *LISTEN* (warten auf einen CALL), *SESSION STATUS* (liefere Informationen über den Verbindungsstatus) und *HANG UP* (Verbindungsabbau). Es sind bis zu 32 Session-Verbindungen möglich.

Der Kontakt mit dem Betriebssystem und damit auch den Anwendungen) wird über den **NCB**, den **Network Control Block**, realisiert. In diesem sind die Kommandos, mittels denen auf die Dienste von NetBIOS zugegriffen werden kann, abgelegt. Will eine Anwendung eine Session aufbauen, wird die API aufgerufen und die CALL-Funktion via NCB an die NetBIOS-Schnittstelle übergeben. NetBIOS wiederum reicht die Funktion an NetBEUI weiter und die Session wird initialisiert. Nach Ausführung des Kommandos, wird der Rückgabewert für die Anwendung im NCB abgelegt. Man sieht, daß der Streit, ob NetBIOS nicht doch ein Protokoll ist, durchaus seine Berechtigung hat, da diese Schnittstelle bereits Datagramm- und Sessiondienste bereitstellt. Erst durch NetBEUI wird aber eine vollständige Kommunikationsumgebung daraus. Auch eine Einordnung in das OSI-Modell erweist sich als schwierig, besonders da derzeit Implementierungen verschiedener Hersteller vorliegen, welche die Dienste von NetBIOS in ihren Produkten verschieden positionieren. Inzwischen wurden auch Schnittstellen zu andern Protokollen außer NetBEUI, wie TCP/IP oder IPX/SPX, realisiert. Da NetBIOS über den Kommunikationsprotokollen liegt, kann es der Schicht 5 (Sitzungsschicht) zugeordnet werden.

6.2.2 NetBEUI

NetBEUI wurde 1985 ebenfalls von IBM entwickelt und erweitert die Schnittstelle NetBIOS um die nötigen Protokollfunktionen. Es nutzt die von NetBIOS bereitgestellten Möglichkeiten der verbindungslosen und verbindungsorientierten Datenkommunikation. Die Dienste werden durch eine Flußkontrolle aufgrund des Fenstermechanismuses (siehe Abschnitt 6.1.4.2) erweitert. Die Fenstergröße ist dabei vom Verwalter einstellbar, wodurch eine Anpassung des Protokolls an die Leistungsdaten des Übertragungsmediums möglich ist. Sollte eine Session aufgebaut werden, kann ein Time-Out-Prameter angegeben werden. Er legt fest, wie lange auf eine Bestätigung gewartet wird.

NetBEUI ist nicht routbar. Es ist ein Protokoll der Transportschicht des OSI-Modells. Funktionen der Schicht 3 (Vermittlungsschicht) wurden nicht implementiert. Man muß sich vor Augen halten, daß es sich bei NetBEUI um ein LAN-Protokoll handelt, das konzipiert wurde, um kleine Gruppen von Knoten zu verbinden.

6.2.3 NDIS

NDIS (Network Driver Interface Spezification) ist - wie auch in Abbildung 6.9 ersichtlich - ein Softwaretreiber, der eine Schnittstellenfunktion zwischen den Protokollen und der Adapterkarte wahrnimmt. NDIS stellt Funktionen der Schicht 2b (LLC-Schicht - siehe Kapitel 1.3) bereit. Kommt ein Datenblock an der Netzwerkkarte an, wird er über die NDIS-Schnittstelle dem Protokollmanager auf der Karte übergeben. Dort wird der Protokolltyp ermittelt, der Block an das entsprechende Protokoll weitergereicht und von diesem ausgewertet. Von dort erfolgt die Datenübergabe an die NetBIOS-Schnittstelle. Diese stellt die Daten den Anwendungen oder dem Betriebssystem zur Verfügung. NDIS weist innerhalb der LLC-Schicht jedem Protokoll *seinen* SAP zu (siehe Kapitel 6.1.3). Dadurch *muß nicht* NetBEUI als Protokoll verwendet werden. Auch routbare Protokolle, wie TCP/IP oder IPX/SPX, sind einsetzbar. Dies ist von hoher Bedeutung für die einstmals NetBEUI gebundenen Netzwerkumgebungen **LAN-Server** und **LAN-Manager** (siehe Abschnitt 7.2.4).

Ein weiterer Begriff aus dem NetBEUI-Umfeld ist der **Redirector**. Dieses Programm - Teil einer jeden NetBEUI-Umgebung - ist auf Betriebssystem-Ebene anzusiedeln. Wird ein Dienst von einer Anwendung angefragt, prüft das Betriebssystem, ob die Funktion lokal erfüllt werden kann. Wurde ermittelt, daß die angeforderte Funktionalität nicht vom Betriebssystem bereitgestellt wird, erfolgt die Aktivierung des Redirectors. Dieser stellt eine Anfrage an das Netzwerk, ob der Dienst von einem anderen Knoten angeboten wird. Er löst eine Dienstanfrage aus.

6.3 Die TCP/IP-Familie

TCP/IP ist in den letzten fünf Jahren zu *dem* Protokoll geworden. Diese Bedeutung hat es zunächst seiner engen Beziehung, eigentlich ist es eine Ehe, mit UNIX zu verdanken. TCP/IP ist bei *jedem* UNIX-System als Netzwerkprotokoll dabei. Der andere Grund ist natürlich das Internet, welches früher noch **ARPANET** hieß und 1969 vom DARPA (Defense Advanced Research Projects Agency) ins Leben gerufen wurde. Ziel war ein militärisches Netzwerk mit dynamischen Routing-Funktionen statt festen Verbindungen. Sollte eine Vermittlungsstelle durch einen Atomschlag vernichtet werden, wäre die Kommunikation aller Rechner, welche ihre Nachrichten über diesen Vermittlungsknoten austauschen, gestört. Die Netzwerklogik mußte so konzipiert sein, daß Nachrichten über die noch verfügbaren Wege an das Zielsystem weitergeleitet werden konnten. TCP/IP ist ein Kind des kalten Krieges und seiner Ängste. Daher findet man in diversen Publikationen über TCP/IP auch die Bezeichnung DoD-Protokollfamilie. DoD steht dabei für "Department of Defense". Dem Anspruch des *katastrophensicheren* Protokolls wurde IP gerecht. Dies bewies sein Einsatz beim grauenhaften Erdbeben in der japanischen Stadt Kobe 1995. Die Infrastruktur der Stadt war gänzlich zerstört. Nur einige UNIX-Maschinen konnten über die wenigen unzerstörten und im Boden verlegten Datenleitungen eine Verbindung zur Außenwelt via Internet herstellen. Die Rettungsaktionen wurden dadurch anfangs koordiniert.

Durch die Erweiterung des ARPANET zum Internet wurde TCP/IP zunächst zu einem *Quasi-Standard* an Forschungseinrichtungen und Universitäten. Durch die Popularität des Internet hat TCP/IP nun aber eine ganz neue Bedeutung erlangt. Der Ausruf: "Die Welt spricht TCP/IP" stimmt zumindest aus Internetsicht. Immer mehr Institutionen steigen von proprietären Lösungen auf TCP/IP um oder richten zumindest Rechner mit TCP/IP ein. Diese nehmen dann eine Gateway-Funktion zwischen dem hausinternen Netz und dem Internet wahr. Schade eigentlich, daß *DER* Defacto-Standard der Datenkommunikation sich nicht an das OSI-Modell hält.

214

6.3.1 Das Grundkonzept

6.3.1.1 Schichtung

Man ist sich nicht einmal richtig darüber einig, wieviele Schichten das TCP/IP
Protokoll überhaupt kennt. Nach [Hunt95] können vier Schichten ausgemacht
werden.

<table>
<tr><td>4. ANWENDUNGSSCHICHT
Enthält weitere Protokolle und Prozesse,
welche die unteren Schichten nutzen.</td></tr>
<tr><td>3. TRANSPORTSCHICHT
Die Protokolle dieser Schicht stellen die
Ende-zu-Ende Datendienste bereit.</td></tr>
<tr><td>2. INTERNETSCHICHT
Dieser Schicht obliegt das Routing und die
Anpassung von Datagrammen</td></tr>
<tr><td>1. NETZZUGANGSSCHICHT
Beinhaltet Schnittstellen und Protokolle für
den Zugriff auf das physikalische Medium</td></tr>
</table>

Bild 6.10: Schichtung der TCP/IP-Umgebung (nach [Hunt95])

Schicht 1 und 2 des OSI-Modells (Bitübertragungs- und Sicherungsschicht)
sind beim **TCP/IP-Schichtenmodell** zu einer Schicht, der Netzzugangsschicht, zusammengefaßt. Die Internet-Schicht entspricht der Vermittlungsschicht des OSI-Modells. Im groben läßt sich sagen, daß die Transportschich-
ten beider Modelle einander entsprechen. Dafür gibt es bei TCP/IP weder eine
Sitzungs-, noch eine Darstellungsschicht. Ihre Funktionen werden größtenteils
von der Anwendungsschicht übernommen, wodurch wiederum die Anwen-
dungsschichten beider Modelle nicht mehr einander entsprechen. Ein solcher
Vergleich zweier Modelle entspricht dem Vergleich von Äpfeln und Birnen.
Das Schichtenmodell nimmt manchmal das Ausmaß einer Glaubensfrage an,
denn in den Handbüchern des DoD tauchen nur drei Schichten auf. Andere
Publikationen über TCP/IP postulieren hingegen fünf Schichten.

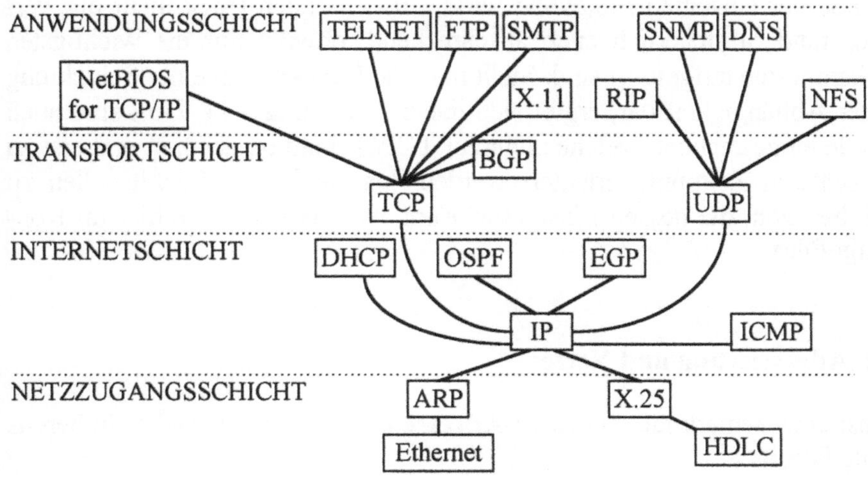

Bild 6.11: Schichtung der Protokolle im TCP/IP-Umfeld

Die TCP/IP Protokollfamilie setzt sich aus vielen Protokollen und Diensten zusammen. In der nun folgenden Tabelle werden sie den TCP/IP- und den OSI-Schichten zugeordnet.

Protokoll / Dienst	OSI-Schicht	TCP/IP-Schicht
ARP / RARP	2b	1
IP	3	2
IPMC	3	2
OSPF	3	2
EGP	3	2
DHCP	3	2
BGP	3	3
TCP	4	3
UDP	4	3
RIP	3	4
DNS	5	4
SMTP	7	4
SNMP	7	4
FTP	7	4
TELNET	7	4

Die Masse der einzelnen Protokolle wirkt auf den ersten Blick nicht nur ver-
wirrend, sondern sicherlich auch abschreckend, obwohl nur die wichtigsten
und bekanntesten aufgeführt sind. Stellt man die Protokolle in einer Schichtung
und ihrer Abhängigkeit dar, ergibt sich dabei Abbildung 6.11. Dort sind auch
Protokolle eingezeichnet, welche nicht zur TCP/IP-Familie gehören und erst zu
einem späteren Zeitpunkt erläutert werden. Da sie jedoch Schnittstellen zu
TCP/IP besitzen, die dessen Einsatzspektrum erweitern, sind sie hier im Kontext aufgeführt.

6.3.1.2 Adressierung und Netze

Zunächst eine Bemerkung zu den **IP-Adressen**. Sie haben das vielleicht bereits
bekannte Format:

> Byte.Byte.Byte.Byte

Die Adresse reicht daher (theoretisch) von 0.0.0.0 bis 255.255.255.255, wobei
gerade diese beiden Adressen ausgenommen sind, weil sie Sonderstatus haben.
Es würde den Rahmen bei weitem sprengen, nun zu erklären, wie das Routing
und die Unterteilung in Subnetze in allen Einzelheiten funktioniert. Da es aber
vorab wichtig ist, die Bildung der Internet-Adressen zu verstehen, soll in aller
Kürze darauf eingegangen werden.

Klassen (Classes)

Eine IP-Adresse besteht aus zwei Teilen. Der Adresse des Netzes und der des
Rechners. Man unterscheidet grundlegend drei Klassen (engl. = class) von
Adressen: A, B und C.

Ist der erste Wert des ersten Byte kleiner als 128, handelt es sich um eine
Klasse A Adresse. Dies bedeutet, daß das erste Byte das Netzwerk und die
restlichen drei Bytes die Adresse (oder Nummer) des Rechners angeben.
Weltweit gibt es weniger als 128 Netzwerke der Klasse A. Dennoch kann jedes
von ihnen über 16 Millionen von Rechnern enthalten. Die Firma IBM zum
Beispiel besitzt eine Class A Adresse. Will man die Zahl 127 in 8 Bits darstellen, ist dies eine 01111111. Das bedeutet: Beginnt die IP-Adresse mit einer 0,
handelt es sich immer um eine Adresse der Klasse A.

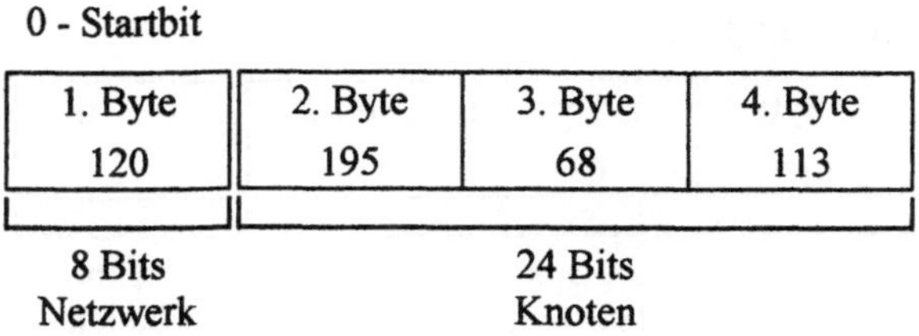

0 - Startbit

| 1. Byte | 2. Byte | 3. Byte | 4. Byte |
| 120 | 195 | 68 | 113 |

8 Bits
Netzwerk

24 Bits
Knoten

Bild 6.12: Class A Adresse

Beträgt der Wert des ersten Byte zwischen 128 und 191, ist dies eine Adresse der **Klasse B** . Die Bitfolge 10000000 entspricht dem Wert 128 und eine 10111111 wird als 191 gezählt. Daher liegt eine Class B Adresse vor, wenn die IP-Adresse mit den Bits 1 und 0 beginnt. In einer Adresse der Klasse B adressieren die ersten zwei Bytes das Netzwerk, während die letzten zwei den Knoten kennzeichnen. Es gibt über 16000 Netze der Klasse B, wobei jedes über 60000 Knoten enthalten kann.

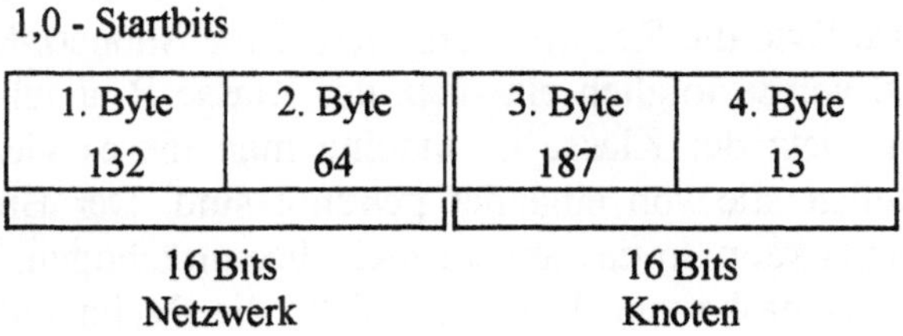

1,0 - Startbits

| 1. Byte | 2. Byte | 3. Byte | 4. Byte |
| 132 | 64 | 187 | 13 |

16 Bits
Netzwerk

16 Bits
Knoten

Bild 6.13: Class B Adresse

Lauten die Startbits der IP-Adresse 1 1 0, spricht man von einer Adresse der **Klasse C**. Der dezimale Wert des ersten Byte beträgt dann 192 (als Bitfolge 11000000) oder größer. Adressen mit einem Startwert von 224 oder höher (Startbits 1 1 1) sind für Multicasts reserviert und werden hier nicht behandelt. Ein Netz der Klasse C beginnt also maximal mit einer 223. In einem solchen Netz identifizieren die ersten drei Byte das Netzwerk und das letzte Byte die Knoten. Da die Werte 0 und 255 ebenfalls reserviert sind kann ein solches Netz maximal 254 Knoten beinhalten. Solche Netze gibt es weltweit über 2 Millionen.

1,1,0 - Startbits

1. Byte	2. Byte	3. Byte	4. Byte
195	64	187	13

24 Bits
Netzwerk

8 Bits
Knoten

Bild 6.14: Class C Adresse

Subnetze

Nachdem klar ist, was ein Netz der Klasse A oder B ist, soll auf die Bildung von Subnetzen hingewiesen werden. Diese dienen dazu, ein bestehendes Netz in weitere, kleinere Netze zu unterteilen. Das wird durch eine sogenannte **Subnet-Maske** bewerkstelligt. Diese *maskiert* die Bytes Netzadresse mit dem Wert 255. Eine Subnet-Maske für ein Netz der Klasse C lautet daher 255.255.255.0. Das bedeutet, daß die ersten drei Bytes die Netzadresse angeben und das vierte Byte die Rechner adressiert. Eine Subnetz-Maske mit dem Wert 255.255.0.0 würde folglich ein Netz der Klasse B angeben. Besitzt ein Unternehmen ein Netz der Klasse C, möchte man dieses vielleicht in zwei Segmente unterteilen, die von einander getrennt sind. Der Broadcastverkehr des ersten Segments kann so das andere nicht beeinträchtigen. In diesem Fall kommt die Subnetz-Maske zum Einsatz, welche die Rechneradressen in zwei Bereiche gliedert. Sollen die Rechner in zwei gleich große Subnetze mit je 128-Knoten eingeteilt werden, lautet die Subnetz-Maske 255.255.255.128. Es gilt die folgende Formel für das *Maskier-Byte*:

$$\text{Bytewert} = 256 - (\text{Anzahl der Knoten im Segment})$$

Ein Netz der Klasse C, welches in vier gleich große Subnetze mit jeweils 64 Knoten unterteilt werden soll, hat die Subnetz-Maske 255.255.255.192, denn 256 abzüglich 64 ergibt 192.

Beispiel 6.1:
Ein Netz der Klasse C soll in vier gleich große Subnetze geteilt werden. Die Netzadresse beträgt 198.173.98. Der Administrator wählt daher zur Unterteilung die Subnetz-Maske 255.255.255.192. Die vier Rechner mit den IP-Adressen 198.173.98.3, 198.173.98.73. 198.173.98.156 und 198.173.98.197 befinden sich daher in vier Subnetzen zwischen denen geroutet oder gebridged werden muß. Broadcasts in SUBNETZ 1 werden somit nicht in die anderen Subnetze übertragen (sofern Routing vorliegt). Es ist nun zum Beispiel für das Unternehmen möglich, die Rechner des Vertriebs in SUBNETZ 1, des Einkaufs in SUB-NETZ 2, der Entwicklung in SUBNETZ 3 und ein Netz aus Demorechnern in SUBNETZ 4 zu organisieren. Damit ist gesichert, daß Störungen in einzelnen Subnetzen auch lokal auf diese beschränkt bleiben. Sie schlagen nicht auf die Datenstruktur des ganzen Unternehmens durch.

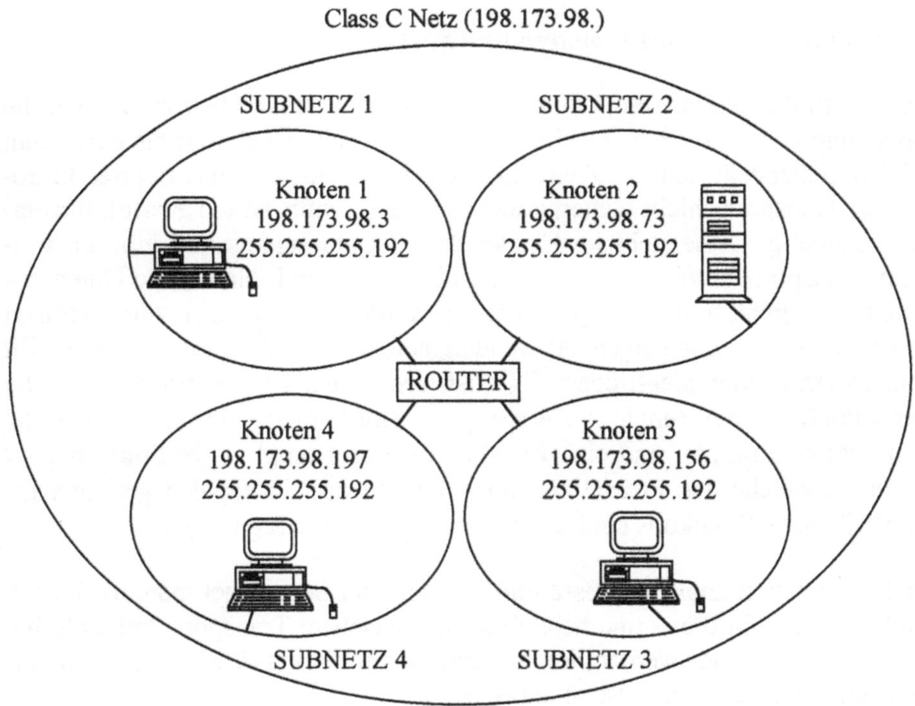

Bild 6.15: Unterteilung eines Netzes der Klasse C in Subnetze

Spezielle Adressen

Wie eingangs bereits erwähnt, wurden diverse "Werte" reserviert, so auch die 255, sofern sie nicht in einer Subnet-Maske Verwendung findet. In einem Netz der Klasse C mit der Netzadresse 198.173.98 bedeutet die Adresse 198.173.98.255 einen Broadcast. Die Nachricht wird dann an alle Knoten im Netz gesendet. Die 0 bezeichnet das Netzwerk selbst, so daß die Adresse 198.173.98.0 das Netz 198.173.98 als solches bestimmt. Eine ebenfalls reservierte Adresse ist die 127.0.0.0. Sie wird auch als Loopback-Adresse bezeichnet, da sie immer auf den Rechner selbst zeigt. Jedes UNIX-System besitzt diese Adresse, um interne IP-Calls an sich selbst zu senden.

Protokollnummern, Portnummern und Sockets

Inzwischen dürfte klar sein, daß eine Vielzahl von Protokollen zusammen die Umgebung von TCP/IP ausmachen. Es muß also ein Mechanismus existieren, welcher sicherstellt, daß im Zielrechner die Daten auch an das richtige Protokoll der Transportschicht weitergereicht werden. Dafür ist die **Protokollnummer** zuständig. Diese steht im Header des IP-Datagramms und gibt an, welchem Transport-Protokoll die Daten zu übergeben sind. Haben die Daten das Protokoll erreicht, muß noch gewährleistet werden, daß sie auch zum richtigen Anwendungsprozeß gelangen. Anwendungsprozesse werden durch eine 16 Bit lange **Portnummer** identifiziert. Es existieren immer zwei Portnummern. Die **Quell-Portnummer** (engl. = **source port number**) des Prozesses, der die Nachricht erzeugt hat, und eine **Ziel-Portnummer** (engl. = **destination port number**), welche den Prozeß bestimmt, an den das Datenpaket gerichtet ist. Innerhalb eines Protokolls sind die Portnummern eindeutig vergeben.

Die Kombination aus IP-Adresse und Portnummer bezeichnet man als Socket. Applikationen, für die es unerheblich ist, mit welchem Transport-Protokoll ihre Nachrichten versandt werden, können mit einem Socket *direkt* ihre Partnerinstanz auf einem anderen System adressieren.

Auf das explizite Routing innerhalb TCP/IP wird im Verlauf des Kapitels 6.3.2 noch eingegangen. Netzwerkadministratoren und andere Interessierte, seien an dieser Stelle jedoch nochmals an [Hunt95] verwiesen.

Beispiel 6.2:
Die Abbildung 6.16 zeigt eine TELNET-Anfrage über TCP. Der SAP auf der LLC-Schicht
(vergleiche Kapitel 6.1.3) leitet das Datenpaket an das Internet-Protokoll weiter. Dieses
identifiziert anhand der Protokollnummer das Transportmedium (TCP) und reicht die
Daten entsprechend weiter. Der Port 23 ist in TCP eindeutig definiert und bezeichnet die
TELNET-Anwendung. Das Datenpaket wurde so exakt zugewiesen. Die Portnummer 23
bezeichnet auch im Protokoll UDP den TELNET-Prozeß, denn Portnummern müssen NUR
innerhalb EINES Protokolls eindeutig sein. Im Kontext von TCP darf der Port 23 nur
einmal existieren. Würde die Verbindung über UDP aufgebaut, bliebe der Socket unverän-
dert, denn in UDP ist TELNET ebenfalls durch den Port 23 gekennzeichnet. UDP besitzt
allerdings die Protokollnummer 17. Diese ist jedoch nicht Teil des Sockets. Man sieht ihm
daher nicht an, über welches Protokoll die Verbindung zustande kommt.

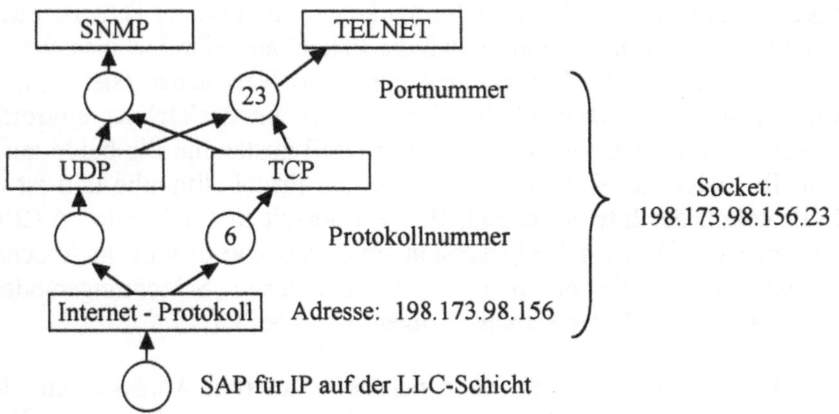

Bild 6.16: Protokollnummer, Portnummer und Socket

6.3.2 Protokolle und Dienste

Die Protokolle werden in folgender Reihenfolge beschrieben: Zunächst gilt es,
die Mechanismen der Transport- und Routing-Protokolle zu verstehen. Daher
wird das Hauptaugenmerk auf den Protokollen IP, TCP, UDP, ICMP und
DHCP liegen. Danach werden die Protokolle vorgestellt, welche unmittelbar
mit dem Routing und der Adreßauflösung beschäftigt sind. Erst zum Schluß
werden die Protokolle der Anwendungsschicht erörtert.

222

Mancher Leser, der mit TCP/IP vertraut ist, wird vielleicht einige der Dienste wie NFS oder RCP vermissen. Diese Funktionen gehören nicht zum eigentlichen Kern von TCP/IP und werden daher später noch gesondert abgehandelt. Alle Protokolle von TCP/IP sind genormt und exzellent dokumentiert. Diese Dokumentation wird RFC (Request for Comment) genannt. Die RFCs liegen für jedermann offen auf dem Internet und können dort mittels WWW eingesehen oder aber auch bezogen werden. Einen der Rechner, auf dem die RFCs gehalten werden, erreicht man über *http://www.nisc.junc.net*.

6.3.2.1 IP

IP (Internet Protocol) bedient sich bei der Paketversendung der Datagramme und ist daher unzuverlässig. IP selbst besitzt keine Funktion zur Fehlerkontrolle und deshalb existiert keine Garantie, daß die Pakete auch ihr Ziel erreichen. Je nachdem welchen Weg die Datagramme durch das Netz gehen (siehe Kapitel 4.7), können sie in unterschiedlicher Reihenfolge im Zielrechner eintreffen. Für das Sortieren der Pakete sind TCP oder UDP zuständig, die beide auf IP aufsetzen. IP bildet das Kernstück der gesamten Protokollfamilie und ist das zentrale Protokoll der Internetschicht. IP wird derzeit in der Version 4 (IPv4) weltweit eingesetzt. Die Nachfolgeversion IPv6 (Version 6) wird in Abschnitt 6.3.3 dargestellt. Vergleicht man die verschiedenen Schichtungsmodelle, würde IP im OSI-Modell der Schicht 3 zugeordnet werden.

Bei der Adressierung finden die oben bereits erläuterten Adressen mit dem Format "Byte.Byte.Byte.Byte" Verwendung. IP nimmt allerdings eine Fragmentierung vor. Ethernet erlaubt eine Framelänge von 1526 Byte, während X.25 (vergleiche Kapitel 6.7) eine Länge von 128 Byte vorschreibt. IP fragmentiert die Pakete, das heißt es unterteilt sie in kleinere Datenpakete. Dies geschieht, indem jedem Paket ein im Minimum 20 Byte langer IP-Header vorangestellt wird. Innerhalb des Headers werden folgende Felder (flags) gesetzt:

1. Der **Identifikator**: Jedes IP-Paket besitzt einen Identifikator, der anzeigt, welcher Datei das Paket zuzuordnen ist. Wird ein Paket weiter fragmentiert, bleibt der Identifikator gleich.
2. Das **MF-Bit**: Ist dieses 0, handelt es sich um ein unfragmentiertes oder das letzte Paket einer Serie von Fragmenten. Hat dieses Bit den Wert 1, ist das Paket ein Fragment und es folgen noch weitere.
3. Der **Fragement Offset**: Dieser gibt an, an welcher Stelle in Bezug auf den Dateianfang das Paket in die Datei einzuordnen ist. Aufgrund des Offset werden die Pakete in die richtige Reihenfolge gebracht.

3. Der **Fragment Offset**: Dieser gibt an, an welcher Stelle in Bezug auf den Dateianfang das Paket in die Datei einzuordnen ist. Aufgrund des Offset werden die Pakete in die richtige Reihenfolge gebracht.

Beispiel 6.3: (entnommen aus [BaHoKn94])
In diesem Beispiel soll ein TCP-Paket mit einer Länge von 250 Byte über IP versandt werden. Es wird angenommen, daß ein IP-Header eine Länge von 20 Byte hat und eine maximale Länge von 128 Byte pro Paket nicht überschritten werden darf. Der Identifikator der Datei beträgt 43 und der Fragmentabstand wird in 8-Byte-Schritten gezählt. Das Datenfragment muß also durch 8 dividierbar sein. Folgende Abkürzungen finden Verwendung: Identifikator = ID, MF-Bit = MF, Fragment Offset = FO .

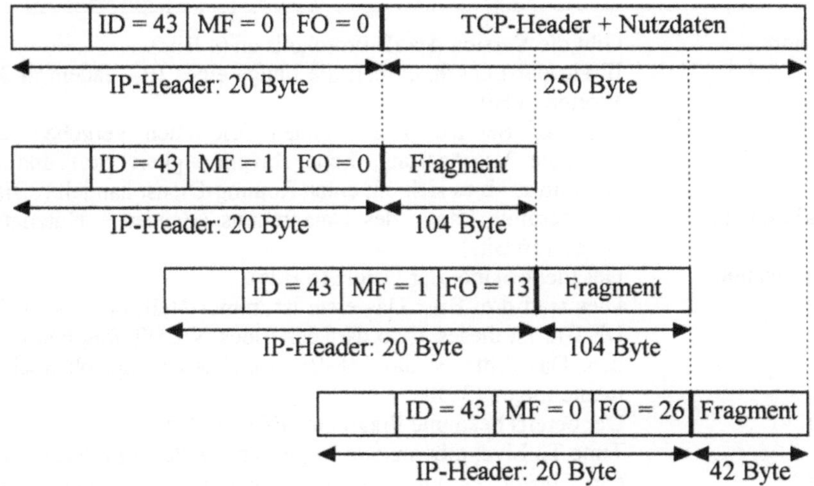

Bild 6.17: IP-Fragmentierung

Da alle Fragmente derselben Datei angehören, wird die ID für alle Fragmente beibehalten. Im ersten Fragment ist FO natürlich noch Null, MF jedoch auf 1 gesetzt, um zu zeigen, daß noch Fragmente folgen. Im IP-Header des zweiten Fragments beträgt FO 13 (104 / 8 = 13) und zeigt die Position des Fragments in der Datei an. MF ist noch immer 1, da noch ein Datenpaket folgt. Der Header des dritten Fragments enthält dann ein MF-Bit mit dem Wert 0, denn es handelt sich um das letzte Datenpaket zur Datei 43. FO ist auf 26 gesetzt, da vorher schon 208 Daten-Bytes (8 * 26 = 208) übertragen wurden.

224

Die Größe eines IP-Paketes liegt zwischen 576 Byte und 65536 Byte. Jede IP-Implementierung muß zumindest die Minimallänge (576 Byte) unterstützen. Sobald das erste Fragment (gleich welches) im Empfänger ankommt, wird ein Timer gesetzt. Sind innerhalb der dort gesetzten Zeit nicht alle Pakete zu der Datei eingetroffen, wird angenommen, daß Fragmente verlorengingen. Der Empfänger verwirft dann alle Datenpakete mit diesem Identifikator.

Bits:	1	8	16	24	32

Version	IHL	ToS	Total Length	
Identification		Flags	FO	
TTL		Protokoll	Header Checksum	
Source Address				
Destination Address				
Options			Padding	

Version:	Gibt die Version des IP-Protokolls an (4 Bits).
IHL:	IP-Header-Length, enthält die Länge eines IP-Headers in 32-Bit-Worten (4 Bits).
ToS:	Type of Service. Hier können Prioritäten vergeben werden (normale Verzögerung, hohe Zuverlässigkeit etc.) und es ist erkennbar, ob es sich um einen Routing-Dienst handelt (8Bits).
Total Length:	Die gesamte Länge des Datagramms (Header + Nutzdaten) in Bytes. (16 Bits).
Identification:	Der Identifikator der Datei (16 Bits).
Flags:	Dies sind drei Bits. Das erste ist immer Null, das zweite ist das DF-Bit. Ist dieses 1, so darf der Block NICHT fragmentiert werden. Das dritte ist das MF-Bit, welches anzeigt, ob noch Fragmente folgen (3 Bits).
FO:	Der bereits bekannte Fragment Offset. (13 Bits).
TTL:	Time To Live; gibt an, wie lange sich das Paket im Netz aufhalten darf, bevor es unzugestellt verworfen wird. Damit ist eine einfache Überlastkontrolle implementiert (8 Bits).
Protocol:	Die bereits erläuterte Protokollnummer (8 Bits).
Checksum:	Eine Prüfsumme, mit deren Hilfe der IP-Header auf Verfälschung überprüft wird (16 Bits).
Source Address:	IP-Adresse des Senders (32 Bits).
Destination Address:	IP-Adresse des Empfängers - die Zieladresse (32 Bits).
Option:	Hier können Optionen gewählt werden, wie Definitionen von Zeitmarken; Felder, die vom Netzwerk-Management ausgewertet werden usw. Dieses Feld ist von variabler Länge.
Padding:	Je nach Größe des Option-Feldes enthält diese Feld "Stopfbits", die den Header auf ein Vielfaches von 32 Bits auffüllen.

Bild 6.18: IP-Header

Der IP-Header ist selbstverständlich weitaus komplexer als im Beispiel 6.3 angegeben und ist für den Interessierten in der vorstehenden Abbildung wiedergegeben. Da IP als *das* zentrale Protokoll innerhalb der ganzen TCP/IP-Welt gilt, wird nur der IP-Header dargestellt. Leser, die über den exakten Aufbau der Header aller anderen Protokolle mehr wissen wollen, seien an die entsprechenden RFC-Dokumente verwiesen. IP ist in RFC 791 dargelegt und bildet die Grundlage für TCP und UDP, welche im folgenden erläutert werden.

6.3.2.2 ICMP

Das Protokoll ICMP (Internet Control Message Protocol) ergänzt IP in Hinsicht auf einige Funktionen, die das Routing unterstützen. ICMP, welches in RFC 792 dokumentiert ist, versendet seine Datenpakete dabei über IP, befindet sich aber in derselben Schicht (Internetschicht). Innerhalb des OSI-Modells ist es der Schicht 3 zuzuordnen.

Mittels ICMP ist eine rudimentäre Flußkontrolle möglich, welche IP selbst nicht besitzt. Kann ein Zielgerät einkommende Datagramme nicht schnell genug verarbeiten, wird eine ICMP-Überlaufmeldung gesendet. Das veranlaßt IP, die Datenverschickung einzustellen. Durch die, über ICMP realisierten, Statusabfragen können auch sogenannte *ECHO-Meldungen* versandt werden. Diese stellt fest, ob das Zielsystem überhaupt erreichbar ist. Der dem Leser vielleicht vertraute UNIX-Befehl "ping" nutzt diese Funktion. Sollte ein Rechner oder ein Port unerreichbar sein, ist es möglich, via ICMP entsprechende Meldungen zu versenden. Erkennt ein IP-Router, bei dem ein IP-Datagramm zur Weitervermittlung eintrifft, daß es einen idealeren Weg über einen Alternativ-Router gibt, kann er das Paket verwerfen und den Sender mittels ICMP an den Alternativrouter verweisen.

6.3.2.3 TCP

Das **Transmission Control Protocol** (TCP) hat zur Aufgabe, einen verbindungsorientierten Übertragungsweg mittels der Nutzung von IP zu realisieren. Zusammen mit UDP bildet TCP die Transportschicht im IP-Schichtungs-Modell. TCP ist ein verbindungsorientiertes Protokoll, setzt aber auf IP auf, welches ein *unzuverlässiges* und *verbindungsloses* Protokoll ist. Wie gelingt es einem Protokoll, welches einen unzuverlässigen Dienst nutzt, eine zuverlässige Verbindung aufzubauen? Denn wie aus Tabelle 6.1 hervorgeht, liegt TCP eine Schicht über IP und seine Daten werden über IP versandt. Dazu werden TCP-

Pakete mit einem IP-Header versehen und als IP-Pakete verschickt. TCP verwendet zum Aufbau einer zuverlässigen Verbindung die Methode der positiven Quittierung. Das wurde bereits in Kapitel 6.1.4.1 erläutert. Allerdings behandelt TCP Datenpakete nach dem Motto: "Keine Bestätigung ist eine negative Bestätigung". Ein Datensegment - unter TCP werden die einzelnen Pakete **Segmente** genannt - enthält im TCP-Header eine Prüfsumme, die im Zielrechner ausgewertet wird. Ergibt dies einen Fehler, wird das Datensegment verworfen und nicht bestätigt. Erhält der Sender nach einer bestimmten Zeit keine Bestätigung für sein Segment, verschickt er es einfach nochmal.

Da TCP verbindungsorientiert arbeitet, muß eine dedizierte Verbindung zum Kommunikationspartner aufgebaut werden. TCP sendet zunächst Kontrollinformationen zum Partner. Das erste Datensegment enthält die **Sequenznummer**. Diese sorgt dafür, daß die Datenpakete in der richtigen Reihenfolge bleiben. Da TCP ganze Dateien in einzelne Segment zerlegt, wird somit dem Zielrechner mitgeteilt, mit welcher Sequenznummer die Datenübertragung startet. Der Zielrechner sendet eine positive Bestätigung, welche nun ebenfalls seine Start-Sequenznummer (ISN - initial sequence number) enthält. Der Knoten, welcher den Verbindungsaufbau angefragt hat, bestätigt nun wiederum dieses Segment und beginnt mit der Übertragung. Eine solche Initialisierung von Verbindungen mittels Austausch von Kontroll-Datensegmenten nennt man auch einen **Handshake** (engl. = Händeschütteln).

TCP faßt die Datenübertragung nicht als die Verschickung einzelner Pakete auf, sondern als Datenstrom. Ausgehend von der Start-Sequenznummer werden die Bytes durchnummeriert. Betrug die ISN = 0 und die Sequenznummer der aktuellen Segments trägt den Wert 3001, wurden bereits 3000 Datenbytes übertragen und das aktuelle Segment beginnt mit Datenbyte 3001. Da das Quittierungssegment auch einen "Fensterwert" enthält, wird eine positive Bestätigung auch gleichzeitig zur Flußkontrolle verwendet (vergleiche Abschnitt 6.1.4.2). Der Fensterwert gibt an, wieviele Bytes noch gesendet werden können. Eine Quittung enthält also primär zwei Werte: Die Sequenznummer der bestätigten Bytes - 2000 bedeutet den Erhalt der letzten 2000 Bytes - und den Wert, wieviele Bytes noch gesendet werden können. TCP benutzt den Fenster-Mechanismus, um einen stetigen Datenstrom aufzubauen. Dieser doch recht schwierige Sachverhalt wird durch die [Hunt95] entlehnte Abbildung 6.19 erläutert.

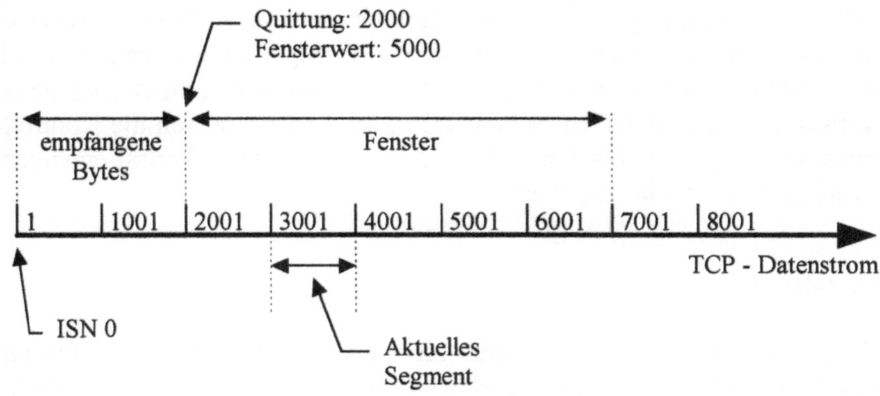

Bild 6.19: TCP Datenstrom

In dieser Abbildung schickt der Sender gerade ein Datensegment mit einer Länge von 1000 Byte, beginnend mit Byte 3001. Der Absender selbst hat erst eine Bestätigung für die ersten 2000 Byte erhalten, wird aber noch bis zum Byte mit der Sequenznummer 7000 weitersenden. Sollte er bis dahin keine weitere Bestätigung bekommen haben, stellt er die Datenübertragung ein. Trifft auch nach einer bestimmten Zeit (time-out) keine positive Quittung ein, wird angenommen, daß die Übertragung fehlschlug. Beginnend mit Byte 2001 werden die Segmente dann erneut gesendet.

Um eine Verbindung wieder zu schließen, wird ebenfalls ein Handshake-Mechanismus verwendet. Diesmal wird ein Bit mit der Bedeutung "keine weiteren Daten" gesetzt und nach der oben bereits erklärten Handshake-Methode versandt.

6.3.2.4 UDP

UDP steht für **User Datagramm Protocol** und ist - wie der Name schon sagt - ein verbindungsloser, unzuverlässiger Datagrammdienst ohne Möglichkeiten zur Flußkontrolle. Wie bei TCP erfolgt die Adressierung anderer Rechner innerhalb des IP-Protokolls. UDP führt nur den Quell- und den Zielport im Header, faßt Datenübertragung nicht als einen Bytestrom auf und arbeitet botschaften-orientiert. Ein Datenblock wird daher als eigenständiges Paket und nicht - wie unter TCP - als Segment innerhalb eines Datenflusses aufgefaßt. Da UDP im Gegensatz zu TCP einen minimalen Overhead besitzt, eignet es sich hervorragend zur schnellen Versendung geringer Datenmengen. Auch Protokolle höherer Schichten, die eigene Mechanismen zur Flußkontrolle besitzen, verwenden UDP statt TCP. Käme TCP zum Einsatz, wären die Kontrollmechanismen doppelt vorhanden und würden eine unnütze Überlast erzeugen. UDP wird in RFC 768 beschrieben.

6.3.2.5 DHCP

DHCP ist die Kurzform von Dynamic Host Configuration Protocol und ein unter Systemadministratoren umstrittenes Protokoll. Dynamic Host Configuration besagt, daß einem Knoten eine IP-Adresse automatisch vergeben wird. Damit wurde der Tatsache Rechnung getragen, daß immer mehr mobile Rechner (Notebooks) an Netze angebunden werden müssen. Man stelle sich Außendienstmitarbeiter vor, die unregelmäßig in die Firma kommen und Kundendaten von ihren Notebooks in das Netz übertragen möchten. Würden die Notebooks der Außendienstmitarbeiter jedesmal neu mit IP-Adresse, Subnetmask usw. konfiguriert, würde dies für die Systemverwalter einen erheblichen Aufwand darstellen. Daher wird ein solches Notebook nur mit der Adresse eines DHCP-Servers versehen. Dieser Server *vergibt* IP-Adressen. Der Systemverwalter definiert einen Bereich von Adressen, die der Server eigenständig an anfragende Knoten vergeben kann. Das Notebook sendet daher ein Datagramm an den DHCP-Server mit der Aufforderung: "Gib mir eine Adresse". Der DHCP-Server wählt dann aus seinem Adreßbereich eine Adresse aus und sendet diese an das Notebook. Dort wird der IP-Stack mit dieser Adresse automatisch konfiguriert. Das Notebook ist nun vollwertiger Kommunikationsteilnehmer im Netzwerk, ohne daß ein Systemverwalter erst eine Adresse auswählen oder der Anwender sich mit Begriffen, wie *Subnetmask* und *IP-Address*, auseinandersetzen muß. DHCP wird nicht von allen Systemverwaltern akzeptiert, da die "Hardliner" darauf bestehen, volle Übersicht über die Adreßvergabe in ihrem Netz zu besitzen. Da DHCP die Adreßvergabe zur Aufgabe hat, ist es eindeutig ein Protokoll der Internetschicht respektive der Schicht 3 im OSI-Modell. DHCP ist, da direkt auf IP basierend, verbindungslos und unzuverlässig. Die RFCs 1533 und 1534 geben Aufschluß über die Möglichkeiten von DHCP.

6.3.2.6 IP Routing-Protokolle

Zunächst gilt es einmal, den Begriff "**Routing-Protokoll**" zu klären. Ein solches Protokoll verschickt Datenpakete, deren Inhalte aus Informationen über verfügbare Wege bestehen. Es werden also keine Anwenderdaten sondern nur Informationen versandt, welche das eigentliche Transport-Protokoll und die Geräte im Netz benötigen, um vom Quell- zum Zielsystem zu gelangen. Aufgrund dieser Informationen werden in den Rechnern und Netzwerkkomponenten dann Routing-Tabellen aufgebaut. Anhand dieser Tabelle ermittelt ein Knoten, an welches Gerät er ein einkommendes Datenpaket weiterversenden muß. Man unterscheidet dabei sogenannte **interne** und **externe Routing-Protokolle**. Ein internes Routing Protokoll (**IGP** = Interior Gateway Protocol) wird innerhalb eines autonomen Netzwerks eingesetzt, ohne Verbindungen zu einem Weitverkehrsnetz zu haben. Seine Routing-Information hat nur Gültigkeit innerhalb des geschlossenen Systems. Ein externes Routing-Protokoll dient dazu, die Wegewahl *zwischen* autonomen Systemen zu steuern. Dies verdeutlicht folgendes Beispiel:

Beispiel 6.4

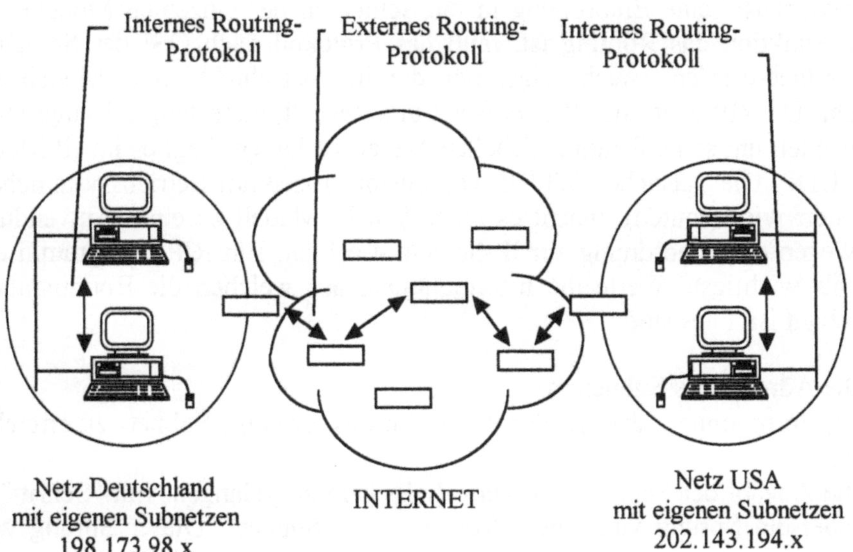

Bild 6.20: Interne und Externe Routing-Protokolle

Eine deutsche Firma hat ein Tochterunternehmen in den USA. Beide Firmen besitzen ein eigenständiges Class C Netz mit einem eigenen Adressbereich. In beiden Netzen befinden sich Router, die als Gateway ins Internet dienen. Wenn sich die beiden Firmen Daten zusenden, dient das Internet als Übertragungsmedium. Da die Anzahl der Rechner innerhalb der Firmen eingeschränkt ist (254 Knoten), findet ein einfaches, schnelles Routing-Protokoll Verwendung, um die Wegewahl zwischen Arbeitsplätzen innerhalb einer Firma zu realisieren und um den einzelnen Knoten die Information bereitzustellen, welche Adresse der Router ins Internet hat. Im Internet, welches mehrere Millionen Knoten beinhaltet, wird ein sehr viel komplexeres Routing-Protokoll verwendet. Dessen Aufgabe ist es, den Knoten im Internet die Wegewahl zu ermöglichen, damit die Datenpakete, die zwischen den Firmen versandt werden, ihr Ziel finden. Damit also Daten von *außerhalb* in das autonome System übertragen werden können, ist ein externes Routing-Protokoll notwendig. Abbildung 6.20 verdeutlicht den Sachverhalt.

RIP

Das **Routing Information Protocol** (RIP) ist ein internes Routing-Protokoll und Bestandteil fast aller gängigen UNIX-Systeme. Auf diesen läuft es als ein Prozeß namens "routed". Hinter diesem Prozeß steckt aber nichts anderes als RIP. Dadurch hat dieses Protokoll eine sehr weite Verbreitung im IP-Umfeld erfahren und ist wohl eines der meist eingesetzten internen Routing Protokolle. Interessant ist seine Einordnung in die Schichten der einzelnen Modelle. Da seine Funktion das Routing ist, muß das Protokoll nach OSI der Schicht 3 zugeordnet werden, welche eigentlich der Internetschicht im IP-Modell entspricht. Da RIP aber auf UDP aufsetzt und deshalb unbestätigte Datagramme verwendet, um seine Routing-Tabellen aktuell zu halten, liegt es im IP-Modell über UDP. Die Tatsache, daß RIP von einem Prozeß auf Betriebssystemebene gesteuert wird (routed), macht es nach dem IP-Modell zu einer Anwendung, weswegen eine Zuordnung zur IP-Schicht 4 erfolgt. Ein RIP-Datagramm enthält als wichtigste Werte die Informationen, aus welchen die Routingtabelle aufgebaut ist. Dies sind:

1. Die Adresse des Subnetzes.
2. Die Portnummer, über die der Router für das jeweilige Subnetz zu erreichen ist.
3. Die Anzahl der Schritte, um zum Zielsystem zu gelangen. Ein "Schritt" ist dabei ein Sprung von einem Router in ein Subnetz. Dieser Sprung wird **Hop** genannt.
4. Ein Zeitwert, der angibt, wann die Route zum letztenmal aktualisiert wurde.

Der Nachteil von RIP besteht darin, daß maximal 15 Hops verarbeitet werden. Ein System, das weiter als 15 Hops entfernt ist, gilt als unerreichbar. Das schränkt RIP auf den LAN-Bereich ein und macht es für Weitverkehrsnetze, wofür es übrigens nie konzipiert war, unbrauchbar. Allerdings ist es, durch seine Realisierung über UDP, auf fast allen Rechnern verfügbar. Durch den automatischen Update aller Routing-Tabellen auf den Rechnern verursacht es keinen Verwaltungsaufwand. Die Routing-Informationen werden alle 30 Sekunden versandt. Bei 15 Hops ergibt es eine maximale Wartezeit von 7,5 Minuten, bis auch der letzte Knoten die aktuellen Informationen besitzt. Erhält ein Knoten von seinem Nachbar-Gateway 180 Sekunden lang keine Nachricht, löscht er diese Route aus seiner Tabelle. Es wird angenommen, daß der Knoten ausgefallen ist. Weitere Details über RIP können den RFCs 1058 und 1388 entnommen werden.

Ein weiteres IGP hat fast nur noch historische Bedeutung. HELLO geht nicht wie RIP davon aus, daß die Route mit der kürzesten Anzahl an Hops die beste ist, sondern mißt die Zeit, die seine Datagramme von der Quelle zum Ziel benötigen. HELLO wird kaum noch eingesetzt. Wer sich dennoch dafür interessiert, sei an RFC 891 verwiesen.

OSPF

OSPF ist die Abkürzung für **"Open Shortest Path First"** und beschreibt ein internes Routing-Protokoll neueren Datums. Erst 1990 wurde die Definition von RFC 1247 abgeschlossen. OSPF gehört zu den **Link State Protokollen** (vergleiche Kapitel 4.7), weswegen jeder Router eine eigene Routing-Tabelle besitzt. In dieser sind die erreichbaren Ziele als eine Art Baum dargestellt. Dieser Baum liefert sowohl die Information über die verschiedenen Routen, mittels denen ein Ziel erreichbar ist, als auch deren Auslastung und Übertragungsgeschwindigkeiten. Wie "Open Shortest Path First" schon sagt, wird bei der Wahl der Routen immer die schnellste zuerst verwendet. Andere RFCs, die sich mit OSPF befassen, sind 1583, 1253, 1245 und 1370.

Da OSPF direkt auf IP aufsetzt, verwendet es ebenfalls den verbindungslosen Datagrammdienst und liegt in der IP-Schicht 2 beziehungsweise der OSI-Schicht 3.

EGP

Das **Exterior Gateway Protocol** (EGP) ist, wie bereits dem Name entnommen werden kann, ein externes Routing-Protokoll. EGP nutzt direkt IP. Deswegen ist es der Transportschicht des IP-Modells zuzurechnen. Es fügt der von IP bereitgestellten Funktionalität aber keine weiteren Mechanismen zur Fehler- oder Flußkontrolle hinzu. Aufgrund seiner Funktionalität entspricht es immer noch der Schicht 3 des OSI-Modells. EGP wurde entwickelt, um autonome Systeme an das Internet anzubinden, aber es kann auch als internes Routing-Protokoll Anwendung finden. EGP ist statisch, das heißt daß der Systemadministrator manuell eintragen muß, in welches Netz geroutet wird. Ebenso muß er seinem Router, den er als Gateway ins Internet benutzt, mitteilen, wie die Adressen seiner Nachbarn lauten. Ist dies bekannt, fragt EGP die Nachbarn nach Routing-Informationen. Dieses zyklische Anfragen nennt man auch **pollen** (engl.: to poll = seine Stimme abgeben) oder **Polling**. Pollt ein Router dreimal vergeblich seinen Nachbarn an, nimmt er an, daß dieser nicht mehr verfügbar ist und löscht ihn aus seiner Routing-Tabelle. Ist ein Poll erfolgreich, sendet das angefragte System seine Routing-Information mit einem sogenannten "Update-Bit". Das anfragende System vergleicht die erhaltenen Daten mit der eigenen Routing-Tabelle und erweitert diese, wenn nötig. EGP interessiert sich nicht dafür, wie viele Sprünge erforderlich sind, um zu einem Zielsystem zu gelangen, es ermittelt nur, ob es erreichbar ist. Zur Feststellung, ob der Kommunikationspartner noch verfügbar ist, werden sogenannte "Hello"- und "I heard you"-Meldungen periodisch ausgetauscht. Explizite Informationen über EGP können RFC 904 entnommen werden.

BGP

Das **Border Gateway Protocol** (BGP) ist ein externes Protokoll sehr viel neueren Datums als EGP. Allein die Tatsache, daß der entsprechende RFC die Nummer 1163 trägt (weitere Spezifizierungen in 1267), ist beweisend hierfür. Im Gegensatz zu EGP kümmert sich BGP sehr wohl um die Frage, auf welchem Weg ein Zielsystem erreicht wird. Aufgrund der eigenen Routing-Tabelle, werden die Adressen von Ursprungs- und Zielsystem ausgewertet und die Subnetze, die dazwischen liegen, ermittelt. Die Liste dieser Subsysteme wird dann zur weiteren Auswertung an die Router gesendet. Die Router auf der Strecke bauen somit explizite logische Verbindungen auf.

Da BGP das verbindungsorientierte TCP verwendet, macht dies auch Sinn, denn Routing-Informationen können so zwischen Ziel- und Endsystemen über logische Verbindungen ausgetauscht werden. Müssen nun Anwendungsdaten gesendet werden, erfolgt dies über eine feste, ermittelte Verbindung.

Durch die Verwendung von TCP ist BGP auch sehr viel zuverlässiger als ein Protokoll, das auf unbestätigten Datagrammen beruht. Sind einmal die Routing-Informationen komplett übertragen, werden nur noch die Änderungen und nicht ganze Tabellen versandt. Durch diesen Mechanismus ist BGP hinsichtlich des Datenaufkommens weitaus sparsamer. Da BGP keine Anwendung ist, jedoch TCP verwendet, wird es im IP-Modell in der Schicht 3 angesiedelt (genauso wie TCP). Nach OSI wäre es - wie alle Routing-Protokolle - der Vermittlungsschicht (Schicht 3) zuzuordnen.

6.3.2.7 ARP und RARP

ARP steht für "**Address Resolution Protocol**". Dieses Protokoll hat zur Aufgabe, eine vier Byte umfassende IP-Adresse in eine MAC-Adresse umzusetzen. Wie bereits in Kapitel 6.1.3 beschrieben, versteht ein Ethernet-Netz NUR MAC-Adressen. ARP wandelt daher IP-Adressen mittels einer internen, dynamisch erstellten Tabelle um. Ein oft ebenfalls verwendeter Ausdruck für diese Tabelle ist **ARP-Cache**. Erhält ARP den Auftrag, eine IP-Adresse in eine MAC-Adresse umzusetzen, wird zunächst in dieser Tabelle nachgesehen, ob die Zuordnung der beiden Adressen eingetragen ist. Wenn nein, startet ARP einen Broadcast mit der IP-Adresse, welcher lautet: "Knoten mit der IP-Adresse X.X.X.X wie lautet deine MAC-Adresse?". Dieser Broadcast liefert dann die entsprechende MAC-Adresse zurück.

RARP bedeutet "**Reverse Address Resolution Protocol**" und wurde für Knoten entworfen, die ihre IP-Adresse nicht selber abspeichern können. RARP arbeitet genau umgekehrt wie ARP. Anstatt eine MAC-Adresse zu einer IP-Adresse wird zur bekannten MAC-Adresse die IP-Adresse gesucht. Da ARP und RARP die Umsetzung zwischen IP-Adressen und der MAC-Schicht realisieren, sind diese Protokolle der IP-Schicht 1 (Netzzugangsschicht) zugeordnet. Im OSI-Modell gehören sie der Schicht 2b an, da sie direkt auf die MAC-Schicht (2a) aufsetzen.

Eine weitere Implementierung von ARP lautet **Proxy ARP**. Wie bereits erwähnt, arbeitet ARP mit Broadcasts. Dabei ergibt sich ein Problem, wenn ein Rechner (Host-A) über eine serielle Leitung (via Modem) zu einem Netz Verbindung aufnimmt und von einem anderen IP-Rechner (Host-B) im Netz Daten anfragt. Möchte Host-B nun Daten an den eingewählten Kommunikationspartner senden, schlägt die Adreßauflösung mittels ARP-Broadcast fehl. Host-A ist nämlich nicht Teil des lokalen Netzes, sondern er "verbirgt" sich hinter einer seriellen Leitung. Jetzt kommt Proxy ARP ins Spiel. Da das Modem, über das man sich eingewählt hat, mit Sicherheit über einen eigenen Server mit Netzwerkkarte (Kommunikations-Server) verwaltet wird, bewirkt Proxy-ARP, daß dieser sich mit seiner MAC-Adresse meldet. Dadurch werden die Datenpakete von Host B an den Kommunikations-Server gesendet, der diese wiederum über die serielle Leitung an den betreffenden Rechner übermittelt.

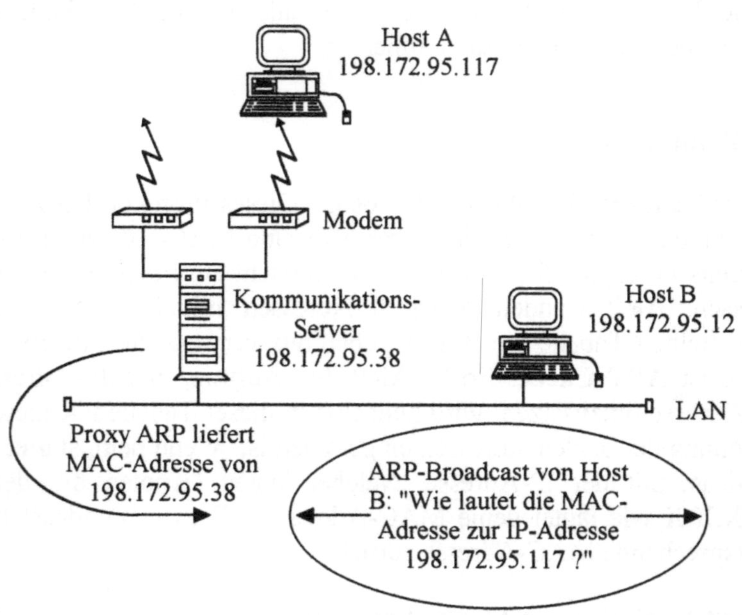

Bild 6.21: Proxy ARP

Bei den Einträgen in die ARP-Tabelle, die von Proxy-ARP erzeugt werden, handelt es sich um temporäre Einträge, denn Host A baut die Verbindung ja irgendwann wieder ab. Um diese Einträge zu löschen, wurde die Erweiterung UARP geschaffen. Sobald ein Rechner die Verbindung schließt, löscht UARP den Proxy Eintrag aus dem ARP-Cache.

6.3.2.8 TCP basierte Protokolle und Dienste der Anwendungsschicht

TELNET

Bei TELNET handelt es sich um ein Terminal Protokoll, das es dem Anwender ermöglicht, sich auf einen anderen Rechner einzuloggen. Auf dem eigenen Rechner wird ein Terminal emuliert, mit dem man auf dem anderen Rechner arbeitet, vorausgesetzt, dieser versteht TELNET. Die Steuerung der Kommunikation obliegt dann dem Zielrechner. TELNET ist in RFC 854 dargelegt.

FTP

Das **File Transfer Protocol** (FTP) dient als verbindungsorientiertes Protokoll zur Dateiübertragung. Mit dem Befehl ftp <Internetadresse> wird eine Verbindung zu dem angegebenen Rechner aufgebaut, wobei auch hier ein "Einloggen" erforderlich ist. Die Kommunikation wird dabei vom Client und nicht vom Zielrechner gesteuert. Der Anwender wählt dann aus, welche Dateien er auf seinen Rechner kopieren möchte oder von seinem Client zum Zielrechner übertragen will. RFC 959 erläutert die Funktion von FTP.

SMTP

Die Versendung elektronischer Post im Internet erfolgt mittels zweier Komponenten. Eine Komponente sind die **Message Transfer Agents (MTAs)**, welche Mails (elektronische Nachrichten) zwischen Teilnetzen zu ihrem Bestimmungsort übertragen. Die andere Komponente bilden die **User Agents (UAs)**, mit welchen Nachrichten erstellt und verwaltet werden. Man könnte einen UA daher auch als einen Mail-Editor bezeichnen. Um die Nachrichten zwischen den MTAs zu übertragen, wird **SMTP**, das **Simple Mail Transfer Protocol**, eingesetzt. Es baut eine Verbindung von MTA zu MTA auf und überträgt das elektronische Dokument. Ein UA tritt direkt mit dem MTA, an den er angebunden ist, in Verbindung. SMTP hat daher nichts mit der Kommunikation zwischen UA und MTA zu tun. Der interessierte Leser wird SMTP in RFC 821 erläutert finden.

6.3.2.9 DNS

Als UTP-basierender Dienst soll hier nur der Domain Name Service (DNS) genannt werden. Er stellt eigentlich kein Protokoll sondern einen Dienst dar. Der DNS ist allerdings *extrem* eng mit IP verknüpft, da er für die Umsetzung der IP-Adressen in logische Namen sorgt. Sicherlich ist eine Mail-Adresse wie *"user1@server1.uni-hintertupfingen.de"* bekannt. Aus IP-Sicht lautet die Adresse jedoch *"user1@198.112.13.142"*, wobei 198.112.13.142 die weltweit eindeutige Adresse von Server1 ist. DNS sorgt dafür, daß logische Namen wie *"server1.uni-hintertupfingen.de"* weltweit eindeutig gültig sind und die entsprechenden Rechner auch von jedem Punkt der Welt aus gefunden werden.

Eine Domain (Domäne) ist zum Beispiel *"edu"*. Alle Adressen, die mit *".edu"* enden, sind in den USA Bildungseinrichtungen. Die Abkürzung "edu" steht für "education", während die Endung ".com" eine kommerzielle Einrichtung bezeichnet und ".de" eine Adresse in Deutschland angibt. Im Internet existieren Server, welche die IP-Adressen der DNS-Server aller international registrierten Domänen gespeichert haben. Die Domänen-Hierarchie sieht, wie in Abbildung 6.22 dargestellt, aus.

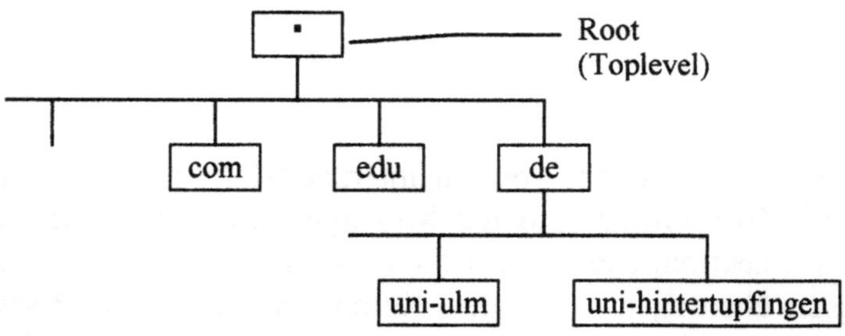

Bild 6.22: DNS-Hierarchie

Die Arbeitsweise von DNS läßt sich am besten an einem Beispiel verdeutlichen.

Beispiel 6.5:
Ein Student in Kalifornien möchte seiner Freundin in Deutschland an der Universität Hintertupfingen eine Mail mit nicht akademischem Inhalt schicken. Seine Freundin ist auf dem System der Uni Hintertupfingen als User1 bekannt. Dieser User ist auf Server1 eingerichtet. Der DNS-Server der Universität in Kalifornien kennt die Adresse des Rechners in Hintertupfingen nicht. Er sendet daher eine Anfrage an einen ihm bekannten "authorative Server". Diese DNS-Server verwalten weltweit die Domänen im Internet. Dieser durchsucht seinen Hierarchiebaum, findet in der de-Domäne die Unterdomäne "uni-hintertupfingen" und dort die IP-Adresse des DNS-Servers dieser Unterdomäne. Die gefundene IP-Adresse gibt er dem DNS-Server der Universität Kalifornien zurück. Dieser startet nun direkt eine Anfrage an den DNS-Server der Universität Hintertupfingen und teilt ihm mit, daß er eine Mail für einen User1 auf Server1 hat. Da der DNS-Server der Uni Hintertupfingen selbstverständlich weiß, welche IP-Adresse in der von ihm verwalteten Domäne (uni-hintertupfingen.de) dem Rechnernamen (Server1) zugeordnet ist, kann die Mail nun zugestellt werden.

Es können übrigens mehrere Server an der Suche nach dem DNS-Server der Universität Hintertupfingen beteiligt sein. Die Namens-Datenbank liegt nicht auf einem Server im Internet sondern über Tausende von Rechnern verteilt. Es kann sein, daß der authorative Server nur einen kleinen Teil der Datenbank gespeichert hat. Er kennt jedoch die Adresse eines Rechners, der die Einträge de-Domäne verwaltet, wobei selbst diese Einträge wieder verteilt sein können. Man sieht, hinter DNS steht eine weltweit verteilte Datenbank.

Die Vergabe der Domänen ist natürlich zentralisiert. Sie muß bei einem NIC (Network Information Center) beantragt werden. In Deutschland, Österreich und der Schweiz werden Domänen von den Internet-Providern zugewiesen. Innerhalb einer eigenständigen Domäne kann ihr Betreiber nach eigenem Dünken weitere Unterdomänen vergeben, die der eigene DNS-Server verwaltet. So könnte der Systemverwalter der Universität Hintertupfingen die Unterdomäne "Informatik" anlegen. Die Adresse würde in diesem Fall natürlich *"user1@server1.informatik.uni-hintertupfingen.de"* lauten. Der Name des Rechners muß übrigens nicht mitgeführt werden, wenn der Username innerhalb der Domäne eindeutig ist.

6.3.3 IPng - Next Generation IP

Wie schon angedeutet, ist der Adreßbereich von IP begrenzt. Irgendwann wird der Punkt erreicht sein, wo alle Netze der Klasse C vergeben sind. Im Jahre 1994 betrug die Anzahl der Subnetze (aller Klassen) im Internet 40073. Seitdem verdoppelt sich die Anzahl ca. alle 12 Monate. Zu Beginn des Jahres 1997 wurden über 165000 Netze gezählt. Die Tendenz ist expolsionsartig steigend. Zwar sind noch genügend Netze der Klasse C vorhanden, aber wenn ein Unternehmen für sich eine Adresse der Klasse B beantragt, müssen schon gewichtige Gründe vorliegen.

Die Zeichen der Zeit wurden erkannt. Neue Anwendungen wie "Video on Demand" oder die Anforderung, sich über mobile Rechner per Funk in Netze zu verbinden, sind aktuell. Derartige Dienste werden nicht nur enorme Bandbreiten, sondern auch flexiblere Netze mit komplexerer Hierarchie als drei Netzklassen verlangen. Das führte 1994 zur "Empfehlung" des Protokolls IPng durch die IETF (Internet Engineering Task Force). Diese Empfehlung wurde in RFC 1752 formuliert und setzt die Kompatibilität zwischen alten IP-Adressen der Version 4 mit der neuen Adressierung an erste Stelle. Dem neuen Protokoll wurde die Versionsnummer 6 zugewiesen, so daß IPng gleichbedeutend mit IPv6 ist.

Die 1994 beschlossenen Erweiterungen umfaßten folgende Punkte:

1. Die Adresse wurde von 32 auf 128 Bit erweitert. Dadurch wird theoretisch eine Adressierung von mehreren Milliarden Rechnern pro Quadratmeter-Erdoberfläche möglich. Das sollte bis zur Kolonisierung der anderen Planeten des Sonnensystems vorerst reichen - zumindest was die Adressen betrifft.

2. Ein Bereich (Scope) von Knoten, auf die ein Multicast angewendet wird, kann definiert werden.

3. Eine Anycast Adresse, die eine Gruppe von Knoten definiert, wurde eingeführt. Ein Paket mit einer Anycast-Adresse wird an einen Knoten aus dieser Gruppe gesendet. Dies ermöglicht einzelnen Rechnern eine bessere Kontrolle über den Weg, den ihre Datenpakete gehen, weil die Zahl der in Betracht kommenden Routen so begrenzt werden kann.

4. Der Header wurde vereinfacht und mit weniger Feldern versehen. Obwohl die IPv6-Adresse viermal länger als eine IPv4-Adresse ist, ist der Header nur doppelt so groß.

5. Durch den "Quality of Services" können, Pakete bestimmten Datenströmen (Gruppen von zusammengehörenden Paketen) zugeordnet und Bedingungen für die einzelnen Ströme definiert werden. Es ist ein Unterschied, ob die Pakete Videosignale oder ASCII-Text enthalten. Bei ASCII-Text ist es gleichgültig, in welcher Reihenfolge die Pakete im Zielrechner eingehen,

denn der Text kann notfalls zusammengesetzt werden. Bei Video on Demand, welches Videos über Internet sendet, ist es nicht egal, in welcher Abfolge die Bilder ankommen. Müßten diese erst im Zielgerät in die richtige Reihenfolge gebracht werden, hätte dies ein starkes "Ruckeln" des Bildes zur Folge. Die zum selben Video gehörenden Pakete müssen daher als zusammengehörender Datenstrom definiert werden, der über dieselbe Route von derselben Quelle zum selben Ziel geht. Die Behandlung der Pakete *eines* Datenstroms bei der Übertragung im Internet muß für jedes Paket identisch sein.

6. Im Header wird ein Prioritätswert mitgeführt. Ein Wert zwischen 0 und 7 gibt an, um welchen Typ von Anwendung es sich handelt (2 = email, 6 = interaktive Anwendung wie TELNET oder X-Windows, 7 = Kontrollverkehr wie SNMP usw.). Die Prioritäten für diese Gruppen sind festgelegt. Eine Priorität zwischen 8 und 15 legt fest, daß die Priorität frei gewählt wurde und wie beim Routing zu verfahren ist. So werden Pakete mit einer Priorität von 15 nur noch in Spezialfällen verworfen. Im Grunde bleiben sie bis zur Übertragung bestehen.

7. Neue, erweiterte Sicherheitsstandards sollen die Lücken von IPv4 füllen. Teil davon ist der "Authentication Header", der eine Erweiterung des eigentlichen Headers und eine verschlüsselte Kennung der Applikation darstellt, die das Paket sendet. Mit dieser Methode sollen Einbruchsversuche durch "Masquerading" oder "Spoofing" verhindert werden. Das sind Datenpakete, die vorgeben, von einem Server aus dem lokalen Netz zu kommen, aber stattdessen von einem externen Rechner gesendet wurden.

6.3.3.1 Adressierung innerhalb IPv6

Erstmals wird es sogenannte Provider-Adressen geben. Provider sind Firmen, die einen Zugang zum Internet anbieten und die Dienste ihren Kunden zur Verfügung stellen. Ein Provider wird eine eigene Adresse bekommen, die ihn exakt identifiziert. Nach den Provider-Bits wird in der Adresse der Kunde des Providers und dessen Subnetzverbindungen, sofern er ein ganzes Netzwerk mit Subnetzen betreibt, angegeben.

Der zweite Adreßtyp wird durch die "Lokal-Use Adressen" gebildet. Das sind Adressen, die nur dem internen Datenverkehr in einem Subnetz dienen und keine globale Bedeutung im Internet besitzen.

Die bereits erwähnten Anycast Adressen senden ein Datenpaket an eine Gruppe von Knoten und innerhalb dieser Gruppe an den als ersten erreichbaren. Das ist auch dann vorteilhaft, wenn man ein Datenpaket an Rechner senden möchte, die einen bestimmten Dienst anbieten (z.B. DHCP). Es ist somit möglich, daß bereits die Anwendung eine Zielgruppe definiert und das Paket an den am schnellsten erreichbaren gesendet wird. Somit kann der Broadcast- und Multicastverkehr auf Zielgruppen eingegrenzt werden.

Multicast Adressen bezeichnen dagegen eine fest definierte Gruppe von Knoten, wobei ein Knoten mehreren Multicast-Gruppen angehören kann. Mit dem 4 Bit wertigen Scope-Feld ist es möglich, die Multicast-Gruppen einzugrenzen. Es können dann zum Beispiel alle Mitglieder der Multicast-Gruppe in einem Subnetz, oder aber in der ganzen Organisation, angesprochen werden. Im letzten Fall wird der Multicast durch alle Subnetze geroutet.

6.3.3.2 IPng Routing

Das Routing erfolgt nach denselben Regeln wie unter IPv4, so daß OSPF, RIP und BGP weiterhin Verwendung finden. Eine Neuerung stellen allerdings die sogenannten Adreßsequenzen dar. Zwischen Quell- und Zieladresse können noch weitere Adressen von Knoten angegeben werden, die ein Datenpaket "besuchen" muß. Dies ermöglicht es, Datenpakete über ganz bestimmte Routen zu senden. Sollte eine Antwort vom Zielsystem erfolgen, wird auch dieselbe Route für den Rückweg verwendet. Dies sei am folgenden Beispiel erläutert.

Beispiel 6.6:
Ein Rechner (Quelle) möchte seine Datenpakete über eine fest definierte Route durch ein Netz zu seinem Kommunikationspartner (Ziel) senden, da der "Quality of Services" dies verlangt. Es ergibt sich folgende Kette aus Adressen:

Quelle, Router1, Provider1, Router2, Ziel

Das Paket wird durch das Netz exakt diese Route nehmen und Antworten auf dieses Datenpaket werden vom Ziel auch über dieselben Knoten zurück geroutet. Die Abbildung 6.23 zeigt dieses Sequenz-Routing auf.

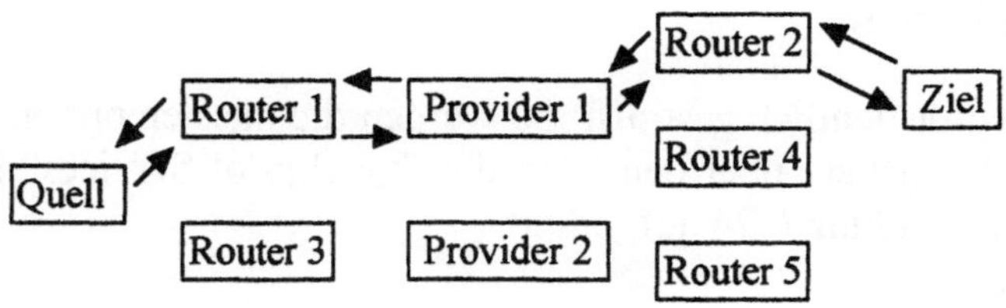

Bild 6.23: IPng Routing

6.3.3.3 Zusammenarbeit von IPv4 und IPv6.

Ein Spezialist der NASA hat geäußert, daß die beiden Protokolle mindestens eine Decade lang ZUSAMMEN das Internet bilden werden. In einem Konstrukt aus über 4 Millionen Knoten legt niemand von heute auf morgen den Schalter um. Es gilt daher als oberstes Gebot, daß es möglich sein muß, Adressen beider Versionen über dieselben Router zu leiten und für alle Systeme verständlich zu machen. Diverse Mechanismen ermöglichen dieses.

1. IPv4 Adressen können in IPv6 Adressen eingebettet werden, indem nur die letzten 32 Bit verwendet und die restlichen Bits auf Null gesetzt werden.

2. Wenn IPng Datenpakete über Teilnetze geroutet werden, die noch auf Basis von IPv4 arbeiten, greift der Encapsulation-Mechanismus (siehe Abschnitt 6.1.2). IPv6-Pakete werden dann in IPv4 Header "eingepackt".

3. In der ersten Phase der Einführung von IPng werden die Router und Rechner beide Protokolle verstehen. Beim Upgrade von IPv4 auf IPv6 wird der IPv4-Stack also nicht entfernt sondern bleibt bestehen.

4. Einzelne Knoten im Netz können mit IPv6 konfiguriert werden, ohne daß alle anderen Knoten ebenfalls mit IPv6 ausgerüstet sind. Ein Subnetz innerhalb einer Organisation kann daher IPv6 verwenden, während der Rest mit IPv4 arbeitet.

6.3.3.4 IPng Header

Der Header wurde deutlich gestrafft. So werden die meisten optionalen Regeln, die für ein Paket gelten, über den Wert des "Quality of Services" kodiert. Der Header ist in Abbildung 6.24 aufgeführt.

| Bits: | 1 | 8 | 16 | 24 | 32 |

Version	Prior	Flow-Label		
Payload Length			Next Header	Hop Limit
Source Address				
Destination Address				

Version:	Versionsnummer (4 Bit)
Prior:	Prioritätswert (4Bit)
Flow Label:	Welchem "Datenfluß" gehört das Paket an und welcher "Quality of Services" gilt dafür. (24 Bit)
Payload Length:	Was folgt nach dem Header, wie groß ist das Paket. (16 Bit)
Next Header:	Welchem Protokoll-Typ gehört der Header an, der nach dem IPng-Header folgt. (8Bit)
Hop-Limit:	Besagt, wie lange das Datenpaket im Internet bestehen darf. Nach jedem Hop (Sprung vom Router ins nächste Subnetz) wird der Wert um 1 verringert. Erreicht er Null, wird das Paket verworfen. (8 Bit)
Source Address:	IP-Adresse des Senders (32 Bits)
Destination Address:	IP-Adresse des Empfänger - die Zieladresse (32 Bits)

Bild 6.24: IPng Header

6.4 Die NetWare-Protokolle

Eine weitere Protokoll-Familie stellt NetWare der Firma Novell dar. Diese Protokolle bilden die Grundlage für das Netzwerk-Betriebssystem NetWare, welches (immer noch) die am weitesten verbreitete Netzwerk-Umgebung in der PC-Welt darstellt. Die Fähigkeiten von NetWare als Betriebssystem werden in Kapitel (7.2.4.1) behandelt, doch um die Grundlage der Funktionen zu verstehen, muß man sich mit den zugehörigen Protokollen auseinandersetzen.

6.4.1 Das NetWare-Konzept

Die Architektur von NetWare ist weitaus komplexer als die NetBEUI-Umgebung (Kapitel 6.2). Dennoch werden einige Vergleiche gezogen, die der Veranschaulichung dienen. NetWare geht von einer Client/Server-Beziehung aus. Der Server ist dabei ein dedizierter Rechner, der als Betriebssystem NetWare verwendet.

Client

Die Clients sind PCs mit den Betriebssystemen DOS, Windows oder Windows95 (vergleiche Kapitel 7.2.1).

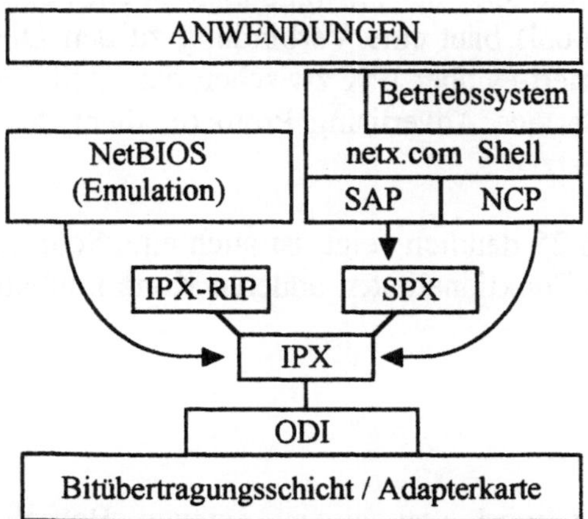

Bild 6.25: NetWare Client-Schichtung ; in Anlehnung an [BaHoKn94]

Wie Abbildung 6.25 zeigt, benötigt der Client eine **Shell**, die dem Betriebssystem die Dienste von NetWare zur Verfügung stellt und eine Schnittstelle zwischen Betriebssystemroutinen und NetWare bildet. Der Begriff "**Shell**" (engl. = Schale) kommt daher, weil sich das Programm netx.com wie eine weitere Schale um das Betriebssystem legt. Netx.com erfüllt dabei auch die Funktion eines Redirectors, der von NetBEUI her bereits bekannt ist (Abschnitt 6.2.3). In aktuelleren Versionen von NetWare wurden viele Funktionen der Shell durch die "**virtual loadable modules**" (VLMs) ersetzt, welche die Shell ablösen. Die VLMs nutzen dieselben Speicherressourcen wie das Betriebssystem. Das Programm VLM.exe ruft bei Bedarf diverse Module auf; so auch das Modul "Redir.vlm", das den Redirector darstellt.

Dem Programm ODI (Open Data link Interface) obliegt die Verwaltung der Netzwerk-Karte. Es übernimmt daher dieselbe Funktion wie NDIS im NetBEUI-Modell (Abschnitt 6.2.3). Auf ODI setzt IPX auf, ein Datagramm-Protokoll der OSI-Schicht 3, das in der NetWare-Welt die gleiche Rolle wie IP im TCP/IP-Umfeld spielt. Auf IPX wiederum baut SPX (Serial Package eXchange) auf, ein verbindungsorientiertes Protokoll, welches über den Datagrammdienst von IPX arbeitet. SPX ist am ehesten mit TCP (siehe Abschnitt 6.3.2.3) vergleichbar. Es ist auffällig, daß es auch ein **Routing Information Protocol** (RIP) gibt, das eine ähnliche Funktion wie das RIP unter TCP/IP übernimmt. Es wird im folgenden als IPX-RIP bezeichnet, um eine Verwechslung mit dem RIP unter IP zu vermeiden.

Zwei weitere Protokolle sind der Anwendungsschicht zuzuordnen. Das NCP (NetWare Core Protocol) baut eine Verbindung zu den Diensten des Servers auf. Dazu kommuniziert es über IPX zwischen der Shell des Clients und dem Server. Das SAP (Service Advertising Protocol) dient der Bekanntgabe von neuen Diensten im Netz.

Wie die Zeichnung 6.25 deutlich zeigt, ist auch eine Schnittstelle zu NetBIOS vorhanden, um auch Funktionalitäten anderer Kommunikationsmodelle anzubieten.

Server

Der NetWare-Server wird von einem *eigenen* Betriebssystem gesteuert (NetWare). Auch hier kontrolliert ODI die Netzwerkkarte und bietet so mehreren Kommunikationsprotokollen Zugriff auf das Netzwerk. Ein NetWare-Server ist durchaus in der Lage, auch über IP zu kommunizieren, da IP als ladbares Modul (loadable module) zur Verfügung steht. Auf die Protokolle setzen dann die APIs (Application Programming Interfaces) auf, welche die Schnittstellen zwischen den Server-Anwendungen und den jeweiligen Protokollen bilden.

Eine Besonderheit bilden in dieser Betriebssystem-Umgebung die **NLMs** (**NetWare Loadable Modules**), welche dynamisch ladbare Teile des Betriebssystems darstellen. So gibt es NLMs, die es ermöglichen, daß verschiedenste Clientbetriebssysteme Daten in ihrem speziellen Dateiformat ablegen und somit NetWare als Server-Plattform nutzen. Das Besondere ist, daß nicht - wie bei anderen Betriebssystemen - das ganze System geladen werden muß. Je nach aktuellem Bedarf, können nur einzelne Teile des Systems aktiviert werden. Auch andere Protokolle liegen - wie mit IP bereits angedeutet - als NLMs vor.

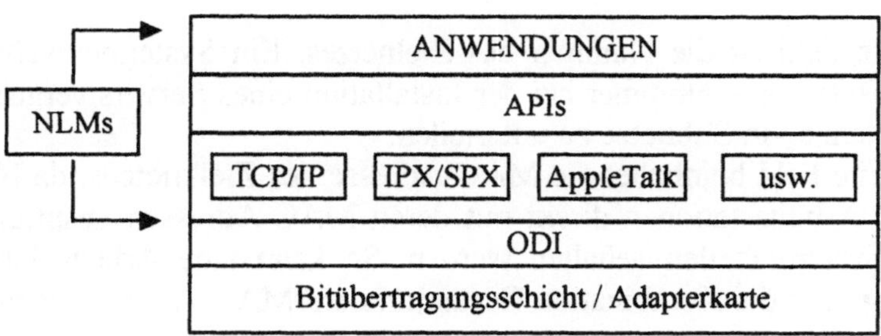

Bild 6.26: NetWare Server-Schichtung ; in Anlehnung an [BaHoKn94]

Sollten die NetWare-Protokolle in OSI-Schichten eingeteilt werden, würde sich folgendes Schema ergeben:

Protokoll / Dienst	OSI-Schicht
ODI	2b
IPX	3
RIP	3
NLSP	3
SPX	4
NCP	5-7
SAP	6-7

6.4.2 NetWare Kommunikationsprotokolle

6.4.2.1 IPX

IPX bildet das Herzstück der NetWare-Protokolle. Es steht für **"Internet Packet eXchange"** und ist ein verbindungsloses Datagramm-Protokoll. Dadurch kann eine Ankunft der Daten in der richtigen Reihenfolge am Zielsystem nicht gewährleistet werden. Auch Möglichkeiten der Fehlerkorrektur sind nicht vorhanden, derartiges bleibt den Protokollen der höheren Schichten vorbehalten. IPX wurde eigentlich konzipiert, um Clients mit Servern zu verbinden. Darüber hinaus erkennt es auch Router und ist routbar.

Die Adressierung bei IPX ist denkbar einfach, da sich die Adresse aus nur drei Feldern zusammensetzt.

1. Das erste Feld ist die Nummer des Zielnetzes. Ein Systemverwalter kann diese 4 Byte lange Nummer bei der Installation eines Servers vergeben, um sein System so in Subnetze zu unterteilen.
2. Das zweite Feld beinhaltet die MAC-Adresse des Zielknotens, da NetWare einzelne Arbeitsstationen direkt mit deren MAC-Adressen anspricht, welche in Systemtabellen gehalten werden. So kann eine Arbeitsplatzstation eindeutig über die Kombination "Netznummer&MAC-Adresse" identifiziert werden.
3. Nun fragt sich nur noch, welche Anwendung - sprich welcher Prozeß - das Datenpaket benötigt. Dazu wird ein sogenannter Zielport angegeben. Dieses Konzept entspricht den *Sockets* bei TCP/IP (vergleiche Abschnitt 6.3.1.2), wodurch Daten den Anwendungen, die sie benötigen, direkt zugeordnet werden können.

Die Abbildung 6.27 verdeutlicht die Zusammensetzung einer IPX-Adresse.

Netz-Nummer	MAC-Adresse	Port-Nummer

Bild 6.27: IPX-Adresse

Der IPX-Header enthält dementsprechend die Ziel- und Quelladresse eines Datenpakets sowie Angaben zur Paketlänge und dem Protokoll, dem die folgenden Daten gehören.

6.4.2.2 SPX

Das Protokoll SPX (**Sequenced Packet eXchange**) ist ein verbindungsorientiertes Transport-Protokoll und daher der OSI-Schicht 4 zuzuordnen. Es ist zuverlässig und verwendet Mechanismen der Fehler- und Flußkontrolle. Ein wichtiger Punkt ist die im Header mitgeführte Sequenznummer. Mit ihrer Hilfe werden die Datenpakete in der Zielstation wieder in die richtige Reihenfolge gebracht.

Um SPX genauer kennenzulernen, bietet sich ein Vergleich mit TCP (Kapitel 6.3.2.3) an. Im Gegensatz zu TCP wird bei SPX die Datenkommunikation nicht als Datenstrom aufgefaßt, sondern als die Übertragung einzelner Pakete. Daher ist es bei der Fehlerkontrolle nicht möglich, eine gewisse Anzahl an Bytes zu quittieren. Vielmehr muß vom Empfänger innerhalb einer bestimmten Zeit der Erhalt jedes einzelnen Pakets bestätigt werden. Ist dies nicht der Fall, wird das Paket nochmals versandt. Hinsichtlich der Flußkontrolle kommt bei SPX nicht der von TCP verwendete Fenster-Mechanismus, sondern das Kredit-Verfahren zum Einsatz. Das Kreditverfahren gibt eine feste Anzahl von Blöcken vor, die ein Sender verschicken darf, ohne eine Quittung erhalten zu haben. Es ist in Kapitel 6.1.4.2 erläutert.

6.4.2.3 SAP

Wie die Bezeichnung "**Service Advertising Protocol**" (SAP) schon andeutet, ist es die Aufgabe dieses Protokolls, neue Server und die von ihnen angebotenen Dienste im Netz bekannt zu machen. Es ist möglich, daß ein Server einen FAX- und ein anderer einen Drucker-Dienst anbietet. Wie weiß nun ein Client, wenn ein Anwender drucken möchte, an welchen Server er sich zu wenden hat?

SAP erledigt das für ihn. Es teilt mittels Broadcast alle 60 Sekunden den Servern und Routern im Netz mit, welcher Server welche Dienste anbietet. Die Router speichern diese Information in ihrer Routing-Tabelle. Möchte ein Client nun drucken, wird eine Anfrage auf das Netz gestellt. Der nächste Router oder Server sendet als Antwort die Adresse des Servers, der den gesuchten Dienst

248

bereitstellt. Verbindet sich ein Client an das Netz, wird zuerst mittels SAP die Anfrage "Wer ist der nächste Server?" als Broadcast auf das Netz gestellt. Ein Router oder Server sendet dann als Antwort die IPX-Adresse des nächsten Servers, an den sich der Client verbinden kann.

6.4.2.4 NCP

Das **NetWare Core Protocol** (NCP) ist das eigentliche Kommunikationsprotokoll von NetWare, während IPX die Rolle als zentrales Übertragungs-Protokoll gebührt. Mittels NCP kommuniziert die Shell auf dem Client mit dem Server. Soll auf einem der Server ein Dienst genutzt werden, baut NCP eine Verbindung (Service Connect) zu ihm auf. Von welchem Server der entsprechende Dienst genutzt werden kann, wurde vorher per SAP-Broadcast ermittelt. Sobald der Server die Verbindung akzeptiert, wird ein NCP-Paket mit einer sogenannten Verbindungsnummer an den Client zurückgesendet. Für die Dauer der Kommunikation identifiziert diese Nummer den Client und den genutzten Dienst. Anhand dieser Nummer weiß der Server, zu welchem Dienst und welchem Client ein ankommendes Datenpaket gehört.

Da NCP das Protokoll IPX nutzt, ist die Datenkommunikation unzuverlässig. Bei auftretenden Fehlern ist der Client gefordert, diesen zu beheben, damit der Server - der unter Umständen die Anfragen vieler Clients bearbeiten muß - entlastet wird. Zur Fehlererkennung dient eine einfache Sequenznummer, mit der jedes Datenpaket, das der Client sendet, versehen wird. Ist das Datenpaket beim Server angelangt, sendet dieser eine einfache Antwort, welche die Sequenznummer enthält. Fehlt dem Client die Antwort, versendet er sein Paket einfach nochmal.

6.4.2.5 ODI

Um Netzwerkkarten anzusprechen, wurde von Novell das Schnittstellen-Programm ODI (**Open Datalink Interface**) entwickelt. ODI ist der OSI-Schicht 2b zuzuordnen, da es direkt auf der MAC-Schicht aufsetzt. ODI befähigt einen Arbeitsplatz, mit mehreren Protokollen über dieselbe Netzwerkkarte zu kommunizieren. Anders als bei NDIS (vergleiche 6.2.3) wird ein Datenblock nicht an ein entsprechendes Protokoll durchgereicht, sondern für jedes gängige Protokoll existiert ein ODI-Treiber. Dadurch ermöglicht ODI eine Multiprotokollfähigkeit und bietet die Möglichkeit, einen neuen Protokolltreiber während des Betriebs zu laden und, sofern der Treiber OSI-konform ist, auf die Karte zu binden. Diese Funktionen erlauben es, logische Netzwerkkarten zu kreieren, denn obwohl im Rechner nur eine Karte eingebaut ist, werden IPX-Daten über eine logische IPX-Karte und TCP/IP-Daten über eine logische IP-Karte empfangen. Das ist für einen Server, der über NLMs mehrere Protokolle geladen hat, wichtig. Kommt ein IP-Datenblock, gefolgt von einem IPX-Datenpaket, an, werden diese von den jeweiligen Treibern bearbeitet. Es scheint dadurch, als würde die Netzwerkkarte alle Protokolle parallel bedienen.

6.4.3 NetWare Routing-Protokolle

Bei Netware unterscheidet man nicht zwischen internen und externen Routing-Protokollen, wie dies im TCP/IP-Umfeld der Fall ist. Der Grund ist einfach: Es existieren keine Weitverkehrsnetze unter IPX. Daher gibt es auch keine externen Routing-Protokolle. Ein NetWare-System ist immer ein autonomes System.

6.4.3.1 IPX-RIP

IPX-RIP ist ein Routing-Protokoll, das zur Aufgabe hat, die Routing-Informationen im ganzen Netz aktuell zu halten und Server, Router und Clients über die kürzesten Wege zu informieren. Nach OSI liegt ein solches Protokoll in der Schicht 3. Da RIP jedoch IPX nutzt, ist es in der NetWare Architektur über dem IPX-Protokoll und daher in Schicht 4 anzusiedeln.

IPX-RIP arbeitet mit Broadcasts. Innerhalb eines Subnetzes sendet IPX-RIP einen Broadcast, der von allen Knoten ihre Routing-Informationen anfragt. Alle Router in dem Subnetz senden dann als Antwort ihre Routing-Tabellen, welche natürlich auch Informationen aus den Subnetzen, in die sie routen, beinhalten.

IPX-RIP wählt eine Route nach zwei Metriken. Zunächst gelten die **Ticks**, welche die Zeit repräsentieren, die ein Paket vom Zielnetz zum Endsystem benötigt. Ein Tick entspricht einer 18tel Sekunde. Die zweite Metrik funktioniert (wie beim IP-RIP) über die Anzahl der Sprünge (Hops). Normalerweise gilt bei der Wegewahl immer die Anzahl der Ticks.

Eine IPX-RIP-Tabelle enthält daher folgende Informationen:

1. Die Netznummern der bekannten Subnetze.
2. Die Anzahl der Hops, die zum Erreichen dieses Subnetzes nötig sind.
3. Die Anzahl der Ticks, die vergehen, bis es erreicht ist.
4. Die Adresse des Nachbar-Routers, über den das Subnetz erreicht wird.
5. Die Gültigkeitsdauer der Routing-Information.

Ist ein Netz über mehrere Router zu erreichen, dann hat dieses natürlich mehrere Einträge in der Tabelle, durch welche die alternativen Routen aufgezeigt werden.

6.4.3.2 NLSP

NetWare besitzt neben RIP auch noch ein Link-State-Protokoll (vergleiche Kapitel 4.7), welches nicht nur die Anzahl der Ticks oder Hops berücksichtigt, sondern auch den aktuellen Zustand der Verbindungen berücksichtigt. Dieses Protokoll übernimmt bei NetWare die gleiche Aufgabe wie OSPF (siehe Abschnitt 6.3.2.6) in der TCP/IP-Welt. Ein Router, der NLSP (**NetWare Link State Protocol**) verwendet, erkennt seinen Nachbar-Router mittels Broadcast und teilt ihm seine Routing-Information mit. Diese enthält nicht nur Daten über die Anzahl der Hops oder Ticks, sondern auch über die Verzögerungszeit und die maximale Bitrate. NLSP nutzt ebenfalls IPX und ist der OSI-Schicht 3 zuzuordnen.

6.5 OSI - Protokolle

Das gesamte Kapitel beschäftigte sich bisher nur mit Protokollen, die sich in keinster Weise OSI-konform verhalten, sondern eigene Schichtungen verwenden. Die ISO hat eine Gruppe von Protokollen definiert, welche zusammen allen Anforderungen des OSI-Schichten Modells gerecht werden. Allerdings besitzen die meisten dieser Protokolle wenig praktische Relevanz, so daß auf eine Vorstellung der gesamten Protokoll-Familie an dieser Stelle verzichtet werden muß. Nur die Protokolle FTAM, IS-IS und ES-IS, welche auch in den Systemen einiger Hersteller Verbreitung fanden, werden genauer erläutert.

6.5.1 Eine grobe Übersicht über OSI

Im OSI-Konzept werden Rechner als End-Systeme (**ES** = Endsystems) betrachtet und Router, welche Subnetze verbinden **IS** (Intermediate System = Zwischen-System) genannt. Andere Subnetze, die zwischen zwei Endsystemen liegen und durch die ein Datenpaket geroutet werden muß, bezeichnet man in der OSI-Terminologie als Transit-Systeme (**TS**). Auch wenn das Netz, das zwischen den Endsystemen liegt, ein Weitverkehrsnetz (WAN) ist, spricht man dennoch von Transit-Systemen.

Drei Einheiten beherrschen das Architektur-Konzept: Die **Domäne** (domain), der **Bereich** (area) und der **Knoten** (host). Eine Domäne unter OSI ist NICHT zu verwechseln mit der Domäne, wie sie bei TCP/IP Verwendung findet (siehe den Abschnitt 6.3.2.9; DNS). Alle Knoten, die ein autonomes System bilden, ergeben zusammen eine Domäne. Diese Domäne kann wiederum in mehrere logische Bereiche unterteilt werden, die man auch als Subnetze bezeichnen könnte. In diesen Subnetzen befinden sich die einzelnen End- oder Zwischen-Systeme, welche einfach Knoten genannt werden.

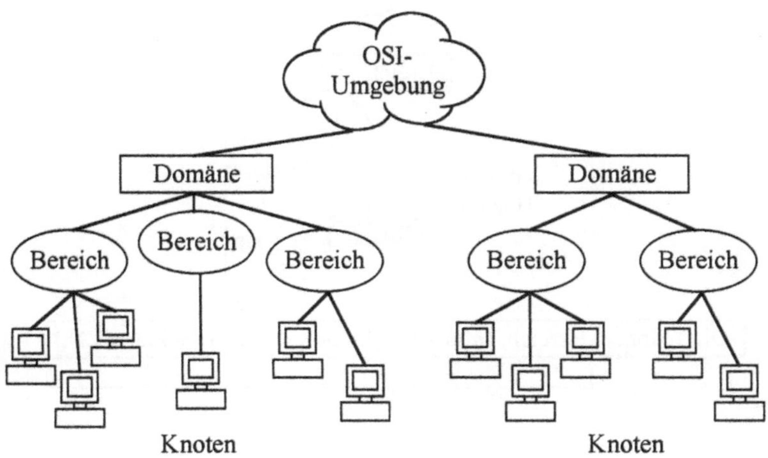

Bild 6.28: OSI Domänen-Konzept

Um das Routing innerhalb einer OSI-Domäne zu verstehen, muß man sich kurz mit der Adressierung von OSI auseinandersetzen. Eine OSI-Adresse ist NICHT die Adresse einer Netzwerkkarte oder eines einzelnen Endsystems, sondern die Adresse eines Netzwerk-Dienstes. Es werden SAPs (Service Access Points), die bereits in Kapitel 6.1.3 erläutert wurden, adressiert. In diesem Falle ist von einem **NSAP (Network Service Access Point)** die Rede, da ein Netzwerk-Dienst der Schicht 3 gemeint ist. Ein NSAP ist eigentlich eine Speicheradresse, an die der Datenblock, der für ein Protokoll der Schicht 3 bestimmt ist, geschrieben wird.

Diese Adresse ist dennoch im Netzwerk eindeutig, weil sie aus zwei Teilen besteht. Der erste Teil identifiziert die Domäne, in der sich das System befindet und wird als **IDP** (Initial Domain Part) bezeichnet. Der zweite Teil wird **DSP** (Domain-Specific Part) genannt. Er beinhaltet den Bereich, die Station und den Sektor, der eine logische Einheit im Endsystem darstellt. Eine solche logische Einheit kann ein Protokoll sein. Somit ist es möglich, ein Datenpaket an den Protokollstack IN einem Rechner zu adressieren und nicht an eine Netzwerkkarte. Eine NSAP ist, wie in Bild 6.29 veranschaulicht, aufgebaut.

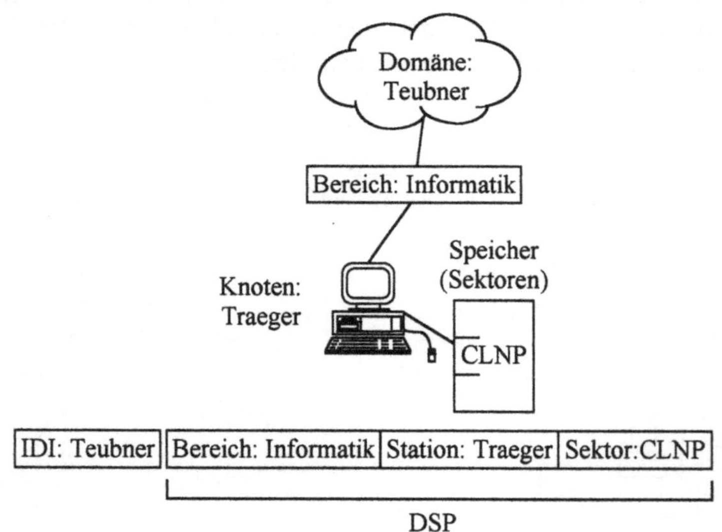

Bild 6.29: NSAP

Die OSI-Umgebung verwendet auf der Schicht 3 zwei Protokolle. Wenn eine verbindungsorientierte Kommunikation gefragt ist, kommt das Protokoll **X.25** (siehe Abschnitt 6.7) zum Einsatz. Sind jedoch verbindungslose Datagramm-dienste gefordert, wird **CLNP (ConnectionLess Network Protocol)** benutzt.

CLNP, das in der Bestimmung ISO 8473 dargelegt ist, ähnelt IP, aber es verwendet die NSAPs statt festen 32 Bit als Adressen. Vielleicht wird der Aufbau eines NSAP nun transparenter, wenn man sich vorstellt, daß jedes Protokoll einen eigenen Sektor hat. Ist ein System mit dem X.25 Protokoll und CLNP konfiguriert, besitzt es zwei NSAPs.

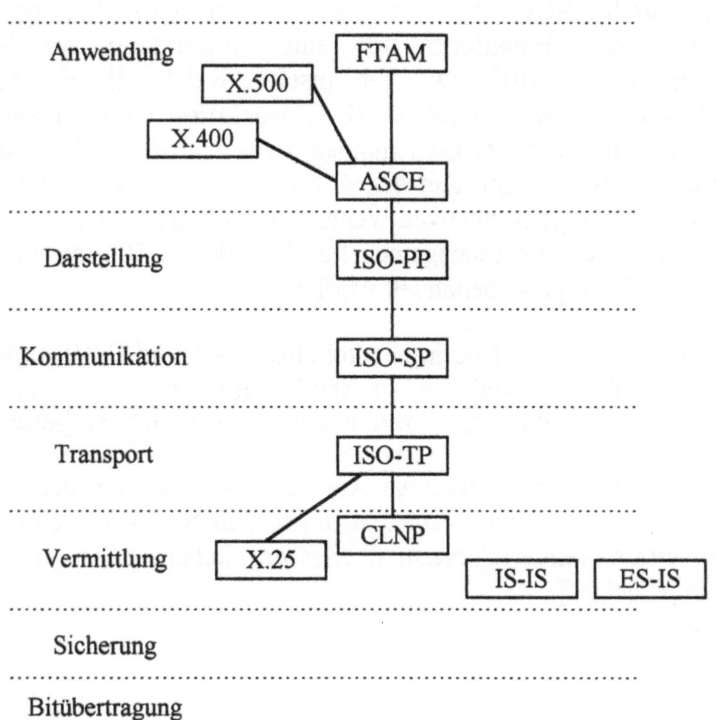

Bild 6.30: Schichtung der OSI-Protokolle

Auf X.25 und CLNP setzt in der Schicht 4 das **ISO Transport Protocol (ISO-TP)** auf. Von diesem existieren nicht weniger als fünf Klassen (TP-0 bis TP-4). TP-0 stellt einen einfachen Transport-Dienst dar, der auf Fehlerkorrektur verzichtet. Er wird dann verwendet, wenn in der Schicht 3 bereits umfassende Methoden zur Fehlerkorrektur, wie dies bei X.25 der Fall ist, zum Einsatz kommen. TP-4 liefert umfangreiche Mechanismen zur Fehlerkontrolle und -behebung, falls das auf Schicht 3 benutzte Protokoll keine eigenen Funktionen dafür besitzt. Über ISO TP liegt in der Schicht 5 **ISO-SP**, das **Session Proto-**

col, welches umfassende Dialog-Dienste zur Verfügung stellt. Auf dieses Protokoll setzt wiederum **ISO-PP (ISO Presentation Protocol)** auf, das alle Funktionen der Darstellungsschicht anbietet, die von ACSE - dem zentrale Protokoll der Schicht 7 - benötigt werden.

Die Kommunikation zwischen Anwendungsprozessen und den verfügbaren Diensten ist durch **ASEs** (ASE = **Application Service Entity**) geregelt. Ein ASE stellt diverse Funktionen für eine Anwendung zur Verfügung (Mailtransfer, Datenzugriff, usw.). Die Instanz, welche die einzelnen ASEs kontrolliert und koordiniert heißt **ACSE (Association Control Service Element)**. ACSE baut einerseits Beziehungen zwischen den ASEs und andererseits auch den Anwendungen und den ASEs auf. Beispiele für diese Anwendungen sind FTAM (ein netzwerkweiter Datei-Zugriffsdienst), CMIP (ein Protokoll für das Netzwerkmanagement) und X.400 / X.500, die in den Kapiteln 6.9.1 und 6.9.3 separat behandelt werden.

Zusammen mit den beiden Routing-Protokollen IS-IS und ES-IS stellt sich die Schichtung der OSI-Protokolle wie in Abbildung 6.30 dar. Es sind dort nicht alle, sondern nur die wichtigsten Protokolle der OSI-Schicht aufgeführt.

Eine Übersicht über die vollständige Adressierung innerhalb der OSI-Umgebung oder auch das Domänen-Konzept, nach dem Netzwerke eingeteilt werden, muß weiterführender Literatur überlassen bleiben. Zu empfehlen ist an dieser Stelle [Black91].

6.5.2 ES-IS

Das ES-IS-Protokoll (Endsystem - Intermediate System) tauscht Routing-Informationen zwischen Endstationen und Zwischensystemen (Routern) aus. Ein solches Datenpaket heißt unter OSI NPDU (Network Protocol Data Unit). ES-IS ist ein Protokoll, das, je nachdem ob es in einem verbindungslosen (CLNP) oder verbindungsorientierten Netz (X.25) eingesetzt wird, ebenfalls verbindungslos oder verbindungsorientiert arbeitet. Soll eine NPDU an ein Endsystem geschickt werden, muß der Protocolheader die komplette Zieladresse (NSAP des ES-IS-Protokolls) beinhalten. Wird ein Arbeitsplatz neu in das Netz eingebunden, sendet er eine Broadcast-Nachricht an alle Knoten in seinem Subnetz. Möchte er eine Routing-Information an ein anderes Subsystem übermitteln, wird vom Router festgestellt, in welchem Subnetz das Endsystem liegt. Da ein Endsystem immer mehrere NSAPs besitzt, überträgt es in bestimmten Zeitintervallen seine Netzwerkadressen an alle Router in seinem Subnetz. ES-IS ist genauer erläutert in ISO 9542 (verbindungsloses ES-IS) und ISO 10030 (verbindungsorientiertes ES-IS).

6.5.3 IS-IS

Das IS-IS (Intermediate System - Intermediate System Protokoll) ist ein Protokoll, das entwickelt wurde, um Routing-Informationen zwischen Routern auszutauschen. Es ist deshalb wegweisend, weil sich viele ähnliche Protokolle (OSPF und NLSP) an ihm orientiert haben. Das macht klar, daß es sich um ein Link-State-Protokoll (siehe 4.7) handelt.

Eine Besonderheit des IS-IS-Protokolls ist die Tatsache, daß pro Subnetz ein **Pseudoknoten** (pseudonode) festgelegt wird. Dies ist ein dedizierter Router. Er schickt die Routing-Informationen an alle Router im Subnetz. Dadurch wird der Netzwerk-Verkehr erheblich reduziert. Der Pseudoknoten versendet alle Informationen, weil sich nicht dedizierte Router untereinander nicht unterhalten können. Um Routing-Informationen zu verschicken, werden die Datenpakete an alle dem Pseudoknoten bekannte Router im Subnetz übertragen. Diesen Vorgang bezeichnet man auch als **Flooding** (fluten).

IS-IS führt außer Informationen über die Routen auch die zustandsspezifischen Leitungsinformationen mit sich. Diese sind:

1. Kapazität der Leitung
2. Übertragungszeit
3. Übertragungskosten
4. Fehleranfälligkeit der Verbindung

IS-IS routet nur innerhalb einer Domäne (intradomain routing). Muß in einer OSI-Umgebung von einer Domäne in eine andere geroutet werden (interdomain routing), gibt es keine andere Möglichkeit, als Festverbindungen zu verwenden.

6.5.4 FTAM

Bei FTAM (File Transfer, Access Management) handelt es sich um eine protokollnahe Anwendung zum transparenten Dateizugriff auf die Daten anderer Rechner. FTAM kann daher mit NFS (siehe Abschnitt 6.9.2) verglichen werden. Ein lokales Dateisystem (einzelne Dateien oder ganze Verzeichnisbäume) wird dabei auf einen virtuellen Datenspeicher abgebildet. Dieser virtuelle Speicher enthält nicht die Dateien selbst, sondern deren Attribute, Namen, Zugriffsrechte und die logische Verzeichnisstruktur. Der virtuelle Bereich wird mittels der OSI-Protokolle im ganzen Netz zur Verfügung gestellt, indem Transaktionen definiert werden. Eine Transaktion kann beispielsweise das Lesen oder Schreiben von Daten bedeuten.

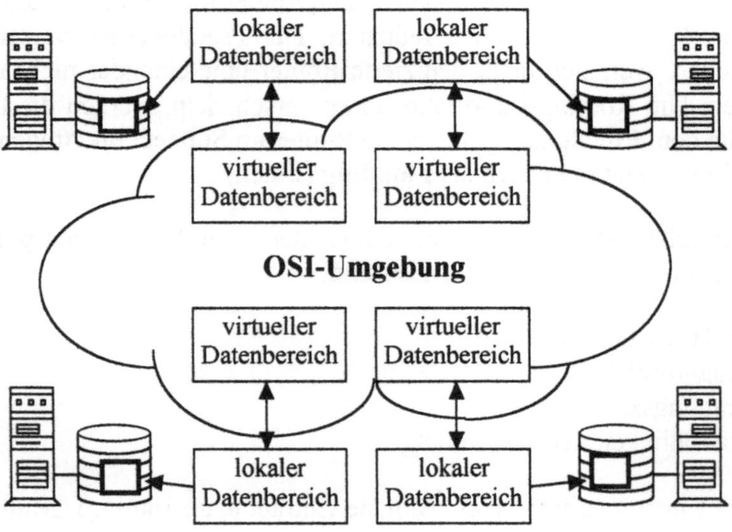

Bild 6.31: FTAM - virtuelle Datenbereiche

FTAM schafft eine Verbindung zwischen den virtuellen Datenbereichen und den physikalischen Daten. Wird auf einen Dateinamen im virtuellen Bereich zugegriffen, kann aufgrund der Verknüpfung zwischen virtuellem Namen und physikalischer Datei dem Anwender der Inhalt der Datei angezeigt werden.

Genauso funktionieren "Löschen", "Ändern" und "Kopieren", wobei FTAM immer die Berechtigungen des Anwenders abprüft. Die Informationen im virtuellen Speicher, welche eine Datei und ihren Zustand beschreiben, sind in einer Baumstruktur abgelegt. FTAM greift unter Nutzung eigener Dateneinheiten (Data Units) auf diese Baumstruktur zu und liest so spezielle Informationen (Dateigröße, Zugriffsrechte usw.) aus, sobald eine Transaktion diese Werte benötigt.

6.6 Proprietäre Protokolle

Proprietäre Protokolle bezeichnen Entwicklungen bestimmter Hersteller, die für ihre Systemarchitektur eigene Kommunikationsmechanismen entworfen haben. Diese haben außerhalb der "Systemwelt" dieses Herstellers nur eine geringe Bedeutung. Ein Vergleich zwischen TCP/IP und AppleTalk macht dies deutlich. Zwar waren an der Entwicklung von TCP/IP auch viele Firmen beteiligt, aber IP läuft auf den UNIX-System unterschiedlichster Hersteller. Die Tatsache, daß IP den UNIX-Bereich schon längst verlassen hat und es Implementierungen für alle PC- und fast jedes Großrechner-Betriebssystem gibt, zeigt daß es sich um ein Protokoll handelt, das sich nicht einer bestimmten Systemwelt zuordnen läßt. Im Gegenteil, IP verbindet Systemwelten. AppleTalk wurde von Apple Macintosh entwickelt und ist auf die Architektur der Apple-Rechner zugeschnitten. Außerhalb der Macintosh-Welt besitzt es kaum Bedeutung. Man könnte nun auch NetWare als proprietär bezeichnen, da es von einem Hersteller entwickelt wurde. Das wäre ein Trugschluß. NetWare ist auf den PC-Architekturen fast aller Hersteller einsetzbar und kann schon aufgrund seiner großen Verbreitung nicht als herstellerspezifisch bezeichnet werden. Die folgenden Protokolle gehören zu den bekanntesten. Schon aufgrund der Verbreitung der System-Architektur, für die sie entwickelt wurden, müssen sie kurz betrachtet werden.

6.6.1 DECnet

DECnet wurde von DEC (Digital Equipment Coorperation) entwickelt und erstmals 1975 eingesetzt. Da DEC bis circa Mitte der 80er Jahre der zweitgrößte Rechnerhersteller der Welt war (nach IBM), haben DEC-Produkte eine weite Verbreitung gefunden. DECnet ist Teil der DNA (Digital Network Architecture) und existiert derzeit in zwei "Versionen". Diese werden "Phase

IV" und "Phase V" genannt. Phase IV stellt eine komplette Protokoll-Umgebung dar, mit Protokoll-Instanzen auf allen Schichten, obwohl sich auch Phase IV nicht um OSI kümmert, so lag DNA schon immer näher an OSI, als man dies von SNA (siehe 6.11) behaupten kann.

DECnet Phase IV besitzt eine 16 Bit Adresse, wobei die ersten 6 Bit das Subnetz (Area) angeben und die letzten 10 den Knoten identifizieren. Der Area-Bereich ist durch einen Punkt vom Knotenbereich getrennt, so daß die höchste Adresse "63.1023" lautet. Da die Area- und Knotenadresse "0" intern benutzt wird, bleiben 63 Subnetze mit jeweils 1023 Knoten. Dadurch ergibt sich ein maximaler Adreßraum von 64449 Knoten.

DECnet ist voll routbar und bietet - egal in welcher Phase - ein SNA-Gateway, Anschluß an öffentliche Netze, Mailing und eine gemeinsame Nutzung aller Geräte im Netz. Eine zentrale Rolle spielte dabei NSP, das Network Service Protocol, welches eine Ende-zu-Ende-Verbindung mit Knoten aufbaut, Fluß- und Fehlerkontrolle realisiert und die "Wiederzusammensetzung" der einzelnen Datenblöcke übernimmt. Zu Verwirrung führt oft der DECnet Naming Service (DNS), da er gleichlautend mit DNS unter TCP/IP ist. DECnet-DNS hat zwar dieselbe Aufgabe wie der IP-DNS, doch er baut nicht auf einer hierarchischen, verteilten Datenstruktur auf, sondern stellt die Verbindung zwischen Namen und Adressen über Tabellen her.

Ein komplett neues Konzept bietet Phase V. Diese Implementierung von DECnet wurde eigentlich schon in Kapitel 6.5 erklärt, denn Phase V ist OSI-konform. Auf OSI Schicht 4 wird NSP zusammen mit ISO-TP verwendet und die bisher DEC-eigene Routing-Ebene (OSI-Schicht 3) wurde komplett gegen ES-IS und IS-IS ausgetauscht. Daher haben auch die Adressen eine Umstellung von der bisher gebräuchlichen "Area.Knoten" Norm auf NSAPs (Kapitel 6.5.1) erfahren. Module sorgen jedoch dafür, daß auch die alten "Area.Knoten" Adressen verwendet werden können. Als Dateisystem wird neben den bisherigen DECnet-Diensten FTAM eingesetzt. Dem OSI und DECnet Interessierten sei [MarLeb92] empfohlen. Dort wird die Umsetzung der OSI-Protokolle in ein bereits existierendes Umfeld aufgezeigt.

6.6.2 LAT

LAT (Local Area Transport) ist ebenfalls ein von Digital Equipment Corperation entwickeltes Protokoll und somit auch Teil der Digital Network Architecture.

LAT wird hauptsächlich für den Anschluß von Terminals und Druckern ver-
wendet und hat durch seine Umsetzung auf einige UNIX-Systeme eine gewisse
Verbreitung erlangt. LAT ist insofern bemerkenswert, daß es ein Protokoll der
OSI-Schicht 7 ist und von dort aus direkt auf die MAC-Schicht durchgreift.
LAT kommuniziert nur über Broadcasts und ist daher auch nicht routbar. Es
gibt zwar einige Routinglösungen verschiedener Hersteller, aber diese erfordern eine Protokoll-Encapsulation. In diesem Falle wird das LAT-Paket in ein
IP-Paket "verpackt". Geroutet wird dann nur noch IP. Nach der "Entpackung"
des LAT-Pakets wird dieses dann mittels Broadcast wieder im Zielnetz
verbreitet. LAT arbeitet nicht mit Adressen, sondern nur mit logischen Namen.

6.6.3 AppleTalk

AppleTalk wird von bösen Zungen oftmals abschlägig, als "IP für Arme"
bezeichnet. Es stimmt zwar, daß viele Protokolle innerhalb der Apple-Umge-
bung ein Gegenstück innerhalb der IP-Welt besitzen, aber AppleTalk hat nicht
den Anspruch, die Kommunikationsfunktionen für ein weltumspannendes Netz
(das Internet) zu liefern. AppleTalk ist daher sehr viel einfacher und unkom-
plizierter als IP.

Das zentrale Protokoll innerhalb von AppleTalk ist LAP (Link Access Protocol), ein Verbindungs-Protokoll, das auf OSI-Schicht 2 arbeitet. Im Gegensatz
zu IP wird keine Adresse aus viermal einem Byte verwendet, sondern eine
AppleTalk-Adresse baut sich aus drei 1 Byte Feldern auf. Das Format lautet
also XXX.XXX.XXX. Wobei die ersten zwei Felder das Netzwerk adressieren
und das letzte den Knoten kennzeichnet. Abbildung 6.32 klärt den Unterschied
zu IP auf.

Pro Subnetz können daher 254 Knoten eingerichtet werden (255 ist die
Broadcast-Adresse). Das besondere bei AppleTalk ist seine "Plug and Play"
Funktionalität. "Plug and Play" läßt sich sinngemäß mit "einfach verbinden
und es läuft" übersetzten. Apple-Rechner müssen nicht erst konfiguriert wer-

den. Es ist ausreichend, sie einfach mit dem Netz zu verbinden und einzuschalten. Der Rechner gibt sich dann selber eine Knoten-ID und setzt einen Broadcast auf das Netz ab, ob schon ein anderer Rechner diese Adresse verwendet. Mit der Antwort vom Netz erhält er auch gleichzeitig die Netz-ID. Ist seine Adresse noch nicht vergeben, behält er sie; ansonsten wird sie neu gesetzt. Leider wird eine Adresse im Apple-Jargon zu aller Verwirrung auch als "Internet-Adresse" bezeichnet, was die Unterscheidung zu IP nicht gerade vereinfacht. In diesem Buch werden wir daher von Apple-Adresse sprechen.

AppleTalk Adresse: 168.52.187

1. Byte	2. Byte	3. Byte
168	52	187

16 Bits	8 Bits
Netzwerk-ID	Knoten-ID

Bild 6.32: AppleTalk Adresse

Ansonsten gibt es viele Protokolle, die den IP-Protokollen entsprechen, so zum Beispiel DDP (Datagram Delivery Protocol) welches die gleiche Funktion wie UDP übernimmt, oder aber AARP (AppleTalk Address Resolution Protocol) das dem ARP bei TCP/IP entspricht. Was ebenfalls unter AppleTalk existiert ist ein Name Service, der die Apple-Adresse mit logischen Rechnernamen verknüpft. Das NBP (Name Binding Protocol) erfüllt eine sehr spezielle Aufgabe. Da die Adressen bei AppleTalk dynamisch vergeben werden können, also erst zu dem Zeitpunkt zugeordnet werden, wenn ein Rechner eingeschaltet wird, hat ein Knoten nicht immer dieselbe Adresse. Das einzige was einen Knoten exakt identifiziert, ist sein Name. NBP hat also die Aufgabe, in einem Subnetz eine verteilte Datenbasis zu erstellen, in der die Namen der Knoten, mit den gerade aktuellen Adressen verknüpft werden. Die dynamische Adreßvergabe hat also ihren Preis.

Als herausragend im AppleTalk-Umfeld wäre noch LEONARDO zu erwähnen. Dies ist eine Anwendung, welche eine Kommunikation zwischen zwei Apple-Rechnern über ISDN aufbaut. LEONARDO ist extrem einfach zu verwenden und nutzt fast die gesamte Bandbreite, die ihm ISDN zur Verfügung stellt.

6.7 WAN-Protokolle - X.25, HDLC

Die bisher beschriebenen Protokolle haben, bis auf IP, eine Gemeinsamkeit: Sie sind auf autonome Systeme zugeschnitten und eignen sich gar nicht, oder nur bedingt für Weitverkehrskommunikation. Um über Weitverkehrsnetze transportiert zu werden, benötigen sie Weitverkehrsprotokolle. Diese transportieren mittels dem Encapsulation-Mechanismus die Datenpakete der LAN-Protokolle zu ihrem Zielsystem.

Man unterscheidet bei WAN-Protokollen, zwei Arten des Datentransports: Die Leitungs- und die Paketvermittlung. Das wichtigste Verfahren innerhalb der Weitverkehrsvermittlung stellt das auf Paketvermittlung basierende **X.25** dar, weil fast alle neuen Technologien, wie beispielsweise ATM (vergleiche Kapitel 3.8), nach demselben Prinzip arbeiten.

Die CCITT (ein Komitee zur Festlegung internationaler Telefonstandards - jetzt ITU-T, International Telecommunications Union) formulierte zur Versendung von Daten über öffentliche Netze, die Empfehlung X.25. Den Funktionen von X.25, einem Protokoll der OSI-Schicht 3, liegt das Paketvermittlungsverfahren zu Grunde. Getreu nach diesem Verfahren unterscheidet X.25 genau zwei Einheiten: Leitungen und Vermittlungknoten. Die Datenpakete werden dabei auf Vermittlungsknoten zwischengespeichert, so daß die Datenendgeräte verschiedene Übertragungsraten haben können. Ist die Zielstation langsamer als die Sendestation, macht dies nichts. Die Vermittlungsstationen speichern die Daten und agieren somit als Puffer. Obwohl Pakete übertragen werden, baut X.25 dennoch eine Art "Leitung" auf, die auch **virtueller Kanal** genannt wird. Dieser virtuelle Kanal stellt eine Ende-zu-Ende-Verbindung dar, über welche die Daten übertragen werden. X.25 arbeitet also "verbindungsorientiert". In der Sendestation veranlaßt X.25 die Zerlegung der Daten in Pakete und umgibt diese mit einem Rahmen (**Frame**), welcher für die Schicht 2 wichtig ist, da er Prüfinformationen beinhaltet. Mittels dieser kann eine Verfälschung der Daten erkannt werden. Auch ein Identifikator, der kennzeichnet, zu welchem Datenstrom der Rahmen gehört, ist enthalten. X.25 bietet Schnittstellen zu IPX, IP, ISO-TP, SNA, und PPP.

Auf OSI-Schicht 2 arbeitet X.25 eng mit **HDLC** zusammen, das derselben Empfehlung des CCITT entspringt. HDLC steht für "**High Level Data Link Control**" und stellt eine synchrone Datenübertragungsprozedur dar. HDLC baut Ende-zu-Ende-Verbindungen auf (arbeitet also verbindungsorientiert) und nummeriert die Datenpakete anhand der Frame-Information. Dadurch ist gewährleistet, daß sie im Zielsystem wieder in die richtige Reihenfolge gebracht werden. Sofern das Netz dies erlaubt und die Aufgabe es erfordert, ist HDLC auch in der Lage, Punkt-zu-Mehrpunkt Verbindungen aufzubauen.

Zur Fehlerkontrolle dienen Quittungen, wobei nicht jedes Paket einzeln quittiert wird, sondern mehrere Pakete mit einer Quittung bestätigt werden können. Dadurch ist der Fenstermechanismus als Methode zur Flußkontrolle bereits eingebaut. Die Überlastkontrolle übernimmt wiederum X.25, durch seine Fähigkeit, Datenpakete auf den Vermittlungsknoten zu speichern. Sollte es dennoch zu Überlastungen kommen, reagiert X.25 auf Meldungen des Endsystems, die anzeigen, daß weitere Datenpakete derzeit nicht verarbeitet werden können. Zur Erläuterung der Mechanismen zur Fehler,- Fluß- und Überlastkontrolle ist Kapitel 6.1.4 heranzuziehen.

Die CCITT verabschiedete auch einen Standard, um Terminals, welche selber keinen Speicher besitzen, in dem sie Konfigurationsdaten abspeichern können, mit Netzwerken zu verbinden. Dieser beschreibt eine "Black-Box". Ein Gerät, daß für ein Terminal die Konfigarationsdaten abspeichert. Dieses Gerät wird **PAD (Packet Assembler Disassembler)** genannt und seine Funktionsweise durch den Standard **X.3** definiert. Der Standard **X.28** legt ein Protokoll zwischen Terminal und PAD fest und das Protokoll **X.29** die Regeln zwischen PAD und dem Netzwerk (welches über X.25 realisiert wird). Die drei Protokolle X.3, X.28 und X.29 werden zusammen auch "**triple X**" (deutsch = dreifaches X) genannt.

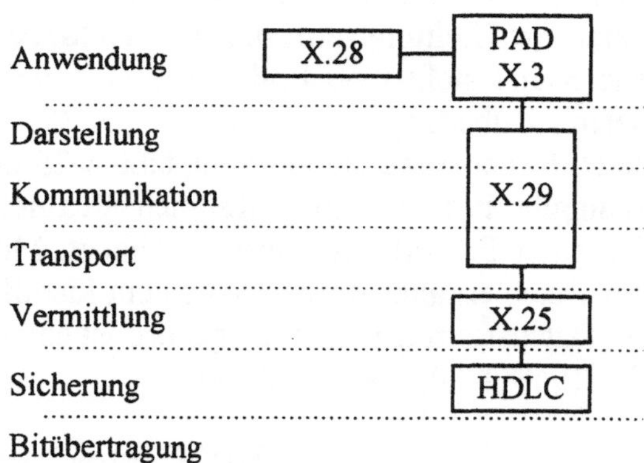

Bild 6.33: Triple X und X.25

6.8 Modem-Protokolle

Der Ausdruck "Modem-Protokolle" ist eigentlich nicht ganz korrekt und nur ein Schlagwort für Übertragungsmechanismen, die serielle Leitungen verwenden. Doch weil eine Telefonleitung genau dies darstellt, hat sich ebenfalls der Ausdruck "Modem-Protokoll" etabliert. Es haben sich in diesem Bereich zwei Produkte durchgesetzt, die auch sehr gute Vergleichsmöglichkeiten liefern. Das erste wird **SLIP (Serial Line IP)** genannt und ermöglicht eine Verbindung mit einem TCP/IP-System über serielle Leitungen. Das zweite Protokoll wurde **Point-to-Point Protocol** (kurz **PPP**) getauft.

6.8.1 SLIP

Serial Line IP ist in RFC 1055 dokumentiert und stellt ein einfaches Protokoll der OSI-Schicht 2 zur IP-Vermittlung dar. Voraussetzung ist eine Konfiguration beider Rechner mit einer IP-Adresse. Die Verwendung von DHCP über SLIP-Leitungen ist nicht möglich.

Da besonders bei langsamen Modem Leitungen das erneute Übertragen fehlerhafter Datenblöcke aufwendig und teuer ist, wird auf solchen Luxus wie Fehlerkorrektur verzichtet. Fehlererkennung und -behandlung bleibt TCP oder UDP überlassen. Bei NFS (siehe Abschnitt 6.9.2) kann es in dieser Hinsicht Probleme geben, da NFS sämtliche Prüfmechanismen ignoriert und sich komplett auf die Vermittlungsschicht verläßt. Im Falle von SLIP verzichtet die Vermittlungsschicht glücklicherweise auch auf jegliche Korrekturversuche.

CSLIP (Compressed SLIP) ist eine Weiterentwicklung von SLIP in der Hinsicht, daß eine Datenkomprimierung stattfindet. Der TCP/IP-Header wird dabei um von 40 Byte auf ca. 5 Byte komprimiert. CSLIP wird in RFC 1144 erläutert.

6.8.2 PPP

Das Point-to-Point Protocol stellt einen allgemeineren Ansatz zur Kommunikation über serielle Leitunge dar als SLIP. PPP ist offengelegt in den RFCs 1332, 1548 und 1661.

PPP basiert auf den Mechanismen von HDLC (siehe auch Abschnitt 6.7) und bietet daher zunächst die Möglichkeit, die meisten Netzwerk-Protokolle (also Protokolle der OSI-Schicht 3) mittels Encapsulation über PPP zu versenden. Enthalten ist ebenso das **Link Control Protocol (LCP)**, welches die mögliche Paketlänge testet und diverse Verbindungsfehler feststellen kann. Eine weitere Funktion, die SLIP nicht bietet, ist eine Berechtigungsprüfung, die ermittelt, ob ein Knoten überhaupt eine Verbindung aufbauen darf.

PPP beginnt, wie auch HDLC, zunächst mit dem Verbindungsaufbau. Das geschieht mittels dem Protokoll LCP. Ist dies geschafft, wird überprüft, ob der Knoten, der die Datenübertragung initiiert, dazu überhaupt berechtigt ist. Sollte dies nicht der Fall sein, wird die Verbindung sofort wieder gekappt. Steht die Verbindung, tritt das Protokoll **NCP (Network Control Protocol)** in Aktion. Je nachdem welches Vermittlungs-Protokoll (z.B. AppleTalk, IP, DECnet usw.) über PPP transportiert wird, erfolgt dessen Konfiguration auf beiden Knoten. Dies muß geschehen, damit die Paketgröße der transportierten Protokolle auf beiden Kommunikationspartnern übereinstimmt. Erst dann kann die Übertragung beginnen, welche, durch die nahe Verwandtschaft zu HDLC, die gleichen Mechanismen zur Fehler- und Flußkontrolle beinhaltet.

Als abschließender Vergleich läßt sich feststellen, daß SLIP nur im IP-Umfeld eingesetzt werden kann, PPP jedoch Schnittstellen zu TCP/IP, OSI, DECnet Phase IV, AppleTalk, IPX und X.25 aufweist. Auch sprechen die Fehlererkennungs- und Korrekturmechanismen für PPP. Darüber hinaus bietet PPP in einigen Implementierungen einen Dial-Back-Mechanismus. War die Berechtigungsüberprüfung des Clients erfolgreich, wird die Verbindung abgebaut und der angerufene Server ruft zurück. Das erfordert allerdings eine Datei mit den entsprechenden Telefonnummern und Protokoll-Adressen der verbindungsberechtigten Clients. Dies hat zum Vorteil, daß einem Mitarbeiter, der von einem Heimarbeitsplatz aus arbeitet, nur minimale Telefonkosten entstehen, denn er bezahlt nur den Verbindungsaufbau. Außerdem birgt dies einen zusätzlichen Sicherheitsmechanismus. Sollte es einem Hacker gelungen sein, ein Passwort zu knacken und sich als ein bekannter Rechner auszugeben, wird der Rückruf fehlschlagen, denn es ist nicht anzunehmen, daß der Hacker über denselben Telefonanschluß wie ein Mitarbeiter anruft.

In der Übertragungsgeschwindigkeit lassen sich keine Unterschiede feststellen. Für SLIP spricht, daß es bereits ein Teil vieler UNIX-Systeme und durch seine einfache Struktur extrem leicht zu konfigurieren ist.

6.9 Anwendungs-Protokolle und protokollnahe Dienste

Anwendungs-Protokolle sind Protokolle die auf der OSI-Schicht 7 (Anwendungsschicht) implementiert sind und Protokolle der darunterliegenden Schichten nutzen, um ihre Dienste dem Anwender bereitzustellen. Die Grenze zwischen Anwendungen und Protokollen verwischt auf dieser Ebene sehr leicht. Diese Dienste beinhalten meist Komponenten von beidem und kombinieren in einem Modul Regeln zur Datenkommunikation und Applikationsfunktionen.

6.9.1 X.400

Dieser Standard regelt elektronische Nachrichten- und Postübermittlung. Derzeit arbeiten fast alle führenden Netzwerk-Unternehmen an Produkten, die auf X.400 basieren. X.400 wurde 1984 in einer ersten Version von CCITT entworfen. ISO und CCITT entwickelten den Standard als Gemeinschaftsprojekt weiter. Das Ergebnis war der Standard X.400/ISO 100021. In der ISO/OSI-Welt wird man auch noch auf den Begriff **MOTIS** (Message Oriented Text Interchange System) stoßen. Dies war die Bezeichnung für den ISO-Standard eines Nachrichten-Protokolls, bevor ISO sich an X.400 beteiligte. Heute findet man den Ausdruck MOTIS ab und an noch für die OSI-Implementierung von X.400 (obwohl dies nicht ganz korrekt ist). In der englisch-sprachigen Literatur wird man auch den Ausdruck **GOSIP** (Government OSI Profile) finden. Dies ist eine länderspezifische Anpassung von X.400 für die USA und UK.

6.9.1.1 Das Funktionsprinzip von X.400

Die Möglichkeiten von X.400, das 1988, 1992 und 1996 eine Erweiterung erfuhr, umfassen derzeit folgende Punkte:

1. Erweiterung der reinen Funtionalität der Nachrichtenübermittlung auf den Bereich der multimedialen Datentransfers.
2. Abkehr von der reinen Host-Anwendung, hin zum Client/Server-Konzept.
3. Volle OSI-Konformität.
4. Einbindung in ACSE (siehe Kapitel 6.5.1).
5. Ein Message Store (MS) der Nachrichten zwischenpuffern kann.
6. Entwicklung eines Domänen-Konzepts, das es internationalen Firmen ermöglicht, alle ihre Filialen in ein X.400-System zu integrieren.

7. Implementierung von X.435 EDI (Electronic Data Interchange). Durch EDI kann ein Netzwerke z.B. Informationen zwischen den Systemen der Lieferanten und der Kunden innerhalb derselben Branche (Bankwesen, Vertrieb) weiterleiten. Transaktionen, wie Bestellungen oder Kaufverträge können sehr schnell abgewickelt werden, denn mit EDI werden diese Dokumente in einem Arbeitsschritt erstellt und weitergeleitet.

8. Einbinden der X.440 Empfehlung, die einen Mechanismus beschreibt, wie Voice-Mail (also abgespeicherte Sprache) unter Verwendung von X.400 übertragen werden kann.

Der erweiterte Standard für 1996, der derzeit aber noch nicht voll implementiert ist, beschreibt ferner den Zugriff von X.400 auf das Telefonnetz und die Realisierung von Konferenzschaltungen.

Das X.400 Protokoll orientiert sich im Modell sehr stark an dem Konzept der Briefpost. Das Transportsystem, das bei der Briefpost durch die Postämter gebildet wird, ist hier das Message Transfer System (MTS, Nachrichtenübermittlungssystem). Das einzelne Postamt wird durch einen Message Transfer Agent (MTA) simuliert, der von anderen MTAs Nachrichten empfängt bzw. an diese weiterleitet. Die Schnittstelle zwischen Benutzer und MHS erfolgt durch einen Benutzeragenten (User Agent, UA). Die Begriffe MTA und UA sind schon durch SMTP (Kapitel 6.3.2.8) bekannt. Das Nachrichtenübermittlungssystem (MTS) und die Benutzeragenten bilden zusammen das Message Handling System (MHS).

UA User-Agent:
X.400 definiert nicht den Funktionskomfort, den ein User-Agent bieten muß. Das bleibt dem Hersteller überlassen, sofern sich dieser an die Schnittstellen-Vereinbarung zum Message Handling System hält. Allerdings haben sich bezüglich des Funktionsumfangs von User-Agents Quasi-Standards entwickelt. So enthält ein Agent einen Editor, meist jedoch eine vollständige Textverarbeitung. Die Möglichkeiten, Nachrichten abzuspeichern, weiterzubearbeiten und über Index-Suche wieder zu finden sowie Querverweise auf andere Nachrichten einzubauen, verstehen sich von selbst. Auch eine Verwaltung von Zieladressen ist heute Standard. Beispiele für User-Agents sind "Microsoft Exchange" oder "Eudora".

MTA (Message Transfer Agent):
Die Aufgabe eines MTAs ist die Weiterleitung einer Nachricht, ganz gleich, ob
er diese von einem UA, MS oder einem anderen MTA erhält. Er speichert die
Nachricht ab, legt die Route zum nächsten MTA oder dem Ziel UA fest und
leitet sie weiter. Dem MTA obliegt also die Wegewahl. Durch das Speichern
der Nachricht wird auch sichergestellt, daß diese im Falle des Verlustes jederzeit wiederholt übertragen werden kann.

MS (Message Store):
Der Message Store (MS) ist ein Speicher, in welchen das MTS eine Nachricht
für den UA schreibt. Folglich liegt der MS zwischen UA und MTA. Ein Message Store sollte 24 Stunden am Tag erreichbar sein, so daß einem Anwender
auch Nachrichten zugestellt werden können, wenn er nicht im Büro und sein
PC ausgeschaltet ist. Deshalb sind Arbeitsplatzrechner dafür ungeeignet. Man
ist dazu übergegangen, den MS auf einen Server zu legen, zu dem sich der UA
verbindet, sobald er aktiviert wird.

MTS (Message Transfer System):
Das MTS wird aus dem Zusammenschluß aller MTAs eines Systems gebildet.
Man unterscheidet daher zwischen einem lokalen, nationalen und internationa-
len MTS. Die Abbildung 6.34 verdeutlicht den Zusammenhang der einzelnen
Teile eines Nachrichtensystems.

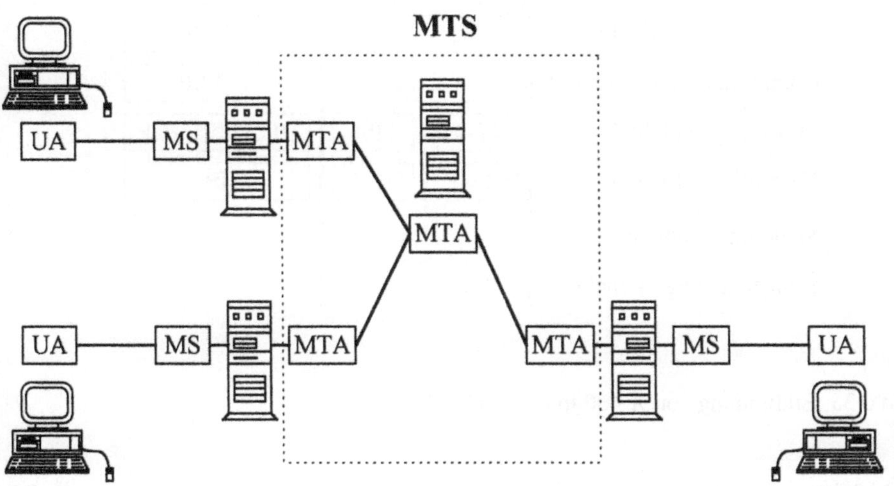

Bild 6.34: Zusammenspiel der X.400 Komponenten

Eine Erläuterung des Domänen-Konzepts, das es erlaubt, eigene Unternehmensbereiche innerhalb eines internationalen MTS zu definieren, ginge an dieser Stelle zu weit. Eine detaillierte Beschreibung der X.400-Architektur findet man in [Plattn93].

6.9.1.2 Adressierung und Protokoll-Zusammenspiel

Es gibt verschiedene Adressen innerhalb von X.400; angefangen von einer eindeutigen User-Agent-ID bis hin zur O/R-Adresse. Diese muß eine Länderkennung, eine administrative Domäne innerhalb des Landes und schließlich eine eindeutige Userkennung beinhalten. Anhand der Adressen suchen die MTAs eine Route durch das Netz. Das Herunterbrechen dieser Adressen in Protokoll-Adressen der OSI-Schicht 3 ist Aufgabe der X.400 unterliegenden Protokollumgebung.

X.400 Schichtung am Beispiel von Microsoft Exchange

	OSI		TCP/IP
Benutzer-Anwendung	MS-Exchange		MS-Exchange
Anwendung: Schicht 7	MS-Exchange X.400-Connector		MS-Exchange X.400-Connector
Darstellung: Schicht 6	ISO-PP		ISO-PP
Kommunikation: Schicht 5	ISO-SP		ISO-SP
Transport: Schicht 4	TP-4	TP-0	RFC 1006 TCP
Vermittlung: Schicht 3	CLNP	X.25	IP
Sicherung: Schicht 2			
Bitübertragung: Schicht 1			

Bild 6.35: Einbindung von X.400 in OSI und TCP/IP

X.400 ist, wie schon erläutert, ein OSI-Standard und wurde somit in die OSI-Protokoll-Umgebung eingebunden. Die Implementierung in TCP/IP erfolgte durch RFC 1006, als die Internet-Gemeinde X.400 für sich entdeckte.

Die Schichtenzuordnung innerhalb des OSI-Modells und auch die Rolle von RFC 1006, welcher die OSI-NSAP-Adresse unter IP realisiert, indem er dieser einen Port (zu IP-Ports siehe 6.3.1.2) zuordnet, ist Bild 6.35 zu entnehmen.

Die folgenden Protokolle sind die wichtigsten innerhalb von X.400:

1. Das **P1-Protokoll** regelt den Nachrichten-Austausch zwischen den MTAs.
2. Das **P3-Protokoll** überträgt Nachrichten zwischen MS und MTA.
3. Das **P5-Protokoll** definiert die Anbindung von Teletex-Geräten an das MHS.
4. Das **P7-Protokoll** ermöglicht einem Remote User-Agent (RUA) den Zugang zu einem MHS.
5. Kaufmännische Funktionen innerhalb von EDI, beispielsweise das Erstellen von Bestellungen etc., werden vom **PEDI-Protokoll** realisiert.
6. Sollte es sich um eine Nachricht handeln, die zwischen zwei Personen übertragen wird, kommt statt PEDI das **P2-Protokoll** zum Einsatz, um den Nachrichteninhalt zu beschreiben.

6.9.2 NFS

Das von SUN-Microsystems entwickelte NFS (Network File System) erweitert das Betriebssystem UNIX um ein Netzwerk-Dateisystem. NFS hat den reinen UNIX-Bereich schon längst verlassen. So ermöglichen NFS-Clients für den PC-Markt die Anbindung von Arbeitsplätzen an ein netzwerkweites Dateisystem.

NFS beruht auf dem Kommando RPC (Remote Procedure Call). Dieses Kommando erlaubt es einem Client, ein Programm auf einem Server zu starten. Es läuft *lokal* auf den Ressourcen des Servers. Ergebnisse des Programms werden an den Client zurückgemeldet. Hierzu ist eine Interprozeßkommunikation notwendig, Ein Client-Prozeß, der den RPC aufruft, steht mit dem Server-Prozeß, der die Abwicklung des Programms anstößt, in Verbindung. RPC nutzt zur Kommunikation zwischen zwei Rechnern UDP (siehe 6.3.2.4), weswegen in Abbildung 6.11 UDP als Dienstprotokoll für NFS angegeben ist.

Das NFS bietet dem Client die Möglichkeit, sich die Dateien und Verzeichnisse eines NFS-Servers zu "mounten". Das heißt, daß diese so in die Verzeichnisstruktur des Clients eingebunden werden, daß der Eindruck entsteht, es handele sich um lokale Dateien. NFS benutzt keinen virtuellen Datenspeicher wie FTAM (Abschnitt 6.5.4), sondern Datenzugriffe finden direkt auf dem Server, der die Dateien bereitstellt, statt. NFS ist eine sehr einfache aber auch sehr schnelle Implementierung eines netzwerkweiten Dateisystems und im UNIX-Umfeld ein Standard.

6.9.3 X.500

Die CCITT definierte den Standard X.500 erstmals 1988 und erweiterte ihn 1993 um weitere Funktionen zu seinem heutigen Umfang. Mit X.500 wurde ein netzwerkweiter **Verzeichnisdienst** geschaffen. Es ist damit möglich, auf Daten verschiedenster Rechner, die in X.500 eingebunden sind, (sogar weltweit) zuzugreifen. Dazu ist das Einrichten eines netzwerkweiten Adreßverzeichnisses notwendig. Dieses muß alle Namen und Adressen von Rechnersystemen, Netzkomponenten und Anwendungsprozessen enthalten. Nur so kann die Kommunikation zwischen diesen Komponenten erreicht werden. Man muß sich diesen Verzeichnisdienst ähnlich wie die gelben (Branchen-Telefonnummern) und weißen Seiten (Telefonnummern nach Namen, Orten und Strasse sortiert) im Telekommunikationsbereich vorstellen.

Der Verzeichnisdienst besitzt eine hierarchische Baumstruktur, vergleichbar dem DNS (Domain Name Service), der unter Abschnitt 6.3.2.9 abgehandelt wurde. Eine solche Struktur ist in Abbildung 6.36 aufgezeigt.

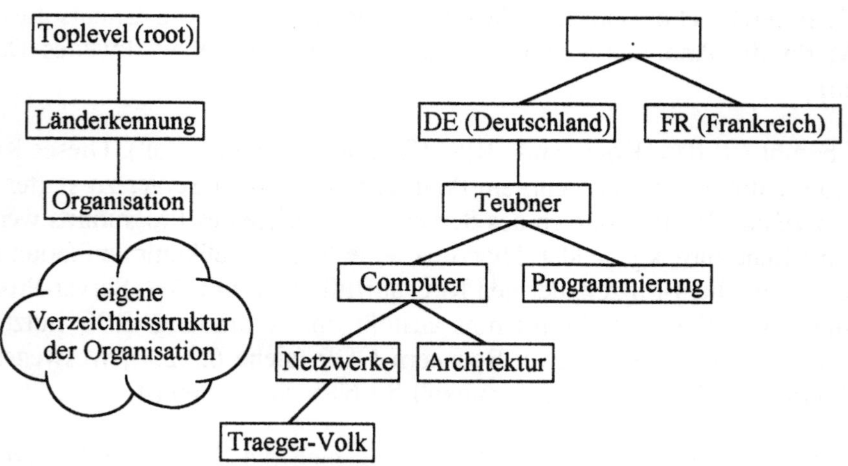

Bild 6.36: Directory Information Tree

Ein solcher Verzeichnisbaum, auch DIT (Directory Information Tree) genannt, würde im Internet Dateien eindeutig kennzeichnen. Dies macht das obige Beispiel deutlich, wenn man annimmt, der Teubner Verlag wollte Auszüge dieses Buches auf dem Internet zugänglich machen. Der Pfad innerhalb von X.500 würde dann lauten:

DE.TEUBNER.COMPUTER.NETZWERKE.TRAEGER-VOLK

Nur "DE.TEUBNER" müßte eindeutig definiert sein. Die Verzeichnisstruktur innerhalb der "Domäne" Teubner könnte der Systemverwalter frei wählen. Ankommende Anfragen aus dem Internet über die Verzeichnisstruktur bei Teubner könnte der X.500-Server bei Teubner beantworten.

Anmerkung: X.500 nutzt diverse Parameter, um Haupt- und Unterverzeichnisse darzustellen. Diese gehören einer objektorientierten Datenbank an. Sie jetzt und hier aufzuführen würde den Rahmen bei weitem sprengen.

Die Ähnlichkeit mit der weltweiten DNS-Datenbasis ist so offensichtlich, daß an dieser Stelle nicht mehr weiter darauf eingegangen wird. Was X.500 jedoch von DNS, oder NFS unterscheidet, ist das **objektorientierte** Arbeiten. Der Verzeichnisbaum ist nur ein Teil der **DIB (Directory Information Database)**. In dem Baum sind auch noch andere Informationen abgelegt. In unserem Beispiel könnte es sich um Daten zu den Autoren Traeger und Volk handeln (z.B. deren Internet-Adresse, Telefon-Nummer usw.). Da diese Datenstruktur über Attribute und Objektklassen aufgebaut ist, wäre es für einen X.500 Nutzer möglich, in der DIB nach diesen Attributen zu suchen (z.B. nach den Telefonnummern aller Teubner Autoren). Diese Zusatzinformationen machen X.500 zu einem sogenannten **attribut-basierten Dienst**.

Die Kommunikation verläuft über **DUAs (Directory User Agents)** und **DSAs (Directory Server Agents)**. Diese entsprechen den UAs und MTAs in X.400. Möchte ein Anwender auf ein Verzeichnis zugreifen, wird eine Anfrage an den DSA gerichtet, wo dieses Verzeichnis zu finden ist (genauso wie die Internet-Adresse bei DNS). Hat der eigene DSA diese Information nicht gespeichert, so weiß er doch zumindest über Unter- und Überreferenzen, welcher DSA im Netz die Anforderung erfüllen könnte. Die Anfrage wird immer weiter verkettet, bis die Information gefunden ist.

Besitzt ein DSA nicht die nötigen Referenzen auf andere DSAs im Netz, wird ein Multicast eingesetzt. Der DSA sendet die Anfrage an alle ihm bekannten DSAs, bis die Lage des Verzeichnisses ermittelt wurde.

Innerhalb von X.500 finden mehrere Protokolle Verwendung, von denen nur die wichtigsten aufgeführt sind.

1. Das **Directory Access Protocol (DAP)** regelt die Kommunikation zwischen DUA und DSA.
2. Das **Directory System Protocol (DSP)** ermöglicht die Verständigung zwischen DSAs.
3. Über das **Directory Operational Binding Management Protocol (DOP)** tauschen zwei DSAs Referenz-Informationen aus, um up-to-date zu bleiben.
4. Mittels des **Directory Information Shadowing Protocol (DISP)** kopieren sich DSAs, zwischen denen bereits eine DOP-Verbindung besteht, ihre gesamte Datenbank. Sollte ein DSA ausfallen, ist aufgrund dieser Redundanz sein Nachbar in der Lage, dieselbe Information zu liefern.

X.500 bietet umfangreiche Sicherheitsmechanismen, so z.B. **ACLs (Access Control Lists),** wodurch festgelegt wird, welche Institutionen, Anwender oder Programme Zugriff auf eine Datei oder ein Verzeichnis haben. Bei weiterem Bedarf ist der Einsatz eines mächtigen, auf der Basis von Zugriffsschlüsseln arbeitenden Authentikationsmechanismus möglich (siehe 9.3).

X.500 wurde genau wie X.400 auf der Basis der OSI-Protokolle entwickelt. Eine Portierung nach TCP/IP erfolgte erst später. Auch für X.500 gilt der RFC 1006, so daß die Schichtung mit X.400 identisch ist. Es sei daher nur auf Abbildung 6.35 verwiesen.

Ob X.500 sich durchsetzen kann, ist noch ungewiß. Es wird - wie immer - davon abhängen, ob namhafte Hersteller den Standard annehmen und auf dessen Basis Applikationen entwickeln. Da die X.500-Protokolle extrem komplex sind, kommen derartige Aktionen sehr zögerlich in Gang. Die Empfehlungen für eine Verbindung von X.400 und X.500 wurde zwar verabschiedet, aber von funktionierenden Umsetzungen ist den Autoren zum Zeitpunkt der Drucklegung nichts bekannt. Die Zukunft wird zeigen, ob sich X.500 durchsetzt. Gegenwärtig dominieren proprietäre Lösungen. "WHOIS++" und "SOLO" stellen zur Zeit X.500 ähnliche Produkte dar.

6.9.4 X-11 / X Windows

X-11 ist *das* Beispiel für eine Client/Server-Architektur, da es sich um ein System für verteilte Fenster (engl. = Windows) handelt. Die Aufgabe eines Fenster-Systems besteht hauptsächlich darin, die Dateneingaben von Tastatur und Mouse zu verarbeiten und den graphischen Bildschirmaufbau zu steuern. Der Industrie-Standard X-11 erfüllt diese Aufgabe in klassischer Client/Server-Manier. Nur, der Server-Prozeß läuft in diesem Falle auf dem Client und der Client-Prozeß auf dem Server. Das erscheint sehr kompliziert, ist jedoch einfach zu verstehen. Auf dem Arbeitsplatzrechner läuft ein X-Server, der den Bildschirmaufbau steuert. Die Applikation, die der Benutzer gerade verwendet und die eventuell auf einem Server läuft, möchte nun Daten am Bildschirm darstellen. Sie stößt einen X-Client an, der beim X-Server auf dem Rechner des Anwenders die Darstellung dieser Daten (Buchstaben, Linien usw.) als Dienst anfragt.

Die Entwicklung von X-11 steht eng mit den X-Terminals in Verbindung. Das sind Netzwerk-Computer mit eigenem Hauptspeicher und Prozessor aber ohne Festplatte oder Betriebssystem (siehe auch 9.2.1 und 9.2.3). Die X-Terminals starten in ihrem Hauptspeicher einen X-Server, der Anfragen zum Bildschirmaufbau, die von den Anwendungen auf dem Server ausgelöst werden, bedient. X-Windows ist *NICHT* mit dem Betriebssystem "Windows" von Mircrosoft zu verwechseln.

X-11 stellt einfache Mechanismen zur Verfügung, auf denen verschiedene interaktive Objekte (z.B. Fensterrahmen mit Seitenbalken) aufsetzen. Eine solche Objektsammlung ist der Motif-Standard der OSF (Open Software Foundation). Oft ist auch von X-Motif die Rede.

X-11 basiert auf dem **asynchronen RCP**. Das ist ein Remote Procedure Call, der nur eine Funktion auf einem anderen Rechner anstößt, ohne eine Rückabstimmung mit dem angestoßenen Prozeß vorzunehmen. Es findet keine Rückkopplung statt. Dieser asynchrone RCP basiert auf TCP (siehe Kapitel 6.3.2.3), weswegen X-11 auch als TCP-basierter Dienst gesehen wird.

6.10 Protokollnahe Schnittstellen

Dieses Kapitel soll noch zwei Schnittstellen (engl. = Interfaces) behandeln, die eine sehr weite Verbreitung gefunden haben. Fast jedem PC-Benutzer wird die Datei "winsock.dll" bekannt sein. Diese lädt die sogenannten Windows Sockets, mittels denen eine IP-Kommunikation realisiert werden kann. Auch das ISDN-Netz (vergleiche Kapitel 3.9) erfreut sich einer immer breiteren Nutzung, so daß an dieser Stelle ein kurzer Blick auf die Schnittstelle zwischen Rechner und ISDN geworfen werden soll.

6.10.1 WinSockets

Der Begriff der **Sockets** ist bereits aus Kapitel 6.3.1.2 bekannt. Er besteht aus der IP-Adresse des Zielrechners und der Portnummer der Anwendung, für die der Datenblock bestimmt ist. Dazu empfiehlt sich, nochmals Abbildung 6.16 zu betrachten. Der Socket bestimmt NICHT das Transport-Protokoll, da ein Datenstrom (TCP) genauso verarbeitet werden kann wie einzelne Datagramme (UDP). Die WinSocket Implementierung in der Version 1.1 unterstützt somit beide Übertragungsmodi. Die Windows Sockets stellen daher eine API (Application Programming Interface) dar. Diese macht es dem Betriebsystem Microsoft Windows und seinen Programmen mit all ihren Besonderheiten möglich, die Kommunikationsmechanismen der Sockets zu nutzen. Über diese API sind Windows-Anwendungen in der Lage, mit anderen Programmen, die ebenfalls Socket-konform sind, Daten auszutauschen. WinSockets ersetzt *nicht* TCP/IP. Ein TCP/IP-Stack mit einer IP-Instanz und einem TCP- oder UDP-Protokoll (meist mit beiden) *muss* vorhanden sein. WinSockets liefert nur eine Schnittstelle, die Applikationen befähigt, Sockets zu nutzen und die Programmierern eine IP-kompatible Schnittstelle bietet.

WinSockets ist zum Zeitpunkt der Manuskripterstellung noch in der Version 1.1 aktuell. Allerdings existiert von WinSock 2 bereits die Fassung Beta2. Diese neue Version soll es ermöglichen, die Socketmechanismen anderer Protokollumgebungen zu nutzen. Auch NetWare besitzt eine eigene Socket-Implementierung (vergleiche 6.4.2.1). Natürlich weicht deren Konzept in Feinheiten von den IP-Sockets (auch Berkley-Sockets genannt) ab, doch der Grundgedanke ist identisch. Die Version 2 der WinSockets soll auch diese Protokoll-Umgebungen über die gleiche Schnittstelle dem MS-Windows-System zugänglich machen.

6.10.2 CAPI

CAPI steht für **Common-ISDN-API** und ist eine in Deutschland entwickelte Schnittstelle zur Ansteuerung von ISDN-Karten. Obwohl entsprechende Anstrengungen unternommen werden, ist ISDN in den USA kaum verbreitet, so daß es von den Betriebssystemen meist ignoriert wird. Sollen dennoch ISDN-Karten verwendet werden, ist man von proprietären Produkten abhängig. CAPI, die als Schnittstelle am ehesten mit NDIS (siehe 6.2.3) zu vergleichen ist, soll in diesem Bereich Abhilfe schaffen. Auch einige NDIS-Treiber ermöglichen den Zugriff auf ISDN-Karten, behandeln diese jedoch wie Netzwerkkarten, so daß PPP via ISDN zum Einsatz kommen muß.

Die CAPI ist nur schwerlich dem OSI-Modell zuzuordnen. Da sie die Kanalbündelung der B-Kanäle realisiert, deckt sie einerseits die Schicht 2 und auch Teile der Schicht 3 ab. Weil sie aber auch andererseits eine Schnittstelle für die Applikationen liefert, liegt sie - aus Anwendungssicht - eindeutig *über* der Vermittlungsschicht (Schicht 3).

Als Vergleich zu NDIS läßt sich sagen, daß die CAPI (seit Ende 1996 in der Version 2.0 verfügbar) Faxe, Telefonsteuerung, Kanalbündelung und **Remote-Access**, das heißt Benutzerzugriff über ISDN auf einen Server, abhandeln kann. Ein NDIS-Treiber beherrscht keine Kanalbündelung (d.h. max 64 kBit Übertragungsrate) und stellt nur normalen File-Transfer zur Verfügung. Remote Access ist über NDIS noch nicht realisiert. Ob sich die CAPI durchzusetzen vermag, hängt stark mit der Entwicklung von ISDN in Übersee zusammen. Der Markt wird in naher Zukunft darüber entscheiden.

6.11 SNA

Als letztes soll in diesem Kapitel die **System Network Architecture** - kurz **SNA** - von IBM behandelt werden. Sie steht deshalb am Schluß, weil sie sehr plastisch eine komplett andere Kommunikationsphilosophie beinhaltet, als dies Protokoll-Umgebungen wie TCP/IP oder die NetWare-Protokolle tun.

SNA ist auch heute noch aus zwei Gründen von größter Wichtigkeit. Erstens müssen bei der Umstellung auf Client/Server bestehende Mainframes oder Minicomputer in das Netz integriert werden und zweitens betreiben viele große Institutionen heute noch ausgedehnte Host-Netze. Der Grund dafür ist einfach.

Sobald die Benutzerzahlen in die zehntausende gehen, ist eine Verwaltung von Netzen unter Protokollen wie IP für ein autonomes System nur noch mit hohem Aufwand zu bewältigen. SNA, welches sich in über 25 Jahren als eine sehr sichere Kommunikationsgrundlage erwiesen hat, zeigt auch bei Anwenderzahlen von annähernd 100000 in einem autonomen System noch keine "Zerfallserscheinungen".

Dies scheint in krassem Widerspruch zu der Aussage in Kapitel 5.1.1 zu stehen. Das hohe Risiko beim Ausfall des Mainframes besteht selbstverständlich (auch wenn diese Systeme als sehr stabil gelten müssen). Die Firmen besitzen jedoch extrem teure Wartungsverträge, die im Falle eines Ausfalls gelten und eine sofortige Reaktion des Herstellers garantieren. Die Ausfallwahrscheinlichkeit eines Mainframes oder die offensichtlich mangelnde Flexibilität sowie die unzeitgemäßen Terminalarbeitsplätze stehen hier nicht zur Debatte. Der Kernpunkt heißt: "Kommunikationssicherheit". Die starren Verbindungen, die von einem großen und teuren Spezialistenstab verwaltet werden müssen, sind einfach ausnehmend stabil. Die inflexible Struktur und die teuren Wartungsverträge werden in diesem Fall durch die Kommunikationssicherheit ausgeglichen, da Fehler, wie z.B. Modem-Versagen wegen Leitungsausfall, automatisch behandelt werden.

6.11.1 Kurzübersicht über SNA

SNA unterteilt sich in zwei Formen. Zum einen das klassische SNA mit seinen Bereichen (**subareas**) und zum anderen das **APPN (Advanced Peer-to-Peer Network**), welches auf einem Netz von Minicomputern basiert.

6.11.1.1 Subareas

Ein Subarea-System bedeutet, daß Terminalgruppen von speziellen Minicomputern verwaltet werden. Diese werden Cluster-Controller und Front-Ends genannt. Auf den Front-Ends läuft das **NCP**, das **Network Control Program**. Der Zusammenschluß aller Geräte (Terminals, PCs, Drucker usw.), die von einem Front-End verwaltet werden, wird als *Subarea* bezeichnet. Innerhalb dieser routet nur das NCP.

Auf dem Mainframe läuft ein Programm namens **VTAM (Virtual Telecommunications Access Method**), welches wiederum die Kommunikation zwischen den Subareas steuert. VTAM kontrolliert das gesamte System. Es steuert die Kommunikation zwischen den NCPs, wählt Kommunikationspfade, alternative Routen und greift auf eine Datenbasis zu, in der alle Geräte und Leitungen im Netzwerk aufgeführt sind.

Im Vergleich zu TCP/IP basiert jegliche Kommunikation innerhalb von SNA auf Sessions. Diese beruhen nicht auf virtuellen Verbindungen, sondern sind über Festverbindungen realisiert. VTAM baut diese auf und kontrolliert sie.

Ursprünglich konnte in einem SNA-System kein Terminal und kein PC neu eingebunden werden, ohne daß das Gerät nicht vorher auf dem Mainframe als Datenstruktur angelegt worden war. Inzwischen ist man dazu übergegangen, einen "Standard-PC" auf dem Mainframe einzurichten. Sobald sich ein neuer Arbeitsplatz am System anmeldet, werden diesem die Eigenschaften des Standard-PCs und eine Rechnerkennung automatisch zugewiesen. Hinsichtlich der graphischen Darstellung eines Subarea-Systems wird auf Abbildung 5.2 verwiesen.

6.11.1.2 APPN

Das Advanced Peer-to-Peer Network (APPN) stellt IBMs Reaktion auf den veränderten Markt dar, der flexible Vernetzung statt hierarchische Strukturen forderte. In einem APPN-System ist kein Mainframe und kein VTAM erforderlich. Dennoch wird auch hier mit Sessions gearbeitet.

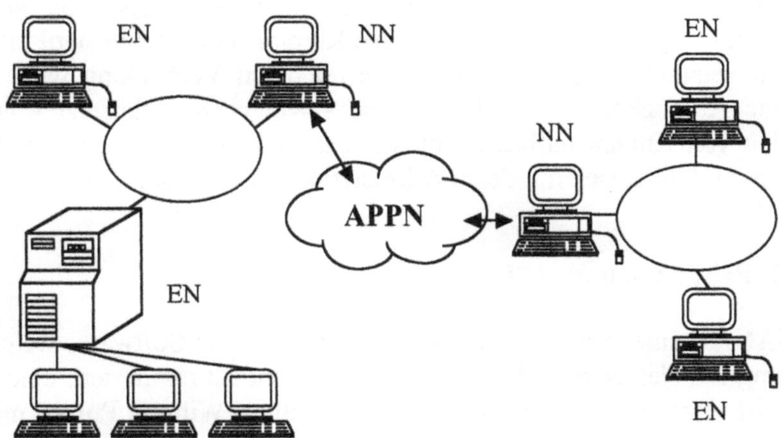

Bild 6.37: APPN

Eine Session wird über alle Knoten, die zwischen Ziel- und Endsystem liegen, aufgebaut. In der APPN-Philosophie sind nur zwei Typen von Knoten bekannt. Der erste Typ heißt **EN** (**End Node**). Ein End Node kann ein Client oder ein Server sein. Der zweite Typ wird als **NN** (**Network Node**) bezeichnet und kann ebenfalls Client oder Server sein, aber darüber hinaus nimmt er Routing-Funktionen wahr. Wenn ein EN anstartet, verbindet er sich zu dem nächsten NN und verschafft sich so Zugang zum Netz. Abbildung 6.37 veranschaulicht das APPN-Konzept.

6.11.2 APPC

Als offenes Kommunikationskonzept für APPN wurde **APPC** (**Advanced Program to Program Communication**) entwickelt. APPC erlaubt Programmen die Kommunikation in einem Client/Server-System. Als Protokoll stellt es die Antwort der SNA-Technologie auf Client/Server-Anforderungen dar. APPN ist ein nicht-hierarchisches Netzwerksystem, in dem APPC ermöglicht, daß die Anwendungen auf den Knoten auch gleichberechtigt miteinander kommunizieren können.

Im APPC-Konzept starten Anwendungen, die mit dem Netzwerk in Verbindung treten wollen, eigene Prozesse. Ein solcher Kommunikationsprozeß wird **Transaction Program** (kurz **TP**) genannt. Wenn Anwendungen Informationen austauschen, so kommunizieren ihre TPs miteinander. Dazu benutzen sie APPC und dessen Kommandos, die man mit dem Befehlssatz von NetBIOS vergleichen kann (siehe 6.2.1). Eine solche Kommandoprozedur wird in APPC ein **Verb** genannt. Zur Realisierung einer sicheren Verbindung wird APPN und seine Architektur verwendet, welche - wie oben aufgezeigt - auf der Definition von Knoten aufbaut. Um den Zusammenhang zu den Knoten zu verstehen, muß man sich mit deren Adressierung auseinandersetzen.

6.11.2.1 PUs, LUs, und NAUs

Eine **NAU** ist eine **Network Addressable Unit**. Eine Software, welche die Benutzung des Netzwerks erlaubt. Jeder Knoten enthält mindestens eine NAU, denn sonst wäre er für das Netzwerk nicht sichtbar. Will ein Prozeß mit dem Netzwerk Kontakt aufnehmen, tut er dies über eine NAU. "Network Adressable Units" sind *keine* physikalischen Geräte sondern Software-Module, welche den Knoten bestimmte Funktionen für die Kommunikation zur Verfügung stellen.

Folgende NAUs sind für APPC wichtig:

1. **Logical Unit (LU)**
   Die LU ermöglicht es den Kommunikationsprozessen (TPs), mit dem Netzwerk in Verbindung zu treten. Die lokalen LUs kommunizieren mit ihren Partner LUs auf den Zielmaschinen.

2. **Physical Unit (PU)**
   Eine PU stellt dem Knoten den Netzwerkzugang zur Verfügung. Sie realisiert die physikalische Verbindung, während LUs die logische Verbindung (Sessionaufbau usw.) steuern. Jeder Knoten besitzt eine PU. Der PU-Typ gibt an, um was für eine Art von Knoten es sich handelt. PU 1 bezeichnet ein Terminal, während PU 2.1 einen Knoten darstellt, der ohne Steuerung durch einen Host mit anderen Endknoten kommuniziert.

6.11.2.2 Die Arbeitsweise von APPC.

Transaction Programs (TPs) kommunizieren mittels der *Verbs* über feste Sessions. Diese vorstehend schon behandelten Sessions sind Verbindungen zwischen zwei Lus, welche die Grundlage für eine TP-zu-TP Kommunikation bilden.

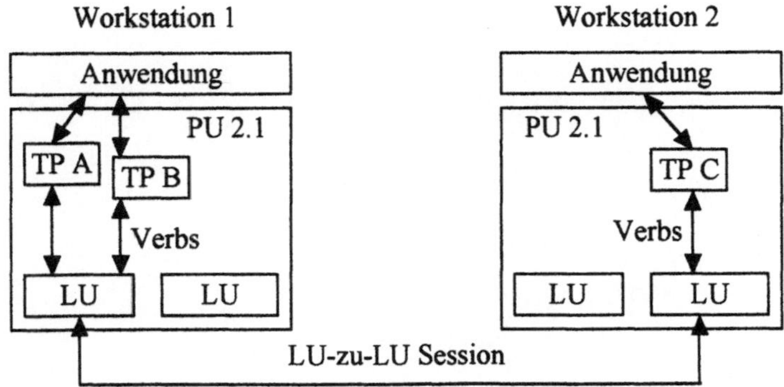

Bild 6.38: LU-LU-Session

In einem APPC-Netzwerk gibt es keine zentrale Steuerung. Alle Knoten sind als Physical Units vom Typ PU 2.1 definiert, also als Knoten mit Eigensteuerung. Die Abbildung 6.38 sollte Klarheit in den Abkürzungswirrwarr und die Funktionen der einzelnen Komponenten bringen. Sie zeigt die Kommunikation mehrerer TPs über eine Session, die zwischen zwei LUs aufgebaut wird.

APPC ist inzwischen nicht mehr nur auf APPN angewiesen. Es gibt APPC-Implementierungen, die auf OSI, TCP/IP oder "NetBIOS for IPX/SPX" aufbauen. In dieser Hinsicht paßt APPC in das SAA-Gefüge von IBM. Die **System Application Architecture** (SAA) bildet einen Überbegriff für die Schaffung offener Schnittstellen für alle Produkte von IBM. Dies erstreckt sich auf Hard- und Software. Eine ausführliche Beschreibung von SAA und SNA ist bei [Kauffe97] zu finden, an den sich die hier gegebene Beschreibung auch teilweise anlehnt.

7 Betriebssysteme

Eine Übersicht über moderne Netztechnologie muß auch die Betriebssysteme erwähnen. Der Ansatz ist jedoch nicht technischer Natur. Die Fragestellung in Hinsicht auf Betriebssysteme lautet daher: "Wie fügt sich das Betriebssystem in eine Netzstruktur ein und wie unterstützt oder ergänzt es die Dienste im Netz"? Daher soll an dieser Stelle folgende Definition genügen.

Wichtig: Ein Betriebssystem stellt den Anwendungen, die auf einem Rechner ablaufen, dessen Hardware zur Verfügung. Es liegt als Schnittstelle zwischen den Ressourcen (Hauptspeicher, Prozessor, Plattenspeicher usw.) und den Programmen, die über die Routinen des Betriebssystems diese Mittel nutzen.

Im Netzwerkbereich darf der Begriff "Ressource" jedoch nicht auf einen Rechner begrenzt bleiben. Auch die Betriebsmittel anderer Rechner müssen über das Netz verfügbar sein. An dieser Stelle muß bewertet werden, inwiefern ein Betriebssystem eines einzelnen Rechners Netzwerkdienste integriert und verschiedene Protokollumgebungen unterstützt. Es werden drei Arten von Betriebssystemen unterschieden:

- **Clientbetriebssysteme**
- **Serverbetriebssysteme**
- **Netzwerkbetriebssysteme**

Die Autoren haben sich bemüht, die bekanntesten Betriebssysteme aufzulisten. Die hier gegebene Information ist zwangsläufig nur von bedingter Aktualität denn die Versionsstände, auf die wir uns beziehen, werden schon einige Monate nach Erscheinen des Buches teilweise überholt sein. Die Verfasser waren besterbt, die aktuellsten Informationen, die ihnen zur Verfügung standen, zu verwerten, doch die Funktionen der Betriebssysteme werden ständig erweitert. Der Leser sollte sich daher gezielt über den Entwicklungsstand des jeweiligen Produkts in Kenntnis setzen.

7.1 Allgemeine Betrachtung

Zunächst sollen einige Begriffe geklärt werden, auf die man im Betriebs-
systembereich immer wieder stoßen wird und die erforderlich sind, um
Betriebssysteme gegeneinander abzugrenzen.

Multitasking:

Eine **Task** beschreibt eine in sich geschlossene Aufgabe, wie zum Beispiel das
Drucken eines Dokuments. Multitasking bedeutet, daß ein einzelner Prozessor
mehrere Tasks (auch **Jobs** genannt) bearbeitet. Er schafft dies, indem er immer
wieder zwischen den Aufgaben "umschaltet". Dieses Umschalten bezeichnet
man auch als **Kontextwechsel**. Der Anwender hat dann den Eindruck, daß
zwei Aufgaben gleichzeitig bearbeitet werden. Man unterscheidet zwei Arten
von Multitasking.

Beim **kooperativen Multitasking**, (engl. = cooperative multitasking) muß
eine gerade laufende Task explizit erlauben, daß ein anderer Job den Prozessor
übernimmt. Sie wird dann in einen Wartezustand versetzt und die andere Aufgabe wird bearbeitet. Das erfordert, daß eine Anwendung ausdrücklich so programmiert sein muß, um dieses Multitasking zu ermöglichen. Verweigert ein
Job anderen Tasks die "Prozessor-Mitbenutzung", werden diese bis zu seiner
Beendigung nicht bearbeitet. Sie scheinen am Bildschirm einzufrieren.

Das **präemtive Multitasking** (engl. = preemtive multitasking) ist direkt im
Betriebssystem implementiert. Tasks werden, nachdem das ihnen vom
Betriebssystem zugewiesene Zeitfenster abgelaufen ist, vom System gestoppt
und ein anderer, wartender Job wird gestartet. Die Task selber hat keinen Ein-
fluß darauf, denn das Betriebssystem zwingt der Task den Kontextwechsel auf.
Man spricht auch von "echtem Multitasking".

Echtzeit-Verarbeitung:

Die Verarbeitung von Programmen zur Echtzeit (engl. = realtime processing)
besagt, daß vom Betriebssystem Prozesse definiert werden können, die *auf*
jeden Fall abgearbeitet werden. Das klingt nach kooperativem Multitasking.
Der Unterschied liegt darin, daß dort eine Applikation speziell programmiert
sein muß, um Multitasking zuzulassen. Bei der Echtzeit-Verarbeitung benutzt

das Betriebssystem präemtives Multitasking. Es werden nur für extrem wichtige Aufgaben Prioritäten festgelegt, die forcieren, daß eine Aufgabe, bis sie komplett abgeschlossen ist, bearbeitet wird. Ein Beispiel sind Prozesse, die Fehler behandeln. Tritt im Netzwerk ein kritischer Fehler auf, der eine sofortige Reaktion des Betriebssystem erfordert, wäre es fatal, wenn das Betriebssystem die Bearbeitung des Programms, das den Fehler abfängt, unterbricht, um stattdessen einen wartenden Druckjob zu starten. So kann auch der Systemverwalter eine Klasse von Anwendungen definieren, die den Prozessor exklusiv nutzen.

Multi-Threading:

Ein **Thread** ist eine Untermenge eines Prozesses. Ein Prozeß stellt ein ausführbares Programm im Hauptspeicher und damit eine in sich geschlossene Aufgabe dar. Ein Thread bedeutet, daß ein Programm in weitere, separate Funktionen unterteilt wird. Man kann sich vorstellen, daß eine Task in mehrere kleine Tasks zerlegt wird. Sollte eine Applikation gerade auf die Freigabe einer Ressource (z.B. einen Drucker) warten, bleibt sie nicht stehen. Andere Teile von ihr (Threads), die nicht auf die Ressource angewiesen sind, werden während der Wartezeit ausgeführt. Es handelt sich um eine verfeinerte Form des Multitasking.

Multi-Processing:

Hierbei handelt es sich nicht um eine weitere Form des Multitasking, sondern die Steuerung mehrerer Prozessoren. Ein solches Betriebssystem kann die anfallenden Aufgaben auf mehrere CPUs verteilen und diese auch koordinieren. Somit ist eine Parallelverarbeitung möglich. Ein Beispiel dafür ist das in Kapitel 5.2.3.1 beschriebene SMP (Symmetric Multi-Processing)

GUI - Graphical User Interface:

Die meisten Betriebssysteme besitzen eine sogenannte graphische Oberfläche (X-Windows, MS-Windows usw.). Die Frage, die bei der Anschaffung von Applikationen geklärt werden muß, ist, ob die Applikation ein graphisches Interface (GUI) besitzt, welches von der graphischen Oberfläche des Betriebssystems unterstützt wird.

Dateisystem:

Ein Dateisystem ist Teil des Betriebssystems und stellt eine Schnittstelle zu den physikalischen Daten auf einer Platte dar. Es entscheidet darüber, wie Daten organisiert sind und wie auf sie zugegriffen wird. Vor allem für Serversysteme ist wichtig, wie schnell und zuverlässig dieses Dateisystem arbeitet. Der Aspekt des **RAID** sollte dabei nicht außer acht gelassen werden. RAID steht für **"Redundant Array of Independet Disks"** und zielt auf die redundante Verteilung der Daten auf mehrere Platten ab. Somit ist einerseits eine weitere Sicherheitsstufe vorhanden, andererseits wird die Geschwindigkeit des Datenzugriffs gesteigert. Es geht schneller, eine Information, die über mehrere Platten verteilt ist, einzulesen, als wenn dieselbe Datenmenge von einer Platte gelesen werden muß. Durch die Verteilung der Daten auf mehrere Platten verteilt sich auch der Zugriff auf mehrere Plattencontroller und wird somit schneller, weil parallelisiert.

7.1.1 Clientbetriebssysteme

Die Aufgabe von Betriebssystemen für Clients liegt in der Verwaltung von *Single-User-Ressourcen*. Dabei wird hauptsächlich auf eine ergonomische Arbeitsoberfläche und eine schnelle Verarbeitung Wert gelegt. Ein Betriebssystem, das Minuten braucht, um eine Druckanfrage zu bearbeiten, frustiert den Endanwender. Wichtig ist, daß ein Clientbetriebssystem bei den Anwendern auf Akzeptanz stößt. Bezüglich der Oberfläche und der Verarbeitungsgeschwindigkeit ist man vom Hersteller des Betriebssystems abhängig. Dennoch kann eine EDV-Abteilung dazu beitragen, daß ein Betriebssystem von den Anwendern angenommen wird. Auch die Anbindung an ein Netzwerk wird vom Anwender als Teil *seines* Rechners angesehen. Der Benutzer unterscheidet diesbezüglich nicht zwischen lokalem Betriebssystem und der Netzwerkschnittstelle. Eine schnelle Anbindung an das Netz ist eine nicht zu unterschätzende Komponente.

Um den Bildschirmaufbau verschiedenster Programme abzuhandeln, eignen sich im Multimedia-Bereich besonders Betriebssysteme die Multi-Threading unterstützen. In einem Arbeitsumfeld, das nicht von graphischen Anwendungen beherrscht wird (z.B. in der Bürokommunikation), reicht ein Multitasking System aus.

Wichtig ist vor allem auch die Bandbreite der Produkte und Anwendungen, die von einem Clientbetriebssystem unterstützt wird.

7.1.2 Serverbetriebssysteme

Ein Betriebssystem für einen Server muß sich hauptsächlich durch eines auszeichnen: STABILITÄT. Ein Server muß fast rund um die Uhr verfügbar sein. Es muß sich hier um ein multitasking-, oder noch besser echtzeit-fähiges System handeln, das vielen Anwendern den Zugriff auf seine Ressourcen erlaubt. Das Dateisystem muß folglich viele Datenzugriffe in einer adäquaten Zeit bewältigen können und auch für die Sicherheit des Datenbestands sorgen. Was wenig Bedeutung hat, ist eine "schöne" Oberfläche. Der Zweck eines Servers ist nicht, daß ein Anwender acht Stunden täglich an ihm arbeitet. Ein weiterer Aspekt der Stabilität ist "Flexibilität". Es muß möglich sein, Wartungsarbeiten oder Systemerweiterungen (z.B. neue Festplatten) auszuführen, ohne daß der Server abgeschaltet werden muß. Daher sollte ein Betriebssystem zur Laufzeit in der Lage sein, Funktionen, die gerade benötigt werden, einzubinden.

Mit zu den wichtigsten Komponenten zählen zuverlässige Netzwerkanbindungen, die es ermöglichen, einerseits Ressourcen bereitzustellen und andererseits auch parallel dazu die Dienste der anderen Server zu nutzen.

Ist von vornherein klar, daß die Server extrem hohen Belastungen ausgesetzt sein werden, ist es sicherlich sinnvoll, ein Betriebssystem zu wählen, das Multi-Processing unterstützt. Somit ist gewährleistet, daß bei Bedarf zusätzliche Prozessoren eingebaut werden können.

7.1.3 Netzwerkbetriebssysteme

Natürlich benötigen Clients wie Server eigene Betriebssysteme, welche die lokale Hardware verwalten, doch das reicht meist nicht aus. In vielen Fällen wird ein Netzwerkbetriebssystem implementiert, welches die Kommunikation zwischen Clients und Server ausbaut. Ein solches Betriebssystem ist eine Client/Server-Applikationen, die teils auf dem Client, teils auf dem Server liegt. Die Clientapplikation erweitert die Funktionalität der Netzverbindungen des Clients. Der Serverteil stellt dem Client erweiterte Dienste zur Verfügung, die eine effektivere Nutzung aller Ressourcen im Netz ermöglichen. Der Begriff Netzwerkbetriebssystem wird mit **NOS** abgekürzt (engl. = **Network Operating System**). Es erweckt beim Anwender den Eindruck, nicht mit vielen Rechnern, sondern mit *einem* System zu arbeiten und erzeugt dadurch Transparenz (vergleiche Kapitel 5.2.1.1).

Ein Netzwerkbetriebssystem sollte daher einen transparenten Zugriff auf die Ressourcen im Netz bieten. Dazu gehört auch die Verwaltung dieser Mittel. Es müssen Werkzeuge für Systemadministratoren vorhanden sein, die es erlauben, Berechtigungen zu vergeben, neue Ressourcen zu integrieren und Fehler zu beheben. In diesem Zusammenhang ist die Bereitstellung umfassender Sicherheitsmechanismen, die das System vor unberechtigtem Zugriff schützen, unerläßlich. Im Idealfall lassen sich Zugriffs- und Verwaltungswerkzeuge so in das Clientbetriebssystem eingliedern, daß alles zusammen als ein Arbeitsplatzsystem erscheint.

Auch fehlertolerantes Verhalten (siehe 5.1.3 und 5.2.1.1) und eine Unterstützung möglichst vieler Hardware-Plattformen ist erforderlich. Durch letzteres wird einerseits eine Herstellerunabhängigkeit gewährleistet. Andererseits kann auf neue Anforderungen des Marktes reagiert werden und die Integration neuer Dienste stellt sich weniger problematisch dar. Dies wird erreicht, indem darauf geachtet wird, daß das Netzwerkbetriebssystem offene, standardisierte Programmierschnittstellen unterstützt. Nur so wird sichergestellt, daß Applikationen, die sich an diese Schnittstellen halten, problemlos eingebunden werden können.

7.2 Beispiele für Betriebssysteme

Betriebssysteme sind *immer* proprietär und von ihren Herstellern abhängig. Herstellerunabhängig sind höchstens die Protokolle und Schnittstellendefinitionen. Es ist daher auf eine möglichst große Kompatibilität zu achten.

7.2.1 Clientbereich

7.2.1.1 Windows 3.x

Beim Betriebssystem Windows von Microsoft handelt es sich wohl um die weitverbreitetste Betriebssystem-Plattform der Welt. Windows 3.x ist übrigens im eigentlichen Sinne kein "reinrassiges" Betriebssystem, da es auf MS-DOS angewiesen ist. Es erweitert DOS um eine graphische Oberfläche und fügt Netzwerkfunktionalität hinzu. Auch der Hauptspeicherzugriff ist unter Windows erweitert.

Windows 3.x ist ein 16 Bit Betriebssystem, was den adressierbaren Datenraum erheblich einschränkt. Nur "Windows for Workgroups" bietet einen 32 Bit Dateizugriff. Auch die DOS-Namensgebung für Dateien nach dem Muster "8.3" und das FAT-Dateisystem bleiben bestehen. FAT (File Allocation Table) ist sehr rudimentär und bei großen Festplatten mit über einem Gigabyte sicherlich überfordert. Das reicht aber für Client-Arbeitsplätze aus.

Zu erwähnen ist auch die Speicherverwaltung. Alle Applikationen laufen im selben Speicher- und Adreßbereich. Verursacht eine der Anwendungen einen Speicherfehler, stürzt meist das gesamte System ab.

Windows 3.x bietet ein kooperatives Multitasking an und "Windows für Workgroups" ermöglicht den Aufbau von kleinen Peer-to-Peer-Netzen (siehe Abschnitt 9.2.2). Die dabei verwendete Protokollumgebung ist NetBEUI, welche in Kapitel 6.2 ausführlich vorgestellt wurde.

7.2.1.2 Windows95

Windows95 von Microsoft stellt ein echtes 32-Bit Betriebssystem dar, das die Möglichkeiten der modernen Rechnertechnologie somit besser ausnutzt als dies Windows 3.x kann. Es bietet die Protokollstacks für TCP/IP, NetBEUI und IPX/SPX bereits als Standard an. Das macht Windows95 zu einem Clientbetriebssystem, das sich in die meisten Umgebungen integrieren läßt. Die Möglichkeit, Modems über SLIP oder PPP anzubinden, ist ebenfalls bereits vorhanden.

Die 8.3 Namensvergabe von DOS wurde gleichfalls aufgegeben. Mit Ausnahme der Druckverarbeitung, welche immer noch die 16 Bit Schnittstelle verwendet, bietet Windows95 ein päemptives Multitasking.

Im Gegensatz zu Windows 3.x läuft jedes 32 Bit Programm in seinem eigenen Speicherbereich. Dadurch ist Windows95 im Vergleich zu Windows 3.x stabiler. Stürzt eine solche Anwendung ab, bleibt der Rest des Systems davon unbeeinträchtigt. Die Anforderungen an das System sind ebenfalls gestiegen. 16 MB Hauptspeicher stellen eher die Untergrenze dar.

Eine Neuerung bietet auch das sogenannte Benutzerprofil. Damit können verschiedene Benutzer angelegt werden, von denen jeder unterschiedliche Programme zugewiesen bekommt. Je nachdem, welche Anwender sich gerade am System anmeldet, erhält er *seine* Oberfläche mit *seinen* Programmen.

7.2.1.3 Mac OS System7

Die hier präsentierte Information beruht auf der Version 7.5 für Macintosh-Systeme der Firma Apple Macintosh. Macintosh-Rechner besitzen im graphischen Gewerbe extrem weite Verbreitung. In Verlagen und Werbeabteilungen sind MACs nicht wegzudenken. Mac OS bietet ein kooperatives Multitasking, wendet aber auch Multi-Threading an. Wie paßt das zusammen? Anwendungen verhalten sich untereinander kooperativ. Das gleichzeitige Ausdrucken eines Dokuments und die Bearbeitung einer Graphik sind dem kooperativen Multitasking unterworfen. Die Graphikanwendung selbst ist aber in Threads unterteilt, so daß die Applikation als solche im Multithreading-Verfahren abläuft. Besonders im Bereich der Bildbearbeitung läßt sich dadurch die Geschwindigkeit der Anwendung steigern.

Innerhalb einer AppleTalk-Umgebung wird kein Netzwerkbetriebssystem benötigt, da über AppleTalk alle erforderlichen Funktionen bereitgestellt werden können. Ab System7 ist ein TCP/IP-Stack Teil des Betriebssystems, so daß typische IP-Anwendungen, wie FTP oder TELNET, nutzbar sind. Bei der Anbindung an andere Umgebungen, beispielsweise eine LAN-Manager Domäne (siehe 7.2.4.2), müssen Produkte von Drittherstellern verwendet werden.

7.2.2 Betriebssysteme für Client und Server

Die Autoren sind sich bewußt, daß noch andere als die vorher erwähnten Clientbetriebssysteme existieren. Die Betriebssysteme OS/2 und Windows NT sind jedoch zweigeteilt. Es gibt Server- und Client-Varianten dieser Systeme.

7.2.2.1 OS/2

OS/2 ist die 32 Bit Client/Server-Umgebung der Firma IBM. Sie teilt sich in die Betriebssysteme "OS/2 Warp Connect" für den Client und "OS/2 Warp Server" für die Server-Seite. Für beide Plattformen läßt sich sagen, daß sie auf Multi-Threading basieren und das Betriebssystem in einem eigenen Adreßbereich läuft, so daß es gegen Abstürze der Applikationen weitgehend abgeschottet ist. Außerdem besteht eine Kompatibilität zu der SNA-Umgebung APPC. Im Gegensatz zur FAT kann das HPFS (High Performance File System) als Dateisystem eingesetzt werden. Es ist schneller als das FAT-System. Wie für NT existiert eine "Plug-and-Play" Funktionalität, welche es ermöglicht, neu installierte Hardware automatisch zu erkennen.

Als Nachteil läßt sich allenfalls erwähnen, daß die Software-Landschaft durch die Produkte von Microsoft bestimmt werden. OS/2 kann auch Windows emulieren, doch dann muß sich der Anwender mit zwei verschiedenen graphischen Oberflächen auseinandersetzen. Bisher ist OS/2 auf die Rechnerarchitektur von Intel beschränkt und unterstützt zum Zeitpunkt der Drucklegung kein Multi-Processing.

OS/2 Warp Connect

Warp Connect zeichnet sich durch den LAN-Requester aus. Diese Schnittstelle ermöglicht eine Anbindung an LAN-Server, NetWare und NT Server. Implementierte Protokolle sind TCP/IP, NetBEUI und IPX/SPX. Dabei werden folgende Netztechnologien unterstützt: Ethernet, Token-Ring und FDDI. OS/2 ist Teil der SAA-Philosophie von IBM und daher zu 100% in APPC und APPN zu integrieren (siehe 6.11).

Bezüglich Netzwerk-Verwaltung bietet Warp Connect noch die Programmiersprache REXX, mittels der viele Aufgaben (z.B. Datensicherung über das Netz) einfach umgesetzt werden können. Wie auch unter Windows95 sind Anbindungsmöglichkeiten über Modem Teil des Betriebssystems.

OS/2 Warp Server (Advanced)

Der OS/2 Warp Server basiert nicht nur auf dem NetBEUI-Protokoll, sondern beinhaltet auch einen IP-Stack mit DHCP-Möglichkeiten. Außerdem werden diverse RAID-Funktionalitäten als Softwareprodukt angeboten. Somit ist eine Spiegelung oder Duplizierung von Platteneinheiten, die an den Server angeschlossen sind, realisierbar.

Das Remote-Access ermöglicht Anwendern über Modem-Leitungen das Anmelden am System. Über die Benutzerverwaltung kann, ein Benutzer für das ganze Netzwerk eingerichtet werden. Der Anwender authorisiert sich nicht an einem dedizierten Rechner, sondern seine Berechtigungen gelten für alle Server im System. Der Requester ermöglicht die Anbindung DOS-, Windows 3.x-, Windows95- und natürlich OS/2 Clients.

Ein dynamischer DNS (Domain Name Service - vergleiche 6.3.2.9) realisiert den Zugriff auf Dienste, gleich auf welchem Server diese sich gerade befinden. Auch "Kurznamen" können eingerichtet werden, so daß der Anwender sich nicht mit den langen Adressen zu beschäftigen braucht.

Was den Advanced Server auszeichnet, sind seine Management-Funktionen bezüglich der Clients. So ist eine grundlegende Administration der Anwender PCs möglich. Da OS/2 Server den sogenannten LAN-Server repräsentiert, ist eine Verwaltung von Datenträgern der Mainframes möglich, sofern diese mittels LAN-Server in das Netz eingebunden sind.

7.2.2.2 Windows NT

Windows NT ist ebenso wie OS/2 zweigeteilt. Es besteht eine Aufsplittung in NT Workstation und NT Server. Die folgende Betrachtung der beiden Systeme basiert auf der Version 4.0.

Über beide Systeme läßt sich sagen, daß es sich um reine 32 Bit Betriebssysteme handelt, die Multi-Threading unterstützen. Als Alternative zur FAT ist auch das NTFS (NT File System) zu erhalten. Dieses besitzt eine weit höhere Verarbeitungsgeschwindigkeit. Plug-and-Play wird selbstverständlich von beiden Systemen unterstützt.

Auch die Stabilität wurde gegenüber Windows95 gesteigert. Unter NT läuft *jedes* Programm, nicht nur die 32 Bit Applikationen, in seinem eigenen Speicherbereich.

NT Workstation

Verglichen mit Windows95 ist NT Workstation ein komplettes 32-Bit System. Es erlaubt einem Anwender das Einwählen über Modem und verfügt über dieselben Netzwerkfähigkeiten wie Windows95. Seine erhöhte Systemsicherheit und die Plug-and-Play Fähigkeiten zeichnen es aus.

Als einziges Clientsystem unterstützt es derzeit Multi-Processing, zumindest können über SMP (Symmetric Multi-Processing) zwei Prozessoren verwaltet werden.

NT Server

Der NT Server besitzt eine andere Prozeß-Organisation als die Workstation. Während die Workstation den interaktiven Anwenderprozessen die höchste Priorität zuweist, haben beim Server die Prozesse, die den Netzwerkzugriff steuern, Vorrang. Ein Server unterstützt bis zu 16 Prozessoren in einem Rechner und bedient maximal 256 einkommende Modemleitungen. Der OS/2 Server verwaltet 32 Einwählleitungen.

NT Server besitzt kein Client-Management, obwohl sonst alles vorhanden ist, um die Netzwerkressourcen zu verwalten. Dafür hat Microsoft das Internet entdeckt. Im Gegensatz zur Workstation wurde der Information-Server integriert, der es dem Rechner ermöglicht, als FTP und Web-Server zu fungieren. Auch mit einem DHCP- und DNS-Server ist gedient.

Wichtiger ist jedoch die Möglichkeit, die angeschlossenen Platten mit einem RAID Level 5 zu versehen. Das entspricht einer Verteilung der Daten über alle Platten, wobei eine sogenannte Parity-Information angelegt wird. Diese erlaubt es, daß beim Ausfall einer Platte die verlorengegangenen Daten über die Parity-Information repliziert werden können. Das System kann trotz einer defekten Platte im Plattenstapel weiterarbeiten. Auch Plattenspiegelung oder Duplizierung ist angedacht. Die "Macintosh Services" machen das bedingte Anbinden von Apple Macintosh Rechnern möglich. Unterstützte Prozessorarchitekturen für NT sind Intel, Alpha, PowerPC und Mips.

NT Cluster

Das NT Cluster bietet zunächst an, zwei Rechner eng miteinander zu verknüpfen. Die beiden NT-Server sind mit demselben Plattenstapel verbunden, wobei jeder Rechner *seine* Platten mit *seinen* Applikationen besitzt. Dennoch erscheinen beide Server im Netz als *ein* System und sind unter dem logischen Namen des Clusters zu erreichen. Der Anwender sieht also nicht, welcher der beiden Rechner den Dienst bereitstellt. Er verbindet sich mit dem Cluster, nicht mit einem der beiden Rechner. Sollte einer der Server nun ausfallen, kann der andere dessen Platten und damit auch dessen Applikationen übernehmen. Dadurch können die Dienste im Netz weiterhin bereitgestellt werden. Die von Microsoft angebotene Clusterlösung namens "Wolfpac" soll in zukünftigen Versionen vier Rechner unterstützen. Das Cluster-Konzept wird in Abschnitt 5.2.3.2 genauer beleuchtet.

Ausblick NT 5.0

NT 5.0 soll eine weitaus breitere Basis bilden. Das Domänen-Konzept des LAN-Managers (vergleiche 7.2.4.2) wird durch das auf X.500 basierende Active-Directory abgelöst. Zu diesem netzwerkweiten Verzeichnisdienst werden Schnittstellen in Java, C++ usw. gehören. Auch das "Umkonfigurieren" von Hardware-Komponenten im laufenden Betrieb soll endlich möglich sein. Bisher ist das eines der größten Mankos. Wolfpac soll dann ebenfalls ein Teil des Betriebssystems und kein Zusatzprodukt mehr sein.

7.2.3 Serverbereich

Die hier vorgestellten Systeme sind fast alle für den Serverbetrieb konzipiert und daher allesamt auf Multitasking und die schnelle Verarbeitung von Netzanfragen ausgelegt.

7.2.3.1 UNIX

Es existieren unzählige UNIX-Derivate, so zum Beispiel AIX von IBM, HP-UX von Hewlett Packard, Digital UNIX von DEC und SUN-Solaris von SUN, um nur einige der kommerziellen Systeme zu nennen. Diese UNIX-Derivate wurden von den jeweiligen Herstellern auf ihre Rechnerarchitektur angepaßt und leisten somit hervorragende Dienste. Im PC-Bereich sind SCO-UNIX und die Freeware Betriebssysteme LINUX und Free-BSD zu erwähnen. UNIX-PCs können entweder als Abteilungsserver oder aber als High-End Clients eingesetzt werden.

Alle UNIX-Systeme praktizieren präemptives Multitasking. Einige der Derivate betreiben sogar Echtzeit-Verarbeitung. UNIX stellt das derzeit wohl schnellste Serverbetriebssystem dar. Die meisten der kommerziellen Systeme unterstützen die Rekonfigurierung im laufenden Betrieb. Einige Systeme sind in der Lage, Komponenten des Betriebssystems zur Laufzeit zu laden, so daß auf plötzlich auftretende Anforderungen reagiert werden kann, ohne daß der Server heruntergefahren werden muß.

Eine vollständige TCP/IP-Umgebung inklusive NFS und die Möglichkeit, wichtige Systemdateien auf allen Servern identisch zu halten, sind Bestandteil eines jeden UNIX-Systems. Auch einfache Mailwerkzeuge sind vorhanden. In einer reinen UNIX-Umgebung, mit UNIX-PCs als Clients, wird daher kein zusätzliches Netzwerkbetriebssystem benötigt.

Als graphische Oberfläche steht auf allen Systemen X-Windows zur Verfügung und auf fast allen kommerziellen Systemen auch CDE (Common Desktop Environment).

Was die Dateisysteme angeht, so wird man auf kaum einer anderen Umgebung so flexible und zuverlässige Werkzeuge finden, wie unter UNIX. Die meisten Produkte großer Hersteller weisen sehr schnelle und dynamisch erweiterbare Dateisysteme auf. Beispielhaft seien das "Journal File System" oder das "Advanced File System" genannt. Auch Softwarewerkzeuge, die es erlauben, Platten zu spiegeln und Plattengruppen zu Dateisystemen zusammenzufassen, sind auf fast allen UNIX-Derivaten erhältlich. Außerdem unterstützen die meisten UNIX-Systeme gängige RAID-Controller, mit denen die Organisation größter Festplatten-Speichersysteme möglich ist.

Nahezu alle kommerzielle UNIX-Versionen bieten inzwischen eine clusterartige Hochverfügbarkeitslösung an. Derartige Produkte ermöglichen es einem Zusammenschluß mehrerer UNIX-Rechner, die Applikationen eines ausgefallenen Rechners weiterhin verfügbar zu halten.

Die heutigen UNIX-Systeme sind 32 Bit Systeme. Manche unterstützen sogar die 64 Bit Technologie ihrer Hersteller. Was einige Anwender jedoch abschreckt, ist die oftmals rudimentäre Druckersteuerung und die kryptische Kommandosprache, wobei gerade diese den unverwechselbaren Charme von UNIX ausmacht. Mit graphischen Oberflächen wie CDE versuchen die UNIX-Hersteller derzeit jedoch, Betriebssystemen wie Windows NT Paroli zu bieten.

Es ist einleuchtend, daß ein UNIX-System aus vielen Servern mehr Angriffspunkte und Sicherheitslücken besitzt, als dies bei zentralen Großrechner-Systemen der Fall ist. Die Tatsache, daß Betriebssysteme wie NT oder Warp im Sicherheitsbereich auch nicht mehr als die meisten UNIX-Systeme zu bieten haben, ist da keine Entschuldigung.

294

7.2.3.2 VMS

Dieses Betriebssystem dürfte an dieser Stelle eigentlich keine Erwähnung finden. OpenVMS, welches derzeit in der Version 7.0 vorliegt, ist ein proprietäres Betriebssystem der Firma Digital Equipment Corperation und nur auf deren Rechnerarchitekturen VAX und Alpha einsetzbar. Außerdem werden immer wieder Gerüchte laut, daß seine Weiterentwicklung bald reduziert wird. Wie dem auch sei, dieses Betriebssystem verdient sich seinen Platz durch die Tatsache, daß es die bestfunktionierende Cluster-Technologie des Marktes bietet. Bereits zu Beginn der 80er Jahre wurde VMS clusterfähig. Das VMS-Cluster ermöglicht nicht nur eine Applikationsübernahme unter Rechnern, sondern auch eine Lastverteilung. Es geht sogar so weit, daß alle Rechner im Cluster keine lokale Systemplatte mehr benötigen, sondern ihr Betriebssystem von einer zentralen Platte booten. OpenVMS wurde inzwischen mit einer Motif-Oberfläche ausgestattet und bietet schon seit langem Echtzeit-Verarbeitung. Es ist in seiner Verarbeitungsgeschwindigkeit zwar langsamer als UNIX, bietet aber schon seit Jahren Sicherheitsstandards, an denen sich UNIX und NT jetzt orientieren. VMS wurde übrigens vom selben Entwickler entworfen, der für Microsoft Windows NT konzipierte. Eingefleischte "VMSler" bezeichnen NT daher oft auch als "abgespecktes VMS mit Windows-Oberfläche".

7.2.3.3 Zentralrechner-Systeme

Obwohl diese Betriebssysteme nicht ganz den Konzepten von Client/Server entsprechen, müssen sie bei der Integration der Großrechner in moderne Netze berücksichtigt werden. Es sollen nur zwei Systeme hervorgehoben werden. Das erste ist MVS/ESA in der Version 5. Dieses IBM-System bietet ebenfalls herausragende Clustermöglichkeiten. Auf diesem Gebiet kann MPE/ix Version 5 von Hewlett Packard zwar nicht bestechen, es zeichnet sich jedoch durch seine in diesem Systembereich ungewöhnlich gute Integrationsfähigkeit aus. Es ist möglich, ein solches System in eine NetWare-Umgebung zu integrieren und seine NFS-Anbindung ist ebenfalls relativ unproblematisch. Einen sehr guten Vergleich, dem auch die obige Betrachtung entnommen wurde, bietet [Kusnet96].

7.2.4 Netzwerk-Betriebssysteme

Wie bereits erwähnt, benötigen nicht alle Client- und Serverbetriebssysteme den Überbau eines Netzwerkbetriebssystems (NOS). Doch Windows 3.x Systeme, die eventuell Funktionen des Workgroup-Computing (siehe Abschnitt 9.2.2) besitzen, sind - wenn die vollen Funktionen von Client/Server genutzt werden sollen - auf Netzwerkbetriebssysteme angewiesen.

Es ist an dieser Stelle nicht möglich, alle Funktionen und Möglichkeiten eines Systems dar- oder gar einander vergleichend gegenüberzustellen. Die hier dargebotenen Informationen dienen nur einer groben Orientierung. Die Hersteller der einzelnen Systeme können vollständigen Aufschluß über die Fähigkeiten ihrer Produkte geben.

7.2.4.1 NetWare

Bei NetWare von Novell handelt es sich um das meistverbreitete NOS auf dem PC-Markt. Das wird dadurch abgerundet, daß auch einige Großrechnersysteme mittels Zusatzprodukten als Dateiserver integriert werden können. Die Protokollbasis der NetWare-Systeme sowie der Aufbau von Client und Server wurden bereits in Kapitel 6.4 erläutert, so daß das Augenmerk nun voll auf seine Funktionen gelegt werden kann.

Ab der Version 4.1 zeigt sich NetWare in neuem Gewand. Die herausragendste Änderung stellen die **NetWare Directory Services** (**NDS**) dar. Dabei handelt es sich um einen netzweiten Verzeichnisdienst, der komplett auf X.500 (siehe 6.9.3) aufbaut. Sogar die von der CCITT in der Empfehlung X.509 definierten Sicherheitsstandards, sind Teil von NDS. Über NDS kann auch der Zugriff der einzelnen Anwender auf alle Ressourcen des Netzwerks verwaltet werden.

NetWare bietet Dateizugriffe für die Betriebssysteme DOS, MS Windows 3.x, Windows 95, Windows NT und OS/2 an. Durch NetWare NFS ist auch eine Anbindung von UNIX in diesem Bereich möglich. Im Druckerbereich kann über Zusatzprodukte ein Drucker auch für UNIX oder SNA zugänglich gemacht werden. Wenn man einen Server mit mehreren Netzwerkkarten ausstattet, vermag dieser auch als MPR (Multiprotokoll-Router) Verwendung zu finden. NetWare routet dann IPX, TCP/IP und AppleTalk.

Das Server- und Netzwerkmanagement schließt SNMP (siehe Kapitel 9.1.2) ein. Das Sicherheitssystem integriert, zusätzlich zu den Möglichkeiten von X.500, elektronische Verschlüsselung von Passwörtern und Signaturen. Im Serverbereich ist NetWare inzwischen auch SMP-fähig. Unterstützt durch Methoden wie Plattenduplizierung ist es möglich, daß ein Backup-Server bei Ausfall eines Haupt-Servers dessen Dienste übernimmt. Das kann allerdings nicht als Cluster gewertet werden.

7.2.4.2 LAN-Manager

Der LAN-Manager ist dem Leser bereits zum Teil aus dem Abschnitt über Windows NT bekannt. Er ist Bestandteil des NT Servers.

LAN-Manager arbeitet domänen-bezogen. Eine Domäne besteht aus mindestens einem Server (dem Domain-Controller), den Clients und allen Ressourcen (Drucker usw.). Der Domain-Controller verwaltet alle Benutzer- und Berechtigungsdaten. Andere Server können als Backup-Domain-Controller konfiguriert werden und erhalten eine Kopie der Verwaltungsdaten. Sollte der Domain-Controller ausfallen, ist dadurch für eine gewisse Fehlertolleranz gesorgt. Es ist jedoch abzusehen, daß das Domain-Konzept ab der Version 5.0 von Windows NT durch einen X.500 basierten, netzwerkweiten Verzeichnisdienst abgelöst wird.

LAN-Manager beinhaltet alle gängigen Funktionen eines NOS (Dateizugriff, Druckernutzung usw.) und unterstützt NetBEUI, IPX und natürlich, wie in Kapitel 7.2.2.2 bereits erwähnt, TCP/IP. Die Zusatzpakete SMS und Microsoft SNA-Server komplettieren das Angebot. Mittels SMS können die Client-PCs verwaltet und inventarisiert werden und der SNA Server bietet die Integration der SNA-Welt an. Auch OS/2-Rechner werden als Clients unterstützt und die Macintosh-Services integrieren MACs.

LAN-Manager setzt besonders auf Remote Access, sprich: Die Integration von Arbeitsplätzen über Modem oder ISDN. Eine Verwendung von NT-Rechnern als Multiprotokoll-Router ist derzeit nicht möglich. Ein eigener Mail-Client ist nicht Teil des LAN-Manager. Hier sind aber Zusatzprodukte vorhanden.

7.2.4.3 LAN-Server

Der LAN-Server von IBM hat starke Ähnlichkeiten mit dem LAN-Manager. Das liegt daran, daß beide Konzepte bis zum Bruch zwischen IBM und Microsoft *ein* System waren. Auch der LAN-Server baut auf Domänen auf. Sein Hauptaugenmerk ist auf die Integration der IBM-Welt und seine Konformität zu SAA gerichtet. Wenn es primär darum geht, PC- und IBM-Welt miteinander zu verbinden, ist der LAN-Server unschlagbar.

So wie der LAN-Manager Teil des Windows NT Servers ist, so ist LAN-Server bereits im OS/2 Warp Advanced Server enthalten.

LAN-Server ermöglicht die Fernanbindung von Systemen durch das Produkt "LAN Distance" und ein Netzwerk-Management durch "LAN NetView". Herausragend ist die Möglichkeit der Software-Verteilung und -Installation auf Hostsystemen durch den LAN-Server. Standard-Clients sind MS Windows, DOS und natürlich OS/2. Mit RIPL können die OS/2-Clients ohne eigene Systemplatte integriert werden. Diese Maschinen booten ihr Betriebssystem dann über das Netzwerk.

7.2.4.4 Vines

Bei Vines (VIrtual NEtwork Services) von Banyan handelt es sich um ein UNIX-Derivat, das für den Netzwerkbetrieb umfunktioniert wurde. Somit baut Banyan auf einer kompletten TCP/IP-Umgebung auf, die jedoch den Bedürfnissen des Netzwerkbetriebssystems Vines angepaßt wurde. Eigene Mailfunktionen wurden ebenso wie ein angepaßter Naming Service integriert.

Ehe X.500 überhaupt kommerziell diskutiert wurde, besaß Banyan bereits einen netzwerkweiten Directory Service (Street Talk), der es dem Benutzer ermöglichte, sich einmal im Netz anzumelden und dann alle Ressourcen entsprechend seiner Rechte zu nutzen. Das erlaubte es, verschiedene Netzwerktopologien unter Banyan zu vereinen. Ein Vines-System kann somit auch über Weitverkehrsverbindungen ausgedehnt werden. Vines verfügt über ein stabiles Sicherheitskonzept namens VANguard, und seit der Version 6.0 wird auch das "Guaranteed Login" angeboten. Dies bedeutet, wenn ein StreetTalk-Server vom Netz geht, werden seine Daten auf einem anderen Server repliziert. Der Anwender kann weiterhin auf seine Mails und Dateien zugreifen. Aufgrund seiner UNIX-Abstammung unterstützt Banyan natürlich auch SNMP (siehe Kapitel 9.1.2).

7.3 Verteilte Betriebssysteme

Der Leser wird sicherlich auch auf den Begriff "verteiltes Betriebssystem" stoßen. Wo liegt nun der Unterschied zwischen Netzwerkbetriebssystemen und
einem solchen verteilten Betriebssystem. Eine exakte Grenze kann nicht gezogen werden, denn moderne Netzwerkbetriebssysteme beinhalten schon viele
der Anforderungen, die an offene, verteilte Systeme gestellt werden.

Ein verteiltes Betriebssystem wird dadurch gekennzeichnet, daß keine Trennung zwischen Server- und Netzwerkbetriebssystem besteht. Ein Betriebssystem, das über alle Server - im Idealfall sogar über alle Clients - verteilt liegt,
erzeugt ein Gesamtsystem.

Folgende Anforderungen bestehen an verteilte Betriebssysteme:

1. Sie sollten einen beliebig erweiterbaren Satz an Diensten liefern, von denen
   sich ein Client-Programm die erforderlichen Komponenten in seine Arbeits-
   umgebung lädt. Daraus folgt, daß eine offene Softwarestruktur benötigt
   wird, d.h. die Struktur gewährt Zugriff auf einen Satz von Diensten, welche
   austausch- und erweiterbar sind. Derartige Standards bietet DCE
   (vergleiche 5.3.3). Würden sich alle Hersteller an solche Standards halten,
   könnten ihre Programme und Dienste in jedem DCE-konformen System
   eingesetzt und genutzt werden.

2. Eine Zugriffsmöglichkeit auf verteilte und gemeinsame Daten (Datei-
   dienste) wird von den meisten Netzwerkbetriebssysteme bereitgestellt. Mit
   X.500 könnte auch in diesem Bereich eine Norm erreicht sein.

3. Ein Dienst muß unabhängig von seinem Server sein. Geht der Server vom
   Netz, müssen andere Rechner den Dienst weiterhin anbieten.

4. Das Hauptziel sollte die Unterstützung einer verteilten Verarbeitung darstellen. Ist ein Server überlastet, so muß er einige Programme oder sogar
   einzelne Threads *eines* Programmes auf einen weniger belasteten Server
   auslagern können. Dadurch wird eine netzwerkweite Verteilung der
   Rechenlast und eine optimale Ausnutzung der Ressourcen erzielt. Gerade
   dieser Punkt dürfte am schwierigsten zu realisieren sein.

Ob sich Normierungen für eine offene Systemstruktur durchsetzen werden,
muß die Zukunft zeigen. Gute Ansätze sind genügend vorhanden.

8 Internet - Netz der Netze

Das Internet und die mit ihm verbundenen Technologien sind zu *dem* Thema der ausgehenden 90er Jahre geworden. Das Internet ist ein TCP/IP basierter Netzverbund aus derzeit über 4 Millionen Rechnern und über 40 Millionen Anwendern. Seine Anfänge nahm es mit dem bereits in Kapitel 6.3 erwähnten ARPANET. Inzwischen wurde aus dem ARPANET das Internet, das fast vollständig auf dem Client/Server-Prinzip beruht, wie im Verlauf dieses Kapitels noch aufgezeigt wird. Wer sich tiefer mit dem Internet befassen möchte, sei an [HahWac97] verwiesen. Obwohl sich das Internet als sehr komplizierter Wirrwarr aus Begriffen und Strukturen darstellt, ist es dem Leser möglich, direkt *in medias res* zu gehen. Alles, was man benötigt, um die Funktionsweisen des Internets zu verstehen, wurde bereits im Kapitel 6.3 behandelt. Das Internet spricht IP und damit kennt der Leser seine Mechanismen. Der Aufbau der 32-Bit Adressen wurde erläutert, wie Internet-Adressen durch DNS in logische Namen umgesetzt werden, ist ebenfalls klar und auf welchen Methoden das Routing basiert, wurde in den vorherigen Kapiteln schon angesprochen. Der Leser weiß sogar, wie Mails verschickt werden (SMTP, X.400), wie ein internet-weiter Verzeichnisdienst aufgebaut sein *könnte* (X.500) und nach welchen Regeln das Internet in Zukunft funktionieren wird (IPv6). Nichts spricht dagegen, sich mitten in die Materie zu stürzen. Die meistgenutzten Dienste im Internet sind:

1. **WWW**
   Das World Wide Web stellt eine riesige Datenbasis dar, die aus untereinander verknüpften Informationen besteht. Das WWW wird im Verlauf dieses Kapitels noch ausführlicher behandelt.

2. **Electronic Mail**
   Die Hauptnutzung des Internets besteht immer noch in der Zustellung elektronischer Nachrichten, wobei SMTP und X.400 zum Einsatz kommen. Da über diese Protokolle schon berichtet wurde, wird in diesem Kapitel auf Electronic Mail als Thema verzichtet.

3. **FTP**

Das *File Transfer Protocol* wurde bereits in Kapitel 6.3.2.8 erläutert. Im Internet existieren sogenannte FTP-Server, deren Aufgabe es ist, Dateien bereitzustellen, die interessierte und zugriffsberechtigte Anwender sich mittels FTP auf ihren Rechner kopieren können. Diesen Vorgang bezeichnet man auch als **"Herunterladen"** (engl. = **Download**).

4. **Newsgroups**

Die Newsgroups, auch **Usenet News** genannt, stellen Diskussionsforen im Internet dar. Diese dienen dem Informations- und Datenaustausch und sind über Rechner auf der ganzen Welt verteilt. Usenet wird im folgenden noch genauer betrachtet.

5. **WAIS**

Diese Abkürzung steht für **Wide Area Information Server**. Es handelt sich dabei um eine Datenbank, die einen Index an Begriffen enthält. Sucht man nach bestimmten Themen im Internet, kann man sich auf eine solche Datenbank verbinden. Mittels einer Recherche über den Index kann der Anwender so Dokumente ermitteln, welche die angegebenen Stichworte enthalten.

8.1 Wichtige Begriffe im Internet

Hypertext

Hypertext bezeichnet eine nicht hierarchische Struktur von Dokumenten. In einem Hypertext-Schriftstück findet man oft Begriffe, die in einer anderen Farbe dargestellt sind. "Klickt" man mit dem Mauszeiger auf diesen Begriff, wird ein weiteres Dokument geöffnet, welches relevante Informationen enthält. Das nennt man einen **Link** (deutsch = Verbindung) zu einem anderen Dokument. Durch diese Links können Dokumente untereinander *vernetzt* werden. Will der Anwender zusätzliche Informationen zu einem Begriff oder möchte er eine zugehörige Graphik betrachten, so *folgt* er dem *Link*. Jedes Schriftstück kann mit vielen anderen Dokumenten oder Informationsteilen verknüpft sein. So entsteht, je mehr Links und Netzknoten hinzukommen, auf denen Information im Hypertext-Format bereitgestellt wird, ein mächtiges, weitverzweigtes Informationssystem.

WWW

Das World Wide Web ist eine weltweite Datenstruktur aus Hypertext-Dokumenten. Der Anwender folgt den Links ohne zu merken, daß das Dokument auf einem ganz anderen Server liegt und er *nicht* nur von Dokument zu Dokument, sondern auch von Rechner zu Rechner wandert. Dabei können die Rechner in ganz verschiedenen Ländern stehen. Das WWW beruht inzwischen nicht mehr nur auf Textdokumenten. Hinter Symbolen (**Icons**) und Knöpfen (**Buttons**), die man auf einer WWW-Seite (**Webpage**) mit der Maus "anklicken" kann, verbirgt sich Graphik, Audio-Information oder ein ganzes Programm. Diese Programme im WWW werden übrigens auf dem eigenen, lokalen Rechner ausgeführt. Daher hat sich inzwischen der Begriff "**Hypermedia**" durchgesetzt. Eine Web-Seite, die eine Institution als solche darstellt und die eine Funktion als "Eingangstür" zur Domäne einer Institution wahrnimmt, bezeichnet man auch als **Homepage**. Von dieser kann man dann weiter in verschiedene Themenbereiche verzweigen.

Browser

Ein Browser (engl. to browse = schmökern) ist eine Anwendung auf dem eigenen Rechner. Dieser Browser versteht das Hypertext-Format und kann daher Seiten im WWW darstellen. Er dient auch als Navigator, da er den Links zu anderen Servern folgt, deren Adressen auflöst und es dem Anwender ermöglicht, sich direkt auf eine angegebene Adresse (URL) zu verbinden. Ein Rechner im Internet, der über WWW (also Hypertext) Informationen dem Rest der Welt zur Verfügung stellt, wird auch ein **Web-Server** oder **WWW-Server** genannt. Der Browser führt auch die im WWW aufgerufenen Programme lokal auf dem eigenen Rechner aus. Um die Webpages oder Graphik aus dem Internet auf dem eigenen Arbeitsplatz darstellen zu können, muß sich der Browser Daten vom Server auf den eigenen Arbeitsplatzrechner "herunterladen" (downloaden). Ein Download bedeutet nicht, daß alle Daten aus dem Internet auf den eigenen Arbeitsplatz kopiert werden. Die Schnittstellenprogramme des Browsers laden nur die Daten, die nötig sind, um die Hypertext-Information auf dem entfernten Web-Server am eigenen Bildschirm darzustellen. Der Browser ist also eine Clientapplikation. Seine Schnittstellenprogramme kommunizieren mit dem WWW-Server und stellen die auf dem WWW-Server generierte Information am eigenen Bildschirm dar. Browser werden daher auch als **WWW-Client** bezeichnet. Mit einem Browser kann man nur lesend auf das WWW zugreifen.

HTML

HTML bedeutet **HyperText Markup Language** und ist eine einfache Programmiersprache, mit der Hypertext-Dokumente und somit auch Webpages erstellt werden können.

http

Das HyperText Transport Protokoll ist ein weiteres IP-basiertes Protokoll, wie FTP auch. Wie sein Name schon sagt, transportiert es Hypertext Informationen, die im HTML-Format vorliegen, durch das Netz.

URL

Ein URL ist ein **Unique Resource Locator** und bezeichnet die Adresse einer Datei im WWW. So könnte der Teubner Verlag diesem Buch beispielsweise eine Web-Seite zur Verfügung stellen. Der URL, den man in seinem WWW-Browser als Zieladresse eingibt, würde dann lauten:

http://www.teubner.de/computer/netzwerke/lan.html

Dieser URL läßt sich wie folgt erklären:

1. *http* gibt das Protokoll an, das verwendet wird,
2. *teubner.de* ist die über DNS (siehe 6.3.2.9) festgelegte Domäne, wobei der Vorsatz *www* anzeigt, daß ein Webserver in der Domäne angesprochen ist,
3. */computer/netzwerke* sind die Unterverzeichnisse in der Domäne, welche angeben, wo die gesuchte Web-Page steht,
4. *lan.html* bezeichnet die WWW-Seite, die der Anwender in seinem Browser betrachten möchte. Dabei kennzeichnet die Endung *html*, daß es sich um ein Dokument im Hypertext-Format handelt.

Ein URL könnte aber auch heißen: *"http://www.teubner.de"*. Das würde bedeuten, daß der Web-Server des Teubner Verlags eine Homepage bereitstellt, die als Eingangspunkt (entrypoint) für die Informationen des Teubner Verlags dient. Obiger URL würde dazu führen, daß vom Browser die Homepage angezeigt wird.

Ein weiterer URL könnte lauten: "*ftp://teubner.de*". Dieser müßte verwendet werden, wenn der Teubner Verlag einen FTP-Server unterhalten würde, der Dateien bereitstellt, die sich Interessierte "herunterladen" können.

Gopher

Bei Gopher handelt es sich um ein menugesteuertes Programm, das die Informationen im Internet als eine hierarchische Textdatenbank darstellt. Sobald man sich auf einen Gopher-Server verbunden hat, kann man auf die Dateistruktur zugreifen. Gibt es dort einen Menupunkt namens "Informationssysteme in Deutschland" und wählt man diesen aus, verbindet Gopher den Anwender zu einem weiteren Gopher-Server, der die zugehörigen Unterpunkte verwaltet, bis die Daten gefunden sind. Gopher kümmert sich nicht um URLs, da er über eine themenorientierte Textstruktur arbeitet. Er wählt die benötigten Protokolle (ftp, http usw.) selbständig. Allerdings sind nicht alle Dokumente im Internet in das Gopher-System eingebunden.

Usenet

Das Usenet besteht aus vielen Diskussionsforen, den Newsgroups, in denen jeder Internet-Anwender seine Meinung durch eigene Artikel äußern darf. Es gibt an die 30000 Newsgroups im Internet, so zum Beispiel eine über IPv6, aber auch über Politik, Umweltschutz oder ganz banale Gruppen, in denen Witze ausgetauscht werden. Eine Newsgroup ist nur auf einem Server beheimatet und wird auch dort verwaltet. Der Administrator einer Newsgroup hat darauf zu achten, daß die veröffentlichten Artikel themenbezogen sind und nicht gegen den Verhaltenskodex im Internet (die Nettiquette) verstoßen. Die Usenet-Server, deren Anzahl in die zehntausende geht, kopieren sich die Newsgruppen untereinander in bestimmten Zeitabständen. Schreibt ein Anwender einen Artikel, so kann er damit rechnen, daß etwa 48 Stunden später sein Artikel über die ganze Welt verteilt wurde. Die Usenet-Server bedienen sich dabei eines Protokolls der OSI-Schicht 7 (Anwendungsschicht) namens **UUCP (Unix-to-Unix-CoPy)**. Die Newsgroups haben eher die Struktur einer Zeitschrift, in der jeder Abonnent Artikel veröffentlichen darf. Ein Internet-Provider ist selbst Teil des Usenet und kopiert sich diese aus dem Internet, um sie seinen Kunden zur Verfügung zu stellen. Der Kunde der nun seinerseits Beiträge schreibt, fügt diese den Artikeln des Providers hinzu. Dieser wiederum - als Teil des Usenet - kopiert sie mittels UUCP auf den Server, der ihm die Newsgroup bereitstellt. So wandert ein Artikel im Internet zu dem Server, auf dem die Original-Newsgroup liegt. Die meistfrequentierte Newsgroup im Internet ist - wie sollte es auch anders sein - die Gruppe "*alt.sex*". Worüber da heiß und innig diskutiert wird, bedarf wohl keiner weiteren Erläuterung.

Search Engine

Die "Search Engines" (deutsch = Suchmaschinen) schließen die Lücke, die WAIS und Gopher hinterlassen, denn bei weitem nicht alle Dokumente sind in diese Suchmechanismen eingegliedert. Daher gibt es im Internet sogenannte Suchmaschinen, die eine Stichwortsuche bieten. Der Anwender gibt eine Liste von Stichworten und Suchbedingungen ein und die Search Engine durchsucht alle ihr bekannten Dokumente nach diesen Begriffen. Das Resultat ist eine "Trefferliste", aus der ein Anwender die für ihn relevanten Web-Seiten auswählen kann. Meist kann man auch wählen, ob man das WWW oder das Usenet nach den Stichworten absuchen möchte. Die Maschinen arbeiten nach zwei verschiedenen Prinzipien. Das erste Prinzip funktioniert so, daß ein Administrator die Adresse seiner Homepage der Search Engine mitteilt. Die Engine durchsucht in regelmäßigen Zeitabständen die ihr bekannten Homepages und baut so eine Datenbank mit allen Wörtern auf, die in den Texten gefunden werden. Verlangt nun ein Anwender zum Beispiel nach den Stichworten "IPv6", "Internet" und "TCP/IP", durchkämmt die Engine die Datenbank nach diesen Worten und ermittelt so die URLs der Web-Seiten, die diese Worte am häufigsten enthalten.

Das zweite Prinzip basiert auf einer eigenständigen Recherche der Engine im ganzen Internet. Einer solchen Suchmaschine muß die Adresse einer Homepage nicht explizit mitgeteilt werden. Diese Engines durchsuchen das ganze Internet nach Web-Seiten und Usenet-Artikeln und bauen sich somit ihre eigene Index-Datenbank auf. Die bekanntesten Engines im Internet sind *YAHOO* und *AltaVista*.

Provider

Ein Internet Provider bietet als Dienst den Zugang zum Internet an, sei es für Privatpersonen oder Firmen. Der Provider stellt dann Dienste wie Mailing, Usenet und unter Umständen auch eine Homepage dem Kunden zur Verfügung.

8.2 Internet-Möglichkeiten

8.2.1 Intranet contra Internet - eine Abgrenzung

Ein Intranet bedeutet den Einsatz der Internet-Technologien *innerhalb* einer Institution. Das Hausnetz wird zum *eigenen* Internet. Der Vorteil liegt auf der Hand. Ein Intranet, das einen eigenen DNS usw. nutzt, ist flexibler als ein Netzwerk, in dem oftmals explizit verwaltet werden muß, welcher Server welche Dienste anbietet. Das hauseigene Internet ersetzt im Idealfall jedes Netzwerkbetriebssystem. Die Browser stellen eine einheitliche Arbeitsoberfläche dar und sind extrem preisgünstig. Somit können auch Applikationsschnittstellen vereinheitlicht werden. Da im eigenen Hausnetz dieselbe Technologie wie im Internet angewandt wird, ist auch die Anbindung problemlos. Das kann soweit gehen, daß Teile des Intranets dem Internet zur Verfügung gestellt werden. Es ist daher für Kunden möglich, via Internet den Status ihres Auftrags abzurufen, oder ein Einkäufer kann den Lagerstand beim Lieferanten abfragen. Doch Vorsicht, hier lauern genauso viele Sicherheitslücken wie Möglichkeiten. Firewalls (siehe 8.3.2.2) und Verschlüsselungspraktiken (siehe 8.3.2.3) werden dann unumgänglich. Die Attraktivität von Intranet-Lösungen wird sicherlich zunehmen, wenn gängige Produkte des Bürokommunikationsbereichs (Textverarbeitung und Tabellenkalkulation) in die Browser integriert werden können. Mit Sprachen wie **Java** oder **ActiveX** werden derartige Integrationen in naher Zukunft keine sonderlichen Probleme mehr darstellen. Schon jetzt sind Produkte, wie über Intranet nutzbare Terminplaner, mit denen die Zeitplanung von Arbeitsgruppen via Browser möglich wird, zu erschwinglichen Preisen erhältlich.

8.2.2 Anbindung an das Internet

Man kann grob drei Methoden der Anbindung eines Unternehmens an das Internet unterscheiden.

Die erste besteht darin, einen Rechner ohne jeglichen Schutz an das Netz zu nehmen. Viele Privatanwender, die sich über PPP oder SLIP mit ihrem Provider verbinden, sind ein Beispiel dafür. Es ist dann unbedingt darauf zu achten, daß sich auf dem System keine privaten Daten befinden und ein Backup zur Hand ist, falls Daten restauriert werden müssen.

Die zweite Methode verzichtet auf Dienste wie WWW und beschränkt sich auf reines Mailing. Ein Mailserver im eigenen System pollt in gewissen Zeitabständen den Provider an und überträgt dabei die von den Anwendern verfaßten Mails an den Provider, der diese dann im Internet weiterversendet. Gleichzeitig werden Mails für das Netz, die beim Provider aufgelaufen sind, abgeholt. Sobald dies geschehen ist, wird die Verbindung sofort wieder abgebaut. Der Mailserver verteilt dann, je nach Benutzernamen, die Mails an die Anwender im eigenen Netz.

Will man, als dritte Methode, Dienste wie WWW den Anwendern zugänglich machen oder selbst einen WWW-Service anbieten, so wird nichts anderes als eine Anbindung an das Internet bleiben. Als Schutzmechanismen bieten sich dann der später beschriebene Einsatz von **Paketfiltern** oder ein kompletter **Firewall** an.

8.3 Sicherheit im Internet

Ein VMS-Entwickler, dessen Name den Autoren leider entfallen ist, hat einmal gesagt: "Selbst wenn ein Rechner ausgeschaltet ist und sich in einem Raum voll mit Giftgas befindet und dieser Raum wiederum von einen Hundertschaft Elitesoldaten bewacht wird, würde ich nicht so weit gehen, das System als vollkommen sicher zu bezeichnen!" Diese Aussage entspricht der Wahrheit. Sofern das eigene LAN keinen Anschluß zur Außenwelt besitzt, muß sich ein Administrator nur um die interne Sicherheit kümmern. Sobald jedoch nur einer der Rechner über eine Modemanbindung verfügt, wird die Sache schwierig. Im folgenden sollen Gefahren und Möglichkeiten in Bezug auf das Internet betrachtet werden.

8.3.1 Angriffe

Es gibt viele Lücken im TCP/IP-Bereich und in den Betriebssystemen, die geschickte Hacker dazu nutzen können, um in Systeme einzudringen oder diese zu sabotieren. Die bekanntesten Angriffsformen sind hier aufgelistet, um dem Leser ein Gefühl für mögliche Lücken zu vermitteln. Da die hier genannten Sicherheitsmängel die bekanntesten darstellen, werden sie seltener von Hackern ausgenutzt. Wirklich gefährlich sind die Lücken, die außer einer kleinen Gemeinde von Hackern noch keiner kennt.

Ein Angriff muß nicht immer mit einem Einbruch einhergehen. Es ist zum Beispiel möglich, so lange Daten an einen FTP-Server zu übertragen, bis die Platte des Rechners überläuft und er vom Netz genommen werden muß. Beliebt ist auch das **"Bombing"**; der Beschuß eines Netzes mit Datenblöcken. Man sendet so viele Daten an ein Netz, daß dieses mit der Datenlast nicht mehr fertigt wird und zusammenbricht. Berühmt wurde in diesem Zusammenhang der "Sitzstreik auf der Datenautobahn", zu dem deutsche Internet-Benutzer aufriefen, nachdem Frankreich seine Atomtests im Mururoa-Atoll aufgenommen hatte. Ziel war, die Netzwerke Frankreichs lahmzulegen, indem alle Internet-Benutzer jeden Tag eine Stunde lang die ihnen bekannten Internet-Server Frankreichs mit Mails bombardieren und sich zu sämtlichen französischen FTP-Servern verbinden und eifrig Daten herunterladen sollten. Die Aktion zeigte keine große Wirkung, da nur wenige dem Aufruf folgten. In Bezug auf Firmen hat diese Taktik jedoch schon öfters funktioniert. Verstößt eine Firma gegen die Nettiquette, weil sie etwa in öffentlichen Diskussionsforen kommerzielle Werbung betreibt, so hat sie mit *Mailbombing* zu rechnen. Die Adresse der Firma wird dann von allen, die sich verletzt fühlen, in sämtliche Mailverteillisten eingetragen, auf die diese Personen Zugriff haben. Dies führte schon oft dazu, daß der Provider einer solchen Firma, der die Mails für seine Kunden schließlich auf seinem Rechner zwischenspeichert, derartig mit Mails "überschwemmt" wurde, daß er den Zugang des Kunden sperren mußte, um einen Überlauf seiner Platten zu verhindern. Der Kunde wurde vom Internet "ausgesperrt" !

Programme mit Superuser-Berechtigung

Das folgende Beispiel ist in jedem Fachartikel nachzulesen und so klassisch, daß es auch hier nicht fehlen darf. Das Mailprogramm "sendmail" unter UNIX nimmt Verbindungsanfragen aus dem Internet entgegen. Glücklicherweise wird es vom Superuser, der unter UNIX *alle* Rechte hat, gestartet und greift auch noch schreibend auf einige Systemdateien zu. Da lacht das Hackerherz. Sendmail wurde inzwischen in allen neueren Systemen durch "smail" ersetzt, das sicherer ist. Das Problem ist jedoch nicht nur auf UNIX begrenzt. Wann immer System-Programme von priviligierten Benutzern gestartet werden und eine Schnittstelle zum Internet aufbauen, besteht Gefahr, sobald es einem Hacker gelingt, auf das Programm zuzugreifen. Eine andere Schwierigkeit ist, daß der normale Anwender oder Systemverwalter nicht das Wissen, die Zeit und die Dokumentation hat, um sich in derartige technische Details seines Systems zu vertiefen.

TELNET

Das im Internet häufig gebrauchte TELNET-Programm, das eine Terminal-Sitzung auf einem entfernten Rechner öffnet (siehe 6.3.2.8), enthält unverschlüsselt - also als Klartext - Username und Passwort des sich anmeldenden Anwenders im Header des TELNET-Pakets. Schafft es ein Hacker, ein solches Paket abzufangen, kann er aufgrund der IP-Quell-Adresse den Rechner ermitteln und erhält gleichzeitig einen berechtigten Usernamen samt Passwort dazu.

HTTP und FTP

Es sind inzwischen HTTP- und FTP-Implementierungen einiger Hersteller aufgefallen, die ähnliche Schwachstellen wie "sendmail" aufweisen. Es gilt daher, keine Shareware-Versionen dieser Protokolle zu installieren, deren Hersteller nicht für zuverlässige Shareware-Software bekannt sind. Man kann eigentlich davon ausgehen, daß Shareware-Programme, die für bekannte Freeware-Betriebssysteme (LINUX, Free-BSD) getestet und freigegeben sind, die nötigen Sicherheitsanforderungen erfüllen.

IP-Spoofing

Bei dieser Einbruchsversion gibt ein externer Rechner aufgrund der Quell-IP-Adresse in seinen Headern vor, ein Rechner des LANs zu sein. Er immitiert einen Rechner des lokalen Systems, um an dessen Berechtigungen heranzukommen.

Trojanische Pferde

Bei Trojanischen Pferden handelt es sich um Datenpakete, die nicht das sind, was sie vorzugeben scheinen. So gibt es Mails, die, sobald man sie "öffnet", um sie zu lesen, sich nicht als Nachrichten sondern als ein selbstausführendes Programm entpuppen. Dieses kann beispielsweise alle Mails des Users löschen oder sogar die Festplatte zerstören.

8.3.2 Schutzmechanismen

Das einzige, was hilft, ist ein sorgfältiges Sicherheitskonzept. Welche Dienste sollen angeboten, welche sollen den Anwendern zugänglich gemacht werden? Welche bekannten Risiken bergen diese Dienste? Auf welche Funktionen, wie zum Beispiel TELNET via Internet, kann man verzichten? Diese Fragen müssen beantwortet werden, um zu einem Konzept zu gelangen. Ist das KnowHow in den eigenen Reihen nicht vorhanden, kann sicherlich der Provider oder eine auf Netzkonzepte spezialisierte Firma das nötige Consulting liefern.

8.3.2.1 Paketfilter

Ein Paketfilter kann auf einem Router eingerichtet werden, der zwischen dem eigenen Netz und dem Internet steht. Dieser Router ist so aufgesetzt, daß er in der Lage ist, einkommende Datenpakete nach bestimmten Regeln zu filtern. Man kann zum Beispiel angeben, daß einkommende Datenpakete mit einer bestimmten Adresse verworfen werden. Würde dabei die eigene Netzadresse gefiltert, könnte dies einen Spoofing-Einbruch verhindern, da ein Datenpaket mit der IP-Absender-Adresse eines LAN-internen Rechners, das von *außen* kommt, verworfen würde. Maskiert der Eindringling seine Datenpakete mit der IP-Adresse des Providers, könnte er wiederum eine Verbindung aufbauen.

In Kapitel 6.3.1.2 wurde die Funktion der Portnummern erläutert, welche innerhalb von TCP/IP einen Dienst kennzeichnen. Ein Filter kann auch auf eine Portnummer, also einen Dienst (TELNET, SMTP, FTP usw.), abgesetzt werden. So könnte man erlauben, daß von innen nach außen alle Dienste nutzbar sind, von außen nach innen aber nur bestimmte Dienste hereingelassen werden (SMTP und TELNET, aber kein FTP). Das Problem ist, daß die Listen mit den Filterregeln sehr schnell sehr unübersichtlich werden. Diese in Tabellen gehaltenen Regeln haben einen weiteren Nachteil: Sobald eine zutreffende Regel gefunden wurde, werden die nachfolgenden nicht mehr bearbeitet. Es ist daher sehr wichtig, in welcher Reihenfolge die Regeln stehen. Wenn an den Regeln Änderungen vorgenommen werden, sind sorgfältige Planungen und ausgiebige Tests unumgänglich. Es gibt auch Hacker, die sich die IP-Fragmentierung zunutze machen. Sie fragmentieren die Datenblöcke so sehr, daß in dem via IP transportieren TCP-Datenblock die Portnummer entfällt und das Paket somit den Portfilter umgeht. Um das LAN zu überlasten reicht eine große Anzahl dieser Minipakete vollkommen aus.

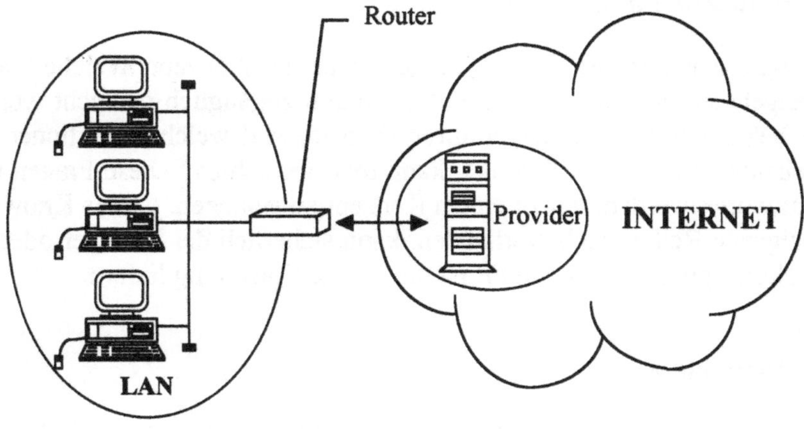

Bild 8.1: Paketfilter

Man sieht, der Schutz durch Paketfilter ist nur auf Routing-Ebene durchführbar und besitzt immer noch Lücken, obwohl schon viele Mißstände beseitigt werden können. Wer mehr Funktionalität erwartet, benötigt einen Firewall (deutsch = Feuerwand).

8.3.2.2 Firewall

In [Weidn196] wurden Firewalls mit mittelalterlichen Burgen in Verbindung gebracht. Dieser Vergleich ist so treffend, daß er hier ebenfalls angewendet werden soll. Was tat Ritter Kunibert, wenn er verhindern wollte, daß finstere Eindringlinge weder in seinen Weinkeller noch in die Kemenate seiner holden Gattin gelangen konnten? Er baute eine Festung mit einer hohen, zinnenbewehrten Mauer und wenn vom letzten Kreuzzug noch etwas Beutegeld übrig war, errichtete er sogar zwei Mauern! Eine äußere mit einem schweren Tor und eine innere Mauer, die den eigentlichen Bergfried schützte, aber natürlich auch mit einem gut bewachten Tor versehen war. Ein Firewall baut diese Mauern um das LAN einer Institution, die Teil des Internets werden möchte.

Oftmals wird schon ein Paketfilter als Firewall bezeichnet. Das ist Definitionssache. Ein Firewall ist eigentlich ein System zwischen Router und dem eigentlichen LAN. Es kann sich dabei um einen einzelnen Rechner oder aber um ein ganzes Zwischennetz handeln. Der Firewall fungiert als doppelte Burgmauer.

Das äußere Tor ist zum Internet hin geöffnet, das innere bietet den Zugang zum Netz. Ein Firewall hat daher zwei Netzwerkschnittstellen und auch zwei Adressen, eine nach innen und eine nach außen gerichtete.

Dienste, auf welche die breite Öffentlichkeit Zugriff haben darf, wie z.B. WWW- und FTP-Server, sind auf dem Firewall-Rechner installiert. Ein Internet-Benutzer, der sich via FTP Dateien vom System herunterladen möchte, kommt zwar durch das äußere Tor, aber nicht in das eigentliche Netz. Hat dieser Benutzer böswillige Absichten und greift Lücken im Programm des FTP- oder HTTP-Servers an, verschafft er sich Zugang zum Firewall-Rechner, ist aber nicht im LAN. Er müßte erst das "innere Tor" knacken. Zurück ins Mittelalter: Burgen waren auch oft Handelszentren. So kamen am Markttag die Bauern und Händler der Umgebung an der Burg zusammen und wurden, zu ihrem Schutz und damit die Wachen eine Übersicht über das bunte Treiben hatten, durch das äußere Tor gelassen. Durch das innere Tor kam jedoch keiner. So muß man sich die Installation von öffentlichen Diensten auf dem Firewall vorstellen.

Was aber nun, wenn ein Reiter am äußeren Tor auftauchte und sagte, ein Bote des Königs mit einer wichtigen Nachricht für Ritter Kunibert zu sein? Ein Bote zu sein konnte schließlich jeder dahergelaufene Meuchelmörder von sich behaupten! Er wurde durch das äußere Tor eingelassen und zwischen den Mauern von den Wachen Kuniberts auf seine Identität und Waffen durchsucht. Erst wenn die Wachen von seiner Glaubhaftigkeit überzeugt waren, wurde er durch das innere Tor zu Ritter Kunibert vorgelassen. Genauso verhält sich ein Firewall, wenn ein Datenpaket für einen Rechner im LAN ankommt. Der Firewall erlaubt z.B. keine direkte TCP-Verbindung vom Internet in das LAN. Das IP-Paket (der Bote) wird im Firewall-Rechner entpackt und sein Inhalt von Prüfprogrammen (den Wachen) genau unter die Lupe genommen. So können trojanische Pferde, Minipakete usw. erkannt und abgefangen werden. Ist das Datenpaket korrekt, macht der Firewall eine *eigene* TCP-Verbindung von seiner internen Netzwerkschnittstelle zum Zielrechner im LAN auf und versendet das überprüfte Datenpaket. Das innere Tor wird geöffnet.

Das Aufbauen eigener Verbindungen, um eine direkte Kommunikation zu vermeiden, nennt man auch **Circuit Level Gateway**, wenn der Dateninhalt der Pakete nicht geprüft wird. Allein das Unterbrechen der originalen Verbindung und der Aufbau des eigenen Kommunikationskanals in das LAN, würde einen Hacker, der einen Zugriff sucht, "herausschmeißen".

312

Versteht der Firewall das über TCP oder UDP transportierte Protokoll, kann eine Überprüfung des Inhalts stattfinden. Man spricht dann von einem **Applikation Level Gateway**. Die untere Abbildung zeigt die Funktion der beiden "Burgmauern".

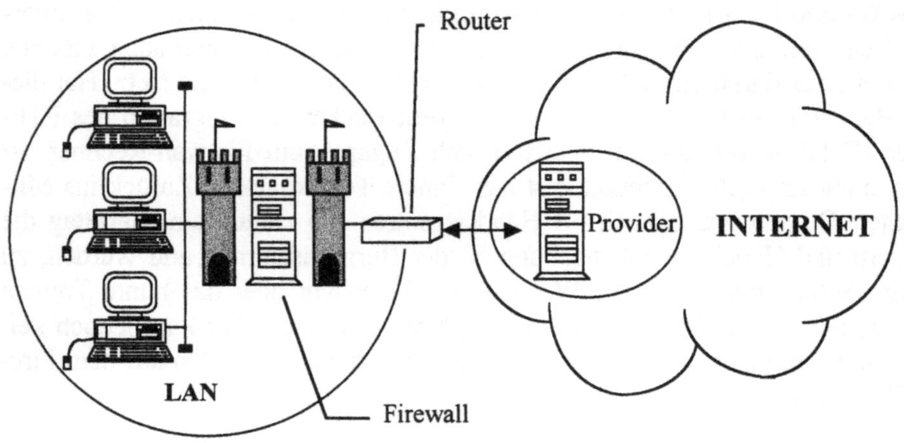

Bild 8.2: Firewall

Eine weitere Einsatzmöglichkeit auf einem Firewall-System ist das "IP-Masquerading". Der Firewall wendet denselben Trick, wie die Hacker an. Geht ein Datenpaket aus dem LAN auf das Internet, trägt der Firewall-Rechner seine eigene, *äußere* Adresse als Quelladresse ein. Somit gelangt keine interne IP-Adresse ins Internet. Das LAN wird "unsichtbar". Da alle ausgehenden Pakete dabei vom Firewall abgefangen werden, ist es auch möglich, zu protokollieren, welcher Anwender im LAN welche Dienste anfragt. Dies kann eine Verletzung des Datenschutzes bedeuten, da sich feststellen läßt, welche Benutzer statt zu arbeiten schon wieder versuchen, beispielsweise auf die Web-Seiten des Playboy-Verlags zuzugreifen.

Der Firewall ist ein speziell konfiguriertes System und bietet mehrere Vorteile. Der Administrator muß nicht jeden einzelnen Arbeitsplatz gegen Angriffe von außen absichern, sondern nur einen Rechner. Benutzt man beispielsweise ein UNIX-System, so ist dies ein sehr minimalistisches UNIX, in dem alle nicht benötigten Dienste lahmgelegt werden. Je weniger Dienste, desto weniger Einbruchmöglichkeiten und damit weniger Lücken, auf die man achten muß.

Für ein großes LAN kann ein solcher Firewall natürlich zum Flaschenhals werden, an dem sich die Kommunikation staut. Dann empfielt es sich, mehrere Firewall-Rechner einzusetzen, die ein Zwischennetz bilden. Es existieren inzwischen auch schon einige Firewall-Lösungen, die auf dem Router aufsetzen und keinen eigenen Rechner brauchen. Sie erweitern den Paketfilter um weitere Funktionen. Es gibt dabei verschiedene Hersteller, die breitgefächerte Produkt-Paletten anbieten.

Ein Firewall bietet keinen 100%igen Schutz! Er macht es einem Hacker nur sehr schwer. Ist ein Hacker einmal in das LAN eingedrungen, so ist es ein einfaches, den Firewall von innen "niederzureißen", denn Firewalls schützen gegen Angriffe von außen und nicht von innen. Schaffte es ein Verräter, in der Burg dem Feind die Tore zu öffnen, so war die Festung verloren. Bisher existieren nur wenige Firewall-Systeme, die von sich behaupten können, noch nie geknackt worden zu sein. Es hängt auch viel davon ab, welche Softwarepakete der Administrator auf dem Firewall installiert (WWW-Server, FTP-Server usw.). Je mehr Software, desto mehr Angriffsfläche.

8.3.2.3 Tunneling

Das Problem von Paßwörtern, die im Klartext übertragen werden, wurde bereits angesprochen. Es gibt verschiedene Mechanismen der **Authentikation**. Die Lösungen können sowohl über Hardware aber auch Software realisiert werden. Zwei Applikationen, die eine auf dem Server, die andere auf dem Client, handeln einen vom Passwort unabhängigen Schlüssel aus, über den die Verbindung eindeutig identifiziert wird. Die Serverapplikation weist bei der Initialverbindung der Kommunikation einen Schlüssel zu und sendet diesen kodiert über das Netz. Der Authentikations-Mechanismus auf dem Client wertet diesen Schlüssel aus und antwortet darauf. Das Prinzip ist dasselbe wie bei einer Losung und einer Parole. Es existieren auch Lösungen, die alle paar Sekunden das Passwort ändern. Mittels solcher Authentikations-Methoden kann eine sichere Verbindung zwischen einem Endsystem und einem LAN aufgebaut werden, wenn im LAN ein Authentikations-Server läuft. Aber auch LAN-zu-LAN-Verbindungen sind darüber denkbar.

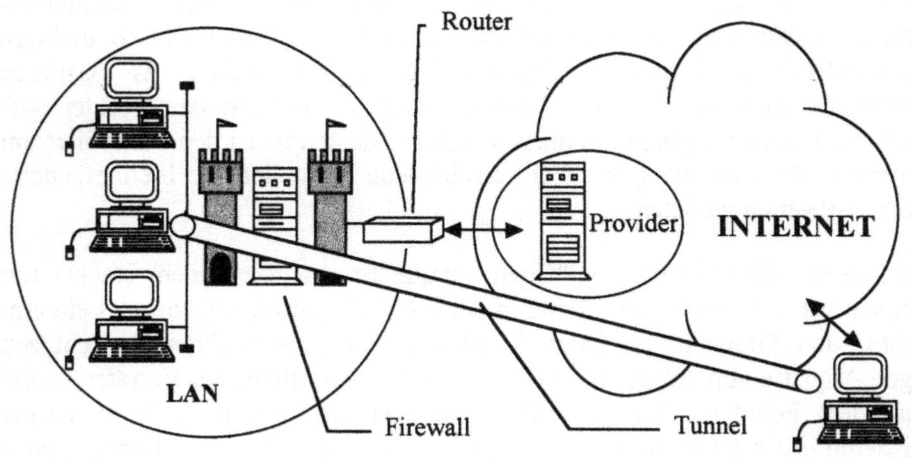

Bild 8.3: Tunneling

Da diese Kanäle als "sicher" gelten, werden sie **Tunnel** genannt. Ein solcher Tunnel kann auch ungeprüft durch einen Firewall gehen; quasi ein Geheimgang unter den Festungsmauern hindurch. Je nach Produkt wird der Inhalt der IP-Pakete, die durch den Tunnel versandt werden, nochmals kodiert. Die Kodierungs-Philosophie ist dabei je nach Produkt verschieden. Diese Verbindungen stellen dann, statt feste Stand- virtuelle Daten-leitungen durch das Internet dar.

9 Management, Konzepte, Sicherheit, Ausblick

Das Management und die Konzeption von Netzwerken ist eine der individuellsten Angelegenheiten im Netzwerk-Bereich. Ein solches Buch kann nur allgemeingültige Prinzipien darstellen, welche an die tatsächliche Umgebung des Systems im einzelnen angepaßt werden müssen. Daher wird zu Beginn auf das Netzwerk-Management im allgemeinen eingegangen. Einen weiteren Schwerpunkt wird die Netzsicherheit bilden.

Ein alter-neuer Trend soll ebenfalls diskutiert werden, nämlich die Frage, ob zentralisierte Systeme nicht doch sinnvoller scheinen bzw. *wo* sie sinnvoll sind. Dieser Vergleich zwischen zentralen und verteilten Systemen wird einen Ausblick auf die nahe Zukunft der EDV-Landschaft geben, mit der diese Einführung in die komplexe, facettenreiche und doch faszinierende Welt der Netzwerke abgeschlossen wird.

9.1 Netzwerk-Management

Netzwerk-Management bedeutet, daß ein Systemadministrator in der Lage ist, sich von einem System aus einen Überblick über sein Netzwerk zu verschaffen. Das beinhaltet:

1. Statusanzeige der einzelnen Komponenten,
2. Fehler- und Überlastanalyse,
3. Konfiguration der einzelnen Komponenten von einem Arbeitsplatz aus.

9.1.1 Struktur eines Netzwerkmanagementsystems

Der Begriff Netzwerkmanagement ist weit gefaßt. An erster Stelle stehen **Netzwerkmanagementsysteme (NMS)**, die als Software mit graphischer Benutzeroberfläche das gesamte Netz darstellen. Man spricht hierbei auch von der Visualisierung des Netzes. Aktive Netzwerkkomponenten, wie beispielsweise Hubs, Switches oder Router werden graphisch ebenso naturgetreu dargestellt wie angeschlossene Endgeräte, Gerätegruppierungen, Adressen (AppleTalk, IP, IPX, ...), Auslastung des Netzes, Datenaufkommen und Probleme. Gerade im Hinblick auf virtuelle Netze (VLANs) ist ein leistungsfähiges NMS unverzichtbar. Der Idealfall sieht so aus, daß ein Endgerät nach Umzug nicht mehr über Umpatchen im DV-Schrank und Neukonfiguration der Schicht-3-Adresse aufwendig eingebunden werden muß. Stattdessen wird das Symbol des Gerätes im NMS per Mausklick einfach ins neue Netz gezogen ("drag and drop").

Soweit zur graphischen Funktionalität; Netzwerkmanagement geht jedoch sehr viel tiefer. Alle Informationen, die über die Konfiguration der einzelnen Geräte, deren Auslastung und über den Datenverkehr Aufschluß geben, müssen irgendwo gespeichert werden. Diese Datenbasis wird **MIB (Management Information Base)** genannt. Sie ist jedoch keine Datenbank, sondern eher ein Datenmodell, eine Datenformat/-spezifikation der zu verwaltenden Daten. Die Applikation, welche die einzelnen Daten aus der MIB liest, am Bildschirm darstellt und die Aktivitäten des Administrators in die Datenbasis einträgt, wird als **Manager** bezeichnet. Der Manager ist daher eine zweigeteilte Applikation. Er besteht einerseits aus einer Präsentationskomponente, welche die Informationen visualisiert und andererseits aus einer Managementkomponente, die einen umfangreichen Befehlssatz an Kommandos enthält, mit denen Informationen eingeholt und Konfigurationen vorgenommen werden können.

Der Status der einzelnen Geräte (Hubs, Repeater usw.) wird über **Agents** erfragt. Dabei handelt es sich um Softwaretools, die in den Geräten implementiert sind. Auch vom Administrator über die graphische Anwendung ausgeführte Konfiguration wird über die Agents umgesetzt. Um dies zu tun, müssen sie mit dem Manager kommunizieren. Das geschieht über spezielle Protokolle. Im TCP/IP-Umfeld wird die Kommunikation zwischen Manager und Agent über **SNMP (Simple Network Management Protocol)** gesteuert; im OSI-Umfeld übernimmt dies **CMIP (Common Management Information Protocol)**. Die Struktur eines NMS wird in Abbildung 9.1 aufgezeigt.

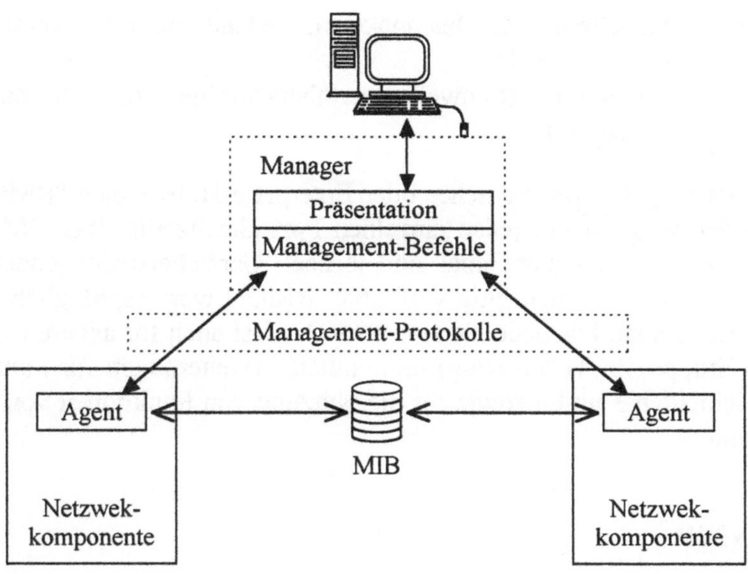

Bild 9.1: NMS-System

Eine Erweiterung der Standard-MIB stellt die RMON-MIB, kurz **RMON**
(**Remote Network Monitoring**) dar. RMON liefert Informationen über
Zustände und Änderungen im Netz auf den OSI-Schichten 1 und 2. Dazu
gehören Statistiken über den Datenverkehr im LAN, Meßwerte über periodische Zeiträume, Über-/Unterschreitung von Schwellenwerten, Statistiken über
das Datenaufkommen einzelner Geräte etc. Die verschiedenen RMON-Gruppen sind:

1. Statistics: Statistiken über Datenverkehr im LAN-Segment, Kollisionen,
Paketgrößen etc.
2. History: Alte Statistiken für Trendanalysen, periodische Erfassung von
Meßwerten
3. Alarm: Meldungen für Über-/Unterschreitung von Schwellenwerten
4. Hosts: Statistiken zum Datenverkehr zwischen einzelnen Geräten,
Adressen angeschlossener Geräte
5. Host Top N: Sortierte Host-Statistiken (Sortierung nach Höhe des Datenaufkommens, Geräte mit dem höchsten Sendeaufkommen etc.)
6. Matrix: Datenverkehr und Fehler zwischen zwei Geräten
7. Filter: Filterkriterien für Datenpakete

8. Capture: Speichern von Datenpaketen, welche die Filterkriterien von Punkt 7 erfüllen

9. Event: Ereignisse (Schwellenwertüberschreitungen, Stromausfälle, Resets, ...)

Viele der leistungsfähigen Switches oder Enterprise-Hubs bieten "RMON pro Port" mit der Möglichkeit, jeden einzelnen Port gleichzeitig über RMON im NMS zu überwachen - manchmal sind je nach Gerätehersteller jedoch nicht alle RMON-Gruppen gleichzeitig verfügbar. RMON war ursprünglich nur für das Ethernet geplant. Die neue Version RMON II ist auch für andere Netzarten geeignet (Gruppe 10: Token Ring) und enthält Erweiterungen für Funktionen der OSI-Schichten 3 und 4 sowie für die Nutzung von Funktionen von SNMP II (siehe unten).

9.1.2 SNMP

Das Simple Network Management Protocol (SNMP) ist ein UDP-basiertes Protokoll der TCP/IP-Umgebung. Es stellt die Voraussetzung für die Zuweisung einer IP-Adresse an Netzwerkkomponenten der OSI-Schichten 1 und 2 (Repeater, Hubs, Ringleitungsverteiler, Switches, Bridges) dar. Diese Geräte sind vom Grundprinzip her nicht für Schicht-3-Adressen vorgesehen. Eine IP-Adresse ist jedoch Voraussetzung für die Einbeziehung einer Netzwerkkomponente in ein NMS.

Im SNMP-Modell enthält ein Knoten immer zwei Einheiten, eine Protokolleinheit (PE) und eine Applikationseinheit (AE). Dies gilt für den Manager wie für den Agent. Die AE des Agents beinhaltet Befehle, um auf die Netzwerkkomponenten und deren Einträge in der MIB zuzugreifen. Die AE des Managers setzt die einzelnen Befehle der Managementkomponete um. In beiden Knoten läuft auch eine PE, die als Protokoll SNMP "spricht". Möchte ein Administrator nun die Werte einer Komponente im Netzwerk abfragen, so setzt die AE des Managers einen Anfrage-Befehl ab, um die Daten aus der MIB auszulesen. Dazu nimmt die PE des Mangagers mit der des betreffenden Agents Kontakt auf und überträgt die Anfrage. Die AE des Agents setzt diese Anfrage um, liest die betreffenden Informationen aus der MIB und sendet die Ergebnisse über SNMP an den Manager zurück.

SNMP bietet aber auch einen sogenannten Proxy Agent an. Dieser verwaltet Netzwerkkomponenten, die selber nicht SNMP-fähig sind. Wenn deren Hersteller jedoch eine Schnittstelle zur AE eines SNMP-fähigen Agents "eingebaut" hat, dann kann ein Proxy Agent auf mehrere dieser Geräte zugreifen und ihnen auf diese Art auch eine SNMP-Schnittstelle bieten. Die Abbildung 9.2 veranschaulicht dieses.

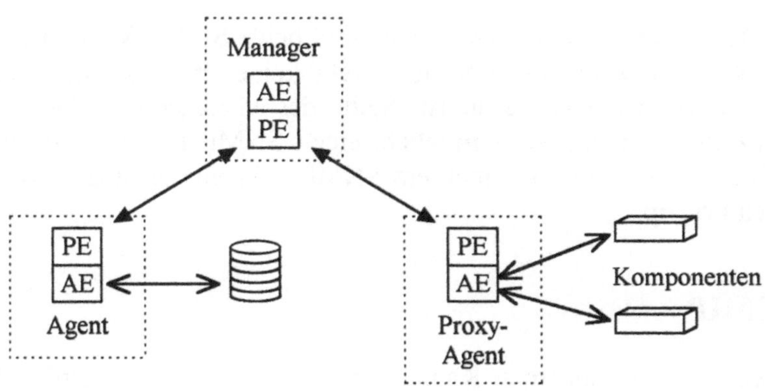

Bild 9.2: AEs und PEs unter SNMP.

SNMP arbeitet normalerweise über Polling, indem der Manager von Zeit zu Zeit den Status aller Komponenten anfragt. Tritt jedoch ein außergewöhnliches Ereignis ein, kann durch die AE des Agents eine Ausnahmebehandlung ausgelöst werden. Dann wird sofort eine Information an den Manager gesendet. SNMP liegt im IP-Schichtenmodell in der Schicht 4, da es als eine auf UDP aufsetzende Anwendung betrachtet wird. Im OSI-Modell ist es der Anwendungsschicht (Schicht 7) zuzuordnen. Die RFCs 1157 und 1215 befassen sich mit den grundlegenden Mechanismen von SNMP, welches auch SNMP I genannt wird. Im weiteren Verlauf der Entwicklung wurde die MIB, welche auch als Standard-MIB oder als MIB I bekannt ist, um neue Datentypen erweitert. Dies führte zu MIB II.

SNMP I kann nur in einer reinen TCP/IP-Umgebung eingesetzt werden, da andere Protokoll-Umgebungen nicht unterstützt werden. Das führte zur Definition von SNMP II in den RFCs 1351, 1352 und 1353.

SNMP II stellt nicht nur eine verbesserte und leistungsfähigere Weiterentwicklung von SNMP mit gesteigerten Sicherheitsfunktionen dar, sondern beinhaltet auch Multiprotokollfähigkeit. Es unterstützt neben TCP/IP auch beispielsweise IPX, Apple Talk und OSI-Protokolle. Ferner ist es einem NMS, das auf SNMP

II aufsetzt, möglich, mehrere Manager unter einem Hauptmanager zusammenzufassen. Dadurch kann jedes Subnetz durch einen eigenen Manager verwaltet werden, um zu verhindern, daß alle SNMP-Informationen an einer Management-Instanz auflaufen.

Zur Zeit der Drucklegung dieses Buches sind beide SNMP-Versionen verbreitet. Ihre Koexistenz in einem System stellt keine Probleme dar, wenn der Manager zweisprachig ausgelegt ist. Sollte der Manager nur über SNMP II kommunizieren können, ist es möglich, einen SNMP II Proxy Agent aufzusetzen. Dieser verwaltet dann mehrere SNMP I Agents nach dem vorstehend erläuterten Prinzip.

9.1.3 CMIP

Wenn sich der Leser nochmals Kapitel 6.5 in Erinnerung ruft, wird er feststellen, daß OSI in den Grenzen von Domänen arbeitet. Das gilt auch für ein NMS unter OSI. Ein NMS verwaltet alle managebaren Komponenten in einer Domäne. Das hierarchische Organisationsmodell wird durch ein Informationsmodell komplettiert, welches die MIB und deren Struktur beschreibt. Auf diesen beiden Modellen setzt das Kommunikationskonzept auf. Es enthält als Kernstück das Protokoll CMIP (Common Management Information Protocol). Um die Information auf Manager-Ebene darzustellen, kann aber auch FTAM (siehe 6.5.4) zum Einsatz kommen.

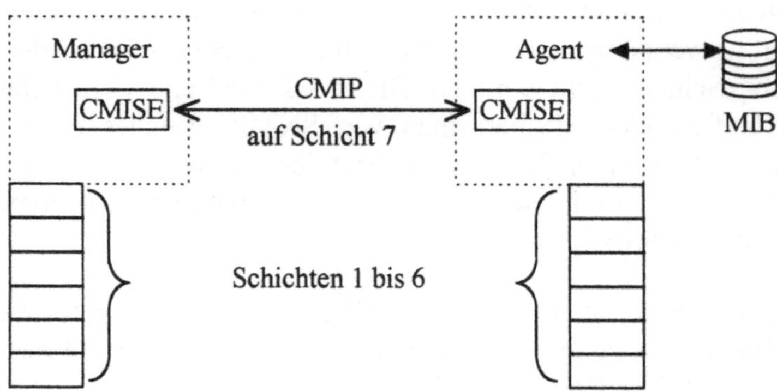

Bild 9.3: OSI - Management

Die Besonderheit von OSI ist, wie sollte es anders sein, daß *jede* Schicht über eigene Management-Befehle verfügt, die speziell Daten abfragen und Funktionen dieser Schicht auf den Komponenten im Netz konfigurieren. Das Sammelsurium an Diensteinheiten setzt sich aus einzelnen Kommandos und Dienstelementen zusammen. Ein solches Element wird **CMISE (Common Management Information Service Element)** genannt. Diese Elemente sind auf dem Manager und den Agents implementiert und kommunizieren untereinander über CMIP. Im Gegensatz zu SNMP ist CMIP verbindungsorientiert aber ebenfalls auf der OSI-Schicht 7 anzutreffen. Das Management-Modell unter OSI wird in Abbildung 9.3 deutlich und das Problem von CMIP transparent gemacht. Da die CMISE auf der Schicht 7 zusammengefaßt sind, benötigt das Modell alle unterliegenden OSI-Schichten. CMIP baut auf eine komplette OSI-Umgebung ohne Fremdprotokolle auf. Deshalb wird in RFC 1095 **CMOT (CMIP Over TCP/IP)** definiert. CMOT setzt auf UDP auf und macht NMS-Systeme, die auf CMIP aufbauen, auch für TCP/IP-Netze nutzbar.

9.2 Konzeption

Verschiedenste Systeme und Architekturen zur verteilten Verarbeitung von Informationen wurden schon in Kapitel 5.2.2 vorgestellt. An dieser Stelle sollen allgemeinere Fragen erörtert und neue Trends betrachtet werden.

9.2.1 PC contra Terminal

Es wird immer auffälliger, in welchem Maße die PCs die Terminals verdrängt haben. Dabei ist zwischen Text-Terminals, wie der 3270-Serie von IBM, und X-Terminals zu unterscheiden. Ein Text-Terminal besitzt einen eher geringen Speicher (auch Puffer genannt) und legt seine Daten dort seitenweise ab, ehe sie an den Host oder Server gesendet werden. Die Prozessoren eines Text-Terminals und auch sein Speicher sind nicht in der Lage, eine Applikation vom Server zu laden und auf dem Terminal auszuführen. Außer einer Manipulation der Daten im eigenen Puffer ist keine verteilte Verarbeitung möglich, wobei man diesen Vorgang nicht als "verteilt" bezeichnen kann.

X-Terminals sind in dieser Beziehung gänzlich anders konzipiert. Ihre Prozessoren entsprechen der Leistungsklasse von PCs und auch ihr Hauptspeicher kann sich durchaus mit dem eines PCs messen. Im Speicher des X-Terminals laufen nicht nur der X-Server (vergleiche 6.9.4) sondern auch Applikationen, die sich das Terminal vom Server lädt, wie zum Beispiel eine Text- oder eine Graphikverarbeitung. Bei einem X-Terminal handelt es sich genaugenommen um eine Workstation ohne Festplatte. Da sie relativ teuer in der Anschaffung sind, wurden PCs schnell zu einer lohnenswerten Alternative. Diese sind nicht nur sehr performant, sondern verfügen auch über eigene Festplatten. Sie laden ihr Betriebssystem und ihre Applikation nicht vom Netz, sondern haben alles auf ihrer eigenen Platte gespeichert. Die Netzlast wird dadurch verringert und auch Wartezeiten, die beim gleichzeitigen Anmelden mehrerer Benutzer entstehen, fallen weg.

Der Nachteil der PCs liegt hingegen in ihrer individuellen Konfiguration. In nur wenigen Unternehmen sind alle PCs gleich aufgesetzt. Jeder besitzt andere Programme und Konfigurationsdateien. Wenn dann noch die Anwender selbst die Steuerdateien (config.sys oder autoexec.bat) editieren oder durch das Einspielen privater Disketten jede Woche ein neuer Virus eingeschleppt wird, kann das zu einem enormen Verwaltungsaufwand führen. Der Vorteil einer zentralen Haltung der Applikationen, wie sie in einem Netz aus X-Terminals vorliegt, kann auch in der Überwachung der Lizenzen liegen. Die Praxis sieht meist so aus, daß in einem PC-Umfeld mit mehreren hundert Maschinen kaum ein Systemverwalter noch weiß, welche Software auf welchem PC eigentlich läuft.

Im Überblick läßt sich zusammenfassen, daß verteilte Applikationen sowohl auf X-Terminals als auch auf PCs realisiert werden können. Das Datenaufkommen ist in einem PC-Netz zwar nicht deutlich, aber zumindest etwas geringer. Auch Applikationen, die temporäre Daten zwischenspeichern müssen, sind mit PCs besser bedient, als wenn ein entfernter Server als Speichermedium verwendet wird.

Der Vorteil von X-Terminals liegt in dem minimalen Verwaltungsaufwand, den sie verursachen. Auch ein Backup-Konzept ist einfacher zu realisieren, da nur die Daten des Servers gesichert werden müssen. In einem Netz aus hundert oder mehr PCs ist es ohne mächtige Softwaretools für eine EDV-Mannschaft kaum möglich, die einzelnen Festplatteninhalte in regelmäßigen Abständen zu sichern. Ein Konzept zur Sicherung kritischer Benutzerdaten ist dann unabdingbar. Allerdings sind X-Terminals nur im X-Windows und Motif-bereich einsetzbar. Viele gängige Applikationen sind gar nicht X-Windows-fähig. Das beschränkt X-Terminals auf das UNIX/VMS-Umfeld.

Um die Schwierigkeiten bei der Verwaltung der oftmals individuellen Client-PCs zu beseitigen, wurden Management-Systeme entwickelt, die es ermöglichen, PCs zentral von einem Arbeitsplatz aus zu verwalten. So ist es für den Administrator einfach zu überprüfen, wie ein PC bestückt ist (oft wichtig für die Inventur), welche Software in welcher Version installiert wurde und ob wichtige System-Dateien vom Anwender verändert wurden. Die Möglichkeit, zentrale Software-Installation auf bestimmten Clients durchzuführen ist ebenfalls Zeit solcher Werkzeuge. Ereignis-gesteuerte Alarm- und Protokollsysteme runden die Applikationen ab. Zu erwähnen wären hier SMS von Microsoft und das unbekanntere aber sehr umfangreiche Netcon der dänischen Firma Capacity.

9.2.2 Groupware und Workgroup-Computing

Eines der neuen Schlagworte in der EDV ist "Workgroup-Computing". Dies meint die Zusammenfassung von Anwendern, die ein Projektteam, in einer Arbeitsgruppe (engl. = Workgroup) bilden. Die Rechner der einzelnen Mitarbeiter werden dazu so konfiguriert, daß sie Zugriff auf gemeinsame Projektdaten haben und jeder Anwender Daten, die sich lokal auf seinem Rechner befinden, den Mitarbeitern zur Verfügung stellen kann. Damit war das **Peer-to-Peer-Netz** geboren. In einem solchen Netz gibt es streng genommen keine Server oder Clients mehr. Jeder Rechner kann Server und Client sein, indem er auf den Dateidienst seines Nachbarn zugreift oder aber selber Daten im Netz zur Verfügung stellt. Microsofts Windows for Workgroups (vergleiche Abschnitt 7.2.1.1) ist ein Betriebssystem, das es erlaubt, ein solches Netz aufzubauen. Das Datenaufkommen ist dabei jedoch enorm. Da keine dedizierten Server angegeben werden können und die Lokationen der Dienste ständigem Wechsel unterworfen sind, beruht die Kommunikation auf Broadcasts. Jeder Rechner kommuniziert mit allen anderen, wenn es darauf ankommt, einen Dienst zu lokalisieren. Das macht vor allem Protokolle wie NetBEUI zu einer idealen Grundlage solcher Systeme. Nach Beendigung des Projekts können die PCs wieder umkonfiguriert werden und eine neue Arbeitsgruppe bilden. Diese Dynamik hat allerdings ihren Preis in einem ständigen Umkonfigurieren der Rechner und der Tatsache, daß derartige Netze kaum administrierbar sind. Datensicherung und Zugriffsschutz bleiben dabei oft auf der Strecke.

Da in sich geschlossene Projektgruppen auch den Zugriff auf allgemeine Dienste im Netzwerk benötigen, ist man dazu übergegangen, eine feste Struktur im Netzwerk, basierend auf flexiblen, routbaren Protokollen, beizubehalten.

Es werden stattdessen Software-Werkzeuge eingesetzt, um innerhalb des Unternehmensnetzes einzelne Arbeitsgruppen abzugrenzen. Diese Benutzergruppen können immer noch alle Netzdienste in Anspruch nehmen (Drucken, Internet-Zugang etc.). Sie werden jedoch durch eine **Workgroup-Umgebung** (auch Groupware-Werkzeug genannt) in ihrer Zusammenarbeit unterstützt. Die Werkzeuge beinhalten Verzeichnisdienste, die Definition eines gemeinsamen elektronischen Postsystems und Funktionen zur Bildung von **Workflows**. Gerade diese sind in jüngster Zeit für Projektgruppen immer wichtiger geworden.

Groupware-Werkzeuge setzen meist transparent auf die Netzwerkstruktur des Unternehmens auf und bieten ihre Funktionen auf der Basis aller gängigen Protokolle an. Das wohl bekannteste Produkt ist in diesem Zusammenhang "Lotus Notes".

Es wurden immer häufiger Stimmen laut, die das Ende des Workgroup-Computing prophezeiten, da ein Intranet ebenfalls die Organisation gemeinsamer Arbeitsgruppen ermöglicht (vergleiche Abschnitt 8.2.1). Jede Arbeitsgruppe bekommt ihren eigenen Dateidienst auf dem Web-Server zugewiesen und kann somit gemeinsame Ressourcen nutzen. Je nach Berechtigung der Anwender sind auch Bereiche anderer Arbeitsgruppen zugreifbar. Der Trend geht aber eher in eine andere Richtung. Die Groupware-Applikationen integrieren immer mehr Schnittstellen zu Intra- und Internet. Somit ist der Aufbau konzernweiter Arbeitsgruppen über Strecken des Internets hinweg möglich. Auch innerhalb eines autonomen Systems werden so die Vorteile von Workflow-Systemen mit der breiten Dienstpalette eines Intranet kombiniert.

9.2.3 Der Internet-PC

Die Idee eines Internet-PCs geistert nicht nur seit einiger Zeit durch das Netz der Netze, sondern auch namhafte Hersteller wie SUN, Oracle, Netscape oder IBM werden nicht müde, mit immer neuen Artikeln die Fachzeitschriften zu füllen. Was hat es mit einem PC auf sich, der sein Betriebssystem und seine Applikationen vom Internet oder einem Unternehmensnetz lädt und aus Mangel einer Festplatte seine Daten auf Servern im Netz abspeichert?

Ein solcher Rechner ist kein PC sondern ein Terminal. Der Internet-PC beweist, daß sich eine alte Idee brillant verkauft, sobald man ihr nur einen neuen Namen gibt. Natürlich ist dieser Internet-PC nicht mit einem Text-Terminal, sondern eher mit einem X-Terminal zu vergleichen. Er arbeitet nur unter einer anderen Oberfläche. Das Betriebssystem eines solchen PCs könnte beim Booten frei gewählt werden, sofern es zu seiner Hardware kompatibel ist. Die Arbeitsoberfläche wird ein Browser (siehe 8.1) sein, der alle benötigten Anwendungen integriert und auf dem Betriebssystem aufsetzt. Für diesen Netzwerk-Computer (kurz NC), wie eine weitaus korrektere Bezeichnung lautet, gelten dieselben Vor- und Nachteile wie für X-Terminals (siehe 9.2.1). Im Unterschied zu diesen baut er allerdings auf einer viel preisgünstigeren Hardware auf, die der Massenproduktion des PC-Markts entspringt. Die spezielle Hardware, wie sie für X-Terminals nötig ist, entfällt. Mit wachsenden Bandbreiten und schnelleren Netzen ist ein solches Konzept durchaus denkbar.

Der NC für den Endanwender, mit eingebauter Schnittstelle ohne komplizierte Modem-Konfiguration, gehört aber wohl noch der weiteren Zukunft an. Jeder Leser, der ab und an auf dem Internet unterwegs ist, weiß, mit welchen Datendurchsätzen man manchmal zu kämpfen hat. Nicht umsonst steht WWW manchmal auch für "World Wide Waiting"! Ob sich ein Datenendgerät, das sich alle Applikationen und das Betriebssystem zum Ortstarif vom Internet-Provider laden muß, auf lange Sicht rechnet, ist *derzeit* keine Frage. Die Antwort lautet: "Nein". Was an Festplatte eingespart wird, hätte man bald an Telefon- und Downloadgebühren wieder ausgegeben. Das Netz muß schneller werden, um derartige Konzepte umsetzbar zu machen. Eine weitere Frage, die sich der Leser stellen sollte, lautet: "Wo speichere ich den Brief an meinen Steuerberater lieber ab? Lokal auf meinem PC oder auf *irgendeinem* Server in einem Netz, in dem auch noch 40 Millionen andere Anwender herumstöbern?"

Der NC mag für große Betriebe mit performanten Netzen und einem hohen Bedarf an Endgeräten, die möglichst einfach administrierbar sein müssen, eine durchaus attraktive Lösung darstellen. Vor allem, wenn das Hausnetz auf Intranet-Basis realisiert ist. Der NC wird sich an Internet-Standards halten, so auch an Applikationen, die in der Sprache Java programmiert sind. Diese beruht auf kleinen Miniprogrammen (**Applets**), die vom Web-Server zum Client gesendet und dort ausgeführt werden. Solche Applikationen würden weitaus weniger Netzlast erzeugen als die heute üblichen Anwendungen. Auch die Endlosspirale von immer teureren Client-PCs mit immer mehr Speicher könnte so durchbrochen werden. Daß High-End-Workstations, wie sie im CAD-Bereich gebräuchlich sind, durch die NC-Systeme ersetzt werden, ist zur Zeit utopisch. Im Bereich einfacher Textverarbeitung wäre das jedoch durchaus denkbar. Es wird viel davon abhängen, welche Firmen sich auf den NC einlassen und welche Lobbys sich bilden. Als System für den Privatanwender wird es noch einige Jahre lang Zukunftsmusik bleiben.

9.3 Netzwerk-Sicherheit

In Kapitel 8.3 wurde die Sicherheit eines Netzwerks in Bezug auf Internet-Anbindungen angesprochen. Der Begriff soll nun etwas weiter gefaßt werden. Die größte Gefahr des Datenmißbrauchs besteht immer noch innerhalb des eigenen Netzes. Hauptsächlich ist in diesem Zusammenhang der unberechtigte Zugriff auf Daten (Personaldaten, Preiskalkulationen etc.) gemeint. Es muß auch festgestellt werden, daß kein Anlaß zur Hysterie oder Paranoia besteht. 75% *aller* Schäden in der DV entstehen durch Fahrlässigkeit und unsachgemäßen Umgang mit den Werkzeugen. Was bringt das beste Sicherheitskonzept, wenn die Systemadministratoren die wichtigsten Passwörter in diverse Systemordner eintragen, die in öffentlich zugänglichen Schränken stehen?

Das Client/Server-Modell verlangt nach anderen Konzepten als dem "Login" an einem einzelnen Server. Es werden sichere Mechanismen benötigt, die im *ganzen* System Gültigkeit haben, anstatt daß ein User auf jedem Rechner eine andere Berechtigung mit eigenem Passwort eingeben muß. Je mehr Einzelberechtigungen, desto mehr Angriffspunkte.

Welche Formen der Sicherheit lassen sich überhaupt im Bereich der EDV abgrenzen? Zu allererst ist die **Datensicherheit** zu nennen. Diese wird durch eine permanete Sicherung der Daten erreicht. Ein effektives Konzept der Datenhaltung, das den Ausfall einer Platte oder eines Servers im laufenden Betrieb "verkraftet", also fehlertolerant ist, gehört ebenfalls in diesen Bereich. Eine verläßliche Datensicherung, die es ermöglicht, zerstörte Daten mit dem bestmöglichen Maß an Aktualität zu restaurieren, muß durch ein netzwerkweites Backup-Konzept realisiert werden. Für netzwerkweite Backup-Verfahren haben diverse Firmen, wie Legato oder Cheyenne, Lösungen entwickelt. Die Datensicherheit ist nicht Thema dieses Buches und wird daher auch nicht weiter behandelt.

Die zweite Form der Sicherheit wird oftmals als **Zugriffssicherheit** bezeichnet. Sie sorgt dafür, daß nur Anwender und Prozesse auf einen Dienst und damit auf eine Ressource zugreifen, die dazu berechtigt sind. Das beste Beispiel dafür ist das "Login", bei dem sich ein Benutzer durch Angabe seines Namens und seines Passworts an einem System identifiziert. Waren die Angaben korrekt, wird ihm Zugang gewährt.

Die dritte Form der Sicherheit heißt **Authentikation** und wurde bereits in Abschnitt 8.3.2.3 angesprochen. Es gibt viele Autoren, die den Zugriffsschutz als einen Teil der Authentikation ansehen. Diese Auffassung hat berechtigte Gründe, aber Authentikation geht weit über die Zugriffssicherheit hinaus. Authentikation sorgt für die Echtheit der Identität. Dies gilt nicht nur für den Zugriff auf einen Rechner, sondern besonders auch für die Datenübertragung. Stammt der gerade empfangene Datenblock auch von dem Rechner, dessen IP-Adresse angegeben ist? Handelt es sich um die Mail eines Kollegen oder ist es ein Trojanisches Pferd? In diesem Buch wird daher zwischen Zugriffssicherheit/-schutz und Authentikation unterschieden.

Die vierte Sicherheitsanforderung stellt die **Vertraulichkeit** dar. Dadurch wird Sorge getragen, daß sich keine Fremden in die Kommunikation "einklinken" können. Bei Telefonleitungen spricht man noch von "Abhören". Eine Möglichkeit, um Vertraulichkeit zu erzeugen, ist die Kodierung der übertragenen Nachricht. Sollte die Datenleitung angezapft werden, kann der "Lauscher" ohne den Dekodierungsschlüssel nichts anfangen.

Im folgenden werden nur Zugriffssicherheit, Authentikation und Vertraulichkeit behandelt. Alle diese Sicherheitsformen können durch die Verwendung von Schlüsseln realisiert werden. Ein Passwort ist eigentlich bereits ein Schlüssel. Es ist aber auch möglich, daß ein Passwort, welches übrigens kodiert werden muß, damit es vertraulich bleibt, nur eine Hälfte des Zugriffs darstellt und erst durch Kombination mit einem Gegenschlüssel auf dem Rechner einen Zugang ermöglicht.

9.3.1 Formen der Verschlüsselung

Man unterscheidet verschiedenste Schlüsselmethoden, wobei es sich bei den sogenannten **symmetrischen** und **asymmetrischen Methoden** um die bekanntesten handeln dürfte. Die symmetrische Verschlüsselung verwendet einen öffentlichen Schlüssel. Dieser ist innerhalb des Netzwerks bekannt und wird von den Kommunikationsteilnehmern angegeben. Die Nachricht wird mit dem Schlüssel kodiert und beim Empfang wieder mit demselben Schlüssel dekodiert. Das asymmetrische Verfahren wendet zwei Schlüssel an, die zwar miteinander zusammenhängen, sich aber nicht voneinander herleiten lassen. Jeder Kommunikationsteilnehmer besitzt einen eigenen, privaten Schlüssel, während zwischen allen Teilnehmern des Datenaustauschs ein gemeinsamer, öffentlicher Schlüssel gilt. Eine Nachricht wird zu Beginn der Kommunikation

328

mit dem öffentlichen Schlüssel kodiert, kann jedoch nicht von diesem dekodiert werden. Nur der angegebene Kommunikationspartner ist mit seinem privaten Schlüssel in der Lage, die Nachricht wieder herzustellen. Die an [Freder96] angelehnte Abbildung 9.4 verdeutlicht die Unterschiede.

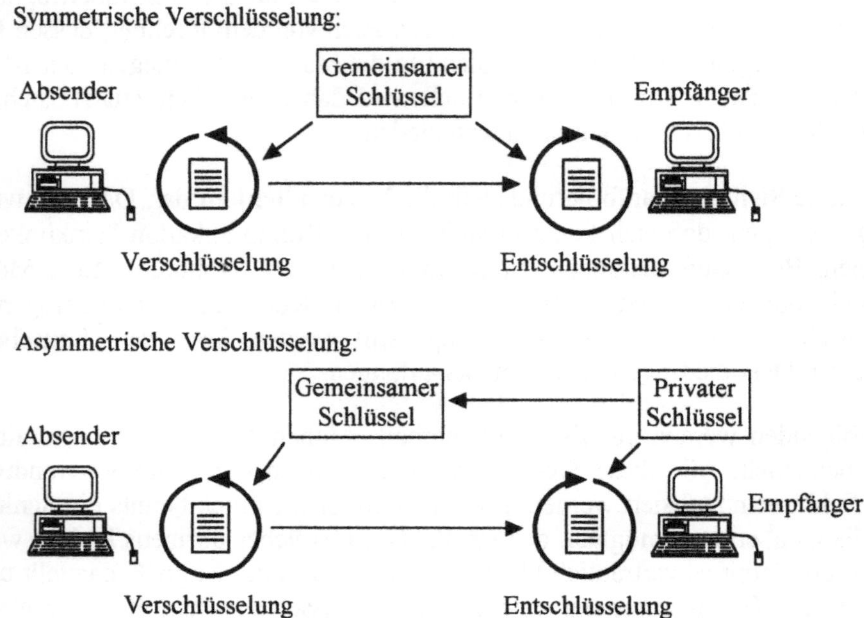

Bild 9.4: Symmetrische und asymmetrische Verschlüsselung

Über diese Formen der Kodierung hinaus existieren noch andere Konzepte, wie zum Beispiel **digitale Signaturen**. Diese werden dazu eingesetzt, um die Authentizität einer Nachricht zu gewährleisten. Einem Benutzer wird ein Zertifikat zugewiesen, das ihn als diese Person ausweist. Versendet er nun eine Nachricht, arbeitet ein Signaturprogramm einen Code in die Daten ein, der aufgrund des Benutzernamens eine Signatur ergibt. Diese wird von der Dekodierungsroutine des Empfängers wiederum entschlüsselt. So wird festgestellt, ob der Kommunikationspartner auch der ist, der er vorgibt zu sein.

Um die Vertraulichkeit zu überprüfen, werden **digitale Fingerabdrücke** eingesetzt. Das ist ein Wert fester Länge, der in das Datenpaket eingearbeitet wird. Sobald modifizierend auf den Inhalt der Nachricht zugegriffen wird, verändert sich deren Bit-Kombination. Im Zielsystem kann dadurch festgestellt werden, ob die Nachricht auf ihrem Weg vom Sender zum Empfänger abgefangen und verändert wurde.

9.3.2 Die Black Box

Eine Black Box stellt ein physikalisches Gerät dar, das zwischen ein Datenendgerät und das Netz geschaltet wird. Diese Black Box sorgt für eine Verschlüsselung der Daten, so daß nur berechtigte Verbindungen aufgebaut und dabei nur erlaubte Dienste verwendet werden. So ist es zum Beispiel möglich zu definieren, daß Telnet generell nicht verwendet werden darf. Der Vorteil dieser Boxen ist ihre Plattform-Unabhängigkeit. Die vorgeschaltete Box wird nicht davon beeinträchtigt, ob auf dem Datenendgerät Windows 3.X, OS/2, UNIX oder Windows NT als Betriebssystem installiert ist.

Eine Black Box wird von einem zentralen Sicherheits-Management-System verwaltet. Dabei handelt es sich um ein Software-Produkt, das es ermöglicht, die Boxen zu konfigurieren, Alarme bei Zugriffsverletzungen auszuwerten und Log-Dateien anzulegen, sofern der Hersteller der Boxen das "Mitprotokollieren" der Ereignisse vorgesehen hat. Der Vorteil dieser Boxen ist, daß sie von Konfigurationsänderungen auf den Endsystemen unberührt bleiben, solange nicht ein anderes Kommunikations-Protokoll gewählt wird.

Hinsichtlich der Einsatzfähigkeit der Black Box sind wenig Grenzen gesetzt. Man kann jedes einzelne Endsystem absichern oder nur die Leitungen, die einzelne Subnetze miteinander verbinden. Es gibt auch Black Box Lösungen, die über Firewall-Funktionen verfügen und ein Netz gegen das Internet absichern. Dann können zusätzlich zu Paketfilter-Mechanismen Dienste wie FTP, TELNET oder FTAM überprüft werden. Auch eine gemischte Lösung in Kombination mit einer Sicherheitssoftware wäre denkbar. Ein Server könnte mit der Black Box gesichert werden, während auf den Clients eine kompatible Sicherheitssoftware zum Einsatz kommt.

9.3.3 Sicherheit über Telefonleitungen

Im Falle einer Anbindung von Rechnersystemen über ISDN, kann der Security Service der CAPI (siehe 6.10.2) angewendet werden. Das bedeutet, daß eine weitere Sicherheitsschicht zwischen die CAPI und das Transport-Protokoll gelegt wird. Diese Schicht ist nicht genau lokalisierbar, denn sie liegt einerseits über der CAPI (also auf Schicht 4), andererseits aber unter den Transport-Protokollen (ergo Schicht 3). Sie befindet sich *irgendwo* zwischen OSI-Schicht 3 und 4. Es handelt sich dabei um ein eigenes Protokoll, welches eine Authentikation vornimmt.

Sollte nicht mittels ISDN kommuniziert oder keine CAPI genutzt werden, stehen inzwischen auch Sicherheitsmodems zur Verfügung. Diese besitzen einen speziellen Befehlssatz, der zu Beginn der Übertragung einen Datenschlüssel generiert, der alle versandten Daten kodiert und somit für Authentikation und Vertraulichkeit sorgt.

Es existieren inzwischen auch diverse Softwarelösungen, die ein verschlüsseltes Passwort erzeugen und den Server dazu veranlassen, die Verbindung von seiner Seite aus zu überprüfen. Dabei wird ermittelt, von welchem Telefonanschluß aus die Anfrage erfolgt.

9.3.4 Sicherheitslösungen für Client-Server

Die traditionelle Methode der "**Zweiwege-Identifizierung**" (engl. = **Two Way Authentication**), bei der sich ein Anwender an einem Rechner, auf den er zugreifen möchte, mit Namen und Passwort anmeldet, ist für komplexe Client/Server-Netze nicht geeignet. Es ist dem Benutzer nicht zuzumuten, daß er auf zehn Servern eine Zugriffsberechtigung einholt. Es muß *ein* Mechanismus geschaffen werden, mit dem sich der Anwender einmal im *ganzen* Netz anmeldet und alle seine Nutzungsrechte für die Ressourcen des Gesamtsystems bestimmt. Man nennt dies eine "Identifizierung durch eine dritte Instanz", oder kürzer in Englisch: **Third Party Authentication**.

Es gibt im Netz einen Authentication-Server, der eine Datenbank besitzt, in der alle Anwender verwaltet werden. Der Anwender meldet sich nur an diesem Server an und erhält von diesem ein **Ticket**, weswegen der Mechanismus auch als **Ticket-Granting** bezeichnet wird. Diese "Eintrittskarte" identifiziert den Benutzer mit all seinen Rechten im Netz. Inzwischen existieren einige Lösungen, die auf einem solchen Konzept aufsetzen. Beispiele sind NetSP von IBM oder die Security-Services von DCE (siehe dazu Abschnitt 5.3.3). Das Ticket-Granting soll anhand der Arbeitsweise von DCE kurz erläutert werden.

Der Systemadministrator legt einen Benutzer mit all seinen Rechten über eine Registry-Serverapplikation in der Sicherheits-Datenbank an. Wenn sich der Anwender am Netz anmeldet, so tut er dies am Security-Server, dem Rechner, der die Sicherheits-Datenbank enthält. Eine Applikation namens Authentication-Server überprüft das Login in der Datenbank und sendet dem Login-Prozeß das Ticket des Users zu. Dabei ist das Ticket selbstverständlich verschlüsselt und kann nur durch das Passwort des Benutzers entschlüsselt werden. Der Login-Prozeß wendet sich mit dem Ticket an eine dritte Applikation, den Privilege-Server. Dieser greift wieder auf die Sicherheits-Datenbank zu und ermittelt, welche Rechte dem Anwender zustehen. Er sendet ein Zertifikat an den Client, das den Grad der Autorisierung enthält.

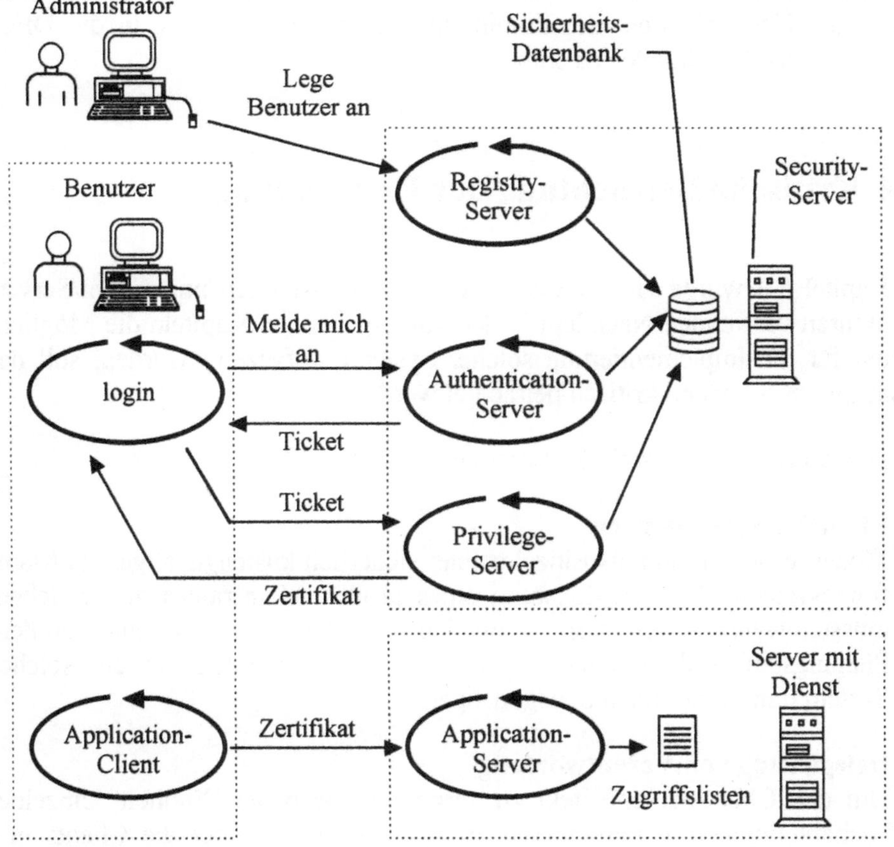

Bild 9.5: Third Party Authentication nach dem DCE-Prinzip

Auf dem Rechner des Anwenders wird nun ein Programm (Application Client) gestartet, welches jedem Rechner, von dem ein Dienst angefordert wird, das Zertifikat präsentiert. Auf allen Servern, die Dienste anbieten, läuft ein Prozeß, der das Zertifikat auswertet (Application Server) und in seinen Zugriffslisten ermittelt, welche Nutzungsrechte dem Anwender zustehen. Dadurch gilt ein Zertifikat für alle Dienste auf allen Rechnern in einem Netz. Die an [Pohlma96] angelehnte Abbildung 9.5 veranschaulicht den Vorgang.

Zur Verschlüsselung wird sowohl bei DCE als auch bei NetSP das Authentikationssystem Kerberos eingesetzt. Dadurch wird sichergestellt, daß alle Zugriffsdaten (Passwörter, Tickets, Zertifikate, Benutzernamen usw.) nur verschlüsselt über das Netz gehen. Auch das Ticket-System ist Kerberos entlehnt, welches am Massachusetts Institute of Technology (MIT) entwickelt wurde. Eine gute Übersicht über die Einbindung des Security-Service in die DEC-Umgebung ist [Pohlma96] zu entnehmen.

9.4 Kritische Betrachtung der Entwicklung

In Kapitel 5.3 wurde viel Zeit auf verteilte Applikationen und Client/Server-Strukturen verwendet. Nachdem in den vorhergehenden Kapiteln die Möglichkeiten für die Implementierung solcher Systeme aufgezeigt wurden, soll das Konzept abschließend kritisch betrachtet werden.

Folgende Fragen sollte sich der Leser zunächst stellen.

1. **Effektive Systemkosten**
   Moderne Server sind als Einzelrechner sicherlich kostengünstiger als Mainframesysteme. Um die Leistung eines großen Mainframes zu erreichen, müssen *mehrere* Server mit schnellen Datenleitungen und unter großem Planungsaufwand zu *einem* System verbunden werden. Ist ein solches System nun immer noch preisgünstiger?

2. **Delegierung von Verantwortung**
   Um den Client/Server-Effekt zu vergrößern, also die "Freiheit" einzelner Fachabteilungen zu maximieren, muß die Kontrolle über die Clients und den eventuell bestehenden Abteilungsserver an die Fachbereiche abgegeben werden. Das bedarf des Transfers von EDV-Know-How. Ist es effektiv, System-Kenntnisse über mehrere Abteilungen zu verteilen, oder entstehen

dadurch neue Kommunikationsschwierigkeiten zwischen den EDV-Spezialisten? Wollen Fachabteilungen überhaupt Kompetenzen und die damit verbundene Verantwortung übernehmen?

3. Konsequenzen heterogener Systeme

Client/Server-Systeme besitzen den Vorteil, daß Hard- und Software unterschiedlichster Hersteller zusammenarbeiten können. Die oftmals vorliegenden *heterogenen* Insellösungen können, ohne sich von einem Hersteller abhängig zu machen, zusammengefaßt werden. Ist eine Förderung heterogener Umgebungen überhaupt sinnvoll? Was will der Betreiber eines EDV-Systems? Möchte er aktuelle Preisvorteile nutzen oder alles aus *einer Hand* beziehen, um sich das Leben so einfach wie möglich zu machen?

4. Portierung der Software

Software, die für den Mainframe geschrieben wurde, ist extrem maschinenabhängig. Was zählt mehr, eine schnelle, lastverteilte Anwendung, deren Migration vom Mainframe auf ein verteiltes System in eine kostenintensive "Neuprogrammierung" ausufert, oder eine langsame, zentrale Anwendung, mit deren Bedienung die Anwender seit über 15 Jahren gut vertraut sind? Die Kosten der Umstrukturierung einer zentralen Applikation in eine Client/Server-Anwendung sind oft enorm und anfangs nur schwer abzuschätzen. Außerdem wird aus der Umstrukturierung in den meisten Fällen eine komplett neu geschriebene Anwendung. Wie groß ist der Aufwand für Verwaltung und Produktpflege einer Applikation, die vorher auf *einem* Rechner lag und sich nun über mehrere Server verteilt? Was muß an Schulungskosten investiert werden, um die Anwender mit neuen Bildschirmoberflächen und Verarbeitungsvorgängen vertraut zu machen? Geht die Umstellung vom *alten* Programm auf die neue Applikation fließend oder ist mit teuren Ausfallzeiten zu rechnen?

Die Beantwortung dieser Fragen ist *kriegsentscheidend*, wenn es um die Implementierung von Client/Server-Systemen geht. Die Mainframes sind dem Dahinrasen der Entwicklung genauso unterworfen wie verteilte Systeme und werden der dadurch geforderten Flexibilität weitaus weniger gerecht, als modulare Multiserver-Umgebungen. Es geht daher nicht um "Ersparnispotentiale" wie sie noch in den 70er Jahren bei der Umstellung von Karteikästen auf ein zentrales EDV-System erzielt werden konnten. Der Begriff "Investitionsschutz" ist in diesem Zusammenhang weitaus angebrachter und bedeutet, daß in eine Technologie investiert wird, die in zwei Jahren eben noch nicht veraltet ist.

334

Es gilt, durch eine flexible Erweiterbarkeit des Systems, die auch mit einer konstanten Geldzufuhr verbunden ist, eine DV-Struktur zu generieren, die den Veränderungen des Marktes gewachsen ist.

Auch von Rationalisierungspotentialen kann schon lange nicht mehr die Rede sein. Diese technologischen Potentiale wurden in den letzten 30 Jahren EDV-Geschichte schon zur Genüge ausgereizt. Sie sind zwar noch vorhanden, aber nicht mehr in dem Maße, wie es noch in den 70er Jahren der Fall war. Das Resultat daraus ist: Potentiale werden durch das Hinterfragen der Organisationsstruktur gewonnen, *nicht* durch einen Rechner, der eine Zehntelsekunde schneller ist.

Hier liegt der springende Punkt. Der Anspruch eines Systems definiert sich nicht in seiner Geschwindigkeit, sondern daran, inwiefern es die Anpassung an neue Organisationsstrukturen unterstützt und ermöglicht.

Die Frage, die sich nun stellt, heißt: "Wieviel läßt man sich diese Flexibilität kosten"? Sie läßt sich schwerlich beantworten, zu facettenreich sind ihre Aspekte. Als *eine* Antwort soll der Trend dienen. Der derzeitige Trend geht weg vom idealen Client/Server-System mit Servern in jeder Fachabteilung und hunderten von unterschiedlich konfigurierten Clients. Der Trend führt derzeit zum **modularen Zentralsystem**. Dies ist ein Widerspruch in sich, ein Paradoxon, und doch ist es möglich. Mehrere Server, die in einem clusterartigen Verband zusammengeschlossen sind, bilden ein einziges Zentralsystem, das sich dem Anwender wie *ein* Zentralrechner darstellt. Dieses System vereinigt die Vorteile verteilter Systeme mit denen der zentralen Datenhaltung. Die "Freiheit" der Einzelanwender und Abteilungen mit den speziell für sie zugeschnittenen Rechnern und Lösungen hat sich als recht kostenintensiv erwiesen. Die Gewährleistung der "Freiheit" wird auf das Zentralsystem verlagert. Dieses muß in der Lage sein, durch Ausbaufähigkeit und Skalierbarkeit auf die verschiedenen Leistungsansprüche reagieren zu können.

Für ein solches System würde sich auch der Netzwerk Computer als Client-System lohnen und den Zentralisierungstrend verstärken. Denn eines muß man zugestehen: Das Kommunikationsvolumen in den Netzen hat sich im Gegensatz zu den Hostapplikationen fast verzehnfacht. Dies ist keine Kritik, denn auch die Applikationen sind weitaus umfangreicher geworden und bieten inzwischen Funktionen, von denen vor zehn Jahren niemand zu träumen gewagt hätte. Doch eine verstärkte Tendenz hin zur zentralisierten Datenstruktur mit sogenannten **Super-Servern** ist derzeit nicht zu leugnen.

Einen wichtigen Punkt stellt die Eingliederung eines modernen Zentralsystems in die Kommunikationslandschaft dar. Wie flexibel das System dann auf räumliche Umstrukturierungen reagieren kann, hängt vom Netzwerk, seinen Protokollen und den darauf realisierten Diensten ab. Auch die Anbindung an globale Informationssysteme, wie das Internet, wird in der Zukunft eine entscheidende Rolle spielen. Schon jetzt werden viele Informationen (neue Treiber für Hardware, Preisinformationen, Beta-Software, Handbücher usw.) hauptsächlich über das Internet distribuiert. Dieser Trend wird sich noch verstärken, sobald stabile Lösungen für Videokonferenz-Systeme via Internet bereitstehen. Wir dürfen also weiterhin gespannt und vor allem neugierig sein.

Literaturhinweise

[BaHoKn94] Badach, Anatol / Hoffmann, Erwin / Knauer, Olaf
High Speed Internetworking
Addison Wesley Publishing Company, Wokingham 1994
3-89319-713-3

[Black91] Black, U.
OSI. A Model for Computer Communications Standards
Prentice Hall, Englewood Cliffs, New Jersey 1991

[BörTro89] Börner, Manfred / Trommer, Gert
Lichtwellenleiter, B. G. Teubner, Stuttgart 1989
3-519-00116-0

[BorHei94] Borowka, Petra / Hein, Matthias
Hub-Systeme, DATACOM-VERLAG, Bergheim 1994

[Borowk96] Borowka, Petra
*Internetworking - Konzepte, Komponenten, Protokolle,
Einsatz-Szenarios*
DATACOM-VERLAG, Bergheim 1996

[Bräunl93] Bräunl, Thomas
Parallel-Programmierung: Eine Einführung
Vieweg, Braunschweig 1993
3-528-05142-6

[Clark97] Clark, Martin P.
ATM Networks - Principles and Use
Wiley/Teubner, Stuttgart 1997
3-519-06448-0

[Conrad96]   Conrads, Dieter
               Datenkommunikation - Verfahren, Netze, Dienste
               3. Aufl., Vieweg, Braunschweig 1996
               3-528-24589-1

[CoDoKi94]   Couloris, George F. / Dollimore, Jean / Kindberg, Tim
               Distributed Systems: Concepts and Design, second edition
               Addison Wesley Publishing Company, Wokingham 1994
               0-201-62433-8

[CouDol88]   Couloris, George F. / Dollimore, Jean
               Distributed Systems: Concepts and Design
               Addison Wesley Publishing Company, Wokingham 1988
               0-201-18059-6

[GonSin92]   Gonschorek, Karl-Heinz / Singer, Hermann (Hrsg.)
               *Elektromagnetische Verträglichkeit - Grundlagen, Analysen,
               Maßnahmen*; B. G. Teubner, Stuttgart 1992
               3-519-06144-9

[HahWac97]   Hahnloser, Guido / Wacker, Michael
               Einführung in das Internet
               B. G. Teubner, Stuttgart 1997
               3-519-00148-9

[Halsal92]   Halsall
               *Data Communications, Computer Networks and Open
               Systems*, third edition
               Addison Wesley Publishing Company, Wokingham 1992

[HegLäp92]   Hegering / Läpple
               Ethernet - Basis für Kommunikationsstrukturen
               DATACOM-VERLAG, Bergheim 1992

[Held93]   Held, Gilbert
               Internetworking LANs and WANs
               Wiley, Chichester 1993

338

[HerLör94]   Herter, Prof. Eberhard / Lörcher, Prof. Dr. Wolfgang
              Nachrichtentechnik - Übertragung, Vermittlung, Verarbeitung
              7. Aufl., Hanser, München 1994
              3-446-14593-1

[Hunt95]   Hunt, Craig
              TCP/IP - Netzwerk Administration
              O'Reilly/International Thomson Verlag 1995
              3-930673-02-9

[JanSch93]   Janssen / Schott
              SNMP, DATACOM-VERLAG, Bergheim 1993

[Kammey96]   Kammeyer, Dr. Karl Dirk
              Nachrichtenübertragung, 2. Aufl.
              B. G. Teubner, Stuttgart 1996
              3-519-16142-7

[Kauffe97]   Kauffels, Franz-Joachim
              *Moderne Datenkommunikation - Eine strukturierte
              Einführung*, 2. Aufl.
              International Thompson Publishing, Bonn, 1997
              3-8266-4016-0

[LamSte94]   Lammarsch, Joachim / Steenweg, Helge
              Internet & Co.
              Addison-Westley Publishing Company, 1994
              3-89319-538-6

[MarLeb92]   Martin, J. / Leben, J.
              DECnet Phase V. An OSI Implementation
              Digital Press, Bedford, 1992

[Nehmer85]   Nehmer, Jürgen
              Softwaretechnik für verteilte Systeme
              Springer, Berlin 1985
              3-540-15154-0

[Plattn93]   Plattner, Bernhard / Lanz, G. u.a.
               *X.400 elektronische Post und Datenkommunikation,
               Normen und ihre Anwendungen*, 3. Aufl.
               Addison-Wesley Publishing Company, 1993
               3-89319-622-6

[PoScWe96]   Popien, Dr. Claudia / Schürmann, Gerd / Weiß, Karl-Heinz
               Verteilte Verarbeitung in offenen Systemen
               B. G. Teubner, Stuttgart 1996
               3-519-02142-0

[Ragsda92]   Ragsdale, Susan (Hrsg.)
               *Parallel-Programmierung: Grundlagen, Anwendung,
               Methoden*, McGraw/Hill, London 1992
               3-89028-397-7

[RoKeFi92]   Rosenberry, Ward / Kenny, David / Fisher, Gerry
               Understanding DCE
               O'Reilly & Associates 1992
               1-56592-005-8

[Schill93]   Schill, Alexander
               DCE - Das OSF Distributed Computing Environment
               Springer, Berlin 1993

[SchJur96]   Schwederski, Dr. Thomas / Jurczyk, Michael
               Verbindungsnetze - Strukturen und Eigenschaften
               B. G. Teubner, Stuttgart 1996
               3-519-02134-X

[Tanenb92]   Tanenbaum, Andrew S.
               Computer-Netzwerke
               Wolfram's Fachverlag, Attenkrichen 1992
               3-925328-79-3

[Wrobel94]   Wrobel, Christoph
               Optische Übertragungstechnik in industrieller Praxis
               Hüthig, Heidelberg 1994
               3-7785-2262-0

Zeitschriften-Artikel

[Axhaus96]   Axhausen, Dr. Hartmut
               CAPI oder NDIS - wer hat mehr Zukunft?
               erschienen in: PC Magazin Nr. 45, 6. November 1996

[Daemis95]   Daemisch, K.-F.
               Spiel mit drei Ebenen - Gliederung von Client/Server
               erschienen in: UNIXopen 10/95

[Esser96]   Esser, Michael
               Internet: Begriffe und Erläuterungen - Teil I bis III
               erschienen in: Recht der Datenverarbeitung, 1996 Hefte 1 - 3

[Förste96]   Förster, Dieter
               Windows95 gegen NT 4.0: Zwei starke Konkurrenten"
               erschienen in: PC Magazin Nr. 37, 11. September 1996

[Freder96]   Frederiksen, Carl
               PGP und Kryptologie - Sicher wie im Tresor
               erschienen in: PC Professionell 09/96

[HaBoMc96]   Harrington, Daniel T. / Bound, James P. / McCann, John J.
               Thomas, Matt
               Internet Protocol Version 6 an the Digital UNIX Imple-
               mentation Experience
               erschienen in: Digital Technical Journal, Vol 8 No. 3

[Hutten97]   Huttenloher, Rainer
               Die Server im Visier - Renaissance des Distributed
               Computing mit NT 5.0
               erschienen in UNIXopen: 1/97

[Pohlma96]   Pohlmann, Norbert
               Netzsicherheitskonzepte, Teil 1 und 2
               erschienen in: Recht der Datenverarbeitung -
               Praxis-Report, 1996 Heft 4 bis 5

[Reiche96]   Reichel, Sven
               Angetestet - OS/2 Warp Server
               erschienen in: PC Professionell, August 1996

[Schmid97]   Schmidt, Jürgen
               Remote-Anbindungen mit PPP-Dialback - Rückruf erbeten
               erschienen in:UNIXopen 1/97

[Stiel96]   Stiel, Hadi
               *Auf dem Weg zur Herstellerneutralität - Standardisierung
               bei E-Mail*
               erschienen in: PC Magazin Nr. 27, 3. Juli 1996

[Vincen96]   Vincent, James
               Das Internet im Unternehmen
               erschienen in: PC Professionell 07/96

[Weidn196]   Weidner, Klaus
               Firewalls in Theorie und Praxis - Mein Netz ist meine Burg
               erschienen in: UNIXopen: 1/96

[Weidn296]   Weidner, Klaus
               Firewalls in der Praxis - Mein Netz ist meine Burg
               erschienen in: UNIXopen: 2/96

Dokumente aus dem Internet:

Da Schriftstücke aus dem Internet meist über keinen Verlag, sondern nur über einen Autor verfügen, wurde nur Titel und Autor des Dokuments angegeben. Auf eine Wiedergabe der Adresse des Dokuments im Internet wurde absichtlich verzichtet, da das Netz so hochdynamisch ist, daß davon ausgegangen werden muß, daß viele Adressen zum Zeitpunkt der Veröffentlichung des Buches nicht mehr gültig sind. Der Leser ist daher dazu angehalten, mittels des Autorennamens und dem Titel des Dokuments das Schriftstück mit Hilfe einer der bekannten Suchmaschinen im Internet zu ermitteln.

[Ausint96]   University of Texas in Austin (Autor unbekannt)
               Internet Resources: What is the Internet

342

[Auswww96] University of Texas in Austin (Autor unbekannt)
Internet Resources: World Wide Web

[Edward95] Edwards, Brad (LAN TIMES)
Microsoft Corp. Windows 95

[FujiL96] Fujitsu ICL (Autor unbekannt)
IBM network server product

[Gilber95] Gilber, H.
Introduction to SNA

[Hinden95] Hinden, Robert M.
IP Next Generation Overview

[John96] John, J.
The AppleTalk Protocol

[Kong96] Kong, Oliver Chan
*Preemtive vs. Cooperative Multitasking -
What's the Difference*

[Kusnet96] Kusnetzky, Dan
*Commercial Operating System Comparison -
An IDC White Paper*

[Lisle95] Lisle, Reggie (LAN TIMES)
*NT Workstatio/NT Server Combo: Unterstanding
the Differences*

[Malkin95] Malkin, Gary Scott
ARP Extension - UARP, (RFC 1868)

[MSdiff96] Microsoft Corperation (Autor unbekannt)
*Differences Between Windows NT Workstaion 4.0
and Windows NT Server 4.0*

[Romkey88] Romkey, John
*RFC 1055; A Nonstandard for Transmission of IP
Datagramms Over Serial Lines: SLIP*

[Sampem95]   Sampemane, Geetanjali
ISLIP and PPP

[Schere95]   Scherer, Pat
Security in LAN Server 4.0

[Simpso94]   Simpson, W.
RFC 1661; The Point-to-Point Protocol (PPP)

[Socket96]   Sockets.com (Autor unbekannt)
WinSock 2 Information

[Stearn95]   Stearn, Tom (LAN TIMES)
IBM OS/2 Warp Connect

Stichwortverzeichnis

Als alle Puzzleteile endlich paßten. Erinnern Sie sich noch? – Wir schon.

Network solutions from Cabletron. A simpler way to work.

Heutige Unternehmensnetzwerke beinhalten ein derart komplexes Gebilde unterschiedlichster Segmente, daß es oftmals schwierig erscheint, das System ganzheitlich überblicken und kontrollieren zu können.

Wäre es nicht großartig, eine flexible und nahtlose Lösung parat zu haben, die gewährleistet, daß die heute gekauften Systeme auch allen Anforderungen von morgen gerecht werden?

Wenden Sie sich an Cabletron. – Wir sind überzeugt sowohl von einer problemlosen Migration für die gesamte Lebensdauer des Netzwerkes, als auch von garantiertem Investitionsschutz, besonders auch im Hinblick auf die sich ständig ändernden Geschäftsanforderungen.

Wir begleiten Sie vom Desktop bis zum Data Center, hinaus ins Wide Area Netz – in Remote-Access Umgebungen via ISDN, Frame Relay und ATM – bis zum kompletten Spektrum unserer Enterprise Management Software. Dies alles wird unterstrichen von der schon sprichwörtlichen Cabletron Philosophie, unseren Kunden den besten Service und Support zu bieten.

Egal ob Sie auf das strategische Netzwerk ihres Unternehmens abzielen oder nur Komponenten optimieren möchten, die neue Anforderungen erfüllen sollen – Cabletron bietet Ihnen in jedem Fall den wirklich einfachen Weg dahin.

Um mehr darüber zu erfahren, wie wir Ihnen den Weg zu einem optimierten Netzwerk zeigen können, nehmen Sie bitte Kontakt mit uns auf.

Telefon +49-6103-991-0 oder Telefax +49-6103-991-109 oder auf der Web-Seite www.cabletron.com. Cabletron Systems GmbH, Im Gefierth 13d, D-63303 Dreieich.

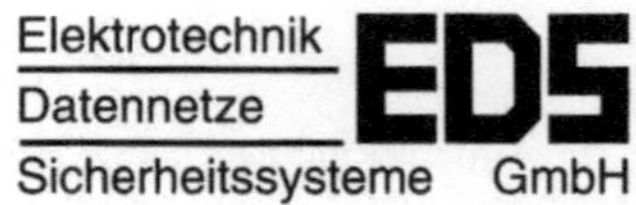

Qualität sichert Erfolg - diesem Leitsatz haben wir uns verpflichtet.

EDS, ein expansives Unternehmen mit Hauptsitz in Karlsruhe, bietet seit 1982 bundesweit qualitative Unterstützung in den Bereichen Netzwerktechnik und Sicherheitssysteme. Für die Ausführung und Wartung ist EDS für Sie der richtige Ansprechpartner.

 **Leistungsprofil Datennetze:**

Sie erhalten von uns ein internationales und anwenderorientiertes Gesamtkonzept basierend auf:

- ETHERNET IEEE 802.3
- Fast Ethernet
- Token-Ring IEEE 802.5
- FDDI ANSI X3T9,5
- ATM
- ISDN

Mit unseren hochqualifizierten Mitarbeitern installieren wir strukturierte und anwendungsunabhängige Kabelnetze, liefern Ihnen aktive Netzwerkkomponenten und gewährleisten so zukünftig eine flexible Nutzung. Die Wartung und Installation wird durch unsere Service-Ingenieure gewährleistet.

 **Leistungsprofil Sicherheitssysteme:**

Als Vds-anerkannte Errichterfirma sind wir Ihr kompetenter Ansprechpartner für

- Zutrittskontrollanlagen
- Überfallmeldeanlagen
- Einbruchmeldeanlagen
- Brandmeldeanlagen

Unsere Service- und Störungsannahme für den Daten- und Sicherheitsbereich ist rund um die Uhr für Sie da.

Hauptsitz:
Ruschgraben 135
76139 Karlsruhe
Tel. 0721/96 32-0
Fax. 0721/96 32-168

Geschäftsstellen:
Steffelbauerstr. 20
12459 Berlin
Tel. 030/5 30 75-0
Fax. 030/5 30 75-29

Föpplstr. 14
04347 Leipzig
Tel. 0341/2 45 38-0
Fax. 0341/2 45 38-88

Menzingerstr. 130
80997 München
Tel. 089/8110745
Fax. 089/8113935

evolution